跟我学 Photoshop CS3中文版

华杰科技 编著

人 民 邮 电 出 版 社

北 京

图书在版编目（CIP）数据

跟我学Photoshop CS3中文版／华杰科技编著.—北京：
人民邮电出版社，2009.4
ISBN 978-7-115-19488-6

I. 跟… II.华… III.图形软件，Photoshop CS3
IV.TP391.41

中国版本图书馆CIP数据核字（2009）第014221号

内 容 提 要

本书是“跟我学”丛书之一，针对初学者的需求，从零开始、系统全面地讲解 Photoshop CS3 图像处理软件的基础知识、疑难问题与操作技巧。

全书共分为 18 章，主要内容包括：Photoshop CS3 软件概述、选区的创建与编辑、图像的绘制与编辑、文本的输入与编辑、图像色彩的处理、图层概述及基本操作、路径及形状工具的功能、使用通道、使用图层与蒙版、滤镜效果的应用、制作节日贺卡、经典怀旧海报合成、数码照片的唯美写真特效实例、包装盒制作实例、封面设计实例、广告设计实例、招贴画制作实例以及室内效果图后期制作实例等内容。

本书内容翔实、通俗易懂，实例丰富、步骤详细，图文并茂、以图析文，情景教学、生动有趣，版式精美、适合阅读，配套光盘、互动学习。

本书及配套多媒体光盘非常适合初学 Photoshop CS3 进行图像处理的人员选用，也可作为高职高专相关专业和电脑培训班的教材。

跟我学 Photoshop CS3 中文版

◆ 编　　著　华杰科技
　责任编辑　刘建章
◆ 人民邮电出版社出版发行　　北京市崇文区夕照寺街 14 号
　邮编　100061　　电子函件　315@ptpress.com.cn
　网址　http://www.ptpress.com.cn
　北京鑫正大印刷有限公司印刷
◆ 开本：787×1092　1/16
　印张：18.25
　字数：443 千字　　2009 年 4 月第 1 版
　印数：1 – 5 000 册　　2009 年 4 月北京第 1 次印刷

ISBN 978-7-115-19488-6/TP

定价：32.00 元（附光盘）

读者服务热线：(010)67132692　印装质量热线：(010)67129223
反盗版热线：(010)67171154

前　言

当今时代是一个信息化的时代，电脑作为获取信息的首选工具已被更多的朋友所认同。人们可以通过电脑进行写作、编程、上网、游戏、设计、辅助教学、多媒体制作和电子商务等工作，因此，学习与掌握电脑相关知识和应用技能已迫在眉睫。

全新推出的“跟我学”丛书在保留原版特点的同时又新增了许多特色，以满足广大读者的实际需求。

丛书主要内容

“跟我学”丛书涵盖了电脑应用的常见领域，从计算机知识的大众化普及到入门读者的必备技能，从生活娱乐到工作学习，从软件操作到行业应用；无论是一般性了解与掌握，还是进一步深入学习，读者都能在“跟我学”丛书中找到适合自己学习的图书。

“跟我学”丛书第一批书目如下表所示。

跟我学电脑　　　　　　（配多媒体光盘）	跟我学上网
跟我学五笔打字　　　　（配多媒体光盘）	跟我学 Excel 2003
跟我学电脑操作	跟我学电脑故障排除
跟我学电脑组装与维护	跟我学电脑应用技巧
跟我学电脑办公	跟我学 Photoshop CS3 中文版（配多媒体光盘）
跟我学系统安装与重装	跟我学 AutoCAD 2008 中文版（配多媒体光盘）

丛书特点

层次合理、注重应用： 本套丛书以循序渐进、由浅入深的合理方式向读者进行电脑软硬件知识的讲述。根据丛书以“应用”为重点的编写原则，将全书分为基础内容讲解与实战应用两部分。

图解编排、以图析文： 在介绍具体操作的过程中，每一个操作步骤后均附上对应的插图，在插图上还以“1”、“2”、“3”等序号标明了操作顺序，便于读者在学习过程中能直观、清晰地看到操作的效果，易于读者理解和掌握。

书盘结合、互动学习： 本套丛书根据读者需求，为部分图书制作了多媒体教学光盘，该光盘中的内容与图书内容基本一致，用户可以跟随光盘教学内容互动学习。

本书学习方法

我们在编写本书时，非常注重初学者的认知规律和学习心态，从语言、内容和实例等方面进行了整体考虑和精心安排，确保读者理解和掌握书中全部知识，快速提高自己的电脑应用水平。

- 语言易懂 ——在编写上使用了平实、通俗的语言帮助读者快速理解所学知识。
- 内容翔实 ——在内容上由浅入深、由易到难，采用循序渐进的方法帮助读者迅速入门，达到最佳的学习状态。
- 精彩实例 ——为了帮助初学者提高实际应用能力，本书还精心挑选了大量实例，读者只需按照书中所示实例进行操作，即可轻松掌握相应的操作步骤和应用技巧。
- 精确引导 ——在实例讲解过程中，本书使用了精确的流程线和引导图示，引导读者轻松阅读。

本书在编排体例上，注重初学者在学习过程中那种想抓住重点、举一反三的学习心态，每章的正文中还安排了“经验交流”与“一点就透”，让读者可以轻松学习。

- 经验交流 ——对初学者在学习中遇到的问题进行专家级指导和经验传授。
- 一点就透 ——对相关内容的知识进行补充、解释或说明。

本书配套光盘说明

针对初学者通过看书进行学习时，其理解和掌握速度缓慢的问题，本书特地制作了配套多媒体 DVD 光盘。通过动画角色的情景教学，读者可以轻松掌握书中讲解的内容。配套光盘具有以下特色。

- 功能强大、使用方便：具有情景对话、背景音乐更换、调节音量、光盘目录等众多功能模块，功能强大、使用方便。
- 情景教学、生动有趣：配套光盘通过老师、学生两个卡通人物真实展现学习过程，情景教学、生动有趣。

光盘使用须知：本光盘只能在电脑 DVD 光驱中播放，不能在 VCD 或 DVD 播放机中使用；如果电脑中安装有杀毒软件，可能导致本光盘无法自动播放，此时可在“资源管理器”中，双击光驱盘符，打开光盘根目录，双击“AutoRun”文件即可播放；如果读者不知如何操作该光盘，可在光盘主界面中，单击“光盘说明”按钮，查看光盘的操作说明。

本书由华杰科技集体创作，参与编写的人员有刘贵洪、李林、金卫臣、叶俊、贾敏、王莹芳、程明、李勇、冯梅、邓建功、金宁臣、潘荣、王怀德、吴立娟、苏颜等。

由于时间仓促和水平有限，书中难免有疏漏和不妥之处，敬请广大读者和专家批评指正，来函请发电子邮件：liujianzhang@ptpress.com.cn（责任编辑）或 xuedao007@163.com（编者）。

编者

2008 年 12 月

目 录

第1章 Photoshop CS3软件概述

第2章 选区的创建与编辑

第3章 图像的绘制与编辑

第 4 章　文本的输入与编辑

第 5 章　处理图像的色彩

第 6 章　图层概述及基本操作

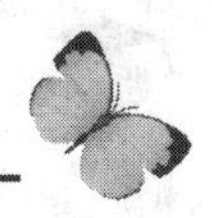

第 7 章 路径及形状工具的功能

第 8 章 使用通道

第 9 章 使用图层与蒙版

第 10 章 滤镜效果的应用

第 1 章　Photoshop CS3 软件概述

1.1　初识 Photoshop CS3 软件

Photoshop CS3 是 Adobe 公司开发的功能强大、操作便捷、应用广泛的平面图像设计软件，它提供了强大的生产效率、工作流程和超强的全新编辑工具以及突破性的复合功能，制作出的图像色彩丰富且效果逼真，多年以来一直都很受设计者的青睐。

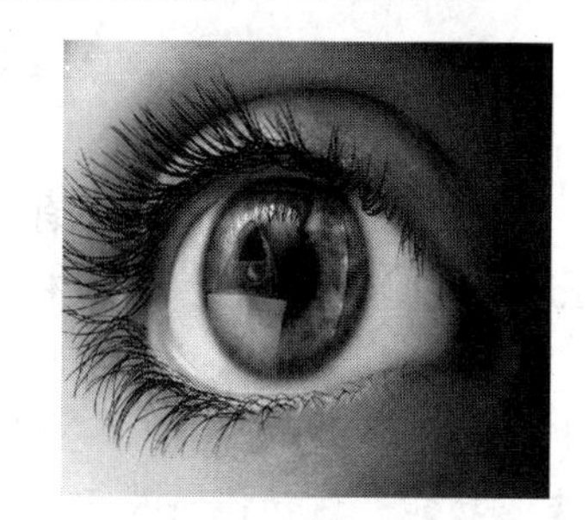

1.1.1　了解 Photoshop 的应用领域

许多人对于 Photoshop 的了解仅限于“一个很好的图像编辑软件”，而并不知道它的诸多应用。实际上，Photoshop 的应用领域是非常广泛的，从广告、网页、工业形象的创作，到三维图像的材质创作、效果图后期处理、数码照片修复等，都发挥着重要作用。

- ❖ 平面设计：是 Photoshop 应用最为广泛的领域，可以设计工业产品商标包装、图书封面，大街上看到的招贴、海报、广告，甚至网页界面等，都可以使用 Photoshop 来制作。
- ❖ 修复照片：Photoshop 具有强大的图像修饰功能。利用这些功能，用户可以快速修复破损的老照片，也可以修复人脸上的斑点等缺陷，还可为照片更换背景、为人物更换衣服和发型等。
- ❖ 广告摄影：是一种对视觉要求非常严格的工作，因此最终成品往往要经过 Photoshop 的修改才能得到满意的效果。
- ❖ 艺术文字：Photoshop 可以使文字发生各种各样的特效，利用这些艺术化处理后的文字可以为图像增加效果。
- ❖ 建筑效果图后期修饰：在制作的建筑效果图包括许多三维场景时，人物与配景包括场景的颜色就需要在 Photoshop 中增加并调整。
- ❖ 绘画：Photoshop 具有良好的绘画与调色功能，利用它们可以绘制出逼真的产品效果图和各种人物、动植物、卡通形象以及生活中看到的事物。

1.1.2　Photoshop CS3 的新增功能

Photoshop 是具有强大的图像处理功能的软件，最新推出的 Photoshop CS3 不仅外观有变

化，还新添加了许多新功能。下面介绍 Photoshop CS3 的新增功能。

- ❖ 增强 32 位高动态范围（HDR）支持：全新的对齐算法和图像处理功能提供出色的创作效果。可以创建和编辑 32 位图像，并可将多个曝光组合保留为场景的完全范围（从最深阴影过渡到最亮高光）的纯 32 位图像。
- ❖ 高级复合功能：创建更加准确的复合图像，自动对齐图层功能可以快速分析详细信息并准确地移动、旋转、变形图层。自动混合图层命令可以将颜色与阴影进行混合，以创建出平滑的、可编辑的效果。
- ❖ 智能滤镜功能：从预览视图中方便而快速地添加、删除、调整滤镜，不需要重新保存或重新开始。通过非破损智能滤镜功能能够更改可视化效果而不用更改原始像素参数。
- ❖ 简化的界面和调板管理功能：将编辑屏幕的空间最大化，同时保证基本工具可以显示和使用。调板的显示更改为便捷的、可自动调节的停靠方式来排列，能够随意扩大或缩小，甚至缩小为监视器边缘自动展现的带区。
- ❖ Adobe Bridge CS3 软件：可以更加有效地管理并组织图像，提供增强的性能、更易于搜索的“滤镜”调板，以及在单一缩略图管理器下组合多个图像的能力、放大镜工具、脱机图像浏览等。
- ❖ 增强的消失点功能：该功能将基于透视的编辑提高到了一个全新的水平，这使得在一个图像内能够创建多个平面，并以任何角度将其连接，围绕其绕排图形、文本和图像等来创建打包模仿。
- ❖ 快速选择和调整边缘功能：在图像区域内绘图时，可以使用快速选择工具自动地快速进行选择，再使用调整边缘工具对目标进行微调操作。
- ❖ 黑白转换功能：能够轻松地将彩色图像转换为黑白图像，通过新工具调整色调浓淡。软件包含黑白预设，用户也可以自由创建和保存自定义预设来达到多种精彩的效果。

1.1.3 Photoshop 图像图形基础知识

学习 Photoshop 首先要掌握图像和图形概念方面的知识，下面介绍位图、矢量图、像素和分辨率等图像和图形的相关概念。

1. 像素和分辨率

图像的像素和分辨率是图像处理中非常重要的概念，两者各自的特点如下。

- ❖ 像素：在 Photoshop 中，像素是构成图像的最小单位，图像是由一个一个点组成的，每一个点就是一个像素，每个像素都有不同的颜色值。单位面积内的像素越多，分辨率就越高，图像的效果也就越好。
- ❖ 图像分辨率：指图像中每单位打印长度上的像素数目，它决定图像的清晰度，其单位为“像素/英寸”。当分辨率增加时，文件的大小也会随之增加。分辨率可以分为图像分辨率、显示器分辨率和打印机分辨率。

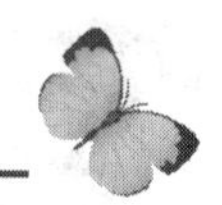

◆ 分辨率不仅与图像本身有关，还与显示器、打印机、扫描仪等计算机的相关设备有关。在实际应用中应合理地确定图像的分辨率，例如，用于打印的图像的分辨率可以设高一些，在图像较小时设为 150 像素/英寸左右，图像大于纸张尺寸时设为 72 像素/英寸；用于网络的图像的分辨率可以设低一些，一般设为 72~96 像素/英寸；用于屏幕显示的图像的分辨率也可以设低一些，一般设为 72 像素/英寸，因为显示器本身的分辨率不高。另外，矢量图形与分辨率无关，因为它并不是由像素组成的。

2. 图像和图形的区别

图像和图形的区别也可以说是位图与矢量图的区别。在计算机中，图像是以数字方式来记录、处理和保存的，这种以数字方式存储的图像文件可以分为两大类：位图和矢量图。在绘图和图像处理过程中，这两种类型的图像可以相互交替运用，取长补短。

❖ 位图：位图又称点阵图，是由许多颜色不同的色块组成的，其中每一个色块就是一个像素，每个像素只显示一种颜色。由于一般位图图像的像素都非常多，而且每个像素非常小，所以看起来依然是很细腻的图像，但在对位图放大到一定的比例后便会看到许多的色块，即人们常说的马赛克效果。

❖ 矢量图：矢量图也叫向量图，是通过数学公式定义的线条和曲线。数学公式根据图像的几何特性来描绘图像。矢量图与分辨率无关，它最大的特点是不会因为显示比例等因素的改变而降低图形的品质。

◆ 矢量图适于表现清晰的轮廓，常用于卡通图片的制作。它文件存储量小、可随意缩放、可按任意分辨率打印都不会影响图像的清晰度。位图的优点是所表现的效果真实、细腻。位图主要应用于广告设计领域，但其文件尺寸较大，并且图像分辨率大小决定图像的清晰度。数码照片和扫描的图像都是位图。

3. 图像文件的常用格式

图像文件格式是在计算机中存储图像文件的方法，不同的文件格式代表不同的图像信息，而每一种格式都有它的特点和用途，下面介绍一些常见的图像文件格式。

- PSD 格式：Photoshop 软件的专用文件格式，是唯一能支持全部图像色彩模式的格式。PSD 格式保存的图像可以包含图层、通道及色彩模式。具有调节层、文本层的图像也可以用该格式保存。文件的容量较大，可随时进行修改。
- BMP 格式：微软专用的图像文件格式，也是一种标准的点阵式图像文件格式。支持 RGB 模式、位图模式、灰度模式等，但不支持 Photoshop 中的 Alpha 通道，不能使用通道编辑文件。
- GIF 格式：是 256 色 RGB 图像格式，是压缩文件格式，用于网络传输，可以使文件的容量达到最小，从而缩短传输时间，同样不支持 Alpha 通道。此外，还可以利用 ImageReady 制作 GIF 格式的动画。
- JPEG 格式：JPEG 文件格式既是一个文件格式，又是一种压缩技术。在保存时能够将很多肉眼无法看到的图像像素删除，从而高效地压缩文件。JPEG 图像文件格式主要用于图像预览。
- TIFF 格式：是一种应用非常广泛的图像文件格式，是为色彩通道图像创建的最有用的格式，可以在不同的平台和应用软件间交换信息。该格式支持 RGB、CMYK、Lab、Indexed Color、BMP、灰度等色彩模式，而且在 RGB、CMYK 以及灰度等模式中支持 Alpha 通道的使用。
- EPS 格式：是排版专用格式，可包含位图、矢量图、图形、页面排版等。在打印时以较高的分辨率输出，这是其最显著的优点。支持 Photoshop 中的所有色彩模式，但不支持 Alpha 通道。
- TGA 格式：是计算机生成图像向电视转换的一种首选格式，其最大的特点是可以做出不规则形状的图形、图像文件。它支持压缩，使用不失真的压缩算法，它也支持

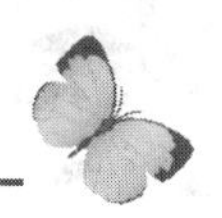

Alpha 通道。TGA 格式通常较少使用。

1.1.4 Photoshop 的工作界面和功能

了解了 Photoshop 的应用领域并掌握了一些基本概念之后，下面来认识 Photoshop CS3 的工作界面及其功能。Photoshop 软件的工作界面由标题栏、菜单栏、工具属性栏、工具箱、图像窗口、状态栏和调板等组成。

1. 菜单栏

菜单栏位于标题栏下方，是 Photoshop 的重要组成部分。软件将大部分命令都集合在相应的菜单下，包含“文件”、“编辑”、“图像”、“图层”、“选择”、“滤镜”、“视图”、“窗口”和“帮助”共 9 个菜单。

- 使用某个菜单命令时，将鼠标移到菜单名上单击，便会弹出其下拉子菜单，可以从中选择使用的命令。
- 菜单栏命令后带有“...”符号的，表示单击该菜单将弹出一个对话框。
- 菜单栏命令后带有“▸”符号的，表示该菜单下含有子菜单。
- 某些菜单命令中还有相应的快捷键，也就是说该命令可以用鼠标单击选择，也可使用快捷键选择。

2. 标题栏

软件窗口的标题栏分为两部分，左边所显示的是软件的名称及版本，右边的 3 个图标 ▭▭☒ 依次为将软件窗口最小化、最大化和关闭。

3. 工具箱

打开 Photoshop CS3，位于工作界面左侧的便是工具箱，工具箱中大约包含了 60 余种工具，如下图所示。这些工具大致可分为选框工具、移动工具、绘图工具、修饰工具、颜色设置工具、路径工具、文字工具以及一些相关的辅助工具。通过这些工具，用户可以方便地绘制、编辑、处理各种图像。

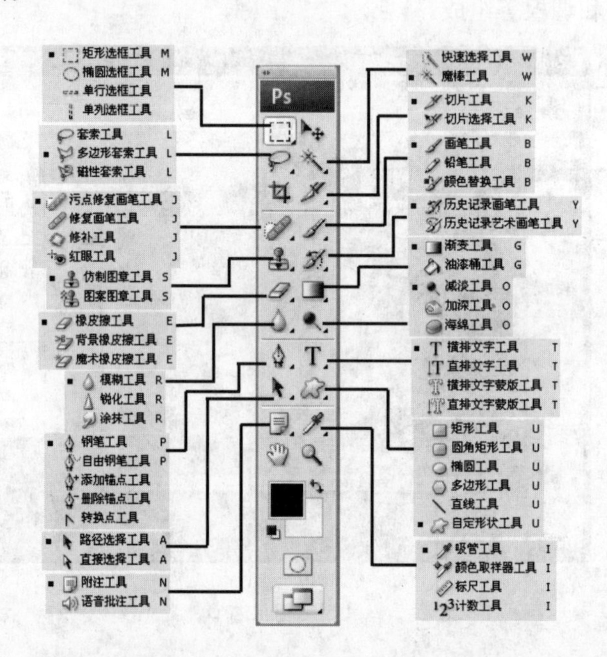

- 在 Photoshop 中，工具箱是可以随意移动的，只要将鼠标放在工具箱上方的蓝条上拖动鼠标即可，每一个工具都有其所对应的快捷键。
- 在工具箱的底部还有 3 个按钮：用来控制填充色的前景色与背景色按钮，用来控制编辑模式的快速蒙版按钮，用来控制画面显示模式的按钮。

4. 工具属性栏

工具属性栏位于菜单栏的下方，用于设置工具箱中所选工具的属性。当选中工具箱中的工具时，可以通过工具属性栏为该工具设定各种属性和参数。工具属性栏会随着所选工具的不同而变化。

5. 调板的使用

Photoshop 为用户提供了多个使用方便的调板，其位于图像窗口的右侧。调板浮动在图像

的上方，不会被图像所覆盖，其主要功能是用来观察编辑信息、选择颜色、管理图层、通道、路径和历史记录等。

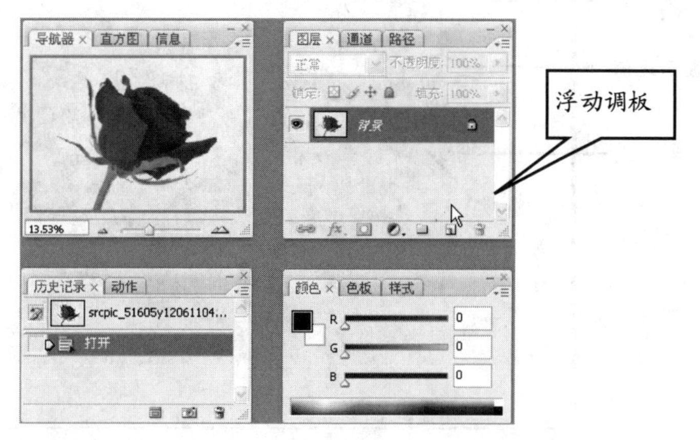

调板浮动在 Photoshop 工作界面中，用户可以根据需要从菜单“窗口”内选中要显示或隐藏的调板工具。

调板的位置不是固定不变的，可以放置于屏幕的任何位置。通过以下操作可进行位置的调整、改变大小、复位调板位置、拆分等操作。

- ❖ 用鼠标拖拉调板组的标题栏即可将其移动。
- ❖ 选择“窗口”|“工作区”|“复位调板位置”命令可复位所有调板的位置。
- ❖ 拖动调板的标题栏到另一位置即可将调板从调板组中分离出来。
- ❖ 拖动调板到原来的调板组即可将拆分开的调板还原。
- ❖ 用鼠标拖拉调板的边线即可调整调板的大小。

6. 状态栏的功能

在 Photoshop 中，位于图像窗口底部的是状态栏，状态栏显示当前编辑图像的相关信息，如当前图像的放大倍数、文件大小等。

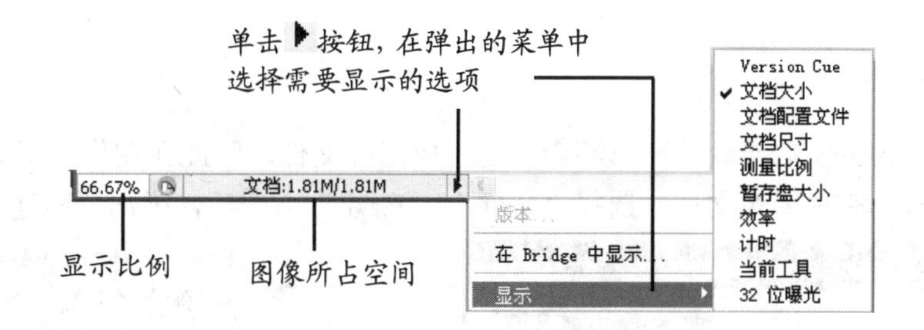

7. 认识图像窗口

图像窗口是用于浏览文件、创建文件和编辑文件的区域，也是绘制图像和处理图像的区域。图像窗口带有自己的标题栏和调节窗口，用户可以随意改变窗口大小和位置，也可以对窗口进行缩放、最大化和最小化等控制。图像的各种编辑处理都是在此区域进行的。

启动 Photoshop 后，图像窗口并不会直接打开，而是需要新建或打开某个图像文件后才能出现图像窗口。

1.2 Photoshop 的基本操作

在认识了 Photoshop 软件后，下面来学习关于 Photoshop 的一些基本操作，包括图像文件的新建、打开、关闭和存储以及图像显示的调整、图像画布的调整、颜色的设置和辅助工具的使用方法等内容。

1.2.1 文件菜单的基本操作

文件菜单提供了对文件的基本编辑操作命令，例如新建、打开、保存、另存为、浏览、置入、导入、导出等。这里不仅可以管理文件，还可以利用置入、导入、导出等功能进行软件间的交流。

1. 新文件的创建

启动 Photoshop 后，软件窗口不会自动生成图像文件，因此在制作一幅图像文件之前，首先要创建一个空白图像文件。选择“文件”|“新建”命令后，弹出“新建”对话框。

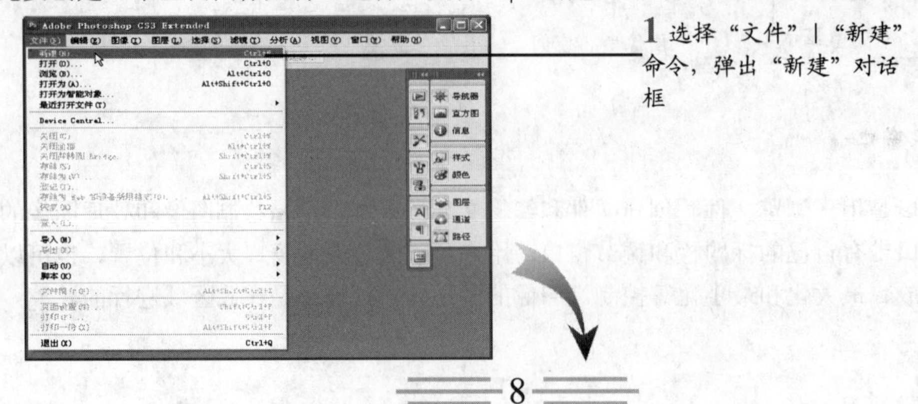

2 在弹出的“新建”对话框中，可以设置新的图像文件的名称、预设大小、分辨率、颜色模式和背景内容等参数

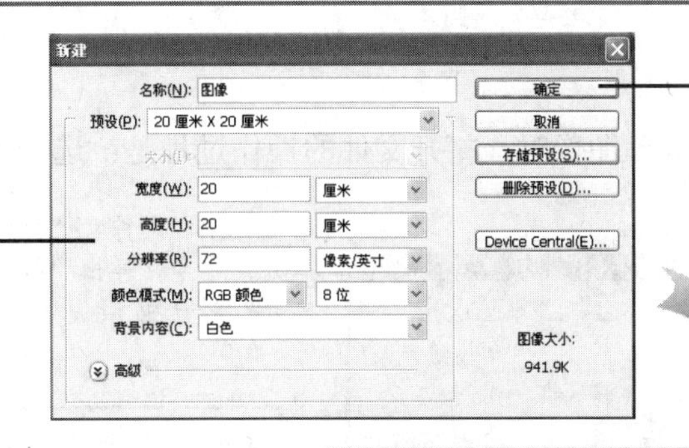

3 单击“确定”按钮即可完成图像文件的创建

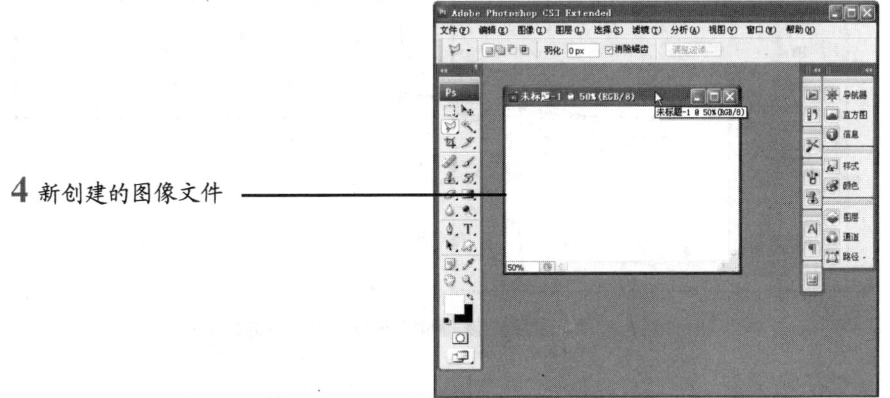

打开“新建”对话框的方法有以下几种。

❖ 选择“文件”|“新建”命令。

❖ 按 Ctrl+N 组合键。

❖ 按住 Ctrl 键不放，用鼠标左键双击工作界面即可。

在“新建”对话框中需要设置以下图像文件参数：

❖ 名称栏：名称(N): 未标题-1 位于其右侧的窗口中，可以输入新建文件的名称，在默认情况下为“未标题-1”。

❖ 预设栏：在名称栏的下方，提供了软件自带的各种类型的标准纸张尺寸，用户也可自定纸张大小。

❖ 宽度和高度栏：宽度和高度决定新建文件的尺寸，在其后面的选择框里可以设置所使用的单位，其中包括“像素”、“英寸”、“厘米”、“毫米”、“点”、“派卡”和“列”等。

❖ 分辨率栏：主要是用来设置新建文件的分辨率，后面的选择框可以设置需要使用的单位，其包括“像素/英寸”和“像素/厘米”。

❖ 颜色模式栏：用来设置新建文件所使用的模式，其中包括位图模式、灰度模式、RGB 模式、CMYK 模式和 Lab 模式 5 个选项，绘图中主要使用的是 RGB 模式和 CMYK 模式。

❖ 背景内容栏：用来决定新建文件的背景颜色，当选择“白色”选项时，所创建的文件背景色为白色。当选择“背景色”选项时，所创建的文件与当前工具箱中背景色相同的颜色文件。当选择“透明”选项时，所创建的文件背景为透明。

2. 打开图像文件

在使用 Photoshop 处理图像时，打开文件的操作过程是：选择“文件”|“打开”命令，弹出“打开”对话框。

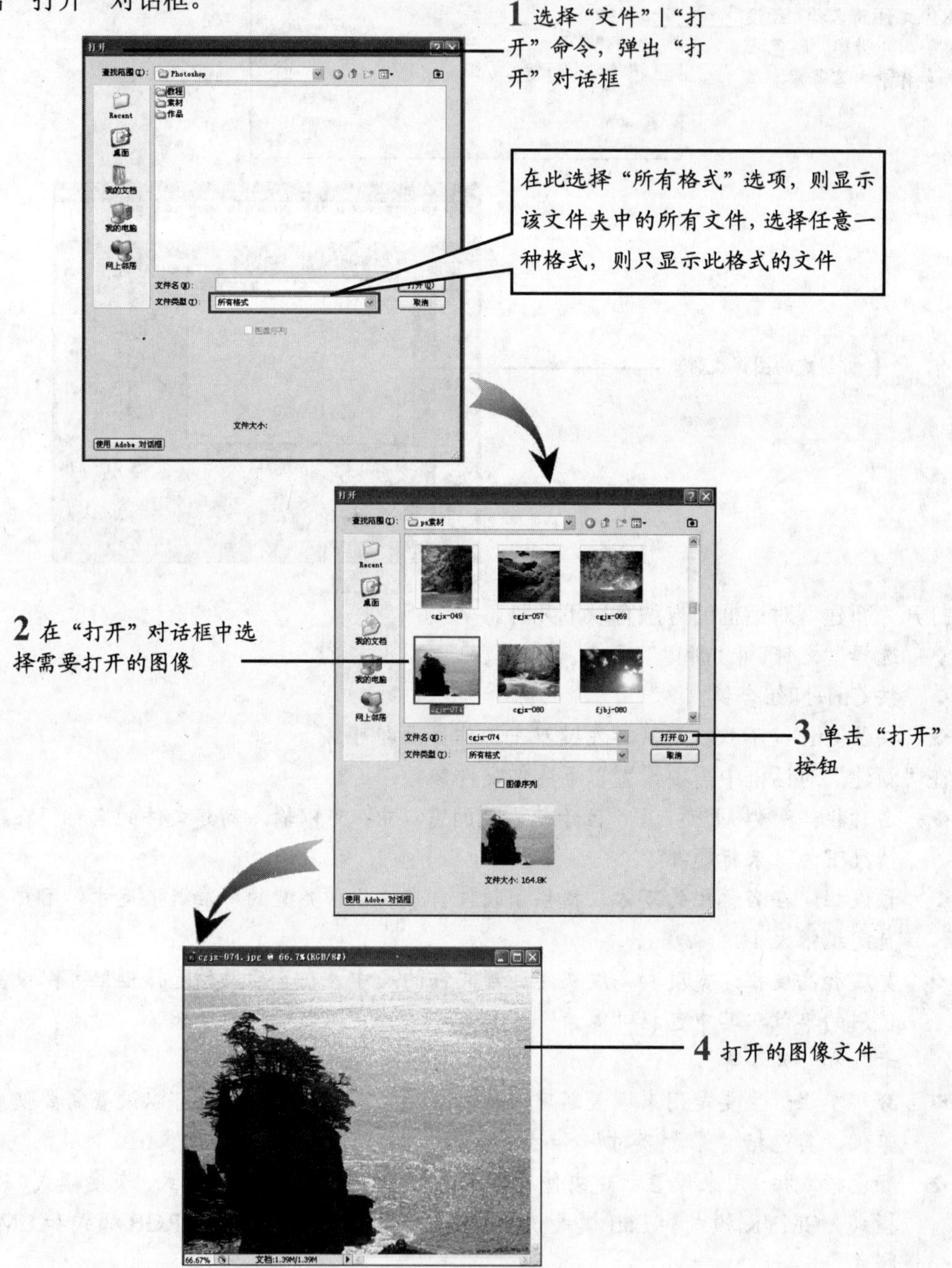

打开文件的方法如下。

❖ 选择“文件”|“打开”命令。

❖ 按 Ctrl+O 组合键。

❖ 将鼠标放在工作界面上，双击鼠标左键即可打开。

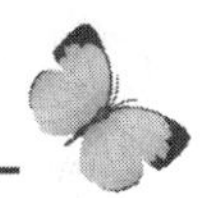

在“文件类型”下拉列表中选择要打开的文件格式。若选择“所有格式”选项，则全部文件都会被显示出来；若选择特定的文件格式，则只在对话框中显示该文件格式的文件。

3. 关闭图像文件

在不需要编辑某个图像文件或者要退出某个图像文件时，只需要关闭该图像对应的文件窗口就可以了。

关闭文件的方法如下。

- ❖ 选择 “文件” | “关闭” 命令。
- ❖ 按 Ctrl+W 组合键。
- ❖ 用鼠标单击图像窗口右上角的☒按钮。
- ❖ 选择 “文件” | “关闭全部” 命令，可以关闭所有打开的图像文件。

如果正在关闭的图像文件是未保存的图像文件，则会弹出一个提示对话框，询问是否在关闭图像文件前保存。

一点就透

- ◆ 在此对话框中单击 是(Y) 按钮，程序会保存该图像文件，如果该图像文件是未存储过的新文件，那么程序会弹出“存储”对话框。选择保存后文件窗口自动关闭。
- ◆ 在此对话框中单击 否(N) 按钮，该图像文件将不被保存直接关闭。
- ◆ 在此对话框中单击 取消 按钮，则会取消关闭操作，返回到图像编辑窗口。

4. 保存图像文件

当一幅作品编辑完后，就需要将编辑好的作品保存。其操作过程是：选择“文件” | “存储”命令，即可将当前编辑好的文件保存起来。如果该文件是第一次保存，那么当选择“文件” | “存储”命令后，便会弹出“存储”对话框。

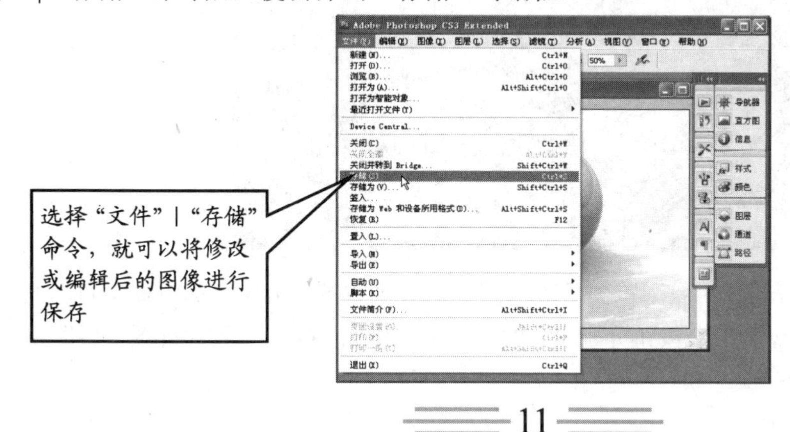

存储文件的常用方法有两种：

❖ 选择“文件”|“存储”命令；

❖ 按 Ctrl+S 组合键。

5. 置入与导入导出图像文件

Photoshop 中的“置入、导入和导出”等操作主要用于图像与图形间的交流，以及 Photoshop 与其他绘图软件之间的交流。下面就来看看如何进行“置入”操作。

Photoshop 可以将其他绘图软件绘制的图像置入到 Photoshop 中进行编辑使用，其主要功能是将矢量图像文件转换成点阵图像文件。置入时的文件格式必须保存为可置入的文件类型，如 EPS、AI 和 POF，其方法是选择“文件”|“置入”命令。

在“置入”对话框中的查找范围栏中选择要置入的文件，然后在文件类型栏中选择需要置入的图像格式。填写好信息后用鼠标单击“置入”按钮，在图像窗口中出现一个对象控制框，这里可以随意地控制调整图像的大小而不改变图像的质量。调整完成后双击图像或按 Enter 键即可置入图像文件。

导入文件是与外围的输入设备连接进行图片的导入。

导出文件是将 Photoshop 中的图像文件导出至图形软件，但文件格式必须为“*.ai”文件。

1.2.2 使用 Adobe Bridge 图像浏览器

Adobe Bridge 是 Photoshop 中的图像浏览器，通过它可以以列表缩览图的方式查找并打开图像文件。Adobe Bridge 可查看和管理所有的图像文件。在 Photoshop 中要浏览图像时，可以选择“文件”|“浏览”命令或者按 Alt+Ctrl+O 组合键，也可以用鼠标单击工具属性栏右侧的“转到 Bridge”按钮，打开“Adobe Bridge”窗口。打开图像浏览器后可以在目录中查找和选择图像文件的所在路径，然后在缩略图窗口浏览并选择图片、打开图片，也可直接用鼠标双击该图像文件的缩览图。

如果需要在 Adobe Bridge 图像浏览器里改变浏览图像的方式，可用鼠标单击浏览器窗口右下角的 3 个按钮来完成，这 3 个按钮分别是：“默认视图”按钮、“胶片视图”按钮、“详细信息视图”按钮。

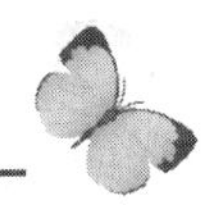

1.2.3 对图像显示的调整

在使用 Photoshop 绘图或编辑时，可以根据需要同时打开多个图像窗口，其中当前编辑窗口在最前面。为了操作方便，用户可以对多个图像窗口进行排列顺序设置和自由切换。

1. 排列与切换图像窗口

在 Photoshop 中打开多个图像窗口时，工作界面会显得很零乱。用户可以通过以下操作来整理工作界面，选择“窗口”|“排列”|“层叠”、“水平平铺”、“垂直平铺”或“排列图标”命令。

当需要在打开的多个图像窗口间进行切换时，可以直接单击需要编辑的图像窗口，也可使用 Ctrl+Tab 组合键或 Ctrl+F6 组合键来回切换图像窗口。

2. 调整图像窗口的位置与尺寸

当需要编辑的窗口未处于最大化状态时，可将光标移至图像窗口的标题栏上按鼠标左键拖动，然后移动图像窗口至满意的位置后释放鼠标即可调整窗口位置。

在不同的情况下，调整尺寸的方法也不同，以下提供了几种调整文件窗口的方法。

- 图像的最小化：单击最小化按钮将图像窗口最小化。
- 图像的最大化：单击最大化按钮将图像窗口最大化。
- 改变图像窗口的尺寸：光标放置于图像窗口边框上，当鼠标指针变为↕、↔、↘或↙形状时，按鼠标左键不放拖动即可。

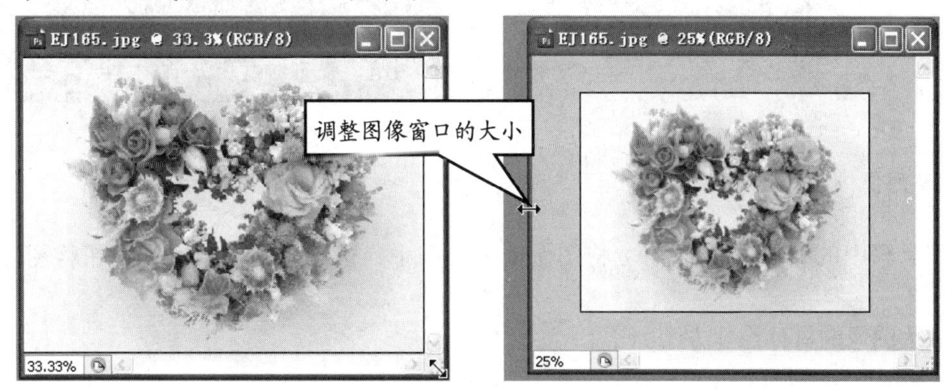

3. 切换屏幕显示

在 Photoshop CS3 的工具箱中，软件提供了 4 种可相互切换的屏幕显示模式，分别是“标准屏幕模式”、“最大化屏幕模式”、“带有菜单栏的全屏模式”和“全屏模式”。用鼠标单击不同的按钮，屏幕将切换到不同的显示模式，同时还可以按 F 快捷键来切换。

❖ 标准屏幕模式：当单击该按钮时，在标准模式下窗口内可显示 Photoshop 所有项目。
❖ 最大化屏幕模式：当单击该按钮时，图像窗口的标题栏会显示在软件标题栏的后面。
❖ 带有菜单栏的全屏模式：当单击该按钮时，窗口内只显示菜单栏、工具栏、工具属性栏、图像显示区域和浮动调板。
❖ 全屏模式：当单击该按钮时，窗口背景变成黑色，此时可以非常清晰地观看图像效果，按 Tab 键，在背景色不变的同时隐藏 Photoshop 中的所有项目，再依次按 Tab 键和 F 键即可回到标准编辑状态。

4. 调整图像缩放比例

工具箱中的缩放工具，可将图像放大或缩小，也可用鼠标双击此按钮将图像 100% 显示。

放大图像的具体操作方法如下。

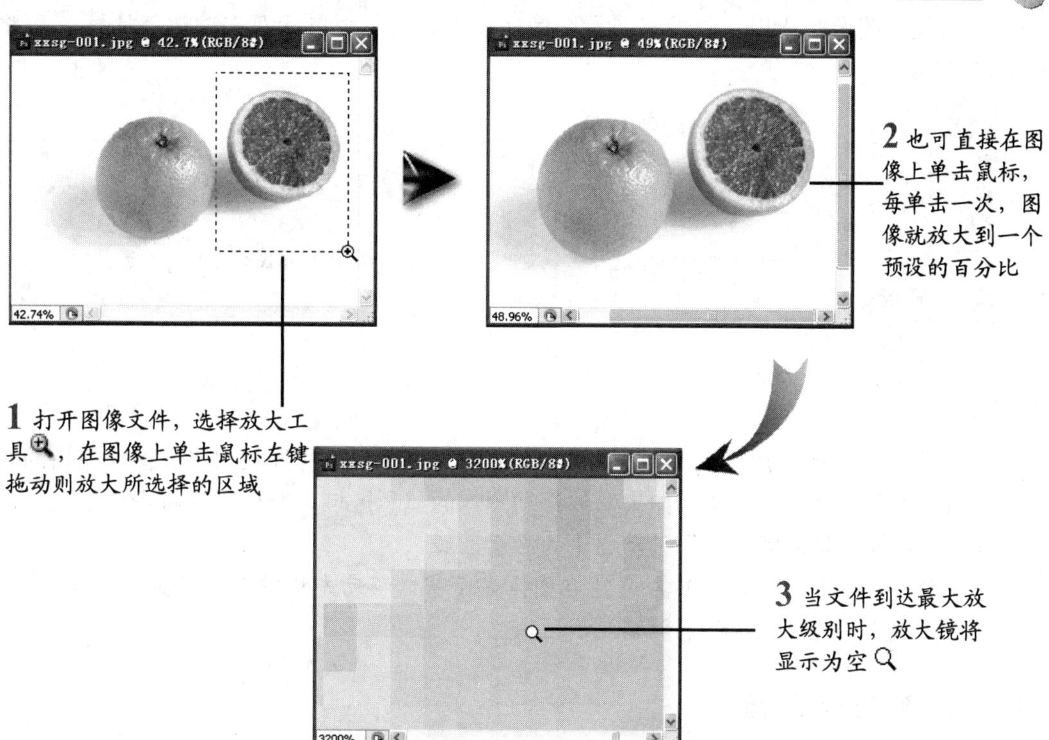

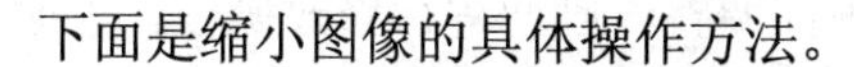

下面是缩小图像的具体操作方法。

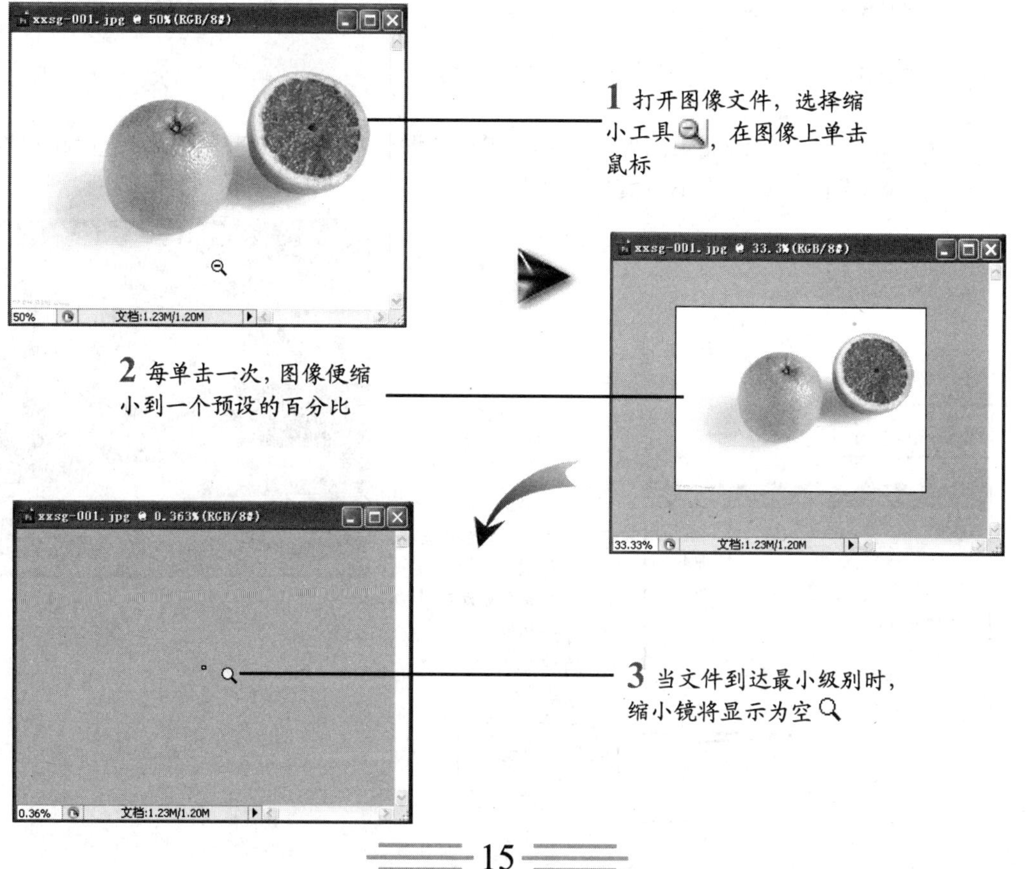

100%显示图像是指以实际像素显示图像，在工具箱中用鼠标双击缩放工具，可将图像 100%显示。

- 选择工具箱中的缩放工具后，在图像窗口中单击鼠标右键，在弹出的菜单中选择“实际像素”命令即可将图像 100%显示。
- 在 Photoshop 菜单栏中选择“视窗/实际像素”命令也可将图像 100%显示。

一点就透

5. 移动显示区域

在使用 Photoshop 绘图中，当图像大于图像窗口显示时，程序将自动在图像窗口的右方和下方出现垂直和水平的滑块。如果需要移动图像的显示区域，有以下几种操作方法。

- 用鼠标直接拖动滑块来移动图像的显示区域。
- 在工具箱中选择抓手工具，在图像显示窗口移动光标即可移动显示区域。
- 使用“导航器”调板来调整显示区域。

1.2.4 对图像画布的调整

在使用 Photoshop 工作中，经常需要对图像画布进行调整，以便进行修改操作。下面一起来学习调整图像的方法。

1. 调整画布大小

当使用 Photoshop 绘制编辑图像时，有时需要在图像周围增加空白区域，这时可以选择“画布大小”命令改变画布大小，具体操作如下。

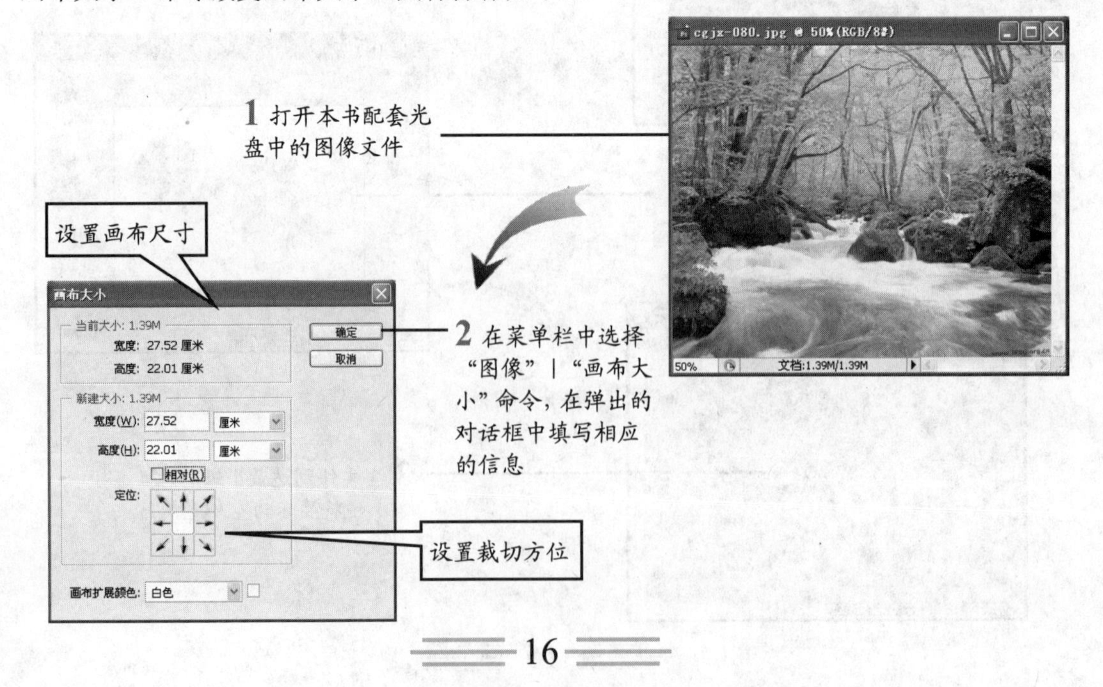

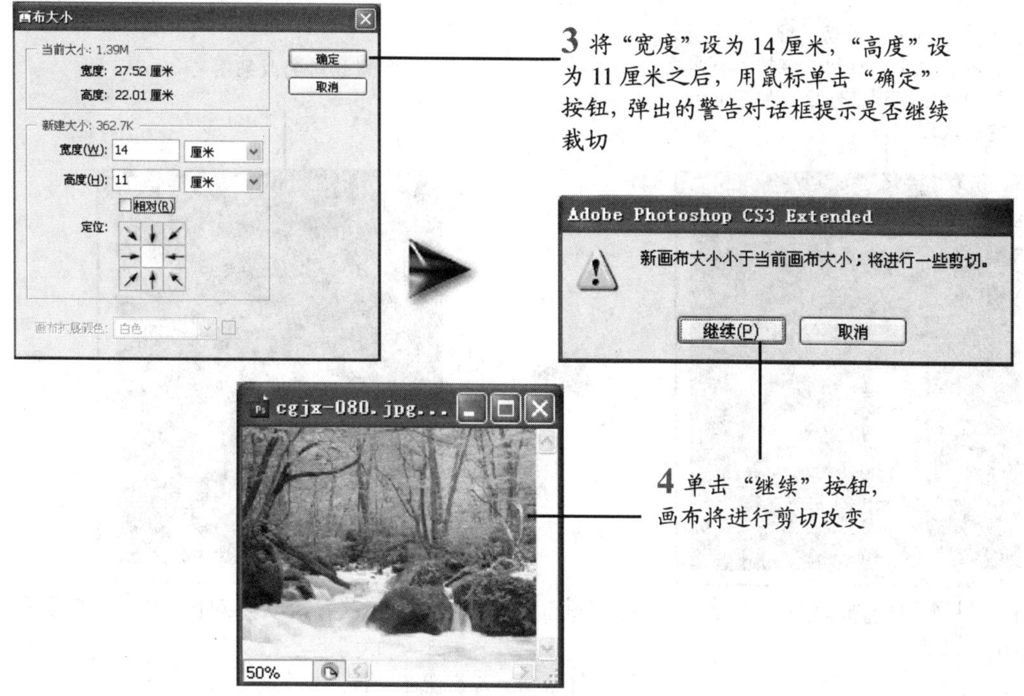

2. 使用裁切工具裁切图像

学习了通过设置画布大小来裁切图像后,下面介绍一种更为直观的裁切图像的方法。使用裁切工具可以任意对图像进行裁切,具体操作方法如下。

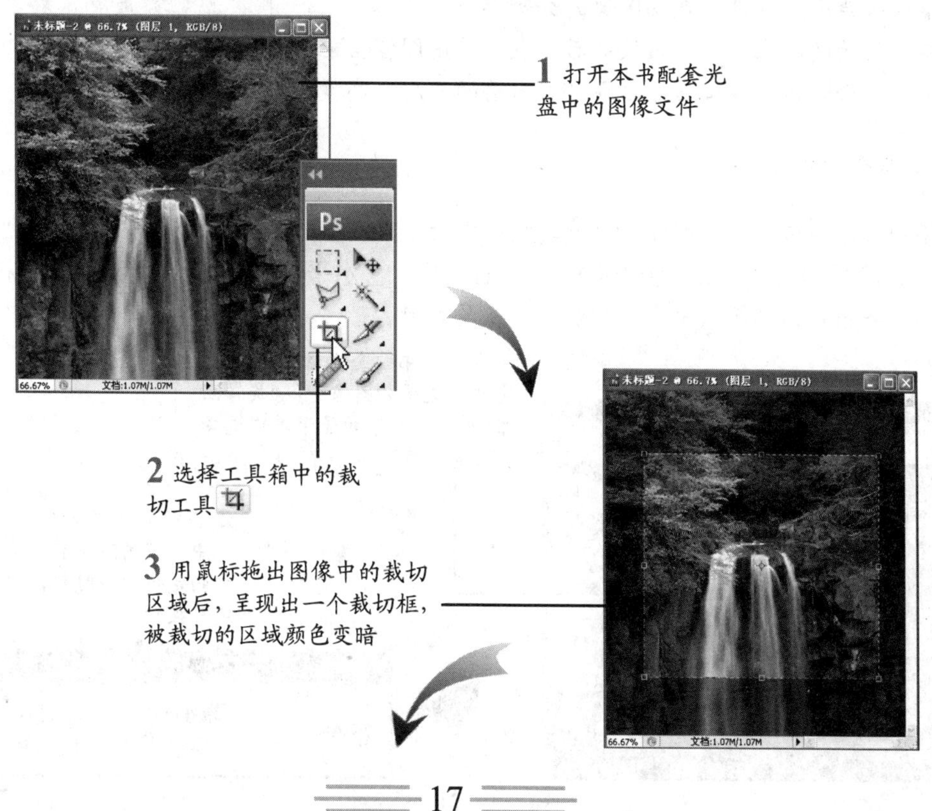

4 裁切框可以移动、缩放、旋转，但不能扭曲、斜切、翻转。将需要裁切的区域调整好后，按下 Enter 键确认即可

5 裁切后的效果图

在工具箱中选择裁切工具后，可对其工具属性栏进行设置，以便对图像文件进行精确的裁切。

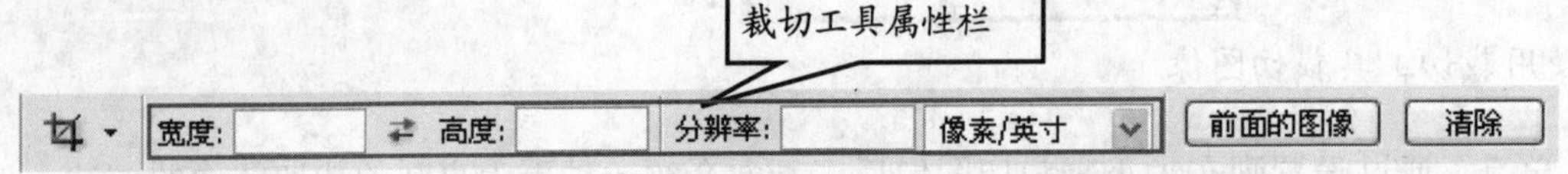

❖ 宽度和高度：在此可将需要裁切区域的数值直接输入。
❖ 分辨率：可设置裁切图像的分辨率。
❖ 前面的图像：单击该按钮后，表示使用图像当前的长宽比。
❖ 清除：单击该按钮后，即可将当前的宽度、高度和分辨率数值清除。

3. 改变画布的方向

用户可以通过选择“图像”|“旋转画布”命令来调整画布方向，该命令中包括“180°”、“90°（顺时针）”、“90°（逆时针）”、“任意角度”、“水平翻转画布”以及“垂直翻转画布”等操作。下面介绍“任意角度”的操作方法及效果。

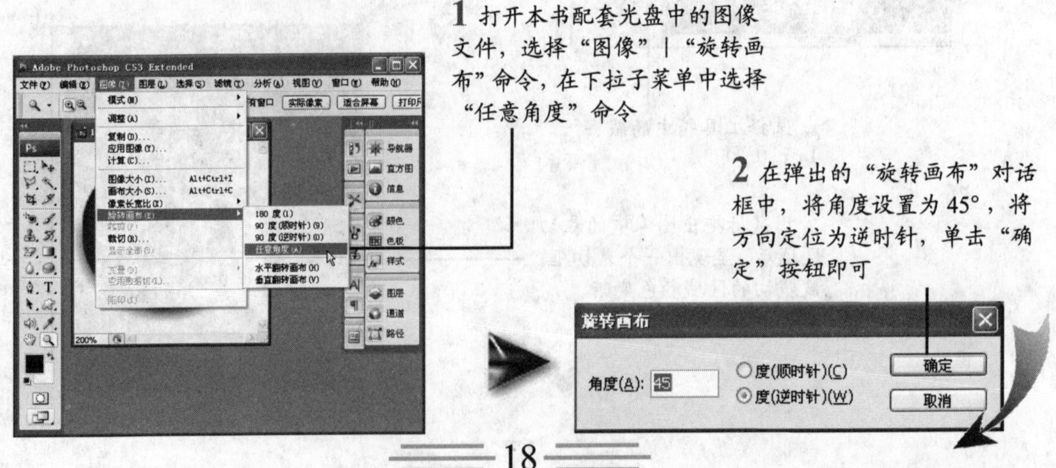

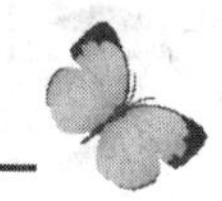

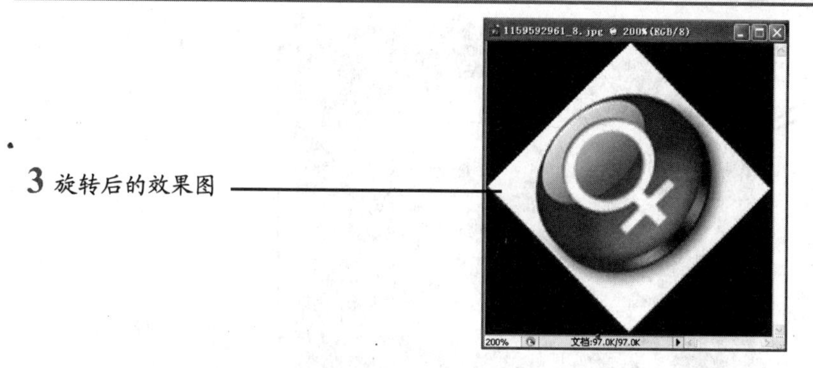

3 旋转后的效果图

1.2.5 图像处理中辅助工具的使用

在 Photoshop 软件中，为了更精确地定位和选择图像，软件提供了一些辅助工具以供用户使用，下面简单加以介绍。

1. 使用标尺与参考线

在图像绘制中，标尺和参考线可以精确定位图像的位置。

❖ 打开或关闭标尺：可选择 "视图" | "标尺" 命令打开或关闭，也可按 Ctrl+R 组合键打开或关闭。
❖ 创建参考线：首先，将鼠标放置在图像窗口右方或上方的标尺上，单击鼠标左键不放将其拖入图像窗口中，即可创建水平或垂直的参考线；其次，可选择 "视图" | "新建参考线" 命令，在弹出的对话框中设置 "取向" 和 "位置" 后，单击 "确定 "按钮即可。参考线可以根据需要创建多条。
❖ 移动参考线：选择工具箱中的移动工具，或者按 Ctrl 键不放，将鼠标放在参考线上，鼠标呈现后按鼠标左键不放，拖动到合适的位置即可。
❖ 隐藏或显示参考线：可选择 "视图" | "显示" | "参考线" 命令，也可按 Ctrl+H 组合键显示或隐藏参考线。
❖ 删除参考线：如果需要删除所有的参考线，可选择 "视图" | "清除参考线" 命令，但如果只需删除一条或几条参考线，可以用鼠标直接将其拖出图像即可。
❖ 锁定参考线：可选择 "视图" | "锁定参考线" 命令即可。
❖ 设置参考线属性：可选择 "编辑" | "首选项" | "参考线、网格和切片和计数" 命令，在这里可以改变参考线的颜色、样式等。

2. 应用网格与度量工具

Photoshop 中网格与度量工具都用于更精细地定位和操作。网格工具主要用于参考线的对齐；度量工具可随意测量两点间的距离和角度。

❖ 网格：选择 "视图" | "显示" | "网格" 命令后，即可在图像窗口中显示网格。
❖ 度量工具：选择工具箱中的度量工具，在需要测量的起点单击，然后拖动鼠标至测量终点，此时可在其 "信息" 栏中查看测量数据。

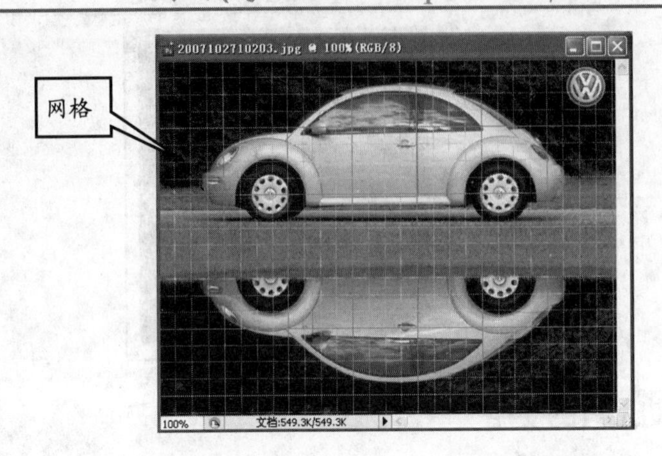

1.2.6 设置前景色和背景色

在使用 Photoshop 绘制图像或编辑图像时，需要对颜色进行设置。Photoshop 软件中提供了多种选取和设置颜色的方法，用户可以根据绘图时的需要来选择合适的方法。

1. 使用拾色器工具设置颜色

位于工具箱的下方有两个色块，上面黑色的色块用于设置前景色，下面白色的色块用于设置背景色。

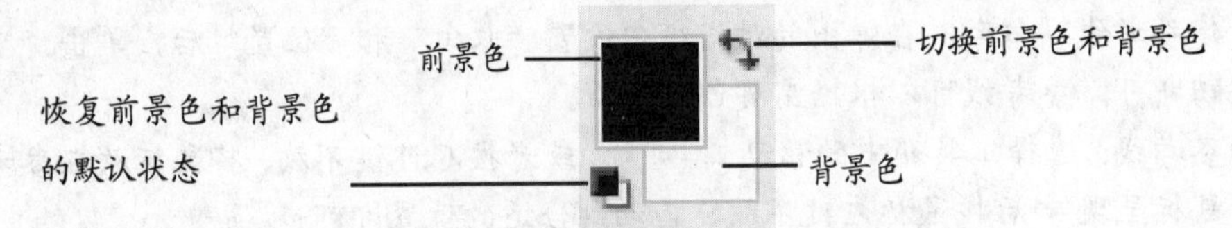

"拾色器"对话框是用来设置前景色、背景色以及文本的颜色。单击工具箱中的"前景色"按钮或"背景色"按钮，即可弹出"拾色器"对话框。

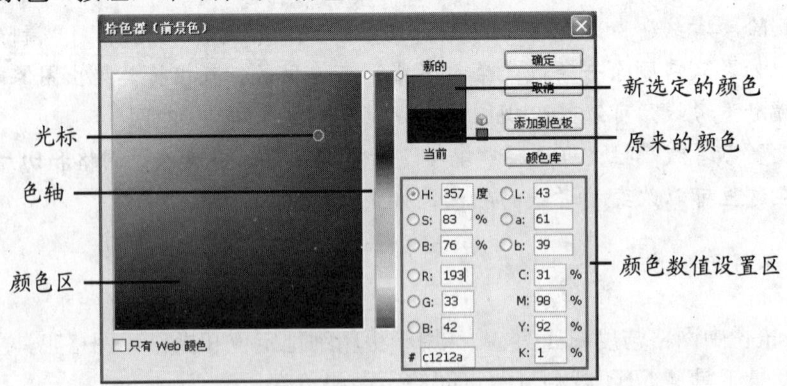

❖ 颜色区：位于"拾色器"对话框左侧的是颜色区，在此可直接单击选取所需的颜色。
❖ 色轴：用鼠标单击拖动色轴的滑块▷◁，可以改变颜色区的主色调。
❖ 颜色数值设置区：在此可以通过直接输入数值来选择颜色。
❖ "颜色库"按钮：单击该按钮，弹出"颜色库"对话框，在其左侧的颜色列表中显

示出与前颜色同一色系的颜色。

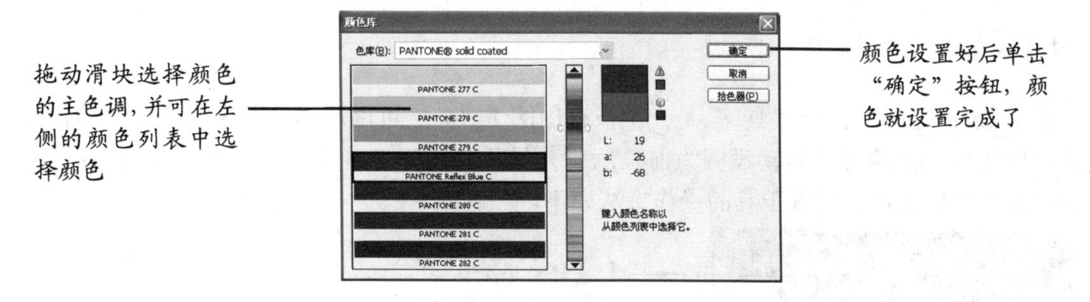

2. 使用“颜色”调板设置颜色

“颜色”调板显示的是当前前景色和背景色值。使用“颜色”调板中的滑块，可以编辑出几种颜色模式不同的前景色与背景色，也可以在“颜色”调板底部的颜色取样框中获取前景色和背景色。选择“窗口”|“颜色”命令可以打开“颜色”调板。

3. 使用色板工具设置颜色

色板工具主要用来存储一些常用的颜色，该调板中的颜色是软件预先设置好的，为方便编辑过程中快速选择颜色。选择“窗口”|“色板”命令可以打开色板工具。

- ❖ 在色板中设置前景色时，可用鼠标直接单击“色板”调板中的色块即可。
- ❖ 在色板中设置背景色时，在按住 Ctrl 键的同时用鼠标单击色块。
- ❖ 在色板中添加色样，首先要在“拾色器”或“颜色”调板中将颜色设置好，然后将鼠标移至色板中的空白区，此时鼠标呈现，单击弹出“色板名称”对话框，输入色样名称后单击“确定”按钮就可添加成功。

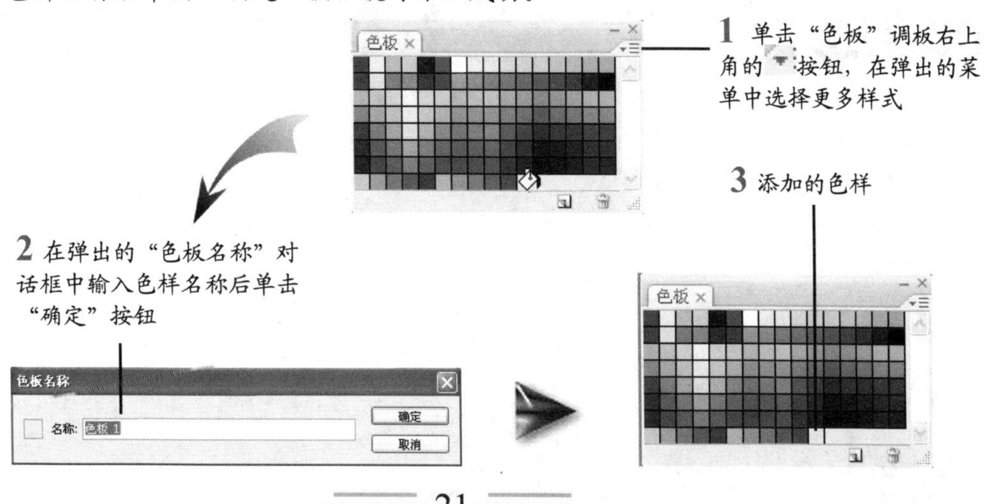

❖ 要想将色样删除，可按 Alt 键，看到鼠标呈现剪刀状时单击要删除的色样即可。

4. 使用吸管工具设置颜色

在 Photoshop 中，吸管工具是一个很有用的工具，它可以从当前图像或屏幕上的任何位置获取色样，并将颜色自动设置为前景色或背景色。选择吸管工具后，可以在其属性栏中设置取样的大小。吸管工具的操作方法如下。

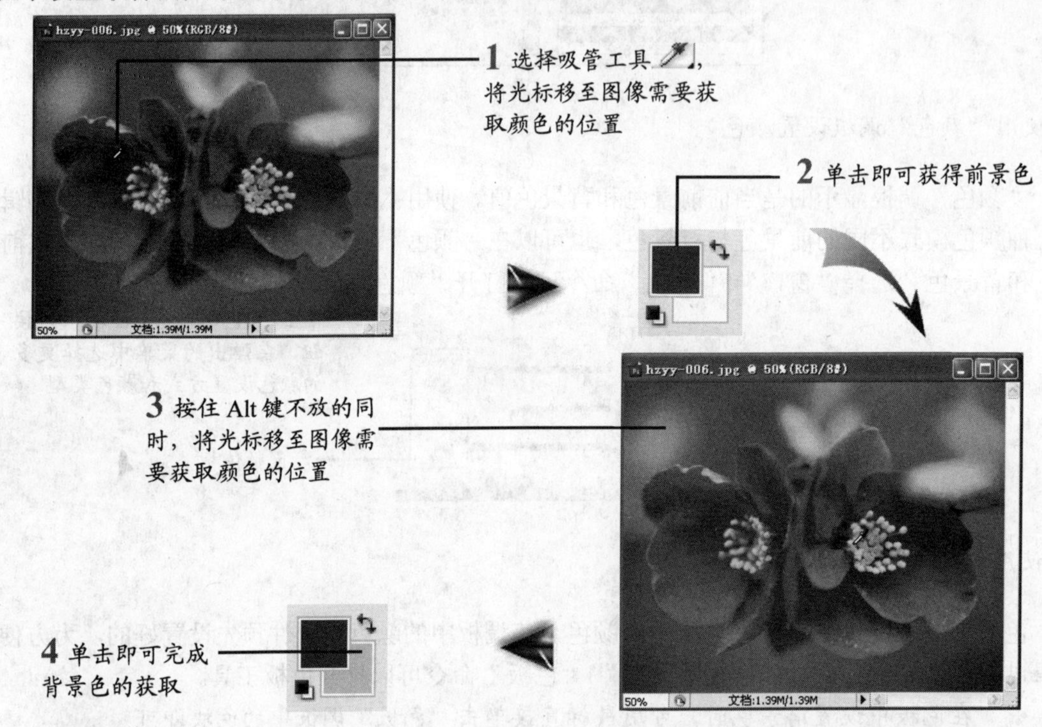

一点就透

◆ 在吸管工具的属性栏中，“取样大小”在默认状态下只吸取一个像素单位的颜色，也可在该选项中选择“3×3 平均”或“5×5 平均”，这样吸取的像素单位就是“3×3”或“5×5”的平均值。

第 2 章　选区的创建与编辑

2.1　认识选区和创建规则选区

Photoshop CS3 中提供了多种创建选区的工具，其中包括选框工具组、套索工具组和魔棒工具组等。在利用 Photoshop 编辑图像时，大部分操作都是对选区图像区域进行的，建立选区可以确定操作对象和区域。

2.1.1　了解选区

选区其实就是利用工具选取图像中的部分范围，再对其进行各种编辑操作。选区可以是连续的，也可以是不连续的。选区框即“蚁行线”，作用是显示选区的范围。选区框的内部为可操作区，外部为不可操作区。

工具箱中的选框工具组可以绘制矩形、椭圆形、单行或单列的选区；套索工具组可以自由而准确地快速创建选区；魔棒工具组能够根据图像中颜色的相似度来选择颜色一致或相近的图像区域，从而实现相近颜色区域的快速选取。

2.1.2　绘制基本形状选区

Photoshop 中创建选区的工具和方法有很多，首先来认识位于工具箱左上方的选框工具组。该工具包含矩形选框工具、椭圆选框工具、单行选框工具、单列选框工具。

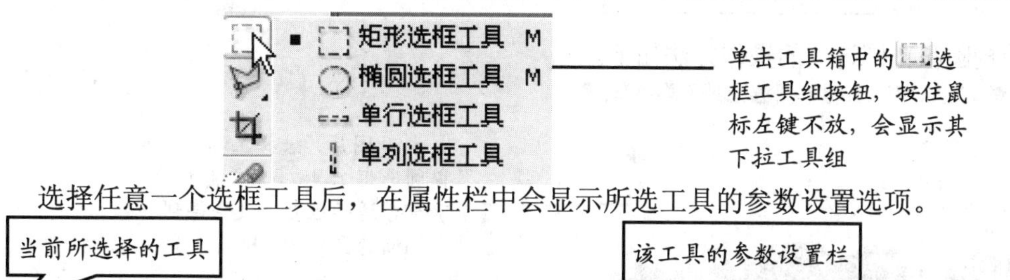

选择任意一个选框工具后，在属性栏中会显示所选工具的参数设置选项。

- ❖ 选区运算按钮：通过单击不同的按钮来控制选区间的运算方式。
- ❖ 羽化：可以使图像选区边缘过渡变得柔和，设置羽化数值可以控制选区柔和程度。
- ❖ 样式：选择样式下拉列表，其包含正常、固定比例、固定大小 3 种样式，用于变换选区的创建形式。

1. 矩形、圆形

在绘制图像的过程中，可以选择矩形选框工具来绘制矩形或正方形选区；选择椭圆选

框工具 可以绘制椭圆或正圆形选区。

创建矩形和正方形选区的操作方法如下。

1 打开图片，选择工具箱中的矩形选框工具，单击左键拖动至合适的位置，便会创建出一个矩形选区

2 按 Shift 键不放单击左键拖动至合适的位置，便会创建出一个正方形选区

3 按 Shift+Alt 组合键不放单击左键拖动至合适的位置，便会创建出一个以鼠标落点为中心的正方形选区

创建椭圆和正圆选区的操作方法如下。

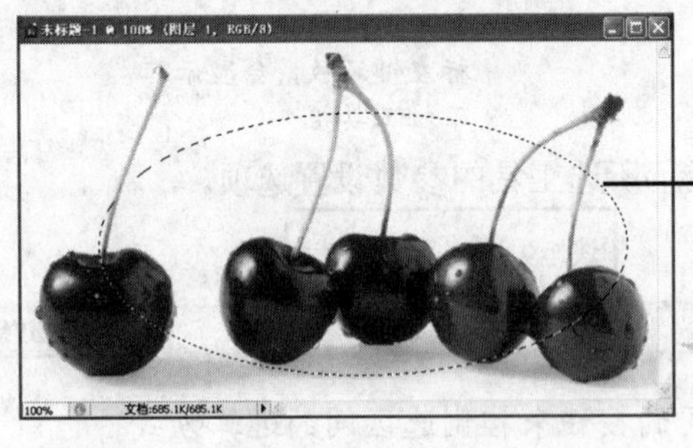

1 打开图片，选择工具箱中的椭圆选框工具，单击左键拖动至合适的位置，便会得到一个椭圆选区

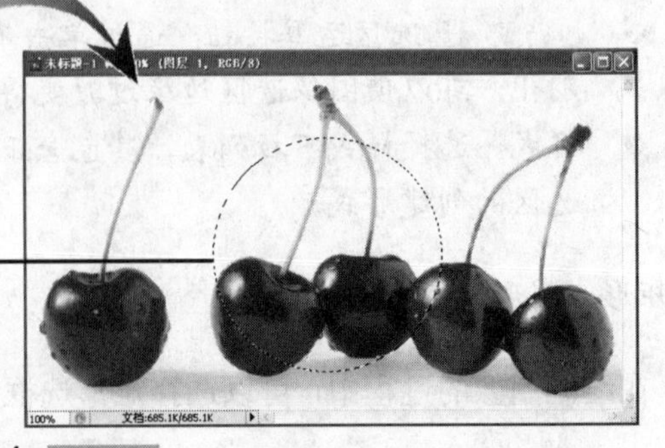

2 按 Shift 键不放单击左键拖动至合适的位置，便会得到一个正圆选区

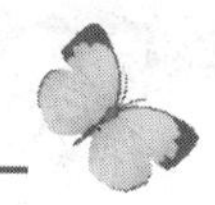

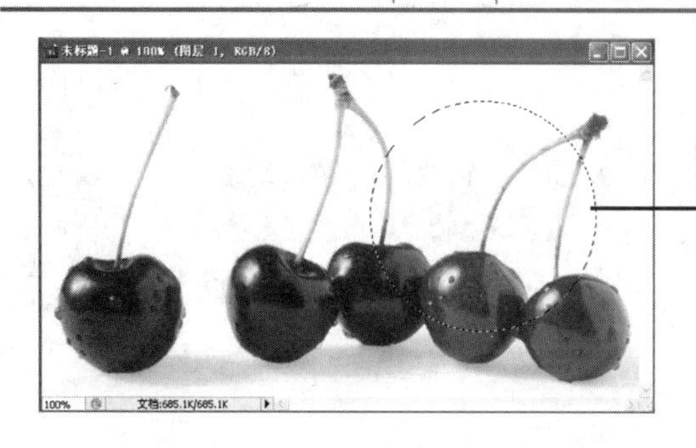

3 按 Shift+Alt 组合键不放单击左键拖动至合适的位置，便会得到一个以鼠标落点为中心的正圆选区

2. 单行、单列

单行选框工具和单列选框工具可以用来创建一个像素宽的横向或纵向选区，其主要用于制作选区线条。

创建单行和单列选区的操作方法如下。

1 打开图片素材，选择工具箱中的单行选区工具，将鼠标移至图像窗口单击，便会得到一个单行选区

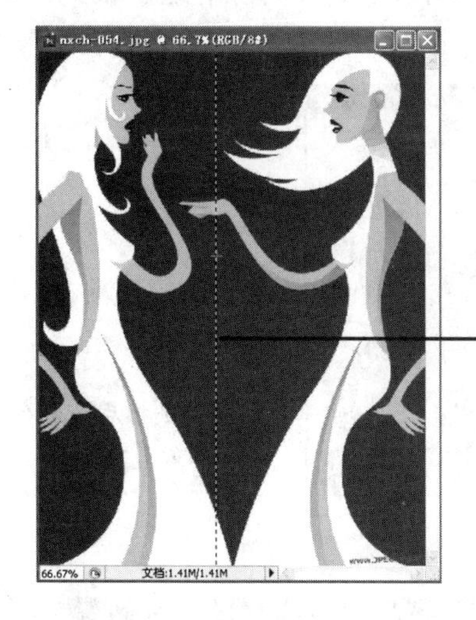

2 选择工具箱中的单列选区工具，将鼠标移至图像窗口单击，便可得到一个单列选区

3 按 Shift 键不放单击左键，可绘制多个平行单行或单列选区

◆ 在使用单行、单列选框工具时，其属性栏中的“羽化”值应该设置为 0，否则这两个工具无法使用。

2.1.3 选区间的运算

在图像绘制中，不论是规则选区还是不规则选区，在工具属性栏的左侧有这样一组运算按钮，可用于选区的相加、相减和相交运算，利用这些按钮可以更好、更方便地操作并编辑出更加复杂的选区。

- ❖ 新选区：单击此按钮可创建新的选区，如果已有选区存在，则绘制的新选区会替代已有的选区；如果在选区外单击，则会取消该选区。
- ❖ 添加到选区：单击此按钮可在创建新选区的同时，在原有选区上添加部分选区，使之形成新的选区。
- ❖ 从选区减去：单击此按钮可在创建新选区的同时，在原有选区上减去不需要的选区，获得一个新的选区。
- ❖ 与选区交叉：单击此按钮可在创建新选区的同时，创建出与原有选区相交的选区。

选区间运算的操作方法如下。

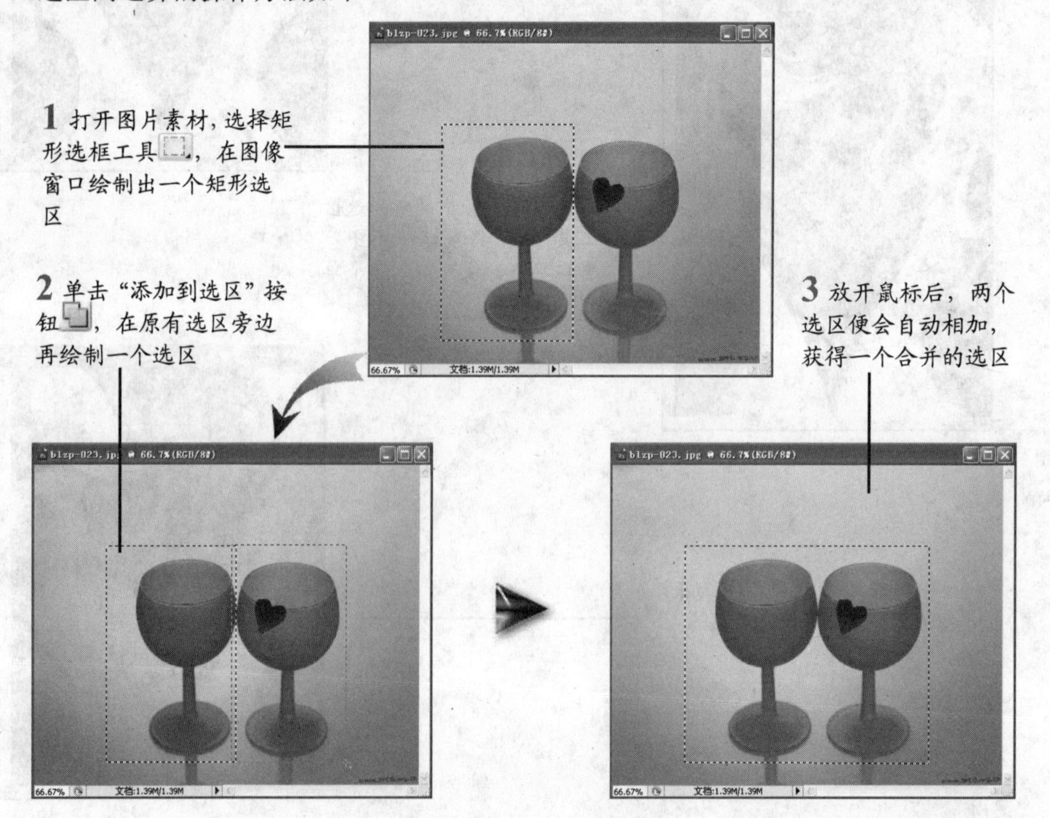

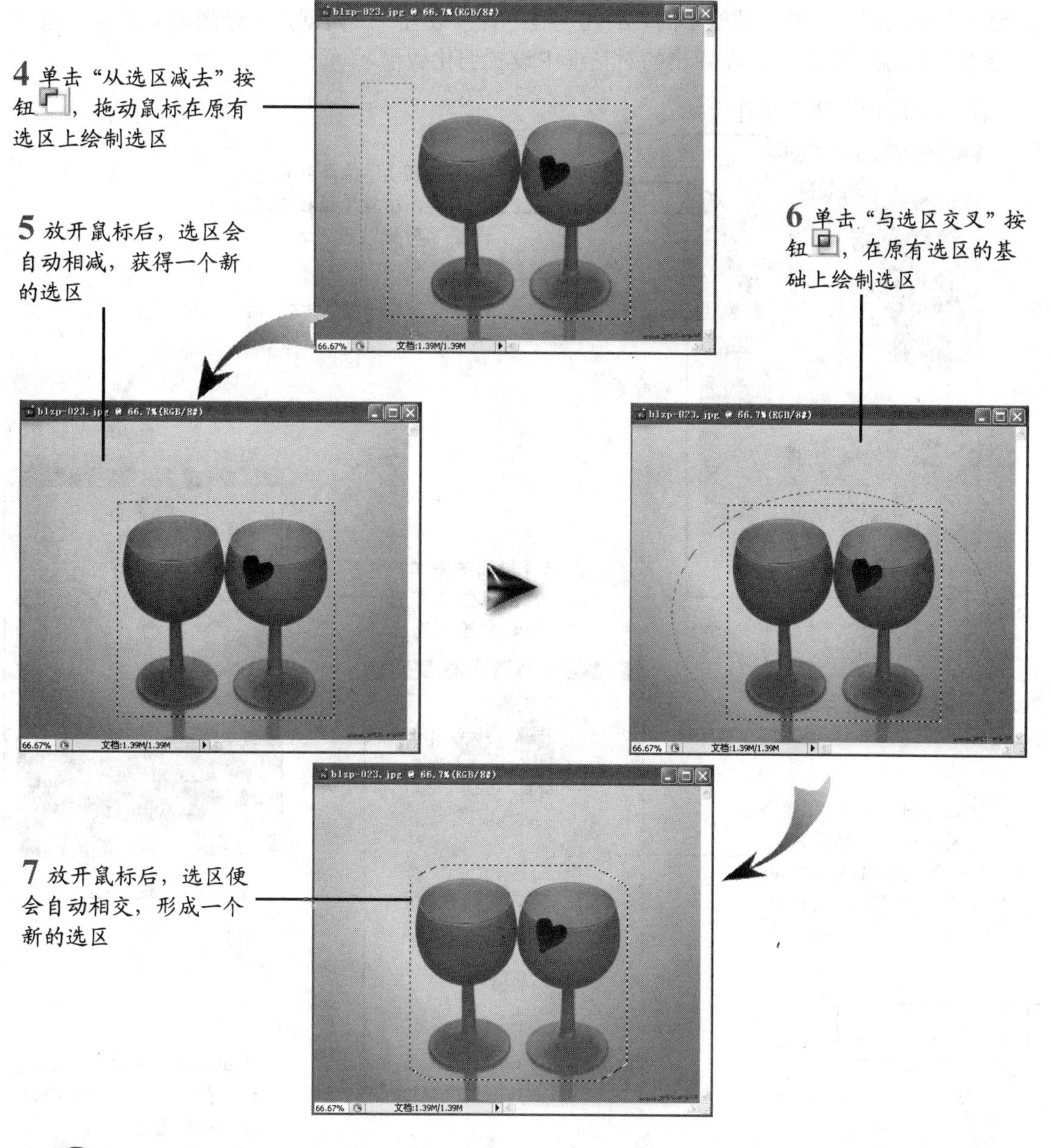

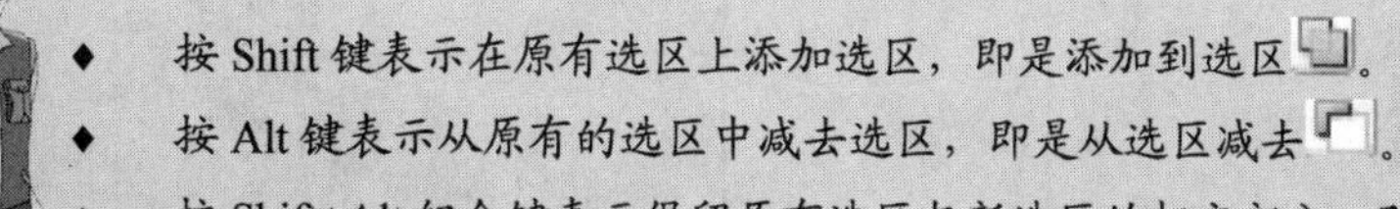

- 按 Shift 键表示在原有选区上添加选区，即是添加到选区。
- 按 Alt 键表示从原有的选区中减去选区，即是从选区减去。
- 按 Shift+Alt 组合键表示保留原有选区与新选区的相交部分，即是与选区交叉。

一点就透

2.1.4 羽化选区

在图像处理中，羽化是经常要用到的工具，它可以使选区的边缘产生柔和的淡化效果。羽化边缘的宽度即为"羽化半径"，是以"像素"为单位的。设置羽化的方法有两种：一是在

绘制选区前在矩形工具属性栏中的“羽化”框中直接设置；二是创建一个选区后选择“选择”|“修改”|“羽化”命令，在弹出的对话框中设置羽化数值。

下面是两种羽化的操作方法。

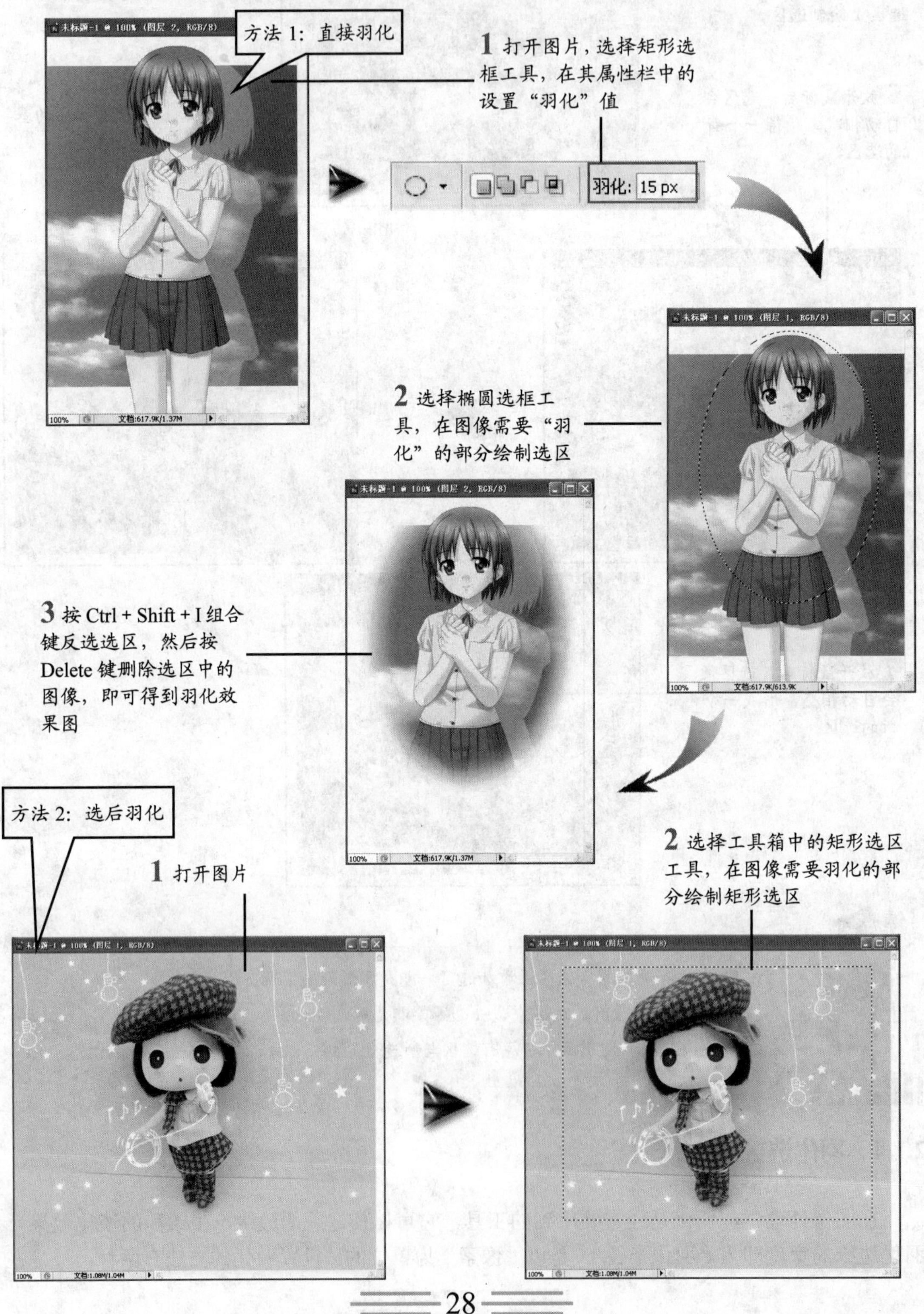

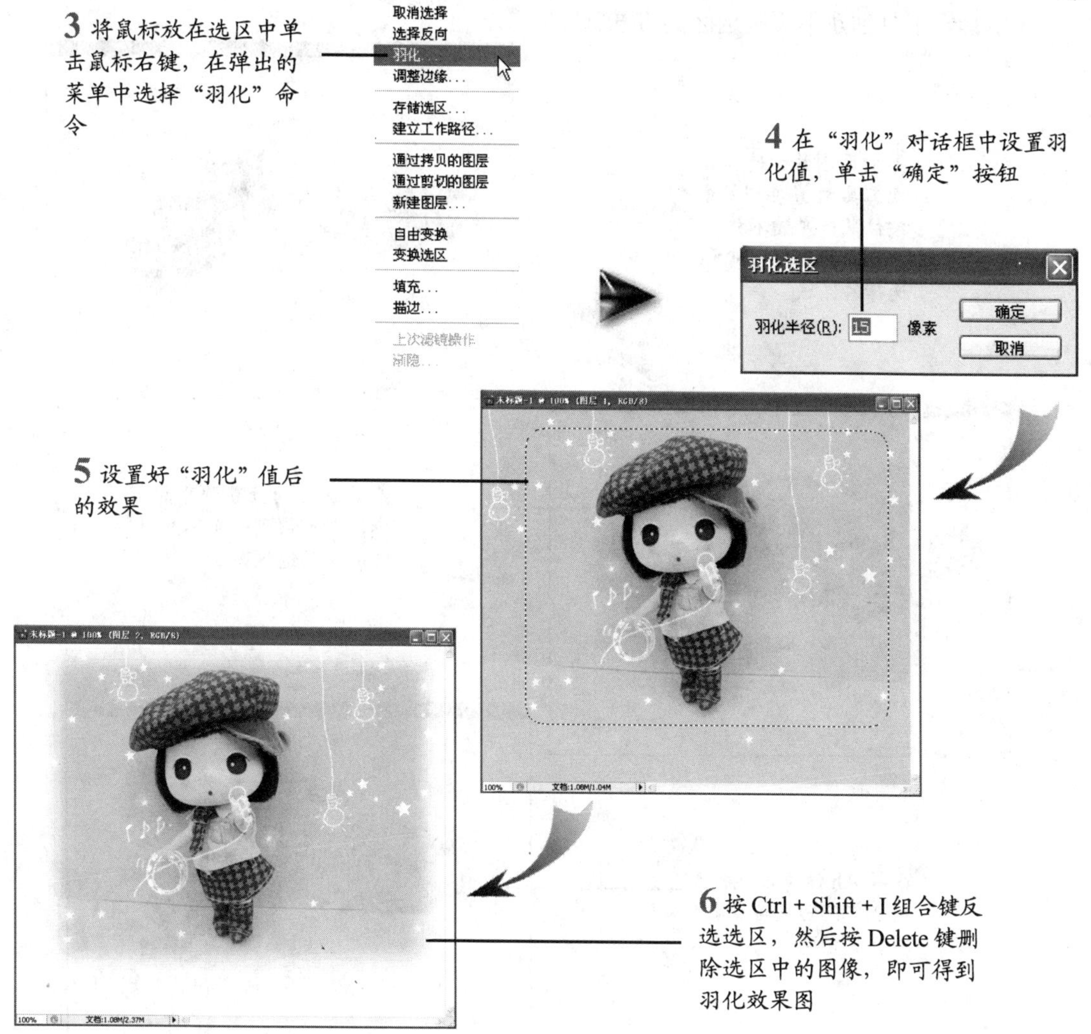

2.2 创建不规则选区

Photoshop CS3 工具箱中提供了 3 种套索工具，分别是套索工具、多边形套索工具和磁性套索工具，利用套索工具组可以方便地制作任意形状的选区。

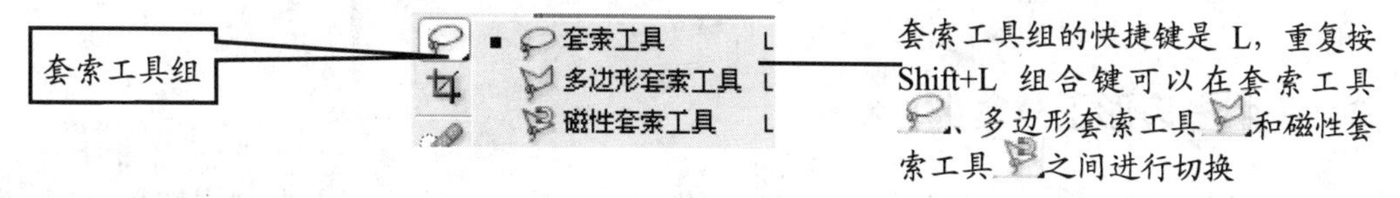

2.2.1 使用套索工具创建

利用套索工具可以随意地创建不规则选区，其工具属性栏的参数设置与矩形选框工具基本相同。

使用套索工具创建不规则选区的方法如下。

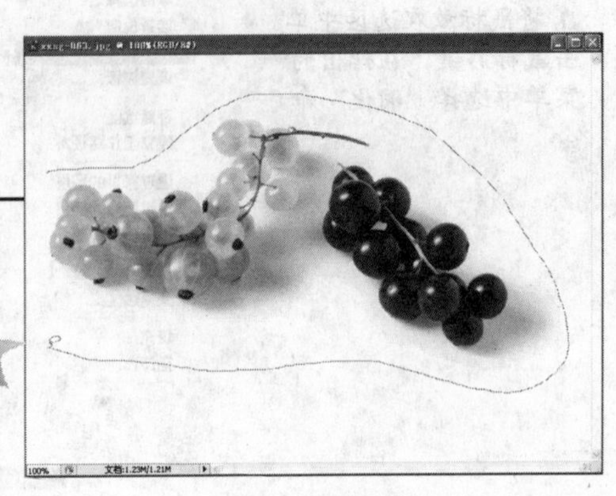

1 打开图片，选择套索工具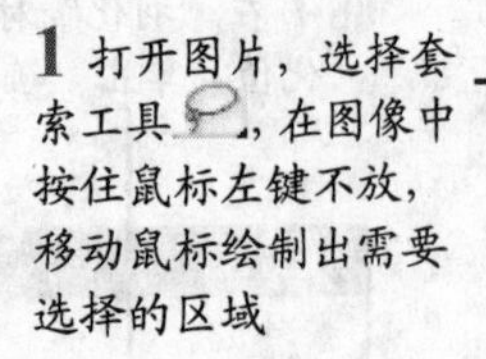，在图像中按住鼠标左键不放，移动鼠标绘制出需要选择的区域

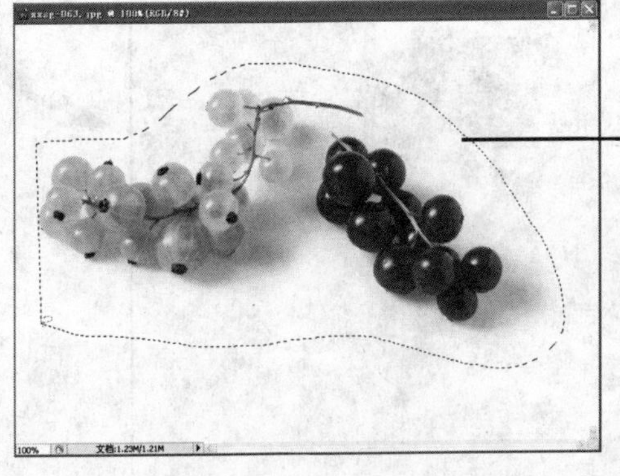

2 在适合的位置放开鼠标，即可得到一个不规则形状的选区范围

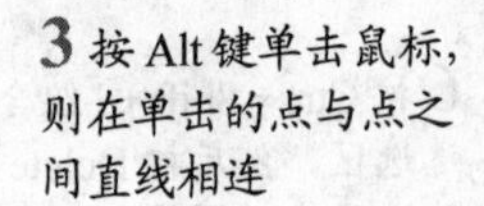

3 按 Alt 键单击鼠标，则在单击的点与点之间直线相连

一点就透

◆ 在利用套索工具绘制选区时，按 Esc 键就会取消正在创建的选区；如果在未绘制到起点时放开鼠标，软件将会自动用直线连接起点和终点，使之形成一个完整的闭合选区。

2.2.2 使用多边形工具创建

多边形套索工具用于通过单击图像中的需要选择区域的特征点来制作棱角分明、直线边缘的多边形选区。

使用多边形套索工具来创建选区的方法如下。

1 打开图片，选择多边形套索工具，将鼠标放在图像起点处单击形成直线的起点，移动鼠标拖出一条直线，再在第二点单击鼠标，将两点间的直线固定，依次类推即可

2 当终点与起点重合时，鼠标指针出现代表封闭的小圆圈，单击鼠标就可以形成封闭的多边形选区

- 使用多边形套索工具绘制选区时，双击鼠标可以将起点与终点自动连接起来；按 Shift 键可以按水平、垂直或 45° 角的方向定义边缘线。
- 按 Alt 键可自由切换套索工具。
- 按 Delete 键可将最近定义的边缘线取消。

按住 Delete 键不放或按 Esc 键可将所有的边缘线取消。

2.2.3 使用磁性套索工具创建

磁性套索工具是一个智能选区工具，能够自动捕捉图像中对比度较大部分的图像边缘，以磁铁吸附的方式沿着图像边缘创建选区，适合创建色彩边缘过渡较鲜明的图像选区。

- ❖ 宽度：用来确定选取探测工具的探测范围，其值在 1~40 之间进行设置，参数值越大，所检测的范围也越准确。
- ❖ 对比度：设置套索工具对色彩边缘的灵敏度，数值越大，边缘与周围颜色反差要求越高。
- ❖ 频率：用来控制标记点密度值，数值越大，所产生的节点越多，选区也就更精确。
- ❖ 钢笔压力：用来设置绘图板的笔刷压力。

使用磁性套索工具创建选区的方法如下。

1 打开本书配套光盘中的图片文件，选择磁性套索工具

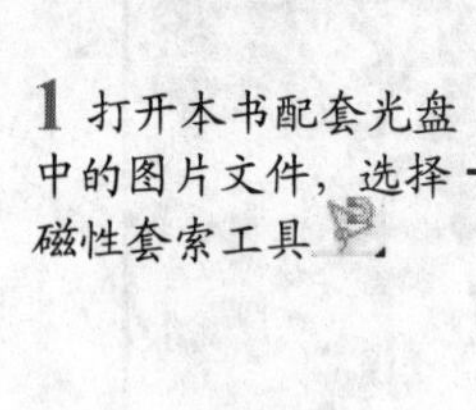

3 当终点与起点重合时，指针会出现代表封闭的小圆圈

2 沿需要选取的图像边缘移动鼠标

4 单击鼠标就可以形成封闭的选区

◆ 在使用磁性套索工具选取过程中，可以通过增加锚点的方式使选区边缘更加精确。如果所选的边缘不符合要求，可以按 Delete 键将上一锚点删除。

一点就透

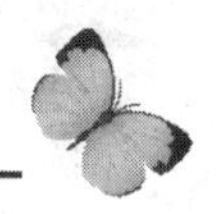

2.3 创建颜色相近的选区

利用 Photoshop 中所提供的魔棒工具、快速选择工具和“色彩范围”命令，可以按颜色的范围来绘制选区。

2.3.1 用魔棒工具创建选区

魔棒工具是一种灵活性很强的工具，主要用于选择图像中颜色相同或相近的大块单色区域图像，而不需要跟踪其轮廓。

魔棒工具属性栏

容差: 32 消除锯齿 连续 对所有图层取样

❖ 容差：用于控制选取颜色的范围，其参数值在 0~255 之间。参数值越小，选取的颜色越接近，参数值越大，所选取的颜色范围也就越大。

❖ 连续：选中“连续”复选框就只能选取色彩相近的连续区域，不选中“连续”复选框则可选取图像上所有色彩相近的颜色区域。

❖ 对所有图层取样：选中此复选框可以在所有可见图层上选取相近的颜色，不选中复选框则只能在当前选择图层上选取相近颜色区域。

使用魔棒创建选区的方法如下。

3 选择“选择”|“反选”命令，可以制作出花朵的选区

2.3.2 用快速选择工具创建选区

快速选择工具的功能与磁性套索工具类似，不同之处在于磁性套索工具是沿对比度较大的颜色边缘创建选区，而快速选择工具则是沿着具有颜色相似的范围来制作选区。

使用快速选择工具创建选区的方法如下。

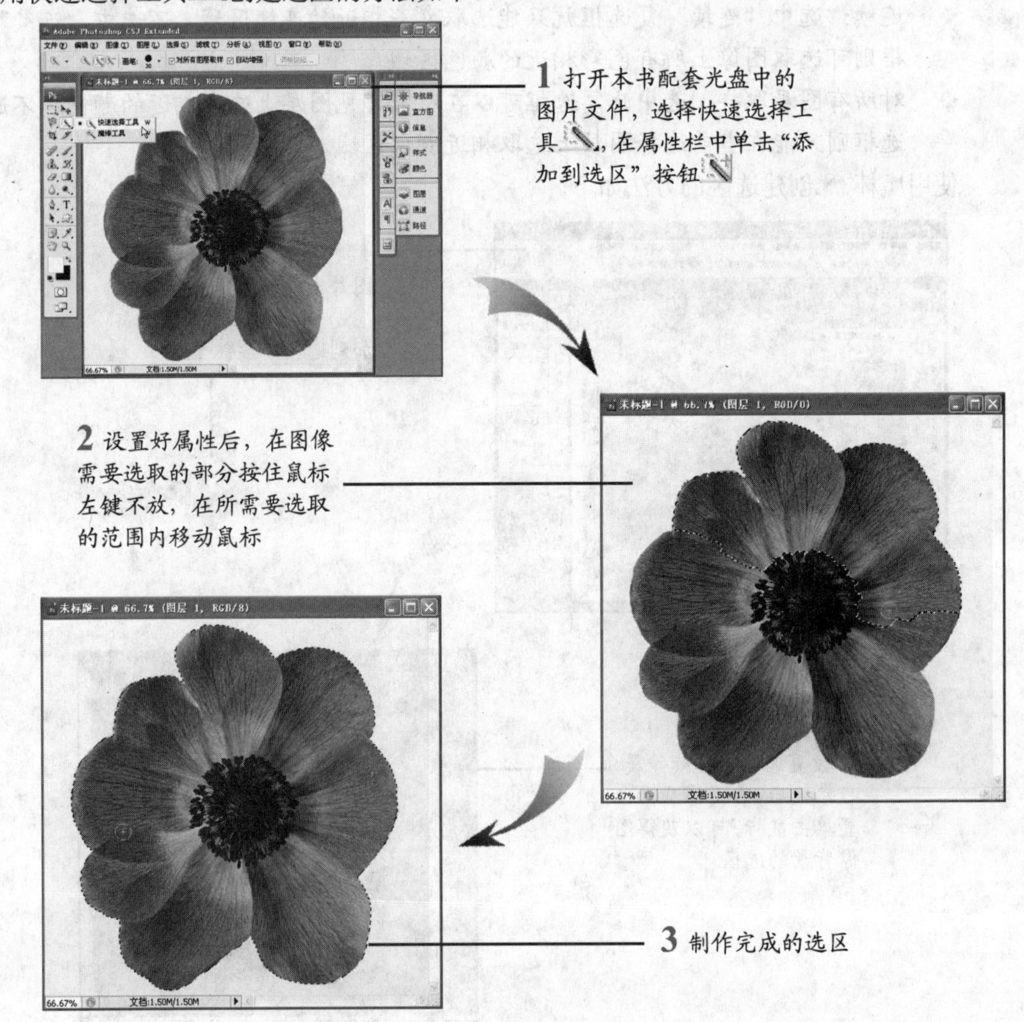

2.3.3 用色彩范围命令创建选区

“色彩范围”命令能够绘制比较复杂的选区。“色彩范围”命令位于“选择”菜单中，可通过在图像窗口中指定的颜色来定义选区，还可以通过指定的颜色来添加或删除选区。

使用“色彩范围”命令创建选区的方法如下。

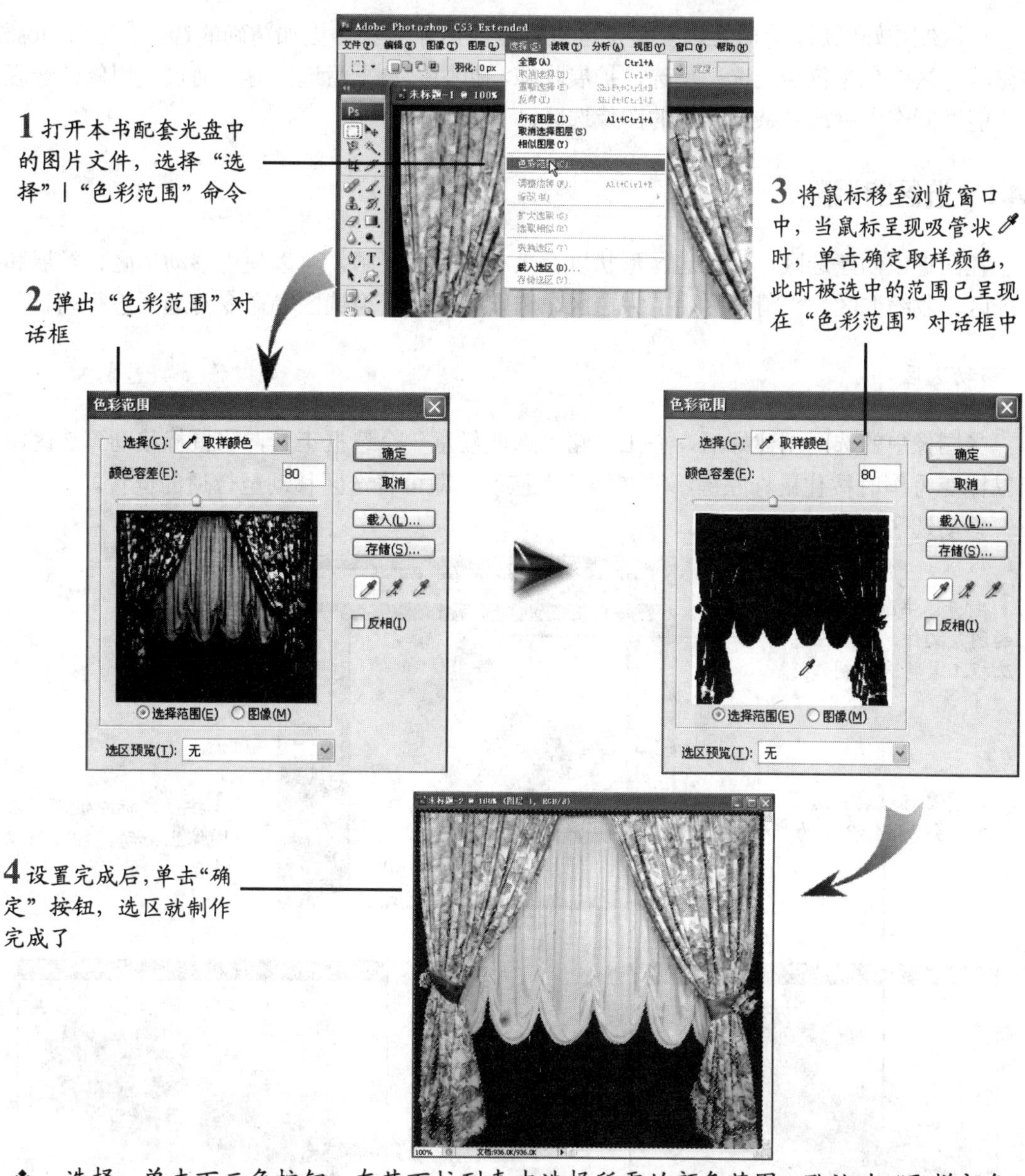

❖ 选择：单击下三角按钮，在其下拉列表中选择所需的颜色范围，默认为“取样颜色”选项。

❖ 颜色容差：用来调整颜色选取范围。

❖ 选择范围：预览窗口中的图像显示方式。

❖ 选区预览：在其下拉列表中可以切换所需的图像浏览方式。

❖ 反相：用来切换选取的区域与未被选取的区域。

❖ 吸管：用来控制取样颜色或增加、减少选取的颜色范围。

2.4 编辑选区

选区制作好以后，有时还需要对选区进行修改后才能获得更加精确的选区。在 Photoshop 中修改选区的命令包括全选、反选、扩展收缩、扩边以及平滑选区等，通过使用修改选区命令，能够制作出更加复杂和准确的图像选区。

2.4.1 选区的调整

在图像中创建选区，如果选区形状以及大小不符合要求，可以使用移动选区、扩展和扩边选区、收缩选区、平滑选区、扩大选区、选取相似和变换选区等命令对选区进行调整。

1. 移动选区

当图像中的选区创建好后，在工具箱中选取任意一个选框工具，将鼠标移动到选区中，当鼠标变为 时按住鼠标左键不放在图像上拖动，即可将选区移动至合适的位置。

移动选区的操作方法如下。

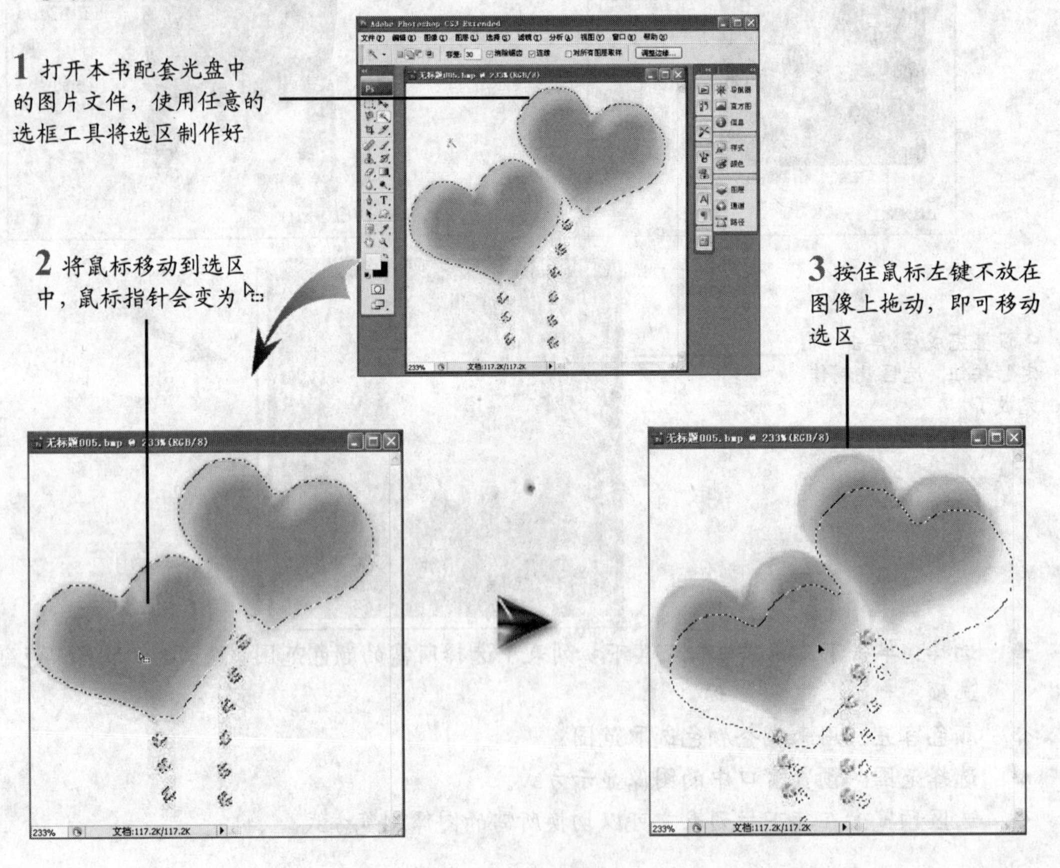

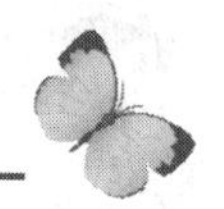

2. 扩展和扩边选区

选区的“扩展”和“扩边”是容易被混淆的两个命令。“扩展选区”指的是将制作的选区均匀地向外扩展；而“扩边选区”则是通过设置宽度值来围绕已有的选区创建一个环状的新选区。

“扩展选区”与“扩边选区”的创建方法如下。

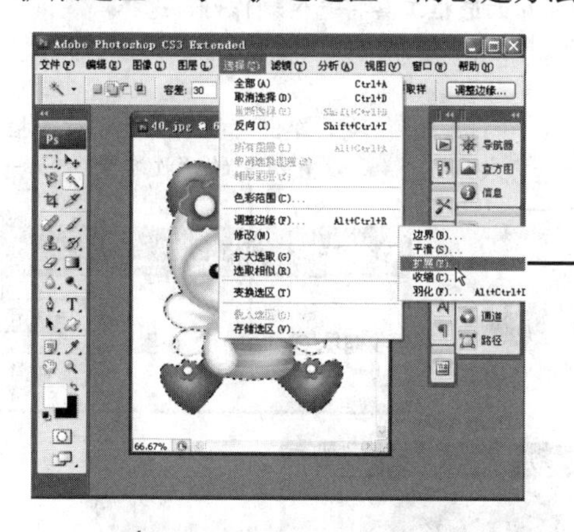

1 打开本书配套光盘中的图片文件，使用任意的选框工具将选区制作好，选择“选择”|“修改”|“扩展”命令

2 弹出“扩展选区”对话框，设置所需的“扩展量”

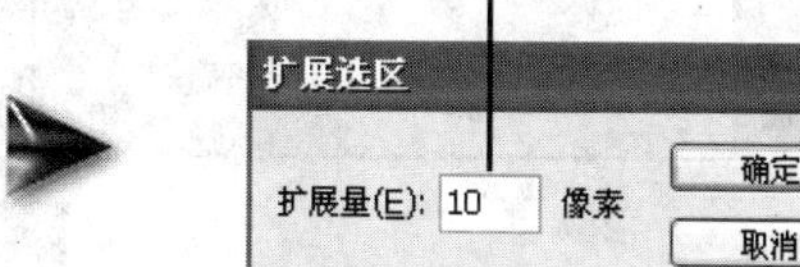

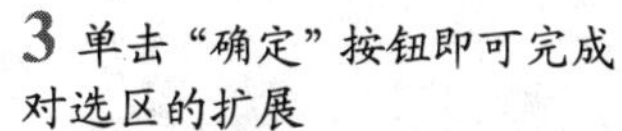

3 单击“确定”按钮即可完成对选区的扩展

4 打开本书配套光盘中的图片文件，使用任意的选框工具将选区制作好，选择“选择”|“修改”|“边界”命令

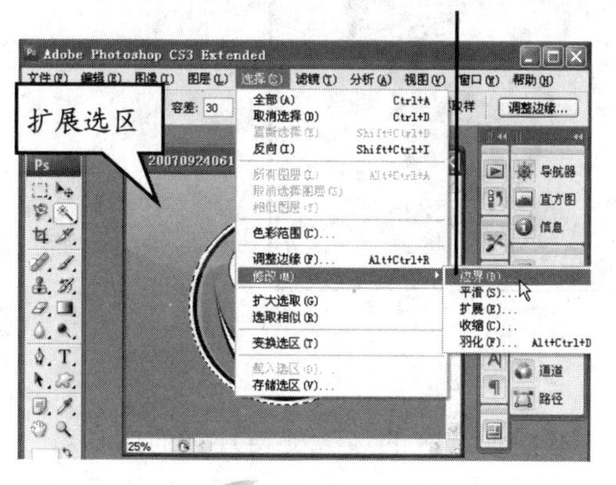

5 弹出“边界选区”对话框，设置所需的“宽度”

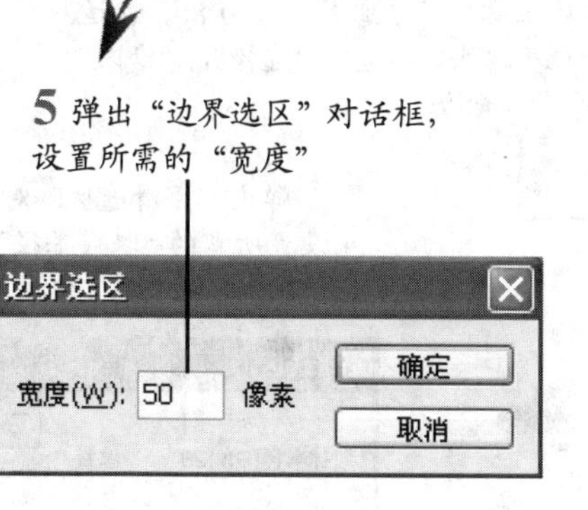

6 单击“确定”按钮即可完成对选区的扩边

3. 收缩选区

收缩选区与扩展选区作用刚好相反，可以将制作的选区均匀地向内收缩，以减少选区的选择范围。

收缩选区的操作方法如下。

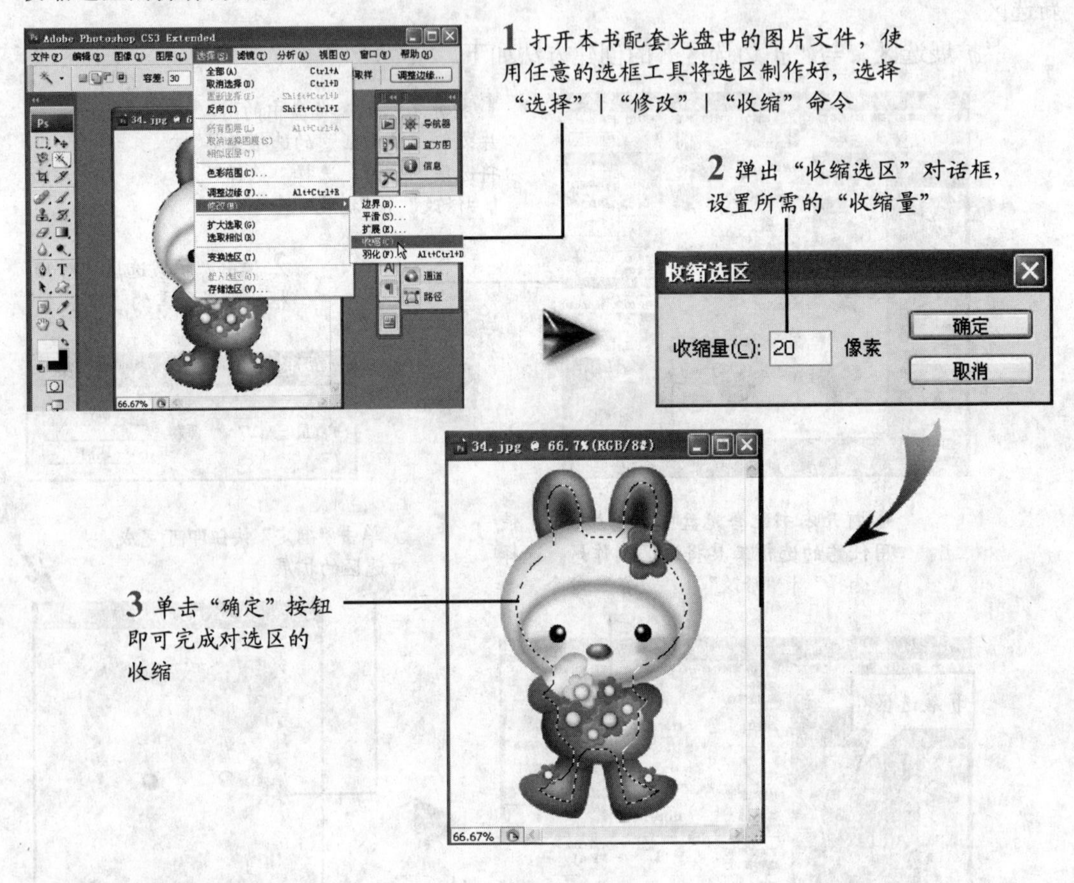

4. 平滑选区

平滑选区主要用于平滑选区边缘的锯齿，从而使选区的边缘变得连续而柔和。

平滑选区的操作方法如下。

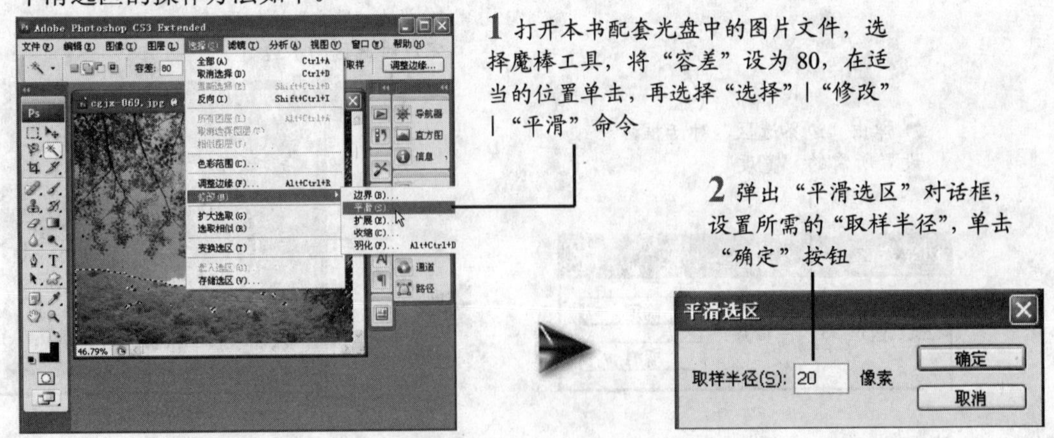

3 最后可得到一个连续并且形状柔和的选区

5. 扩大选区和选取相似

“扩大选区”和“选取相似”都可以在原有选区的基础上将其扩大。

❖ “扩大选区”选择的是在原有选区基础上的颜色相近并且相邻的区域。

❖ “选取相似”选择的是在原有选区基础上的颜色相近但互不相连的区域。

一点就透

◆ “扩大选区”和“选取相似”这两种命令使用时都受到魔棒工具属性栏中的“容差”值的影响。容差值越大，所选取的范围就越大；反之，容差值越小，所选取的范围也就越小。

6. 变换选区

对已制作好的选区，还可以使用旋转、缩放、斜切、变形、扭曲和透视等变形操作命令，来完成对选区形状的修改。

“变换选区”的操作方法如下。

1 新建一个图像文件，绘制好选区，选择“选择”|“变换选区”命令

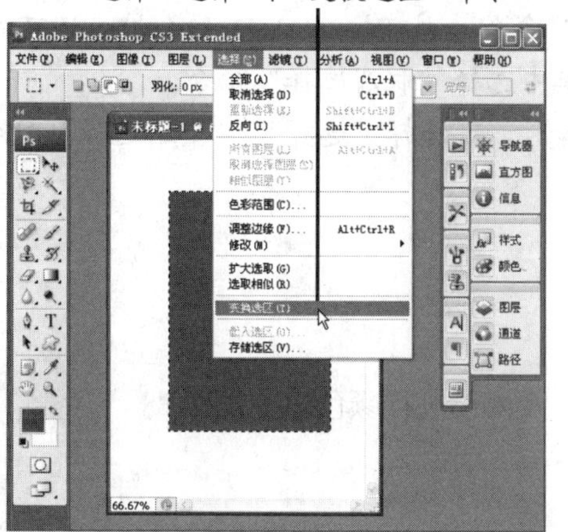

2 当鼠标在选区内呈现 形状时，按住并拖动即可移动选区

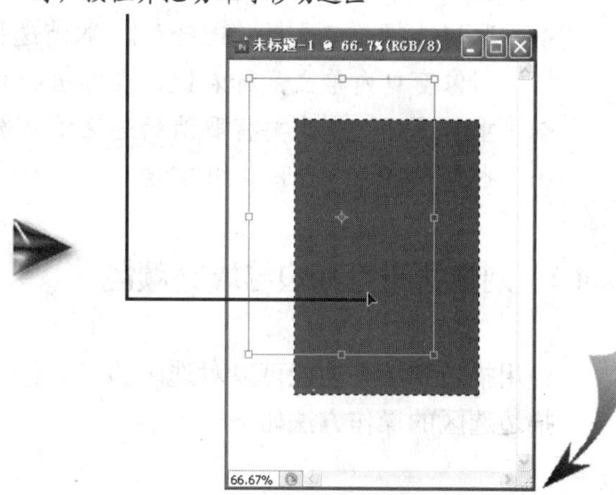

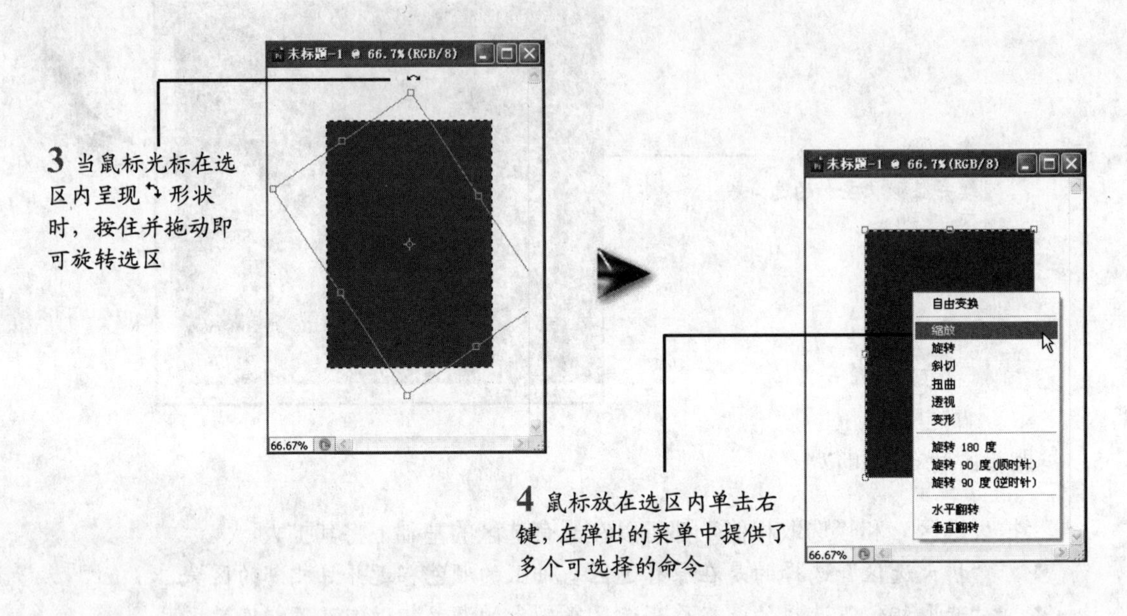

❖ 缩放：将鼠标移至变换框的控制点上，便可以随意调整选区的大小。

❖ 斜切：将鼠标移至变换框的控制点上，当鼠标呈现形状时，单击鼠标拖动即可对选区进行斜切。

❖ 扭曲：将鼠标移至变换框的控制点上，单击鼠标拖动即可对选区进行扭曲变换。

❖ 透视：将鼠标移至变换框的4个控制点上并拖动，变换后的选区将保持透视关系。

❖ 变形：变换框呈现出变形网格线，在网格内单击鼠标拖动，即可实现选区的变形。

7. 全选、反选、取消选区与重选选区

要将选区与未选区域进行转换，可以通过以下几个命令来完成。

❖ 全选：需要选取整幅图像时，可选择“选择”|“全部”命令，也可以按 Ctrl+A 组合键。

❖ 反选：可选择“选择”|“反向”命令，或者按 Shift+Ctrl+I 组合键，还可以在图像窗口内单击鼠标右键，在弹出的菜单中选择“选择反向”命令。

❖ 取消选择：可选择“选择”|“取消选择”命令，也可按 Ctrl+D 组合键，还可以在图像窗口内单击鼠标右键，在弹出的菜单中选择“取消选择”命令。

❖ 重新选择：当需要将取消的选区重新选择时，可选择“选择”|“重新选择”命令，也可按 Shift+Ctrl+D 组合键。

2.4.2 对选区进行描边与填充颜色

使用描边和填充功能可以对选区的“蚁行线”及内部进行颜色填充操作。

描边选区的操作方法如下。

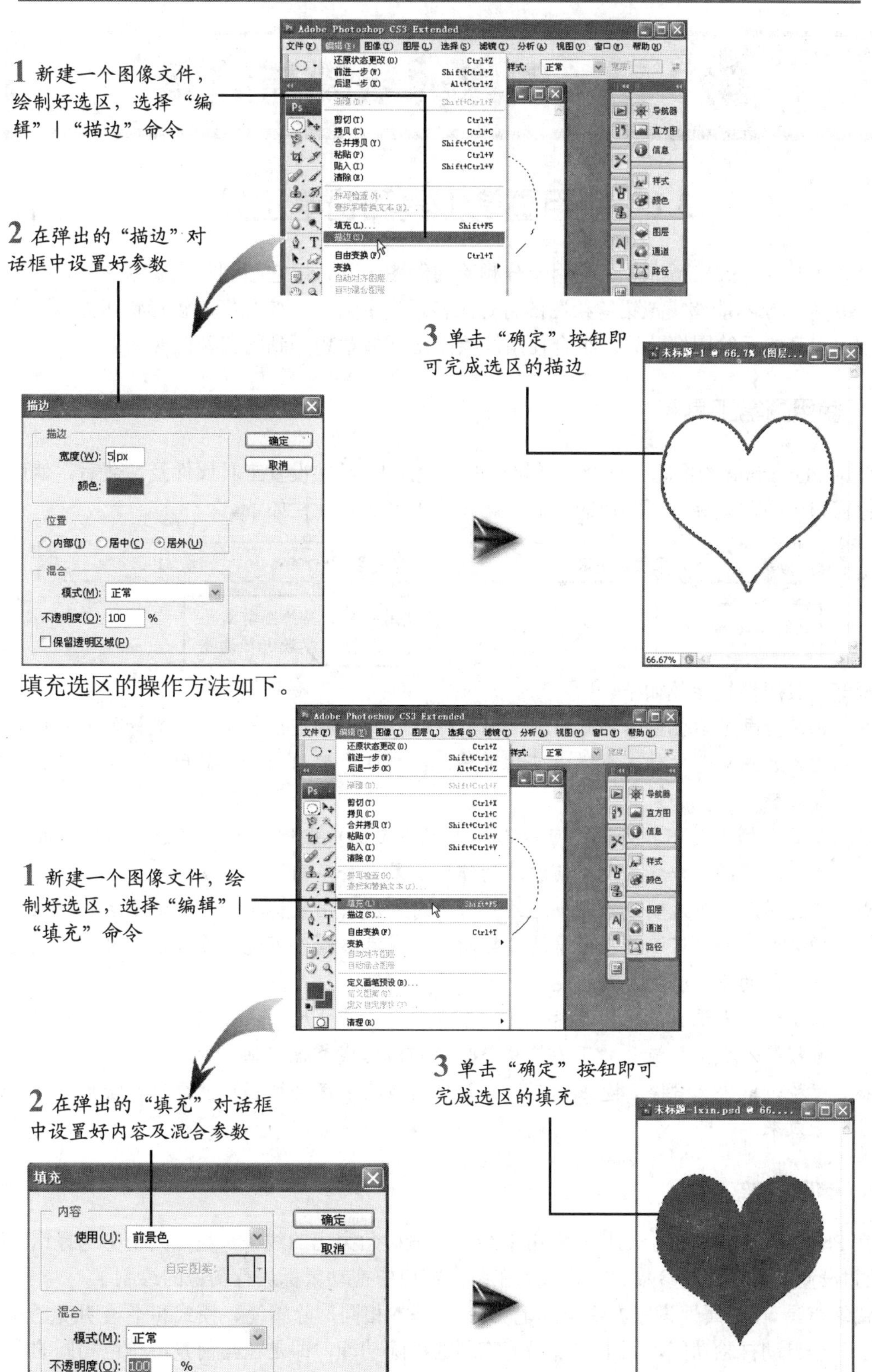

填充选区的操作方法如下。

第 3 章　图像的绘制与编辑

3.1　使用画笔工具和铅笔工具

画笔工具是 Photoshop 中使用十分频繁的绘图工具，用它绘制的线条色彩柔和、简洁明快；铅笔工具能够模拟铅笔绘图的特点风格，使用它只要控制好笔触形状和力度，就可以绘制出逼真的手绘图像效果。组合使用能绘制出许多意想不到的特殊图像效果。

3.1.1　使用画笔工具

使用 Photoshop 绘图时，选择工具箱中的画笔工具并设置工具属性及参数后，就可以在图像窗口中拖动鼠标进行图像的绘制了。画笔工具的属性栏如下。

画笔工具属性栏参数如下。

❖ 画笔：画笔右侧显示的是当前笔触的形状以及笔触直径大小。用鼠标单击笔触形状右侧的三角形按钮，会弹出下拉菜单，用户从中可以选择笔触形状、大小以及硬度等参数。
❖ 模式：模式的下拉列表中可以选择画笔在图像中绘图时与当前涂层的色彩混合模式，不同的混合模式与当前涂层的作用效果也会不同。
❖ 不透明度：不透明度控制画笔绘画时的清晰度，用鼠标单击不透明度后的按钮，便会弹出一个可以拖动的滑块，拖动滑块或直接输入不透明度数值，都可以设置画笔颜色的不透明度，数值越小，不透明度越低。
❖ 流量：用来设置画笔的流速，其设置方法与不透明度的设置相同，也是拖动滑块或直接输入数值。流量的压力值越小，绘制出的线条就越细。
❖ 喷枪：单击“喷枪”按钮后，画笔的边缘柔和度会增强，使画笔在绘画时具有喷涂效果。

3.1.2　使用铅笔工具

在 Photoshop 中，铅笔工具常用来绘制一些棱角突出的线条。在工具箱中选择铅笔工具并设置工具属性及参数后，就可以在图像窗口中拖动鼠标进行图像的绘制了。

铅笔工具的属性设置方法与画笔工具基本相同，除画笔、模式和不透明度之外，新增了一个自动抹除功能，用于实现铅笔工具的擦除功能，即是在与前景色颜色相同的图像区域中绘图时，将自动擦除前景色而填入背景色。

使用画笔工具和铅笔工具的注意事项如下。

- 在用铅笔工具绘图时，不能使用柔和边缘的画笔。
- 绘制图像前在工具箱中先设置所要使用的前景色。
- 用画笔工具或铅笔工具绘图时，先用鼠标单击绘制起点，然后按住 Shift 键拖动画笔可绘制直线。
- 当按住 Shift 键不放在图像窗口多次单击，可画出首尾连接的折线。
- 若按住 Ctrl 键不放，则将画笔工具或铅笔工具暂时切换为移动工具。
- 若按住 Alt 键不放，则将画笔工具或铅笔工具暂时切换为吸管工具。

一点就透

3.1.3　使用颜色替换工具

颜色替换工具能够对图像中的特定颜色进行替换。使用该工具可以保留图像的阴影和纹理，并快速地改变图像任意区域的颜色。

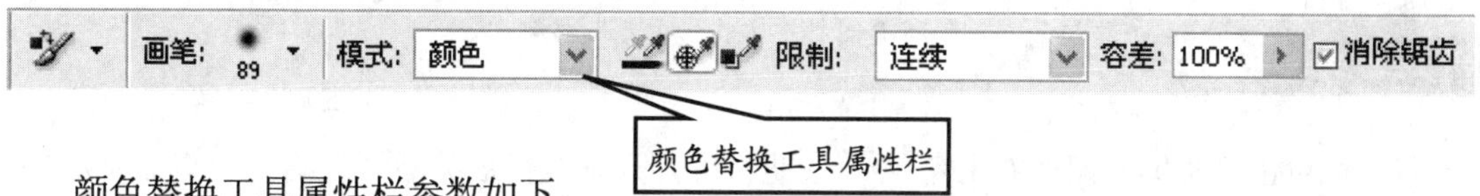

颜色替换工具属性栏参数如下。

- 画笔：设置笔尖的大小、间距和硬度参数，不同的设置可以产生不同的图像效果。
- 模式：其包含了 4 种不同的颜色模式，不同的色彩模式会产生不同的颜色效果，通常情况下默认为“颜色”模式。
- 取样：单击“取样连续”按钮可在图像中连续对颜色进行多次取样；单击“取样一次”按钮可对选取的样本颜色进行替换；单击“取样背景色板”按钮可将当前图像与背景色相同的区域进行颜色替换。
- 限制：在“限制”下拉列表中有连续、不连续以及查找边缘 3 个选项，选择“连续”选项将替换光标位置邻近的颜色；选择“不连续”选项将替换与光标位置相同的任何位置样本颜色；选择“查找边缘”选项将替换包含样本颜色在内的连接区域的颜色，并且能保留形状边缘的锐化程度效果。
- 容差值：用于调整被替换颜色范围的大小。用鼠标单击容差后的按钮，将弹出一个可以拖动的滑块，拖动滑块或直接输入数值，便可调整容差值，容差值越大，被替换的颜色范围也就越大。

3.2　绘图工具的设置

要熟练地使用绘图工具，就必须了解工具的属性设置方法。绘图工具的属性设置都是通过工具属性栏中的参数调整来完成的。下面看看如何设置绘图工具的属性。

3.2.1 设置画笔笔触

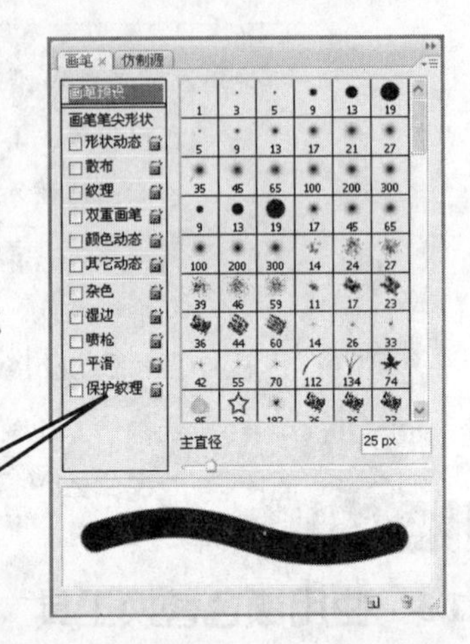

选择工具箱中的画笔工具后，再单击画笔属性栏中的三角形按钮，将弹出"画笔"对话框，在这里可设置笔触的形状、大小以及硬度等参数。单击"画笔"对话框右上角按钮可弹出一个菜单，其中包含了所有程序内置的笔触形状，可以根据需要进行添加和删除。

使用 Photoshop 绘图的过程中，当程序内置的笔触无法达到绘图需要时，这时可以选择用"画笔"调板进行相应的设置来达到绘图的需求。

经验交流

"画笔"调板可以通过以下两种方式来打开。

- 在画笔工具属性栏右侧单击"切换画笔调板"按钮。
- 在工作界面右侧的折叠图标中单击"画笔"按钮。

用鼠标单击"画笔"调板右上角按钮，可打开画笔扩展菜单，在这里可以添加程序内置的笔触形状。

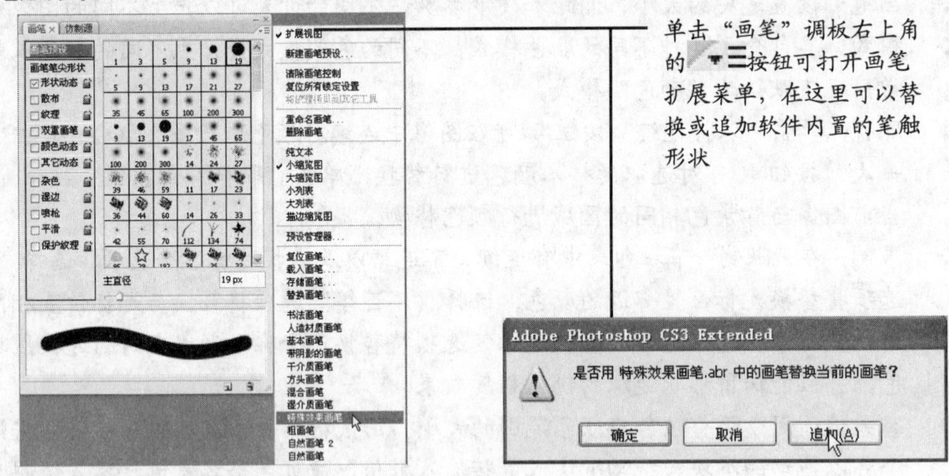

画笔扩展菜单的参数说明如下。

- 扩展视图：用来控制形状动态栏的显示。
- 新建画笔预设：用于新建或将当前画笔笔触保存到笔触列表中。
- 清除画笔控制：用来清除当前画笔的形状动态参数。
- 复位所有锁定设置：用于清除当前画笔的形状动态参数，包括所有锁定参数也同时清除复位。

❖ 重命名画笔：用来更改画笔笔触名称。
❖ 删除画笔：删除当前选定的画笔笔触。
❖ 笔触列表显示模式栏：用来更改笔触的列表显示模式，包括纯文本、小缩览图、大缩览图、小列表、大列表和描边缩览图 6 种列表显示模式。
❖ 预设管理器：在弹出的“预设管理器”对话框中可以添加和删除列表中显示的笔触。
❖ 复位画笔：用来复位默认的笔触列表。
❖ 载入画笔：用来从硬盘或网络载入其他笔触类型。
❖ 存储画笔：可以将当前笔触列表进行保存。
❖ 替换画笔：用选择添加的画笔笔触替换当前列表中的笔触。
❖ 扩展笔触类型：用来添加软件提供的其他笔触类型。

3.2.2 设置自定义画笔

在“画笔”调板左侧的是画笔预设框，用于定义画笔的参数选项。当选择不同的选项时，“画笔”调板的右侧会显示与其相对应的相关参数设置选项。

1. 画笔预设

用鼠标单击“画笔”调板左上角的“画笔预设”选项后，在调板右侧的参数栏里会显示默认的画笔笔触形状与样式，在这里也可以选择所需的笔触样式。

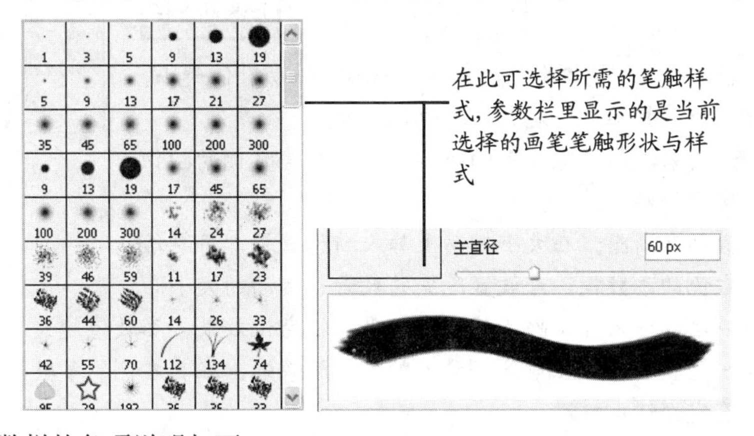

画笔预设参数栏的各项说明如下。
❖ 笔触列表：可选择不同的笔触形状。
❖ 主直径：用来控制笔触的大小。
❖ 预览框：用来显示笔触在图像绘制的效果。
❖ “创建新画笔”按钮 ：用来添加当前画笔笔触到列表中的快捷方式。
❖ “删除画笔”按钮 ：用来删除当前笔触的快捷方式。

2. 画笔笔尖形状

单击“画笔笔尖形状”选项后，在其右侧的参数区也会显示与其对应的参数选项。在这里不仅可以选择笔触形状，还可以设置直径、角度、圆度、硬度和间距等参数。

- ❖ 直径：用来控制笔触的大小。
- ❖ 使用“使用取样大小”按钮：用来恢复默认笔触的大小值。
- ❖ □翻转 X 按钮：画笔沿 *X* 轴翻转，也就是水平方向翻转。
- ❖ □翻转 Y 按钮：画笔沿 *Y* 轴翻转，也就是垂直方向翻转。
- ❖ 角度：用来设置笔触旋转的角度，角度数值越大，其翻转的效果也会越明显。
- ❖ 圆度：用来设置笔触垂直与水平间的比例，参数值越大则近正圆，参数值越小则近椭圆。
- ❖ 硬度：用来控制笔触边缘的柔和度，参数值越小，边缘越模糊，参数值越大，边缘就越清晰。
- ❖ 间距：用来控制笔触的密度，参数值越小，密度越大，反之，参数值越大，密度就越小。

3. 形状动态

“形状动态”选项用来调整笔触形状在绘制时的变化，在其右侧的动态栏中设置好效果后，使用画笔工具绘制的笔触会自动地进行大小、圆度与角度的随机变化。单击“形状动态”旁的🔒按钮，能够对笔触形状的变化进行锁定。

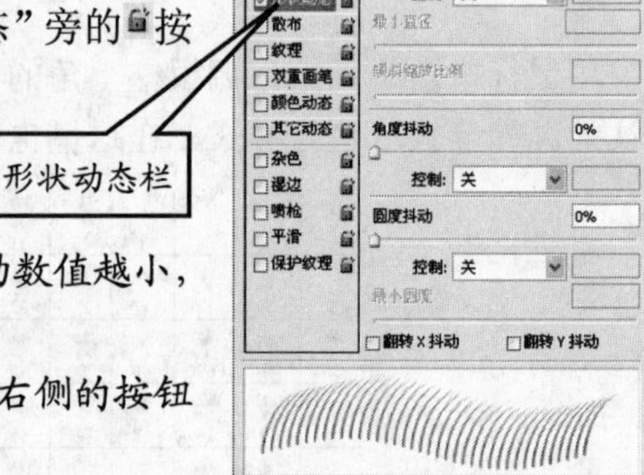

- ❖ 大小抖动：是画笔笔触的随机变化程度。抖动数值越小，变化越小，抖动数值越大，变化也就越大。
- ❖ 控制：用来控制画笔笔触的抖动方式，在其右侧的按钮包含这一抖动方式。
- ❖ 大小抖动和渐隐：在大小抖动上加入渐隐效果，将激活控制右侧的参数框，可设置笔尖的数量、抖动的大小等。
- ❖ 角度抖动：用来控制画笔笔触的水平旋转变化效果。参数值越大，效果越明显。
- ❖ 角度抖动和渐隐：在角度抖动上加入渐隐效果，在其右侧的参数框中可以设置在第几个笔尖上停止抖动。
- ❖ 圆度抖动：用来控制画笔笔触的圆度变化效果。参数值越大，效果越明显。
- ❖ 圆度抖动和渐隐：在圆度抖动上加入渐隐效果，在其右侧的参数框中可以设置在第几个笔尖上停止抖动。也可以通过拖动“最小圆度”滑块来控制。
- ❖ □翻转 X 抖动按钮：画笔沿 *X* 轴翻转抖动，也就是水平方向翻转抖动。
- ❖ □翻转 Y 抖动按钮：画笔沿 *Y* 轴翻转抖动，也就是垂直方向翻转抖动。

◆ 在软件没有安装数字画板等绘图设备时，只有“渐隐”选项会产生变化效果。

4. 散布

“散布”选项用来调整画笔笔触的散布和数量。在其右侧的动态栏中设置好效果后，使用画笔工具绘图时，绘制的笔触会自动地进行随机分布，产生出喷绘的效果。

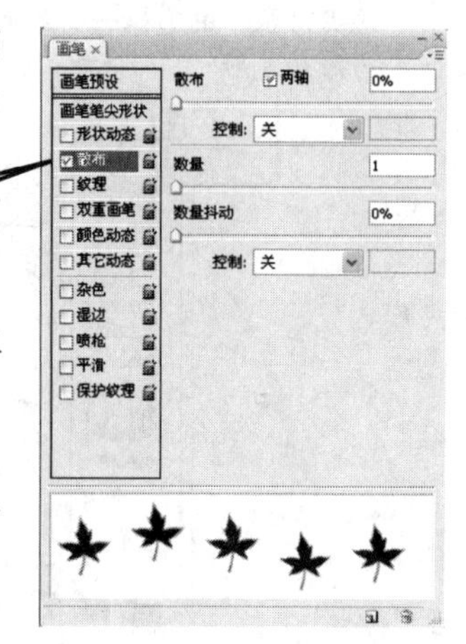

散布的参数栏

- ❖ 散布：用来控制画笔笔触沿垂直方向分散的程度。参数值越大，散布范围越广。
- ❖ 两轴：是画笔笔触将沿垂直和水平方向同时散布。
- ❖ 数量：用来控制画笔笔触的浓密度。参数值越大，数量越多，反之则越少。
- ❖ 数量抖动：用来控制画笔笔触的变化范围，参数值越大，则变化越明显。

- ◆ 当散布参数值过大时，应该及时调整散布的距离，避免散布后笔触间相互重叠。
- ◆ 此调板中的“控制”参数值选项同“形状状态”调板完全一样。

5. 纹理

当使用画笔工具在默认的情况下绘图时，绘制出的图像是以选定的颜色进行填充的，而在设置了纹理之后，绘制出的图像就具有了纹理效果。

纹理参数栏

- ❖ 纹理按钮：用来添加软件所内置的各种纹理图案。其“设置方法”与“画笔”调板相同。
- ❖ 反相：用来变换纹理的明暗关系。
- ❖ 缩放：用来调整画笔笔触纹理的大小，参数值随大小变化而变化。
- ❖ 模式：是画笔笔触与纹理的混合模式。选择不同的混合模式将呈现不同的效果。
- ❖ 深度：用来控制画笔笔触与纹理融入的深度，参数值越大，图案纹理越清晰。

6. 双重画笔

双重画笔顾名思义是两种画笔笔触的结合。用户可以在“双重画笔”参数栏中进行相关的参数设置，其操作如下。

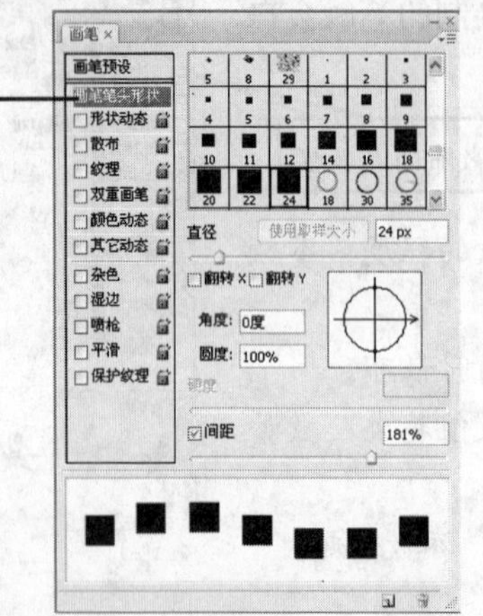

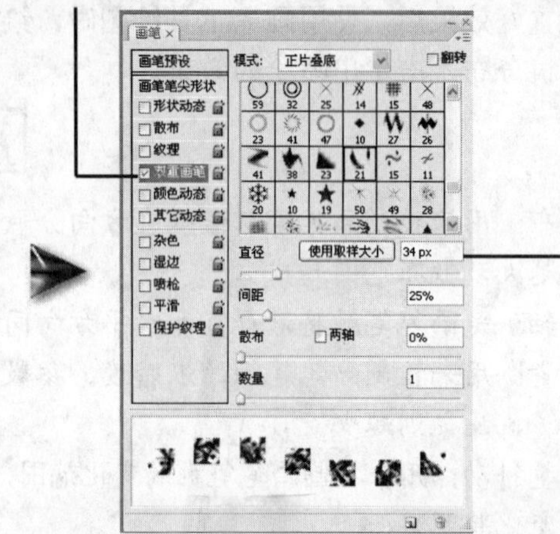

7. 颜色动态

通过对其参数值的设置，可以使画笔笔触呈现多色彩效果。

- ❖ 前景/背景色抖动：用来设置颜色的随机变化。
- ❖ 色相抖动：用来设置色彩颜色的随机变化。
- ❖ 饱和度抖动：用来设置图像颜色彩度的随机变化。
- ❖ 亮度抖动：用来设置图像色彩明亮程度的随机变化。
- ❖ 纯度：用来设置颜色的鲜灰程度，也是颜色中色素的饱和度。

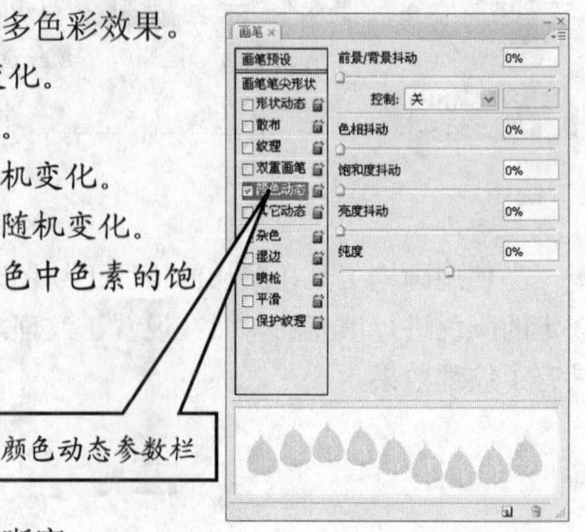

8. 其他动态

“其他动态”选项的作用是调整画笔笔触的清晰度。

9. 其他属性栏

在该栏内包括了杂色、湿边、喷枪、平滑和保护纹理 5 种画笔效果，需要使用时可直接选中即可。杂色可以使绘制图像的边缘产生不均匀分布的杂点；湿边可以使图像边缘产生水印效果；喷枪可以使绘制的图像更加柔和；平滑可使图像边缘变得更加平滑；保护纹理对所有具有纹理的画笔在创建时产生相同的图案和比例，可模拟出整张纹理画布的效果。

3.3 使用油漆桶与渐变工具

油漆桶工具和渐变工具也是经常使用的绘图工具。油漆桶工具可用于填充图像

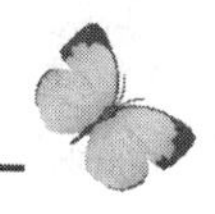

或选区中颜色相近的区域；而渐变工具■可以快速制作颜色的柔和渐变过渡的效果。

3.3.1 使用油漆桶工具

在使用油漆桶工具对图像区域进行填充时，只能选择使用前景色或图案填充，不能选择背景色或灰色等进行图像内容填充。

使用油漆桶工具的操作方法如下。

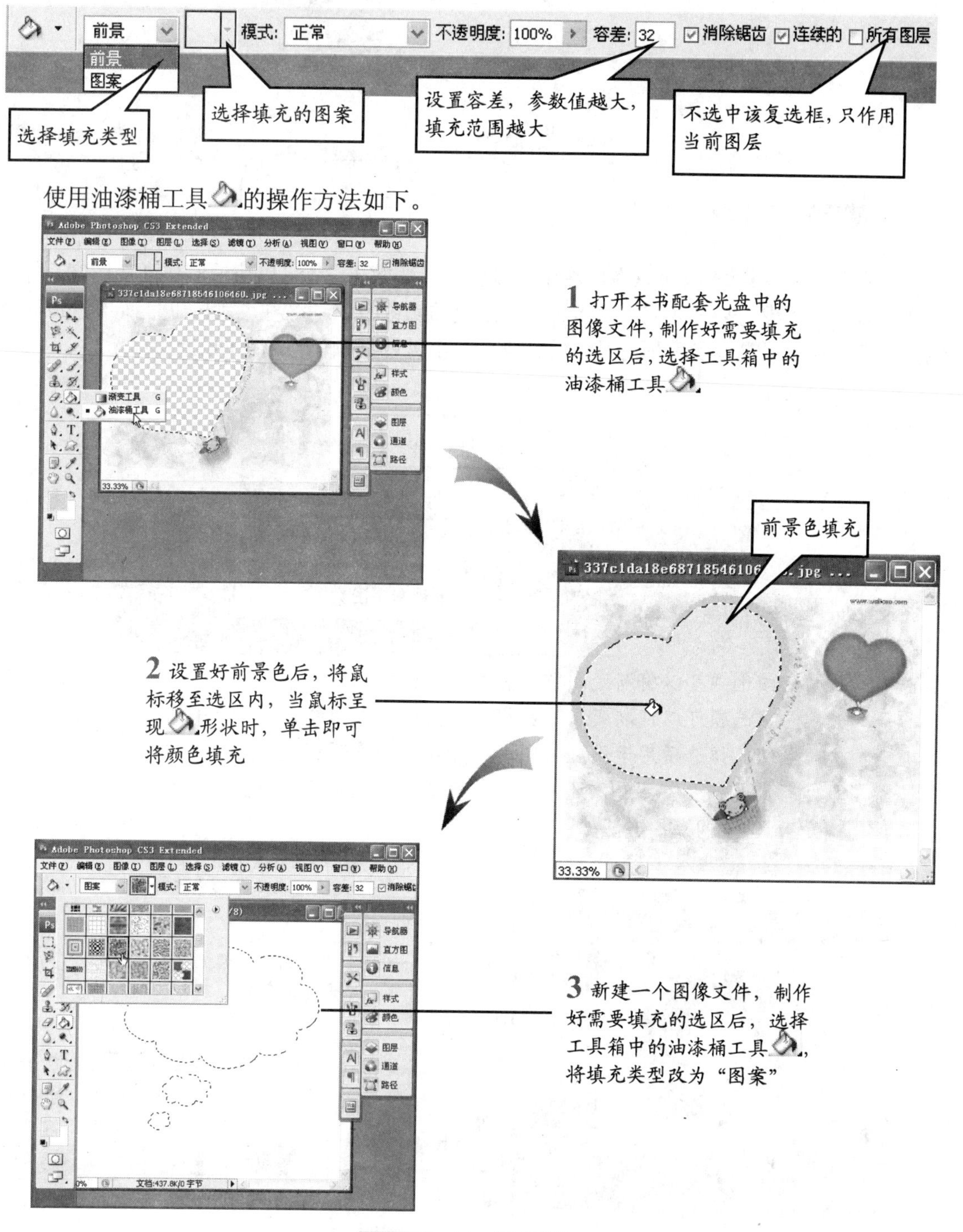

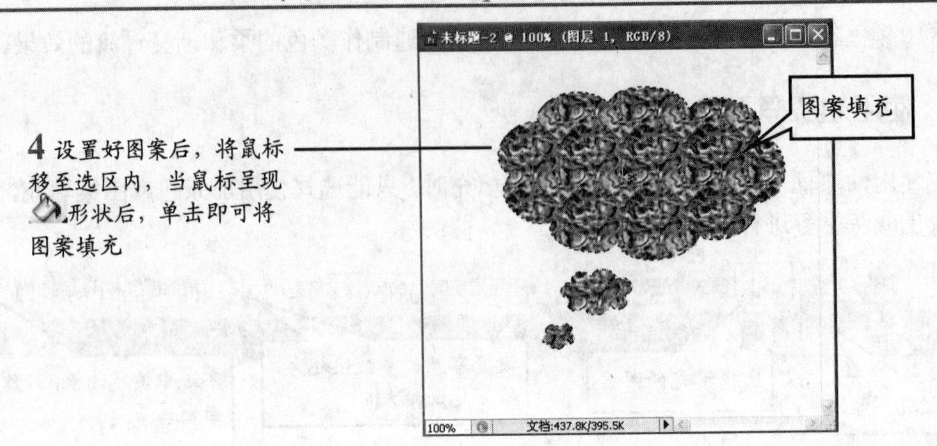

3.3.2 使用渐变工具

利用渐变工具不仅可以在图像中绘制颜色渐变效果，还可以快速制作渐变图案。所谓渐变，就是在图像的某个区域填入多种色彩过渡的颜色效果。这种过渡可以是前景色到背景色的过渡，也可以是背景色到前景色的过渡，甚至可以是颜色与颜色间的过渡。

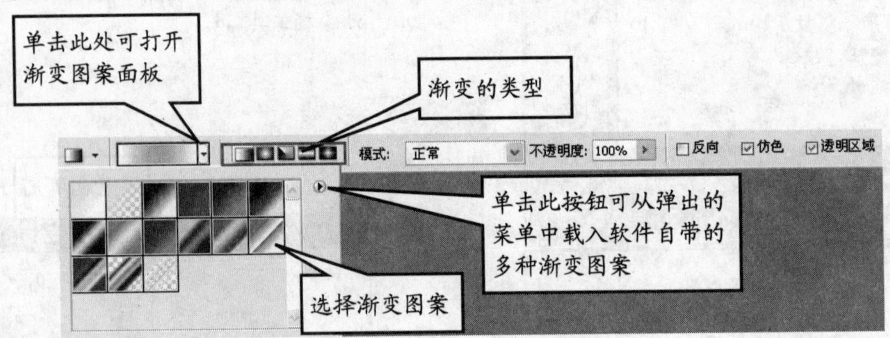

❖ 反向：该选项可以将渐变图案色彩方向进行颠倒。

❖ 仿色：该选项可以使渐变层的色彩过度变得柔和、细腻。

❖ 透明区域：该选项用于设置关闭和打开渐变的透明程度。

除了软件自带的渐变图案外，还可以根据需要自定义各种渐变图案。

使用渐变工具的操作方法如下。

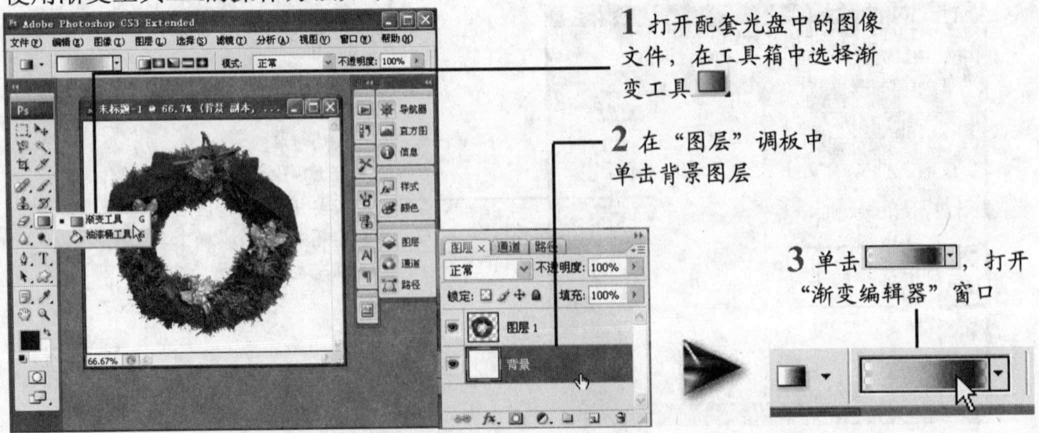

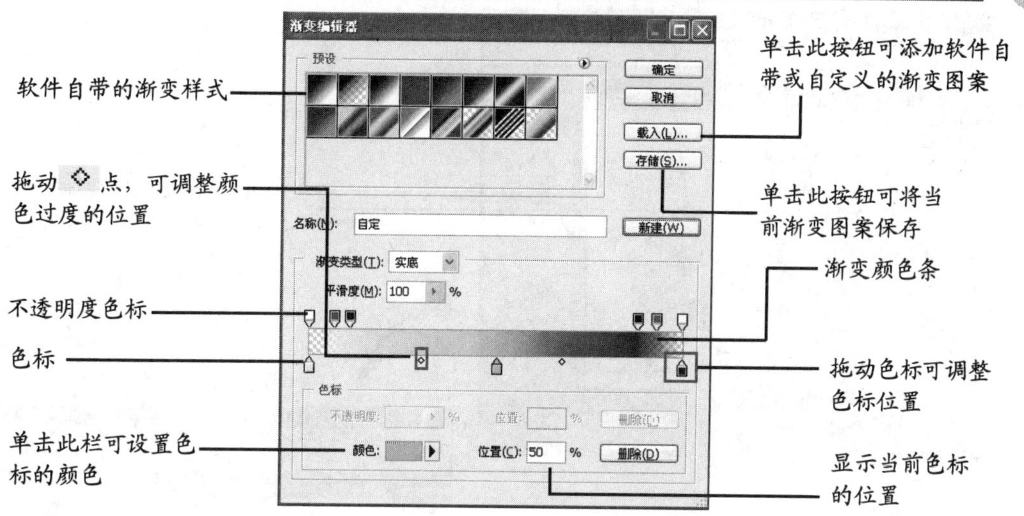

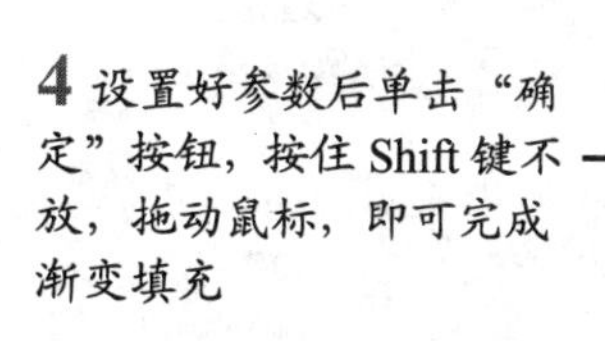

3.4 使用复制图像工具

图像工具组包含仿制图章工具和图案图章工具，主要用来对图像中的局部区域进行复制。下面来认识这两个图像复制工具。

3.4.1 使用仿制图章工具

通过仿制图章工具可以准确地将图像的一部分或全部复制到另一幅图像中，通常用来去除图片中的瑕疵、杂点，也可对图像进行简单的合成，是修补图像时经常用到的工具。

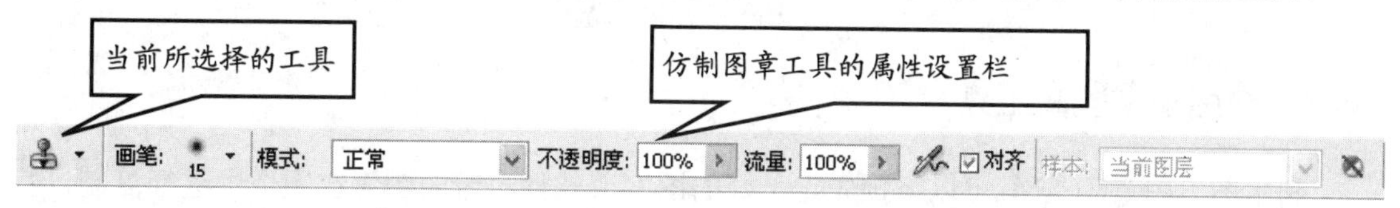

使用仿制图章工具的操作方法如下。

1 打开配套光盘中的图像文件，在工具箱中选择仿制图章工具。

2 在图像需要复制的位置按下 Alt 键，当鼠标指针呈现形状时，单击即可确定参考点

3 在图像中单击，拖动鼠标在图像中涂抹，此时参考点的图像就复制过来了

一点就透

- 仿制图章工具的属性栏和画笔工具很相似，也可以设置不透明度、模式、流量等参数。
- 在利用仿制图章工具复制图像时，按下 Alt 键的同时单击鼠标左键不放，出现的十字圆圈光标用于确定当前需要复制的区域。如果图像中定义了选区，则只将图案复制到选区当中，而选区以外的区域不受任何影响。

3.4.2 使用图案图章工具

利用图案图章工具可以将预先定义好的图案或软件自带的图案在图像中进行复制，也可以用于制作图像背景纹理或防盗水印等效果。

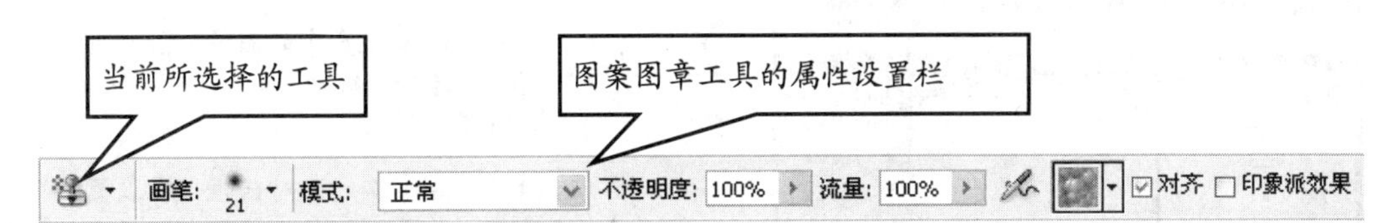

图案图章工具的操作方法如下。

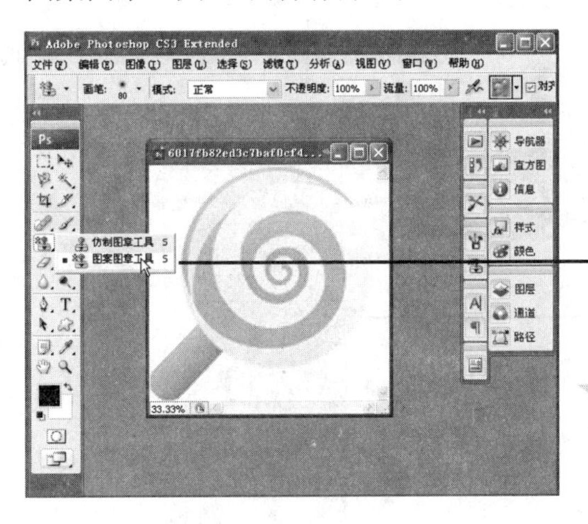

1 打开配套光盘中的图像文件，在工具箱中选择图案图章工具。

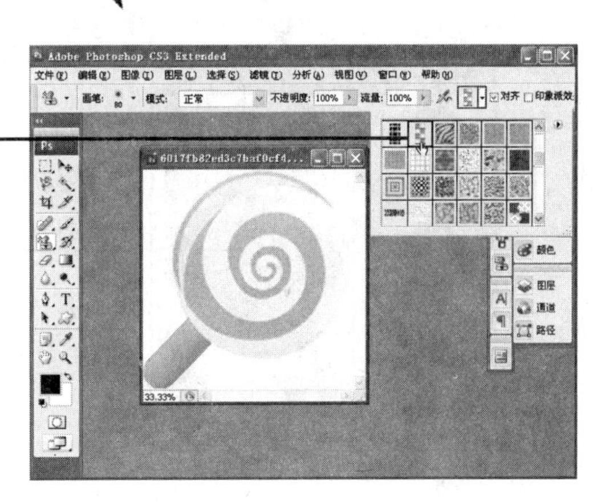

2 单击属性栏中的“图案拾色器”按钮，在打开的面板中选择图案

3 将鼠标移至图像中，单击拖动即可将图案填充到图像中

利用图案图章工具自定义图案的操作方法如下。

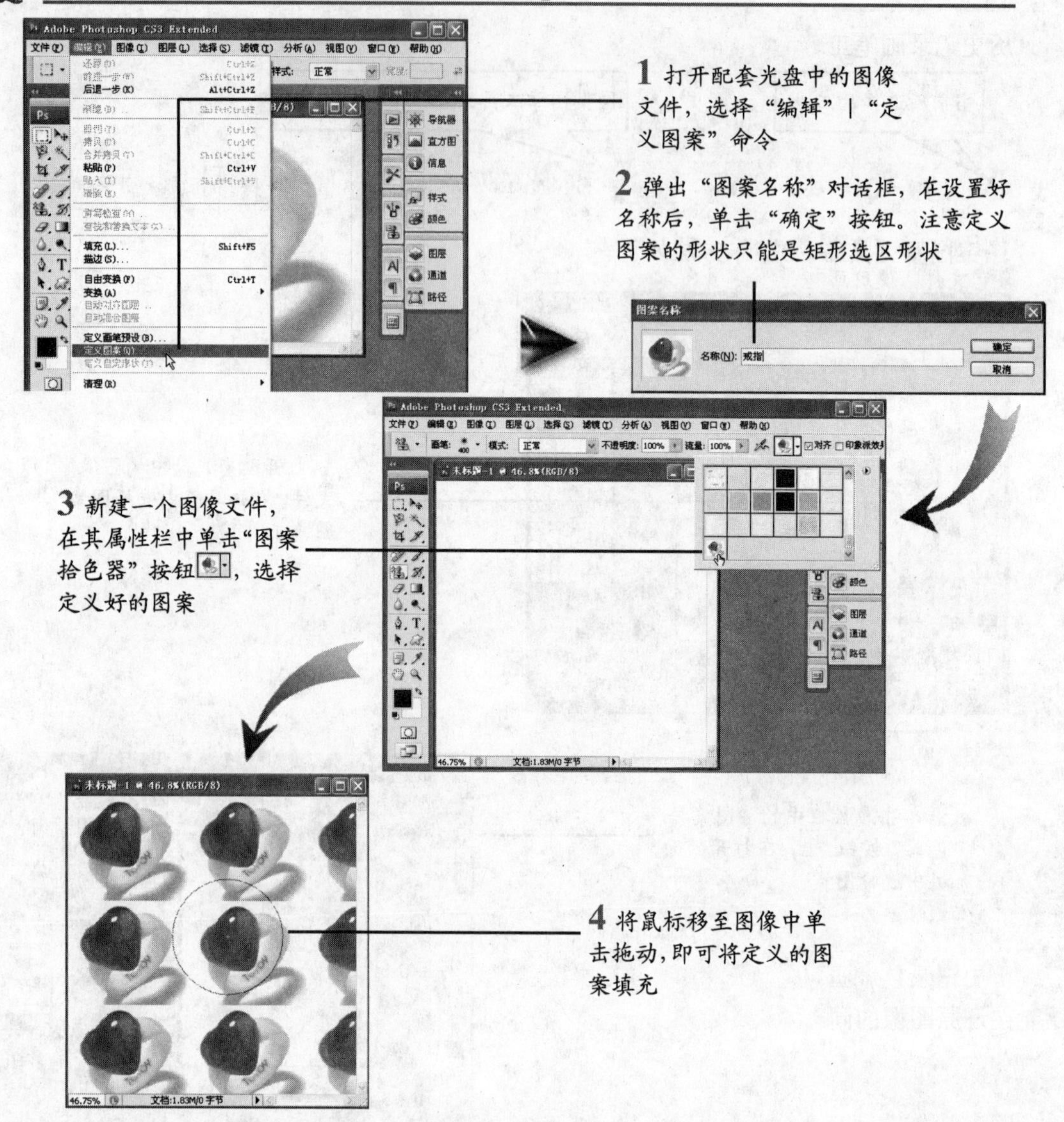

3.5 使用恢复图像工具

图像恢复工具组包括历史记录画笔工具和历史记录艺术画笔工具，它们是配合“历史记录”调板来使用的，可以对图像的错误编辑进行恢复。

3.5.1 使用历史记录画笔工具

历史记录画笔工具用来将图像还原编辑过程中的某一状态。

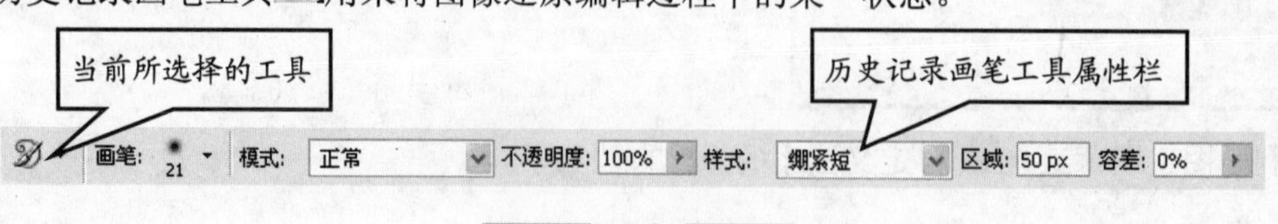

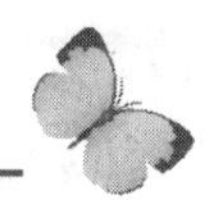

历史记录画笔工具的操作方法如下。

3.5.2 使用历史记录艺术画笔工具

历史记录艺术画笔工具与历史记录画笔工具很相似，它不但可以还原图像，而且还能在还原图像的同时对图像进行艺术化处理。

画笔：21 模式：正常 不透明度：100% 样式：绷紧短 区域：50 px 容差：0%

历史记录艺术画笔工具属性栏

历史记录艺术画笔工具的操作方法如下。

3.6 使用图像擦除工具

橡皮擦工具主要用来擦除图像中的颜色。在橡皮擦工具组中包括 3 种擦除工具，分别是橡皮擦工具、背景橡皮擦工具和魔术橡皮擦工具。

3.6.1 使用橡皮擦工具

橡皮擦工具的操作方法很简单，在工具箱中选择橡皮擦工具后，直接在图像窗口中单击拖动鼠标即可将图像擦除。

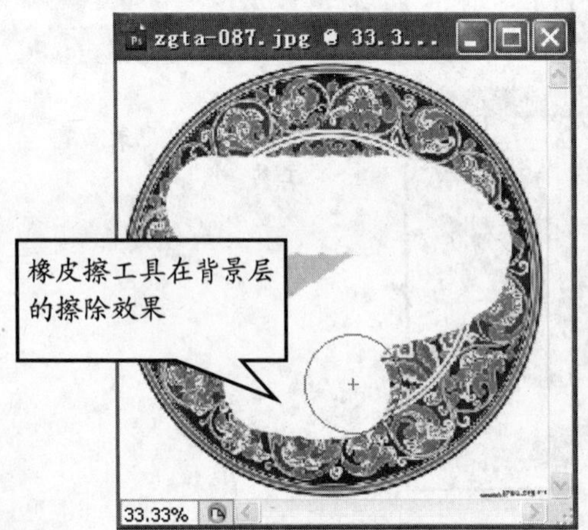

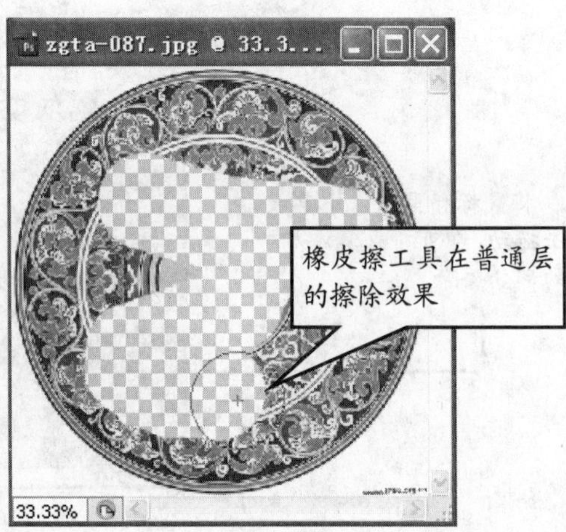

一点就透

◆ 使用橡皮擦工具时，在背景层上擦除图像后，会在被擦除的区域填充背景色，而在普通层上擦除的区域会变透明。

当选择橡皮擦工具后，可通过其属性栏设置相关参数。

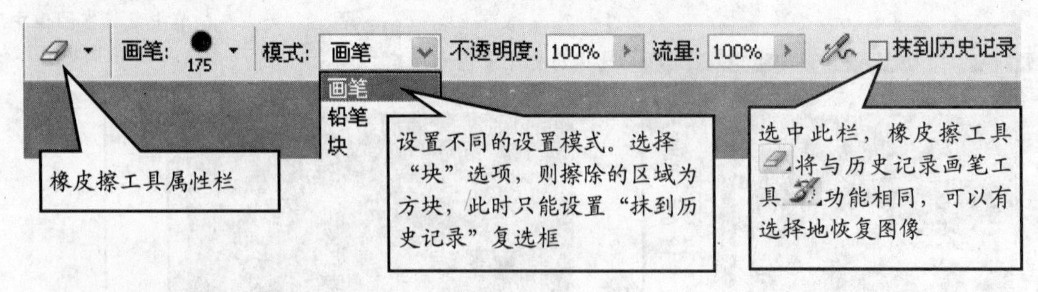

3.6.2 使用背景橡皮擦工具

背景橡皮擦工具是一个非常神奇的工具，使用背景橡皮擦工具可以将图像擦除为透明，利用它来抠取颜色差别较大的图像十分好用。

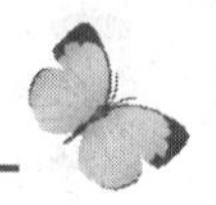

背景橡皮擦工具的操作方法如下。

1 打开配套光盘中的图像文件，选择吸管工具，在图像中取样

2 选择背景橡皮擦工具

- ❖ 取样：取样中包括“连续取样”按钮、“一次取样”按钮和“背景色板取样”按钮。默认情况下，“连续”表示可擦除鼠标经过的颜色；“一次”表示只能擦除鼠标所在位置的颜色；“背景色板”表示只能擦除与背景色相同的颜色。
- ❖ 限制：用来设置画笔限制类型，其中“不连续”表示只擦除指定颜色相近的像素；“连续”表示擦除与指定颜色相近且相连的像素；“查找边缘”表示保留较强边缘

效果。

- ❖ 容差：用来设置擦除颜色的范围。参数值越小，被擦除的图像颜色与取样颜色越接近。
- ❖ 保护前景色：选中此复选框将防止图像中具有前景色的图像区域被擦除。

3.6.3 使用魔术橡皮擦工具

魔术橡皮擦工具可以将图像中大块的单色区域擦除，使之成为透明色，其擦除效果与图层无关。

使用魔术橡皮擦工具的操作方法如下。

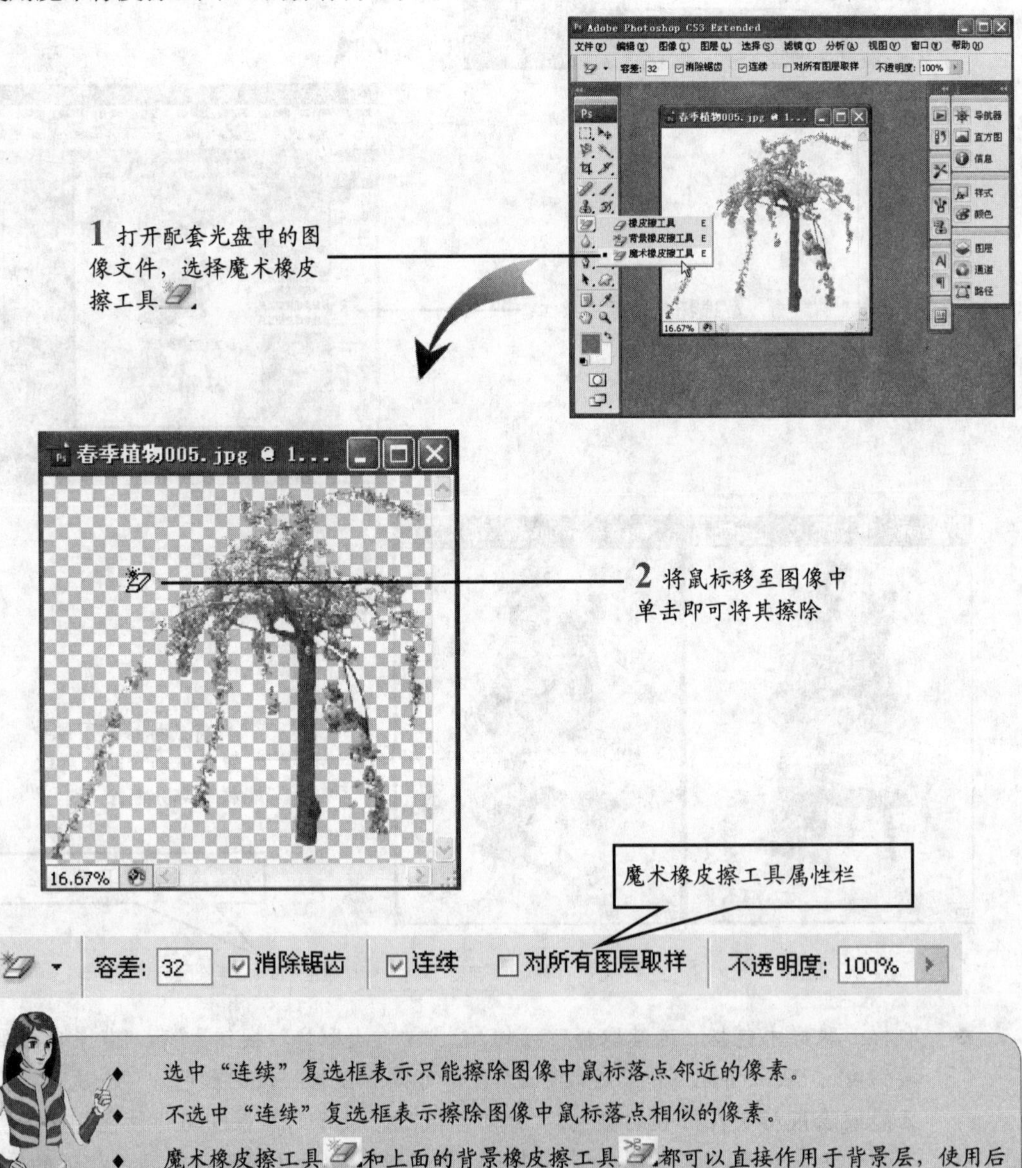

经验交流

- ◆ 选中“连续”复选框表示只能擦除图像中鼠标落点邻近的像素。
- ◆ 不选中“连续”复选框表示擦除图像中鼠标落点相似的像素。
- ◆ 魔术橡皮擦工具和上面的背景橡皮擦工具都可以直接作用于背景层，使用后背景层将自动转换为普通层。

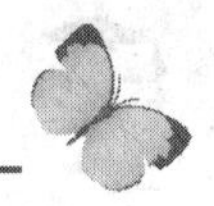

3.7 使用修图工具

在 Photoshop 中有很多图像修饰工具，分为图像修补工具和图像修饰工具两类，利用它们可以对图像进行修复、模糊、加深等处理。

3.7.1 使用修补工具修复图像

图像修补工具组包含污点修复画笔工具、修复画笔工具、修补工具和红眼工具。这些工具用来修复图像或照片中的缺陷，下面分别进行介绍。

1. 污点修复画笔工具

污点修复画笔工具可以快速地消除图像或照片中的污点和不理想的部分，可在污点上单击一次或单击并拖动，以此来消除图案中不理想的部分。它适用于小范围的修复图像，可自动从所修饰区域周围取样。

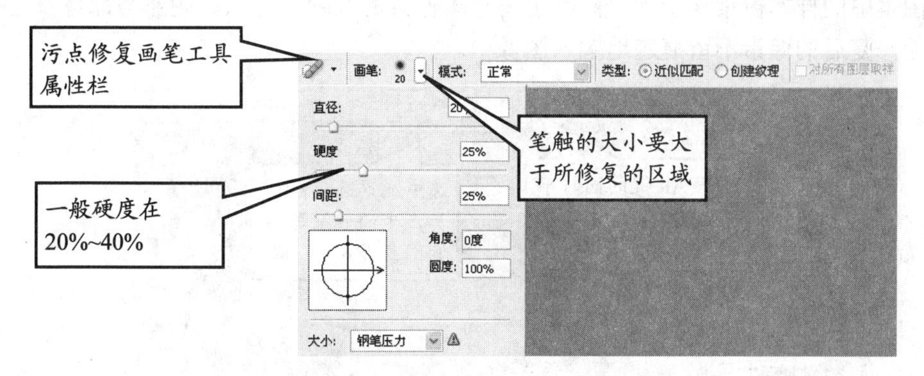

❖ 近似匹配：是指使用选区边缘周围的像素来查找要作用选定区域修补的图像区域。

❖ 创建纹理：是指使用选区中所有像素创建一个用于修复该区域的纹理。

污点修复画笔工具的操作方法如下。

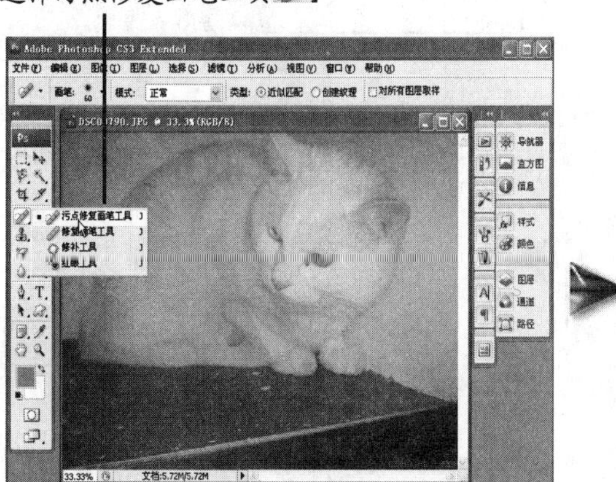

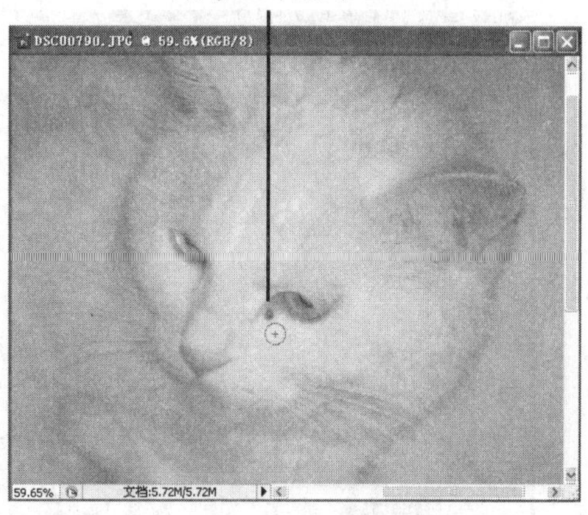

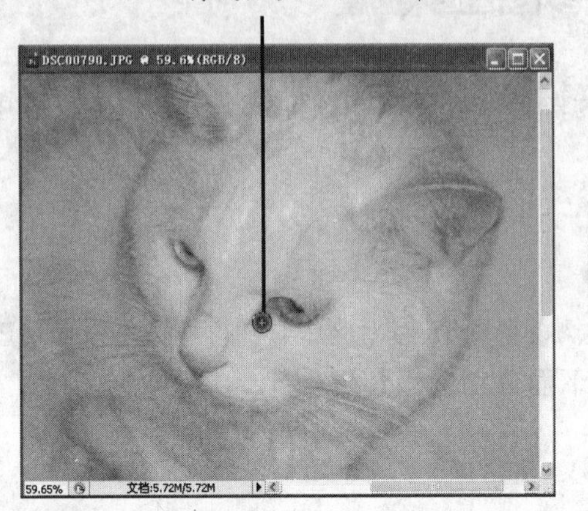

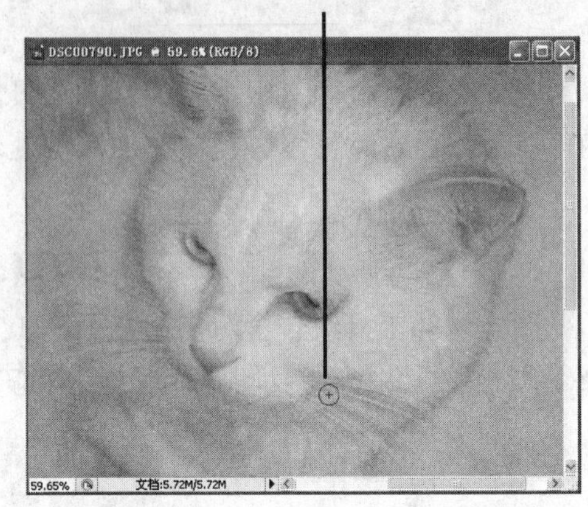

2. 修复画笔工具。

修复画笔工具可用于校正瑕疵，并使之融于周围的像素中。利用修复画笔工具可在图像或图案中的样本像素来绘画，同时可将样本像素的纹理、光照、阴影与原像素进行匹配，从而使修复后的像素不留痕迹地融入图像中。

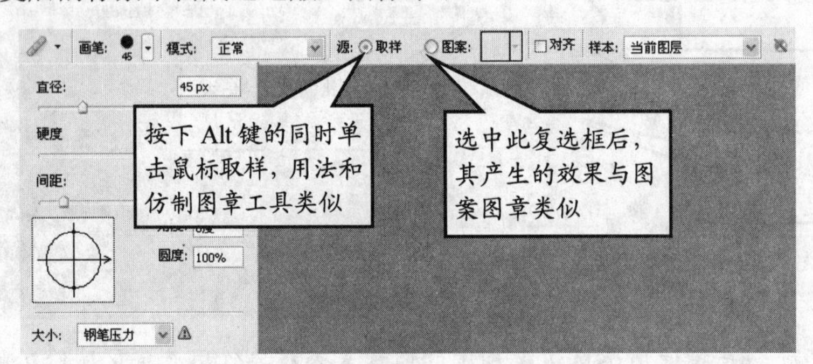

修复画笔工具的操作方法如下。

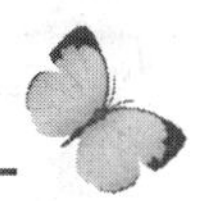

3. 修补工具

修补工具可以用其他区域或图案中的像素来修复选中的区域，同时可将样本像素的纹理、光照、阴影与原像素进行匹配。

❖ 源：是指原来选中区域被使用样本像素进行修补，后者代替前者。
❖ 目标：是指新选区域被用样本像素进行修补，前者代替后者。
❖ 透明：是指将选取内容以透明方式进行显示，可保留原始对象内容。
❖ 使用图案：是指在有选区的情况下单击使用图案按钮，将用选定的图案覆盖所选区域。

4. 红眼工具

利用红眼工具可以轻松移除因使用闪光灯拍摄的人物照片上的红眼。

红眼工具的操作方法很简单，只需要使用红眼工具在红眼睛处单击即可消除红眼。

3.7.2 使用修饰工具处理图像

图像修饰工具组包含有两大类，一是用模糊工具、锐化工具和涂抹工具处理图像清晰度，二是用减淡工具、加深工具和海绵工具处理图像明暗度。

1. 模糊工具、锐化工具和涂抹工具

模糊工具和锐化工具可以分别使图像产生模糊和清晰的效果，而涂抹工具的效果则类似于用手指搅拌颜色。它们使用起来比较简单，选择相应的工具并在图像中反复拖动鼠标，使图像达到所需的效果即可。

❖ 模糊工具：使清晰的图像变得柔和。

- 锐化工具：与模糊工具正好相反，使图像边界变得强烈而显得更加清晰。
- 涂抹工具：使图像呈现一种被水抹过的效果，如同水彩画一般。

一点就透

- 模糊、锐化、涂抹工具和大多数工具一样，也可以在工具属性栏中选择笔触大小，设置相关参数选项，可以使用【和】键控制笔触的大小。

2. 减淡工具、加深工具和海绵工具

减淡工具和加深工具可以通过改变图像的曝光度，巧妙地改变图像的明暗关系，达到二维表现三维立体的视觉效果。

使用减淡工具和加深工具的操作方法如下。

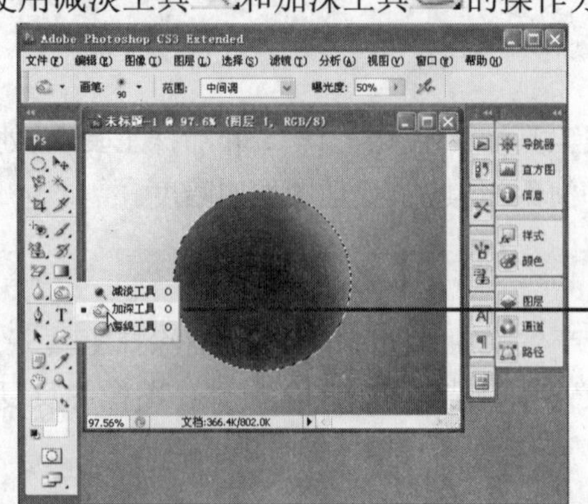

1 新建图像文件，使用所学知识填充背景和制作选区，为选区填色后，在工具箱中选择加深工具，设置参数后单击拖动鼠标，即可将选区加深

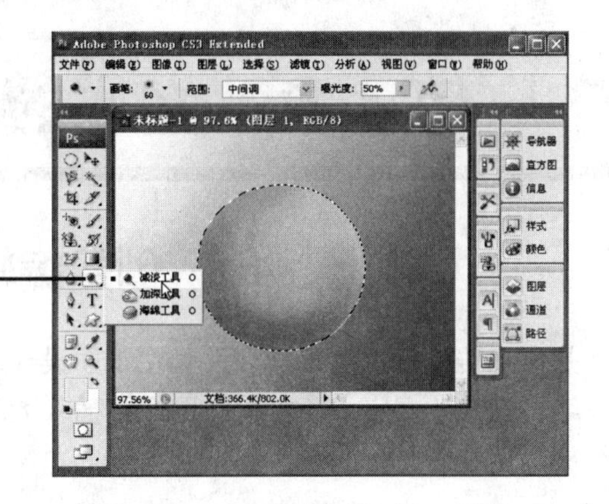

2 在原有图像的基础上选择减淡工具，设置参数值后单击拖动鼠标，即可将图像选区部分减淡

◆ 减淡和加深工具的作用是相反的，但其属性栏参数是相同的。其“范围”是控制减淡或加深效果的范围；“曝光度”参数值越大，减淡或加深的效果就越明显。

一点就透

利用海绵工具可以调整图像的饱和度。

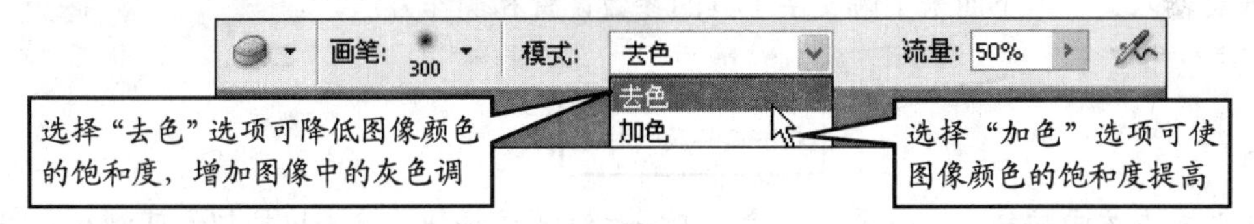

选择“去色”选项可降低图像颜色的饱和度，增加图像中的灰色调

选择“加色”选项可使图像颜色的饱和度提高

3.7.3　使用注释工具为图像添加注释

注释工具分为两种，包括附注工具和语音批注工具，注释工具将创建可附加到图像的文字和语音注释。用户可以使用这两种工具将自己想要表达的内容添加在图像上，用来进行工作的交流。

❖ 附注工具：用于为颜色校正和特殊效果提供注解，在图像上面的浮动图层中建立文本注解。当打印文档时，注解并不输出来。

❖ 语音批注工具：使用它可以提供图像的声音注解。要建立声音注解，要确保计算机上安装的麦克风能够正常使用。首先，激活此工具并单击图像，在弹出的对话框中，单击“开始”按钮就会开始录音；然后利用麦克风录制语音批注，录制完毕单击“停止”按钮来完成语音批注的录制。

第 4 章　文本的输入与编辑

4.1　创建编辑文本

文字是信息传达的重要元素，并且在平面设计中应用广泛。在 Photoshop 中不仅可以直接输入、编辑和修改文字，还可以在图像中插入大段的段落文字，并且能对文字进行对齐、旋转、缩放等调整。

文字工具主要包括横排文字工具 T、直排文字工具 IT、横排文字蒙版工具 T和直排文字蒙版工具 IT 4 个工具，按下 Shift+T 组合键可以随意地切换这 4 个工具。

4.1.1　使用横排和直排文字工具

选择横排文字工具 T或直排文字工具 IT，在图像窗口中单击就会显示文字输入光标，在光标处即可输入文字。下面来了解文字工具的参数设置和操作方法。

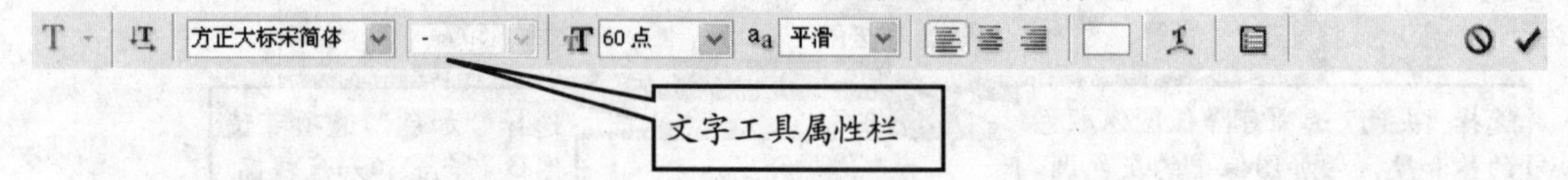

- ❖ 更改文本方向按钮：在图像中输入文字后激活该按钮，单击该按钮便可以在文字的水平与垂直排列间切换。
- ❖ 设置字体 方正粗圆简体：单击该选项的按钮，在下拉列表中选择字体。
- ❖ 设置字体大小 36 点：用于设置字体的大小，可以直接输入数字设置，也可单击该选项的按钮，在下拉列表中选择字体的大小。
- ❖ 设置消除锯齿的方法 平滑：单击该选项的按钮，在下拉列表中可以设置为字体消除锯齿的方式。
- ❖ 对齐文本：在选择横排文字工具 T和横排文字蒙版工具 T时，该按钮显示为，分别表示左对齐文本、居中对齐文本和右对齐文本；在选择直排文字蒙版工具 IT和直排文字工具 IT时，该按钮显示为，分别表示顶对齐文本、居中对齐文本和底对齐文本。
- ❖ 设置文本颜色：单击该色块可以在弹出的“拾色器”对话框中设置字体的颜色。
- ❖ 创建文字变形：在图像中输入文字后激活该按钮，在单击弹出的“变形文字”对话框中设置变形文字的样式。
- ❖ 显示或隐藏字符和段落调板：单击该按钮，在弹出的“字符/段落”调板中对文字进行更多设置。
- ❖ 取消所有当前编辑：单击该按钮后将取消当前的输入或修改等操作。
- ❖ 提交所有当前编辑：单击该按钮后将确认当前的输入或修改等操作。

创建横排文字 T的操作方法如下。

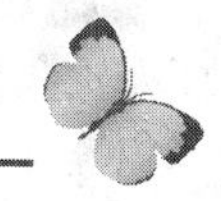

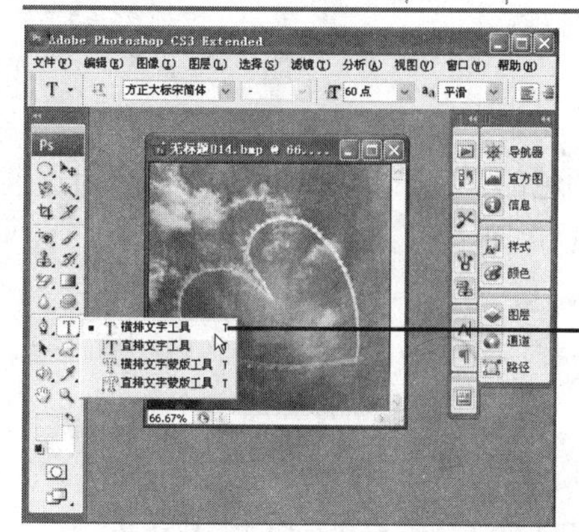

1 打开本书配套光盘中的图像，选择横排文字工具 T

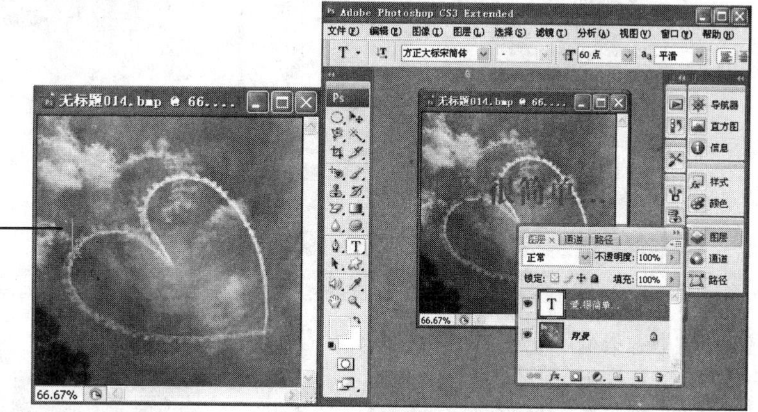

2 将鼠标移至图像中，当指针呈现 形状时单击输入文本，此时在“图层”调板中便会自动生成文字层

创建直排文字 IT 的操作方法如下。

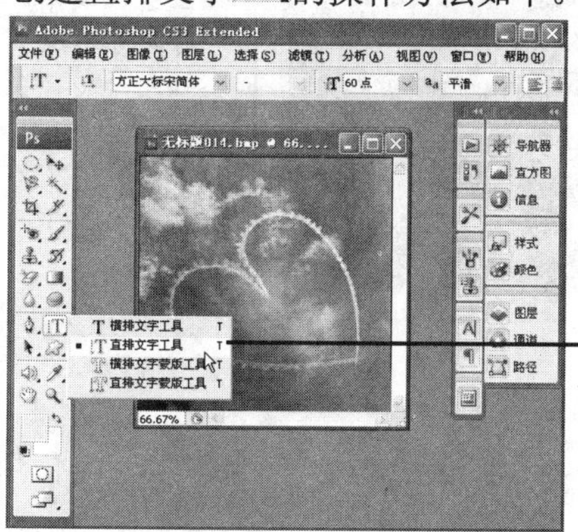

1 打开本书配套光盘中的图像，选择直排文字工具 IT

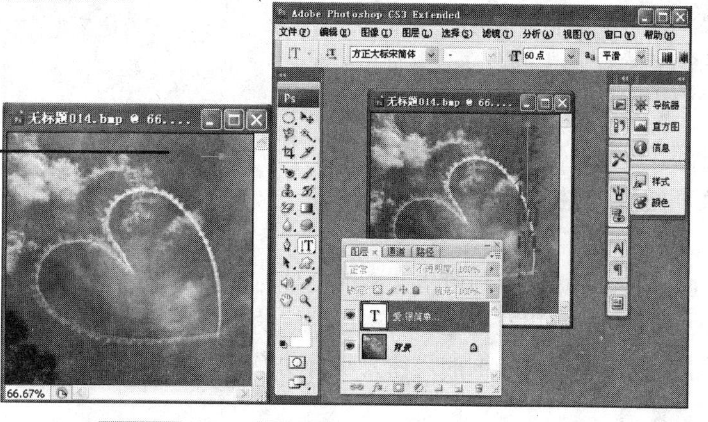

2 将鼠标移至图像中，当指针呈现 形状时单击输入文本，此时在“图层”调板中便会自动生成文字层

4.1.2 使用横排和直排文字蒙版工具

使用文字蒙版工具可以在图像中创建没有填充颜色的文字形状的选区，并可以对选区进行设置及操作。文字蒙版工具包括横排文字蒙版工具和直排文字蒙版工具。

使用文字蒙版工具创建文字选区的操作方法如下。

一点就透

- 在使用横排和直排文字蒙版工具创建文字时，所创建的实际上是选区而非文字，只不过创建的选区是文字形状。
- 在使用横排和直排文字蒙版工具创建文字时，选区建好后就无法再对文字进行修改了，因此在编辑前一定要先设置好需要的选区效果。

4.1.3 普通文本与段落文本的设置

下面介绍普通文本与段落文本的创建方法与特点。普通文本又称点文字，是一种不会自动换行的文字，常用在标题、名称、简短的广告语等；段落文本最大的特点是会创建段落文本框，文字能够根据外框的尺寸大小自动换行。

1. 普通文本的设置

通过横排文字工具 T 和直排文字工具 T，可以快速输入水平或垂直的点文字，也可以沿指定的路径输入点文字。点文字的创建方法在 4.1.1 节已经介绍，下面介绍段落文本的创建与设置方法。

一点就透

- 在编辑创建时，如果需要移动文字的位置，可在按下 Ctrl 键的同时单击并拖动鼠标。
- 在编辑创建时，如果需要撤销当前的输入，可以在结束输入前按 Esc 键，也可单击工具属性栏中的“取消所有当前编辑”按钮。

2. 段落文本的设置

在进行创作编辑中，当需要输入的文字较多时，可以通过创建段落文字的方式来输入，也可以对文字进行更多的编辑和控制。

（1）使用任意大小的文本框创建段落文本

段落文本有两种创建方法，一是在输入文字前先单击并拖动定义一个文本框，然后输入文字；二是将普通文字转换成段落文本。

创建段落文本的操作方法如下。

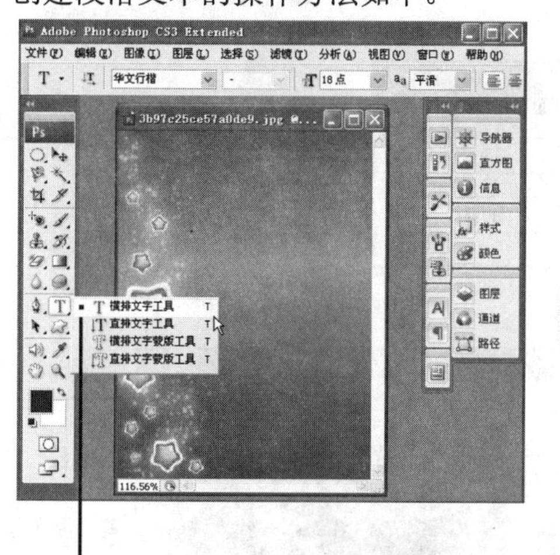

1 打开本书配套光盘中的图像，选择横排文字工具

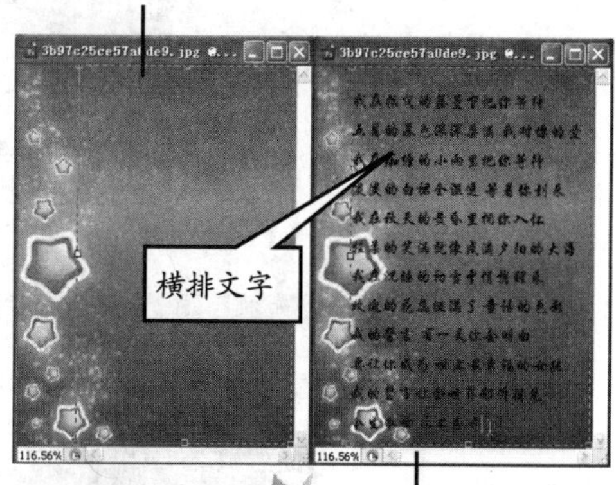

2 将鼠标移至图像中单击并拖动，绘制出一个文本框

3 在文本框内输入文字，文字在框内会自动换行

经验交流

- 如果要将普通文本转换为段落文本，在不进入文本编辑的情况下选择文本所在的图层，然后选择“图层”|“文字”|“转换为段落文本”命令即可。
- 如果想将段落文本转换为普通文本，可将段落文本所在的图层选中后，选择“图层”|“文字”|“转换为点文本”命令即可。

（2）使用指定大小的文本框创建段落文本

在选择了文字工具后，按住 Alt 键不放的同时在图像窗口单击并拖动，释放鼠标后将弹出“段落文字大小”对话框。

创建指定大小的文本框的方法如下。

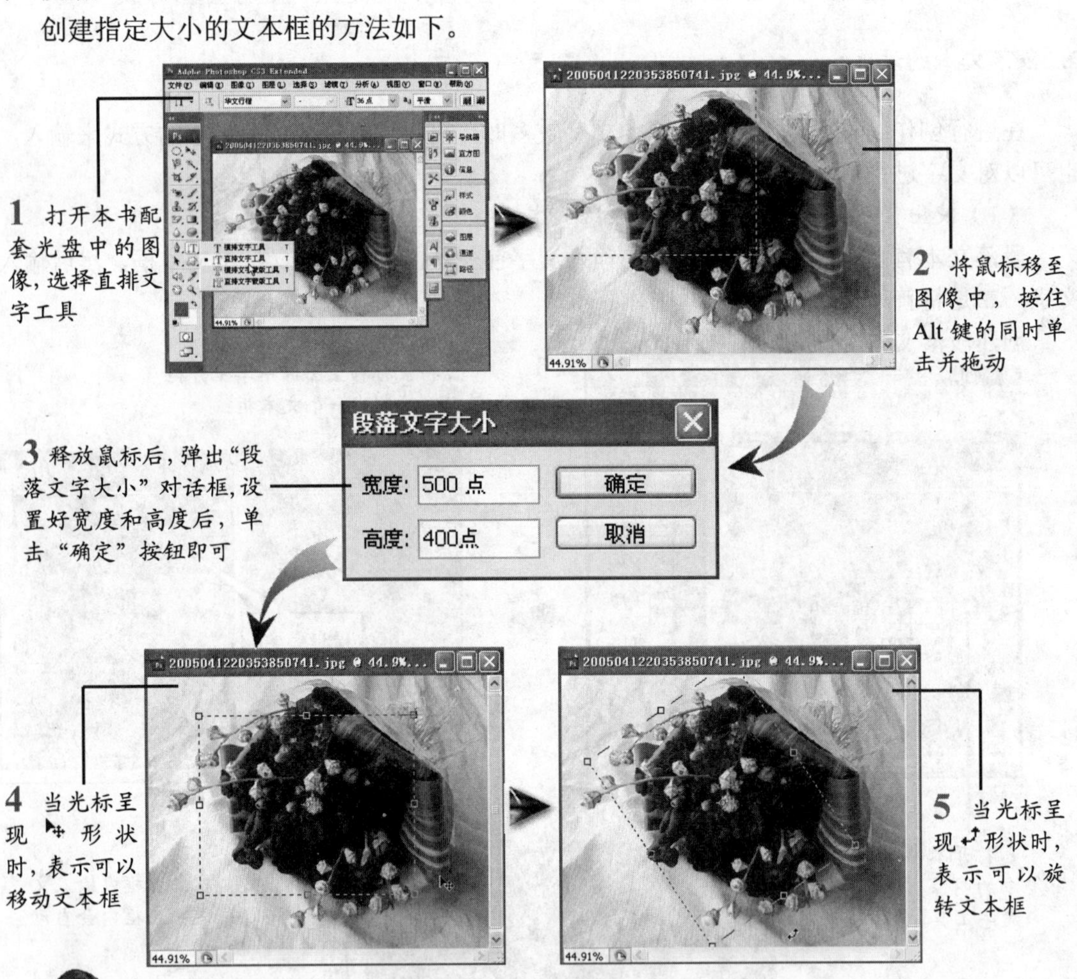

一点就透

- 如果要绘制正方形的文本框，按住 Shift 键不放单击拖动即可。
- Photoshop 中的字体是 Windows 系统自带的，因此字体较少，如果要添加字体，可以将所需的字体粘贴到 Windows 文件夹的 Fonts 目录下，然后重新启动 Photoshop 即可。

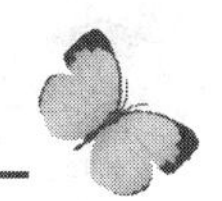

4.2 设置文本格式

在图像中输入文字后，还需要对文字进行编辑，比如修改文字的内容、大小或颜色等。要编辑文字，就必须先选取需要编辑的文字内容。

- ❖ 双击文本图层，将该图层所有文本选中，利用工具属性栏或“字符/段落”调板更改其颜色、字号、间距、行距等参数。
- ❖ 选择横排或直排文字工具，将鼠标移至图像上的文字区内单击，软件将自动将文字层设为当前层，并进入文字编辑状态，此时可以随意插入文字，也可以按住鼠标左键不放，拖动选中个别的文字进行字体、颜色、格式以及删除或复制等操作。
- ❖ 需要调整字符间距，可用鼠标在两个字符间单击，当出现闪烁光标后，按下 Alt 键的同时再按键盘上的方向键即可。

4.2.1 设置字符格式与段落格式

不论是普通文本还是段落文本，都可以设置文字格式，比如文字间的距离、文字的粗细、文字的样式等。

1. 设置字符格式

“字符”调板用来设置文字的字体格式。

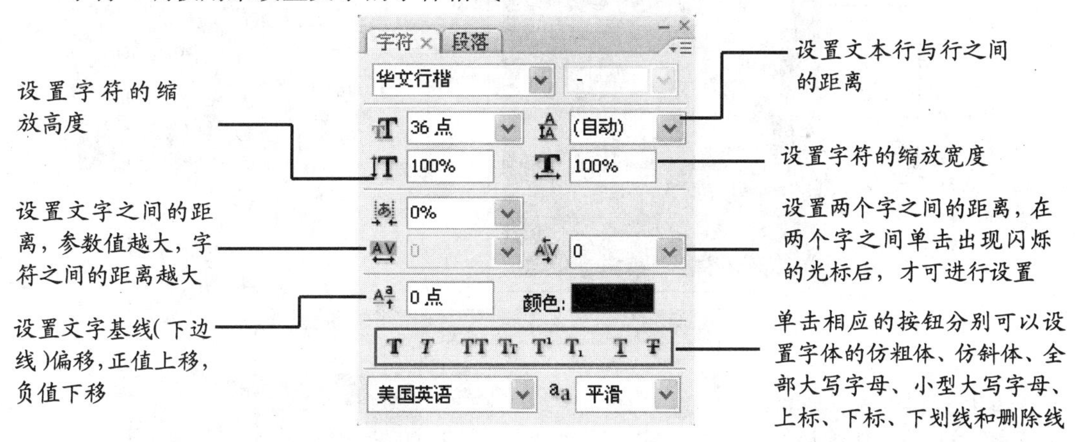

2. 设置段落格式

在“段落”调板设置文字的段落格式，只要选中段落文本所在的图层后，单击属性栏中的“显示或隐藏字符和段落调板”，在打开的“字符/段落”调板中选择“段落”选项卡即可打开“段落”调板。

- ❖ 左对齐文本按钮：是默认的文本对齐方式，单击该按钮可以使文本左对齐。
- ❖ 居中文本按钮：单击该按钮可以使文本居中对齐。
- ❖ 右对齐文本按钮：单击该按钮可以使文本右对齐。
- ❖ 最后一行左对齐按钮：单击该按钮可以使文本左右对齐，最后一行左对齐。

- ❖ 最后一行居中对齐按钮：单击该按钮可以使文本左右对齐，最后一行居中对齐。
- ❖ 最后一行右对齐按钮：单击该按钮可以使文本左右对齐，最后一行右对齐。
- ❖ 全部对齐按钮：单击该按钮可以使文本左右全部对齐。

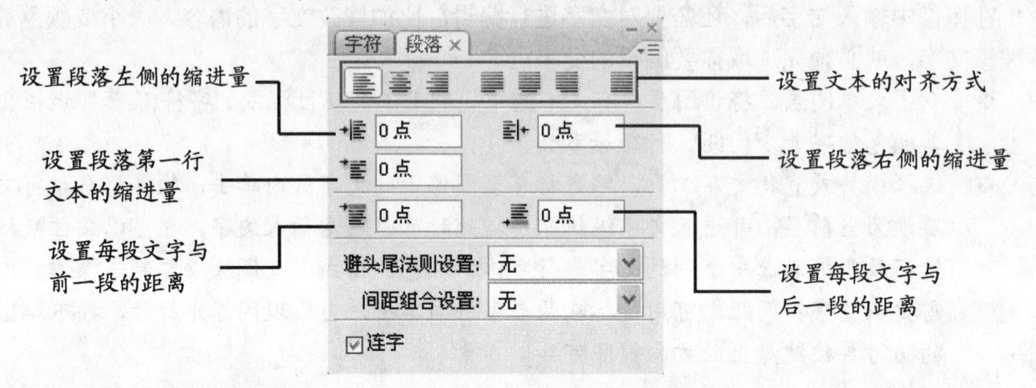

4.2.2 创建变形文本样式

虽然文字层不能执行色调调整和滤镜效果处理，但可以对其进行除“扭曲”、“透视”以外的“缩放”、“旋转”和“斜切”等变形效果处理。

变形文本的操作方法如下。

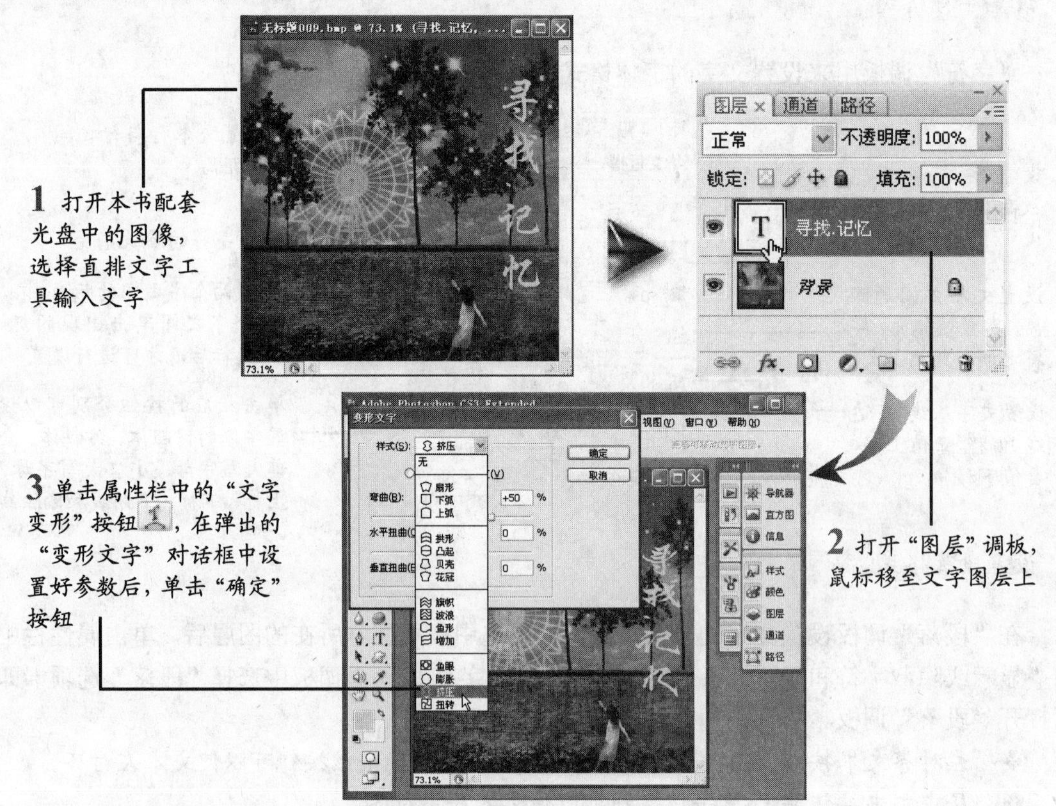

- ❖ 样式：在该下拉列表中可以选择不同的样式。
- ❖ ○水平(H) 或 ○垂直(V)：该选项决定扭曲的方向。

- 弯曲：用来调整文字的扭曲程度。
- 水平扭曲和垂直扭曲：决定扭曲的方向及效果。

- 如果文字图层是当前图层，可以直接选择“图层”|“文字”|“文字变形”命令，弹出“变形文字”对话框。此外，版形设置只针对文字图层，因此每个文字图层只能使用一种样式。
- 选择文字图层，选择“编辑”|“自由变换”命令，或按下 Ctrl+T 组合键进行自由变换，也可选择“编辑”|“变换”命令，然后选择相应的变换项。

4.2.3 栅格化文本

图像中添加的文字和文本属于文字图层，要对其使用滤镜和绘画等图像特效操作，就必须先将文字图层转换为普通图层后再对其进行编辑。文字图层转换为普通图层后，图像中的文字就不能再次编辑了，所以首先应将文字和文本编辑后确定不再需要修改时，再进行栅格化文本的操作。

栅格化文本的操作方法如下。

1 打开本书配套光盘中的图像，选择“图层”|“栅格化”|“文字”命令

2 也可以打开“图层”调板，将鼠标移至文字层，单击鼠标右键，在弹出的菜单中选择“栅格化文字”命令

3 在“图层”调板中可以看到，该文字图层已被转换为普通图层

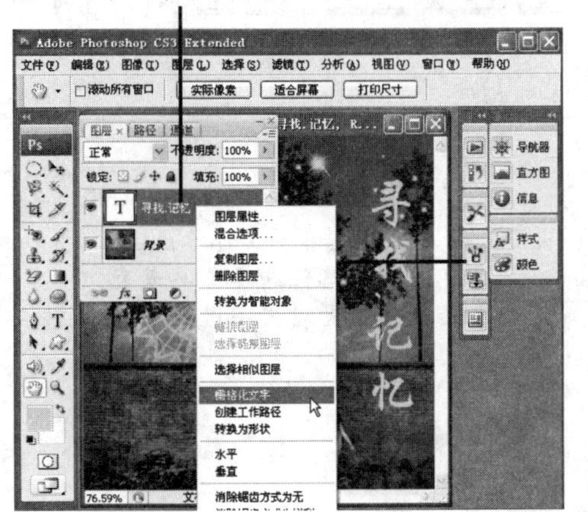

4.3　文字与路径结合

在制作变形特效文字时，单纯地通过文字工具来编辑是很难达到要求的。文字与路径结合，即将文字转换成为路径来编辑，就可以十分方便地制作出各式各样的文字变形效果了。

4.3.1　将文字转换为路径

虽然用户可以通过选择“编辑”|“自由变换”命令或“编辑”|“变换”命令来对文字进行变形处理，但要制作出特殊类型的变形文字，就需要先将文字转换为自由调整的形状或路径，然后再对其进行变形处理。

文字转换为路径或形状的操作方法如下。

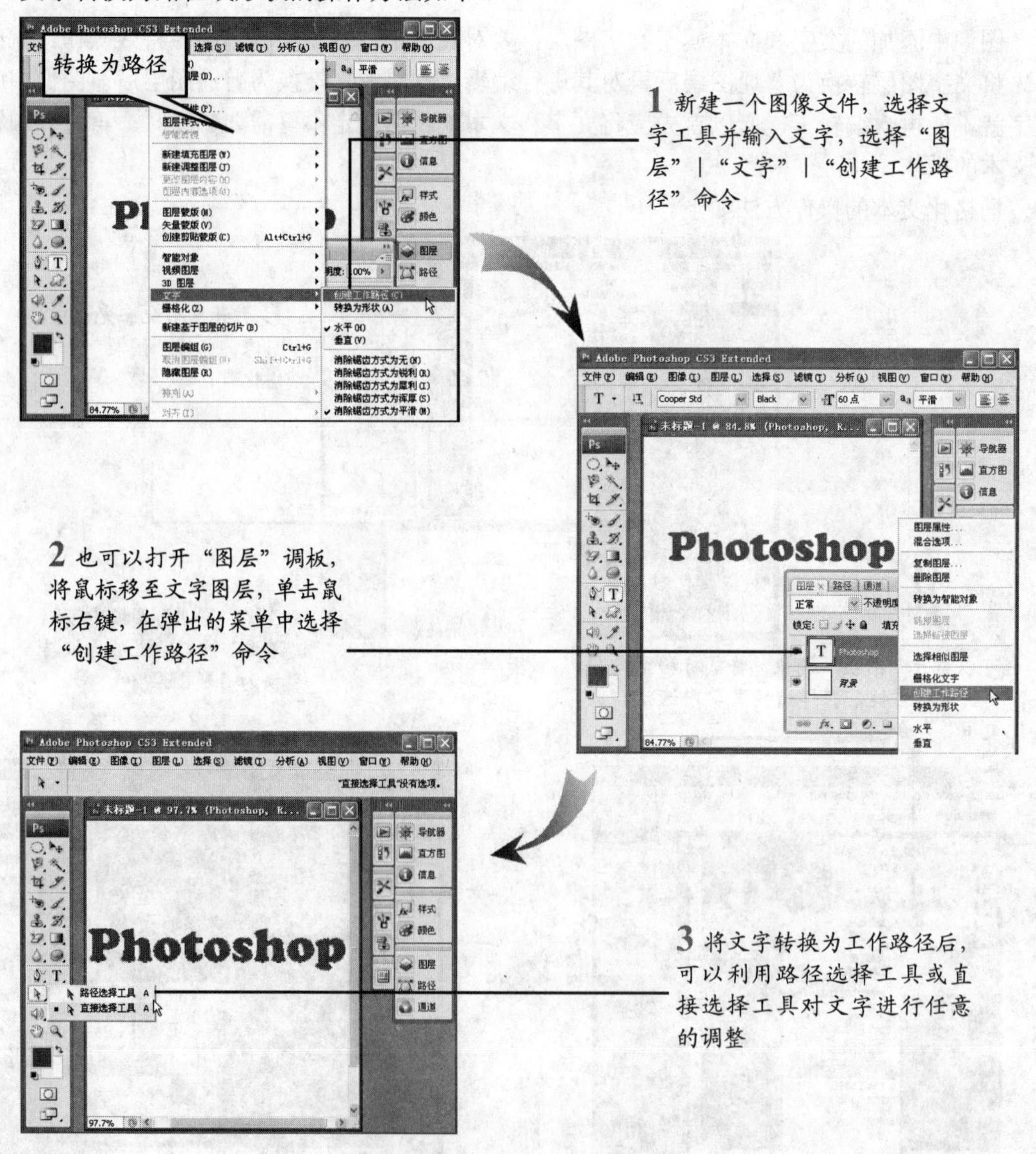

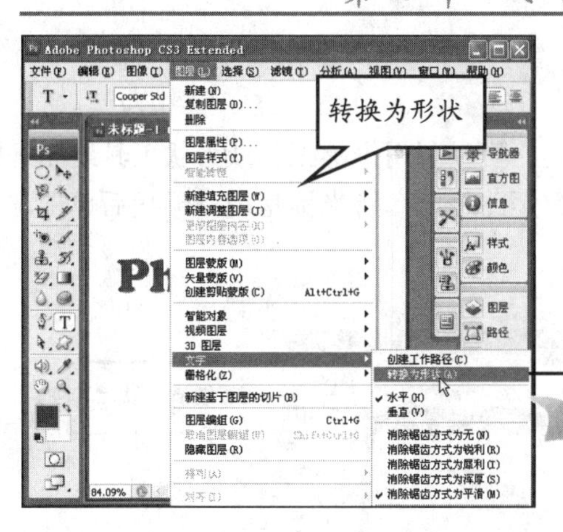

4 新建一个图像文件，选择文字工具并文字输入，选择“图层”|“文字”|“转换为形状”命令，可以在文字图层创建形状

5 也可以打开“图层”调板，将鼠标移至文字层，单击鼠标右键，在弹出的菜单中选择“转换为形状”命令

6 将文字转换为形状后，可以利用路径选择工具或直接选择工具对文字进行随意的调整

两种路径文字的特殊效果

4.3.2 创建路径文字的特殊效果

在 Photoshop CS3 中，要想使文本沿路径排列，可以利用钢笔工具或形状工具绘制好路径，然后选择文字工具或文字蒙版工具，将鼠标移至路径上，待光标呈现 形状后单击，便可以沿路径输入文字了。

创建路径文字的具体方法如下。

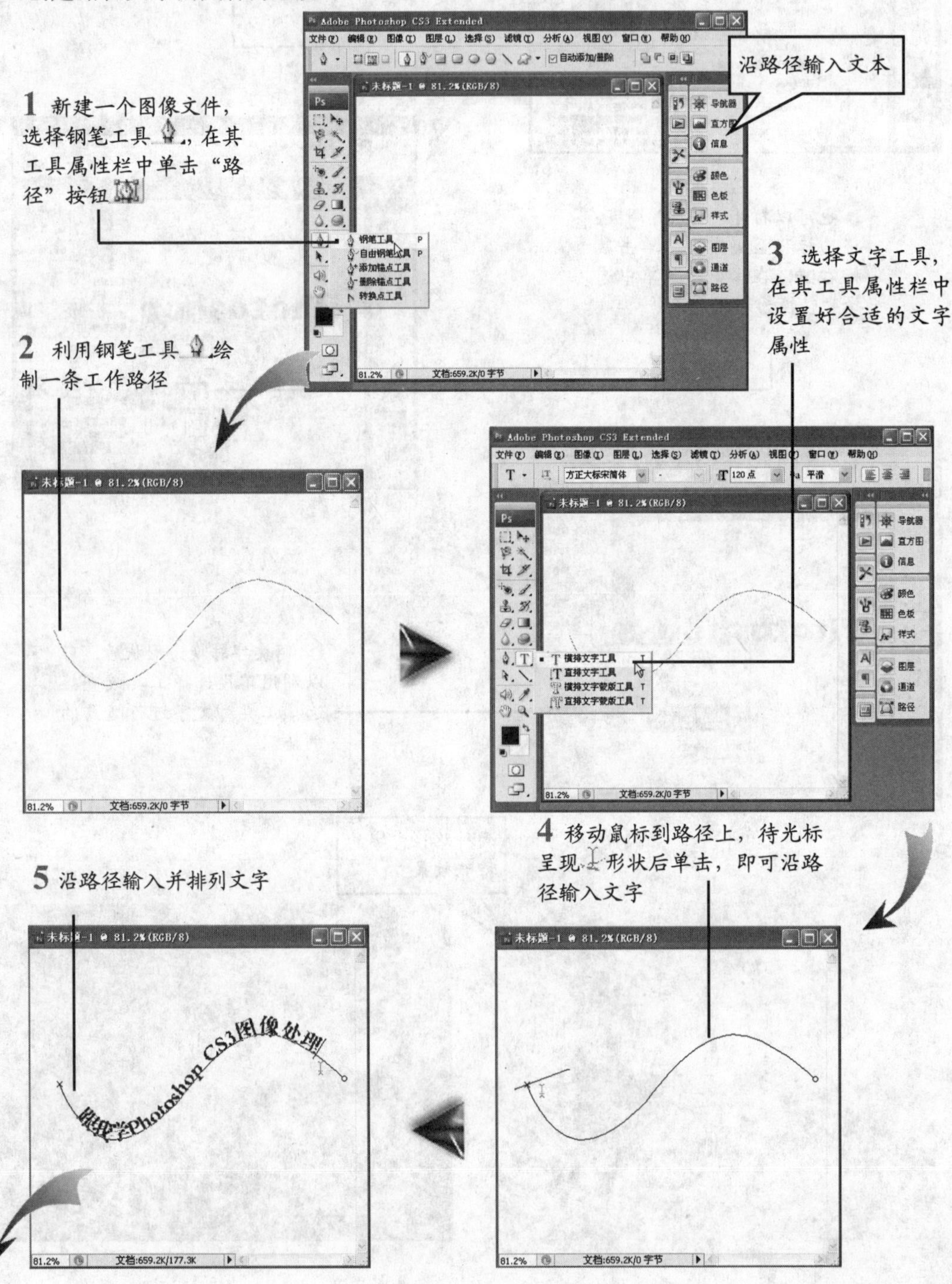

6 新建一个图像文件，选择形状工具 ，在其工具属性栏中单击“路径”按钮

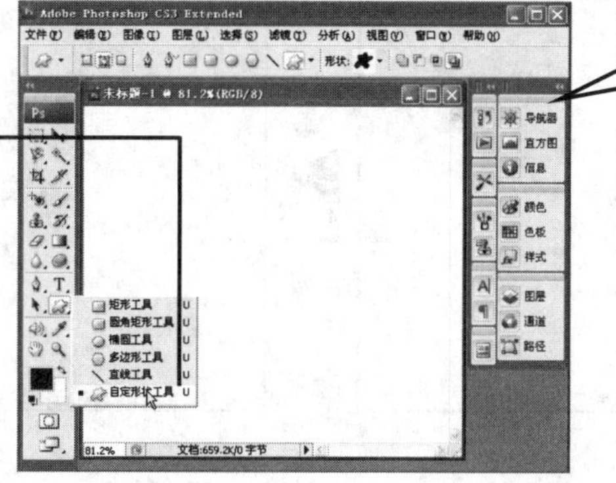

在路径内输入文本

7 利用形状工具 ，绘制一个形状路径

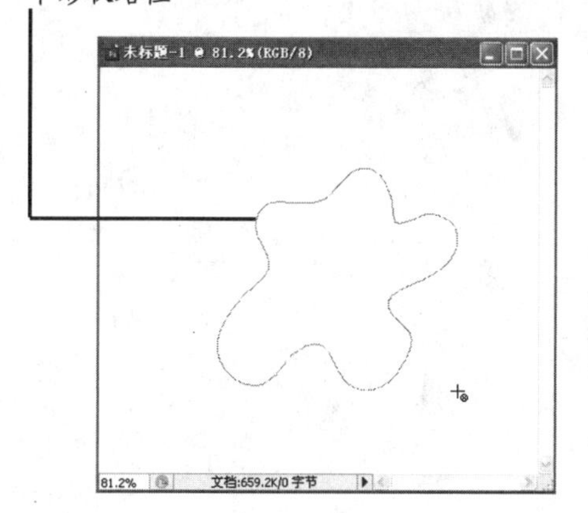

8 移动鼠标到路径上，待光标呈现 形状后单击，即可沿路径输入文字

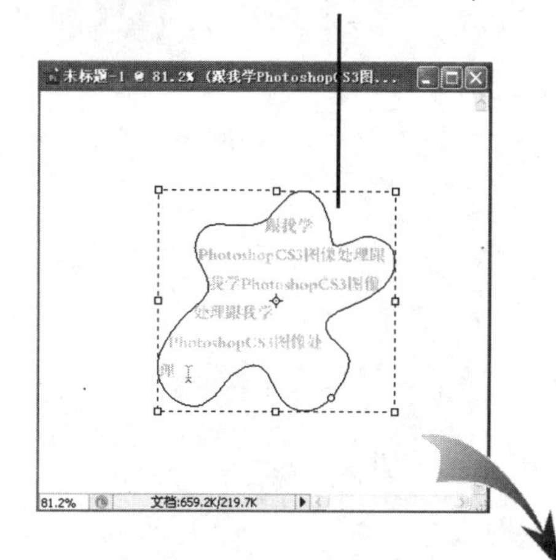

一点就透

◆ 在绘制路径时，如果选择横排文字工具或直排文字工具，将鼠标移至路径内，当光标呈现 形状时单击，此时输入的文字将在路径内放置。

9 在工具箱中选择“直接选择”工具 ，将鼠标移至文本上方，光标呈现 形状

10 单击并沿路径拖动即可沿路径移动文本

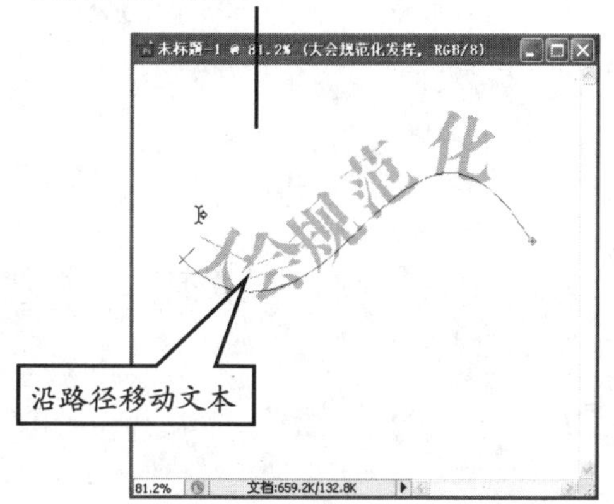

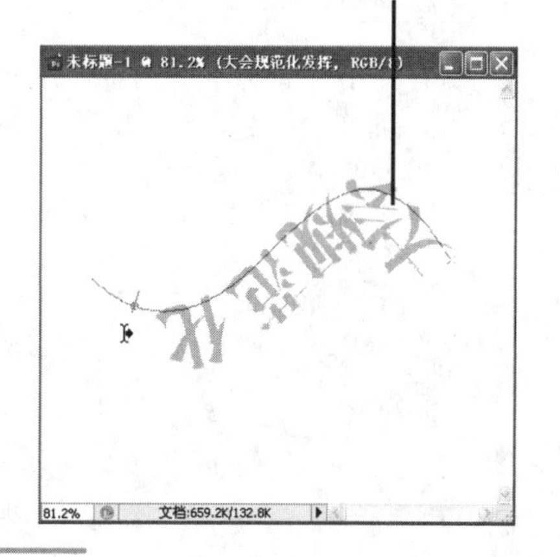

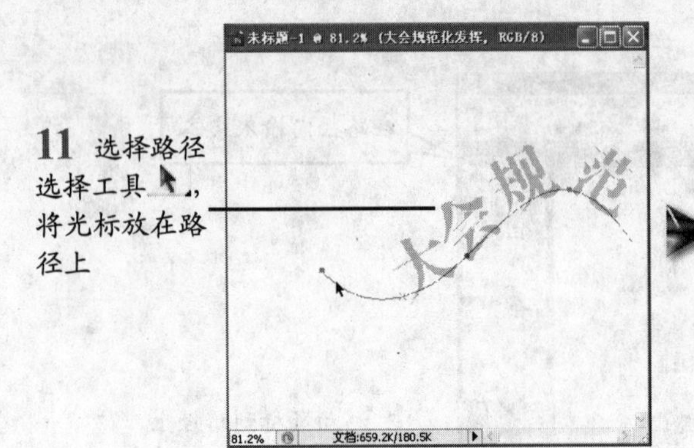

11 选择路径选择工具 ，将光标放在路径上

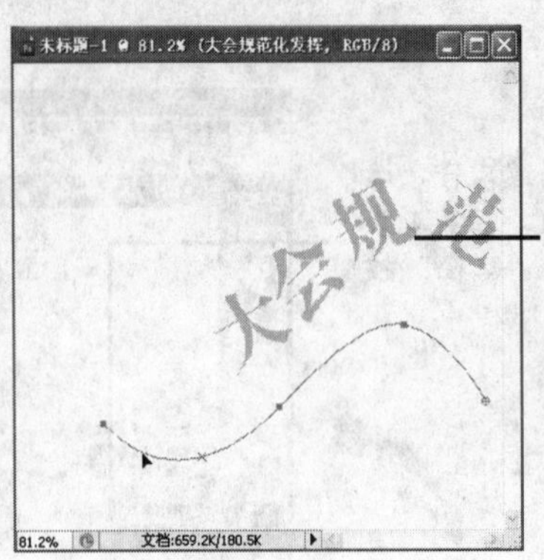

12 单击拖动可移动路径，此时文本也将随之移动

第 5 章　处理图像的色彩

5.1　认识图像的色彩模式

色彩模式是图像设计中的最基本的知识。色彩模式决定了一幅图像颜色的构成，而且相同的图像文件格式可以支持一种或多种颜色模式。

5.1.1　常用色彩模式简介

Photoshop CS3 中常用的色彩模式有位图模式、灰度模式、RGB 模式、CMYK 模式、索引颜色模式、Lab 模式以及多通道模式等。

- 位图模式：位图模式由黑、白两种颜色构成，一般用于报社线条稿。
- 灰度模式：灰度模式表现为 256 级灰度图，黑白照片即为灰度图。
- RGB 模式：RGB 模式为真彩色模式,由 R、G、B（红、绿、蓝）三原色构成，可以生成 1670 万色，色彩丰富，数值跨度为 0~255，全为 0 时显示黑色，全为 255 时显示白色，由 24 位圆表示。
- CMYK 模式：CMYK 模式为印刷模式，由青、洋红、黄、黑四色构成，数值跨度为 0~100，数值全为 0 时显示白色，数值全为 100 时为黑色，由 16 位圆表示。
- Lab 模式：Lab 模式从英文字面上来理解，L 为亮度，ab 为色轴，因此 Lab 模式是由亮度和两个颜色轴来控制颜色的显示。Lab 模式应用较少。
- 索引颜色模式：是假的真彩色，只表现 256 种颜色，视觉上保持图像品质不变，只用于屏幕显示、文件容量小、网页及多媒体传输等。
- 双色调模式：双色调颜色模式下的图像是通过 1~4 种自定义油墨来创建的色调，因此在不需要全色彩印刷时，可以利用双色印刷来降低成本。
- 多通道模式：该模式的每个通道使用 256°，进行特殊打印时多通道图像很有用。

5.1.2　色彩模式间的相互转换

Photoshop 中推荐使用的颜色模式是 RGB 颜色模式。因为只有在使用 RGB 颜色模式的情况下，才能使用软件提供的全部命令及滤镜。如果需要将图像颜色模式进行转换，可以选择“图像”|“模式”命令。

如果要将图像转换为位图模式，需要先将图像转换为灰度模式，然后再由灰度模式转换为位图模式；如果要将图像转换为双色调模式，也需要先转换为灰度模式，然后再由灰度模式转换为双色调模式。

5.2 调整图像的亮度与对比度

图像色调是对一幅图像作品整体颜色的评价。一幅绘画作品中会使用多种颜色，而这种总体颜色倾向就被称为图像色调。Photoshop 提供了非常强的调色和校色功能命令，利用这些命令对图像的颜色进行调整，就可以创作出绚丽多彩的图像。

5.2.1 设置色阶

色阶主要用来调整图像的暗调、中间调和高光的强度，以此来校正图像的色彩范围和色彩平衡。

调整色阶的操作方法如下。

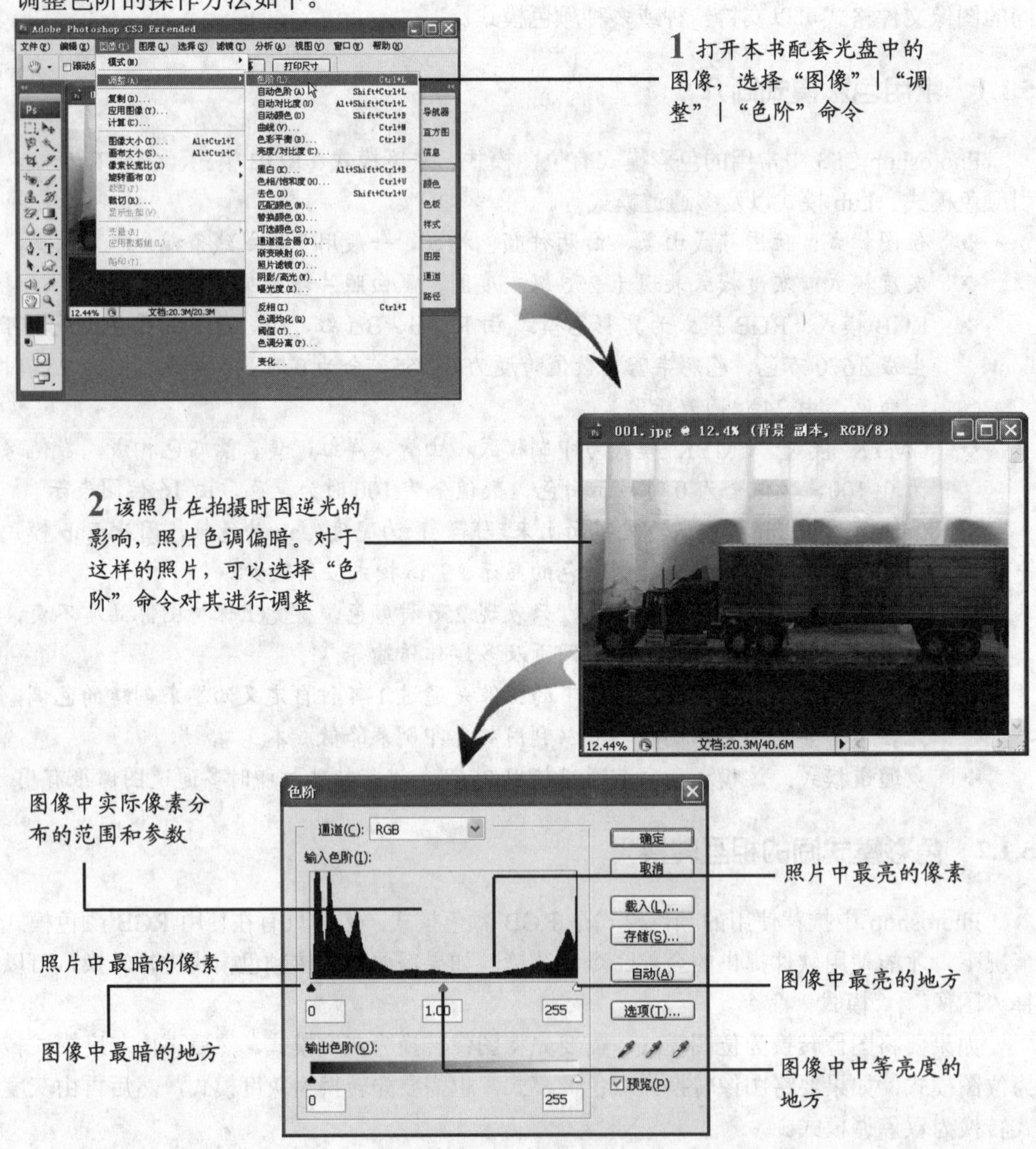

- ❖ 在图像中取样已设置黑场按钮：选择该工具在图像中单击，图像中原有像素的亮度值将被减去吸管单击处像素的亮度值，使图像变暗。双击该工具可以弹出“拾色器”对话框，从中直接设置黑场颜色。
- ❖ 在图像中取样已设置灰场按钮：选择该工具在图像中单击，图像中原有像素的亮度值将与吸管单击处像素的亮度值进行调整。
- ❖ 在图像中取样已设置白场按钮：选择该工具在图像中单击，图像中原有像素的亮度值与吸管单击处像素的亮度值相加，使图像变亮。
- ❖ 自动(A) 按钮：单击该按钮，软件将自动地按比例调整图像的亮度。
- ❖ 选项(T)... 按钮：单击该按钮，将弹出“自动颜色校正选项”对话框，该对话框可设置“高光”、“中间调”和“阴影”的所占比例。

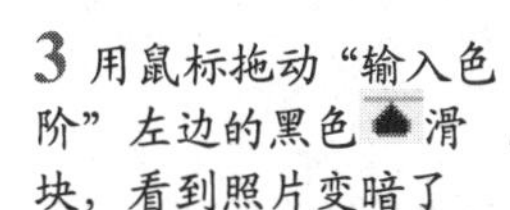

3 用鼠标拖动“输入色阶”左边的黑色滑块，看到照片变暗了

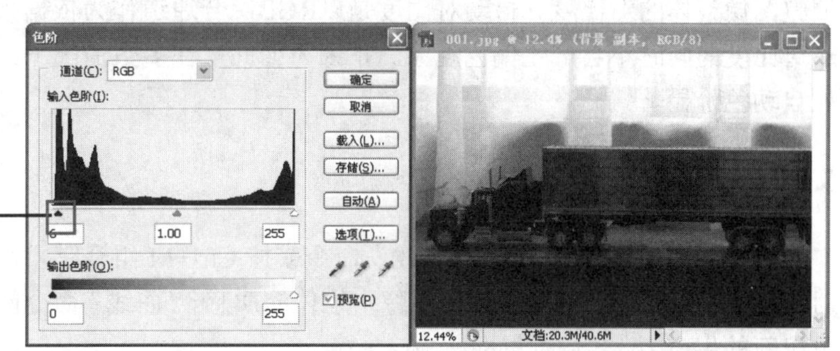

一点就透

- ◆ 在“色阶”对话框中按住 Alt 键，“取消”按钮将变成“复位”按钮，单击“复位”按钮，各项设置将恢复到初始状态。

4 用鼠标拖动“输入色阶”中间的灰色滑块，看到照片变柔和了

5 用鼠标拖动“输入色阶”右边的白色滑块，看到照片变亮了

5.2.2 使用自动色阶

在利用 Photoshop 调整图片时，自动色阶是较常用的功能，简单的操作就可以让本来平淡的照片层次变得分明起来。选择“图像”|“调整”|“自动色阶”命令或者按 Shift+Ctrl+L 组合键，就可以自动定义每个通道中最亮和最暗的像素作为白色和黑色，然后按比例重新分配其中的像素值来自动调整图像的色调，常用于调整简单的灰度图像。

5.2.3 使用自动对比度

选择“图像”|“调整”|“自动对比度”命令或按 Alt+Shift+Ctrl+L 组合键，便可自动调整图像整体的对比度。自动对比度是以RGB综合通道作为依据来扩展色阶的，因此增加色彩对比度的同时不会产生偏色现象。正因为如此，在多数情况下，颜色对比度的增加效果不如自动色阶显著。

5.2.4 调整曲线

选择“图像”|“调整”|“曲线”命令或按 Ctrl+M 组合键，可以对图像的色彩、亮度、对比度做综合调整，常用于改变图像中物体的质感。“曲线”命令能够使原本已报废的图片焕发出新的生命力。

曲线调整的操作方法如下。

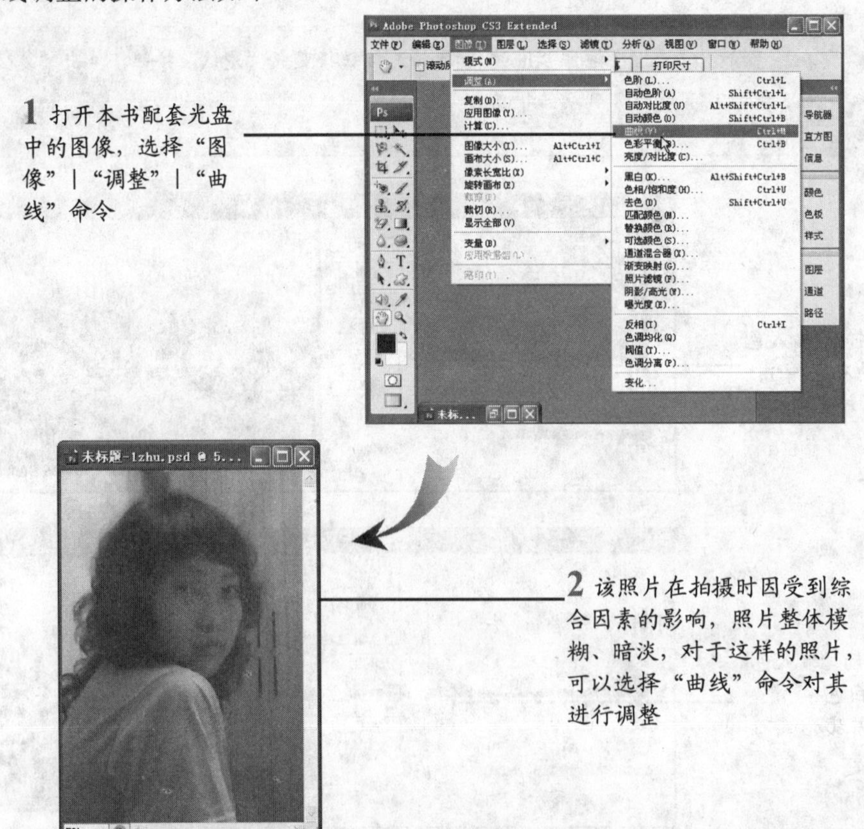

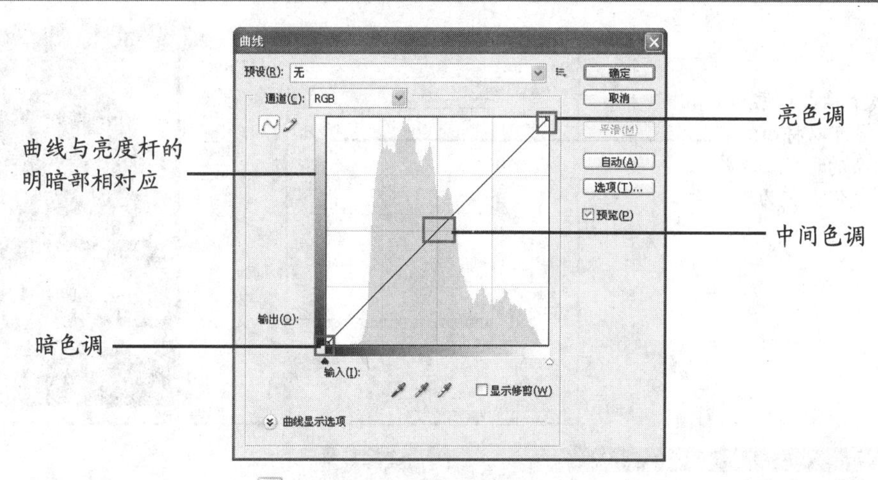

❖ 通道：单击其右侧的按钮，可以在打开的下拉列表中选择单色通道，用来单独调整不同颜色通道中的曲线形状。

❖ 按钮：该按钮默认为选中状态，表示可以通过拖动曲线上的调节点调整曲线。

❖ 按钮：该按钮用来手动绘制曲线，在绘制结束后单击按钮，即可显示所绘制的曲线及节点。

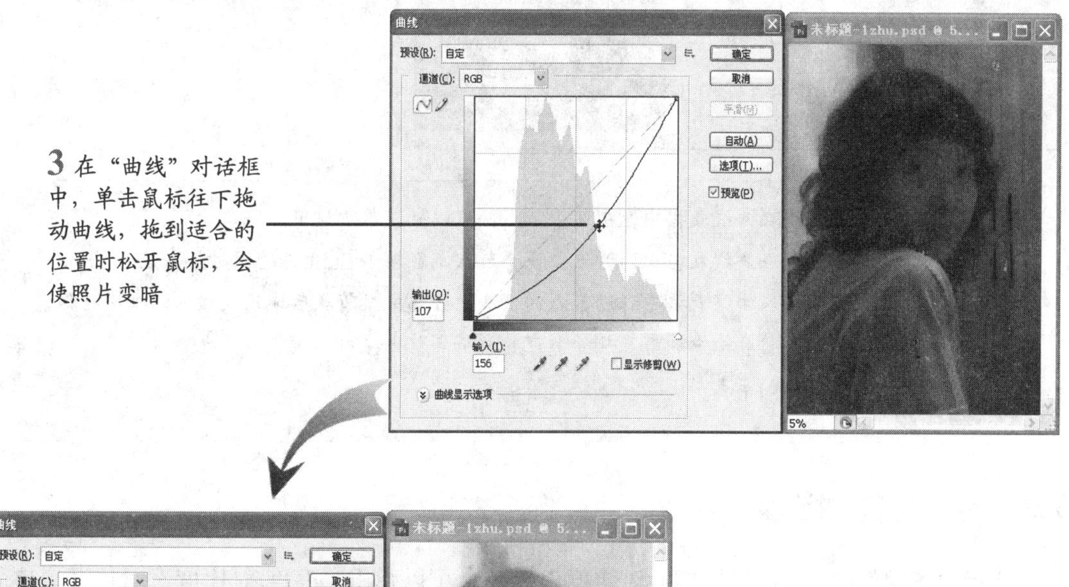

3 在“曲线”对话框中，单击鼠标往下拖动曲线，拖到适合的位置时松开鼠标，会使照片变暗

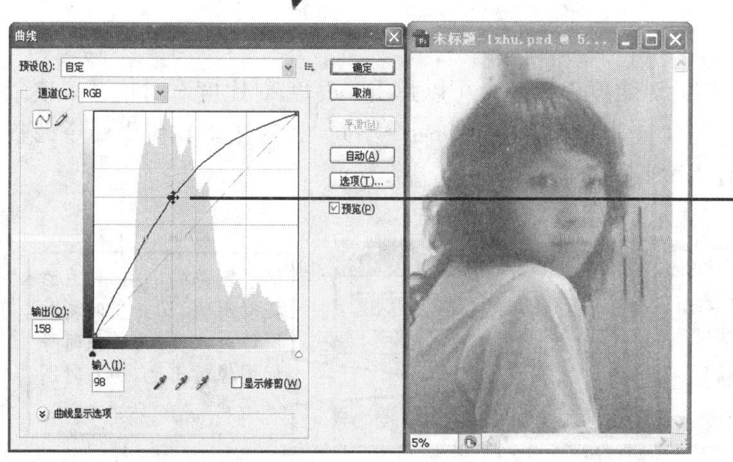

4 在“曲线”对话框中，单击鼠标往上拖曳曲线，拖到适合的位置时松开鼠标，会使照片变亮

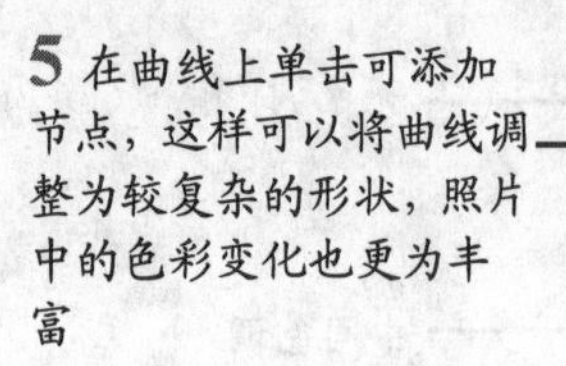

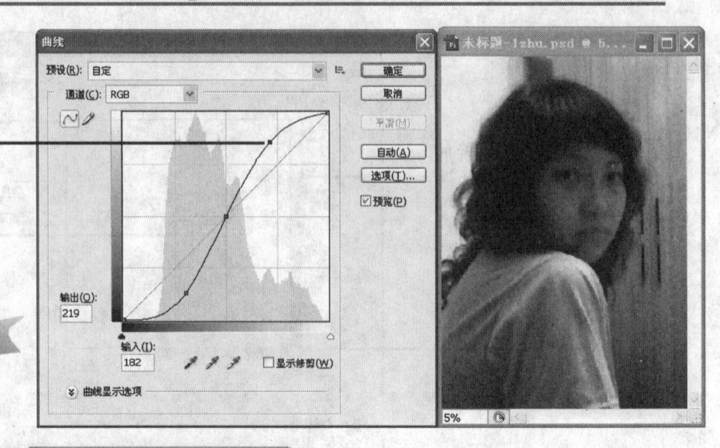

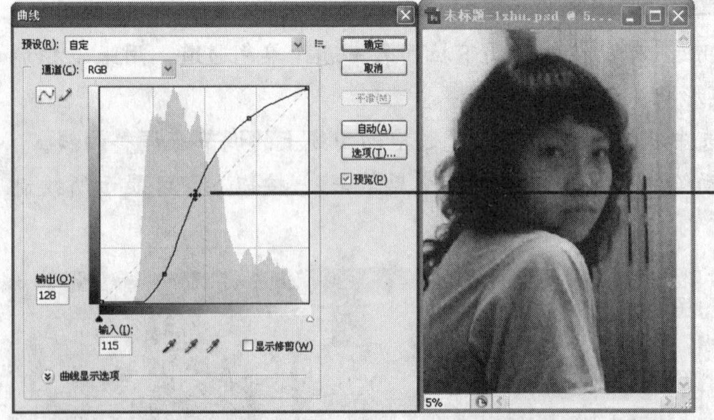

6 拖动曲线中部的节点，可以调节曲线中间像素的亮度，此时的照片看上去焕然一新

- 如果需要在曲线表格中选中某个节点，可以直接单击该节点。
- 如果需要在曲线表格中同时选中多个节点，在按下 Shift 键的同时单击这些节点。
- 如果需要在曲线表格中移动节点的位置，可选中该节点后拖动或按方向键进行拖动。
- 如果需要将表格中的节点删除，可将该节点单击拖出曲线表格，也可按下 Ctrl 键后单击要删除的节点。

5.2.5 设置亮度/对比度

选择“图像” | “调整” | “亮度/对比度”命令，可以弹出“亮度/对比度”对话框。该命令用来调整图像的色调范围，它与“曲线”和“色阶”命令不同，“亮度/对比度”命令调整的是图像中整体像素的亮度和对比度效果。

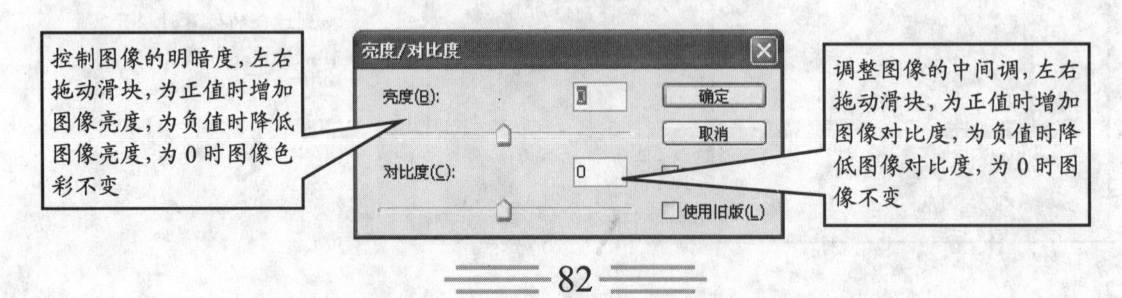

5.3 调整图像的色彩

使用“色彩平衡”、“自动颜色”、“色相/饱和度”、“渐变映射”、“通道混合器”等命令，可以针对当前图像的色彩特点选择适合的命令，对图像做最精确的调整，以达到预期的效果。

5.3.1 设置色彩平衡

“色彩平衡”命令用来调整图像的整体色彩，可以保留图像的纹理和亮度，调整图像的色彩的同时，能够保持图像原有亮度。选择“图像”|“调整”|“色彩平衡”命令或按下 Ctrl+B 组合键，可以弹出“色彩平衡”对话框。

利用“色彩平衡”命令来校正偏色的图片的方法如下。

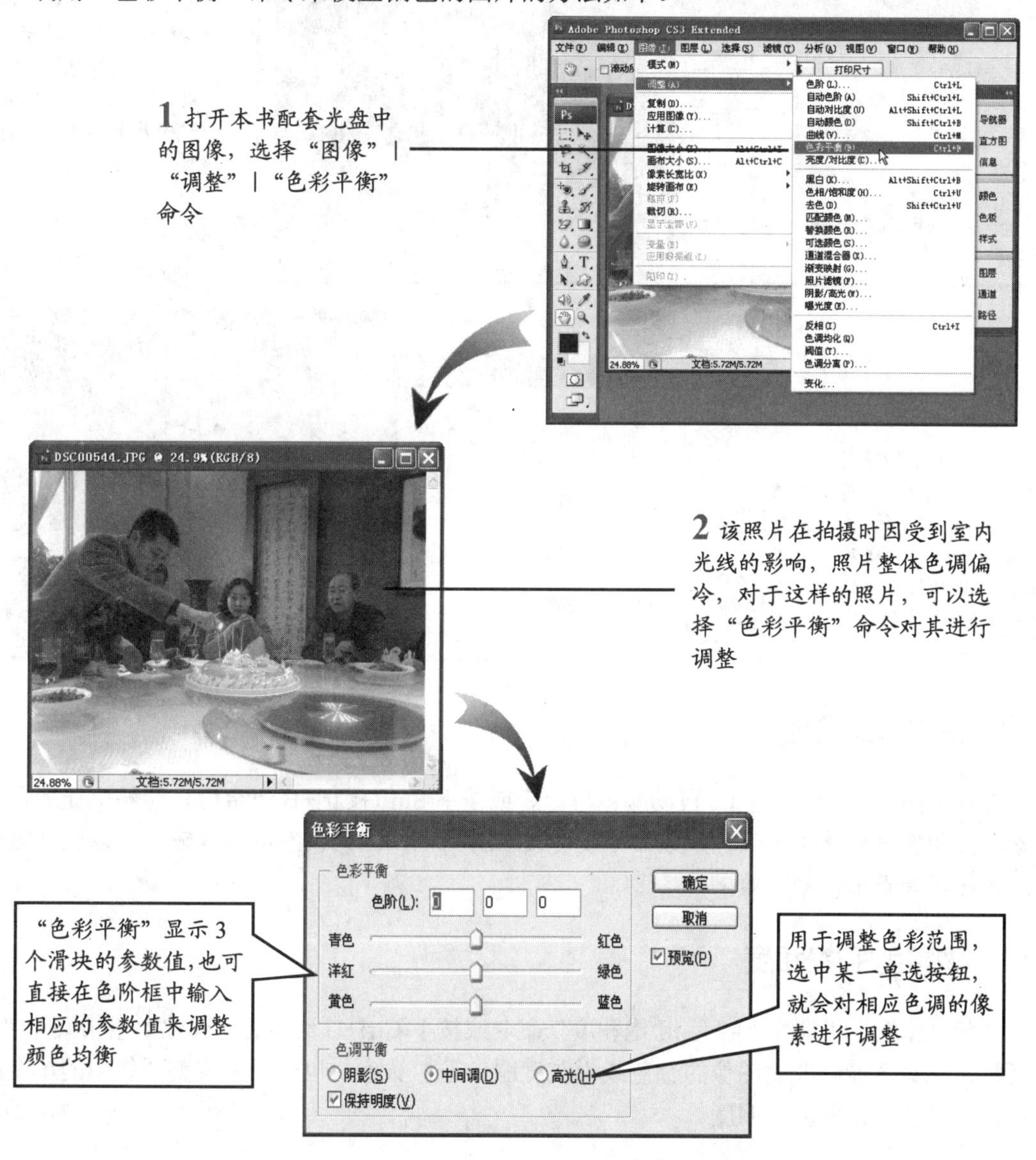

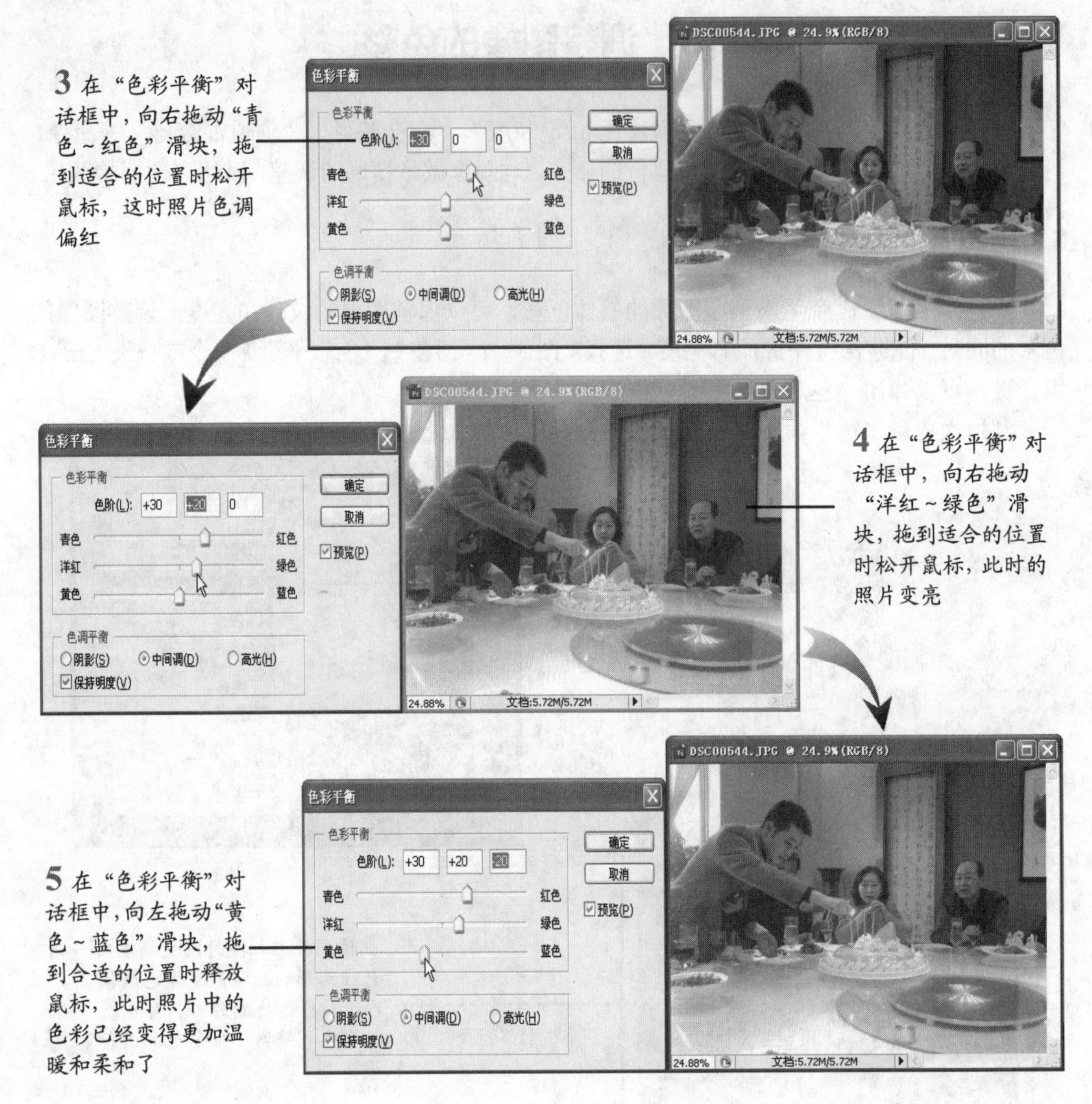

5.3.2 使用自动颜色

选择"图像"|"调整"|"自动颜色"命令或按下 Shift+Ctrl+B 组合键，能够快捷地通过搜索实际图像来调整图像颜色。该命令没有设立对话框，因此调整灵活度较低，以软件自带方式对图像调整出特殊的效果。

5.3.3 调整色相/饱和度

选择"图像"|"调整"|"色相/饱和度"命令或按下 Ctrl+U 组合键，弹出"色相/饱和度"对话框。该命令能够改变图像的颜色或为灰度图像添加颜色，也可用来调整图像中的单个颜色成分的色相、饱和度、明度。

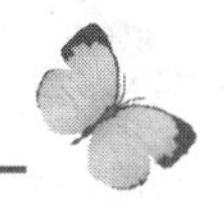

调整图像“色相/饱和度”的操作方法如下。

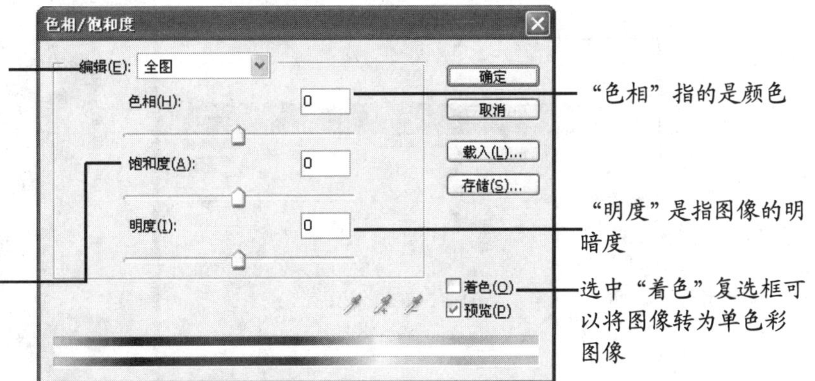

“编辑”下拉列表的操作方法如下。

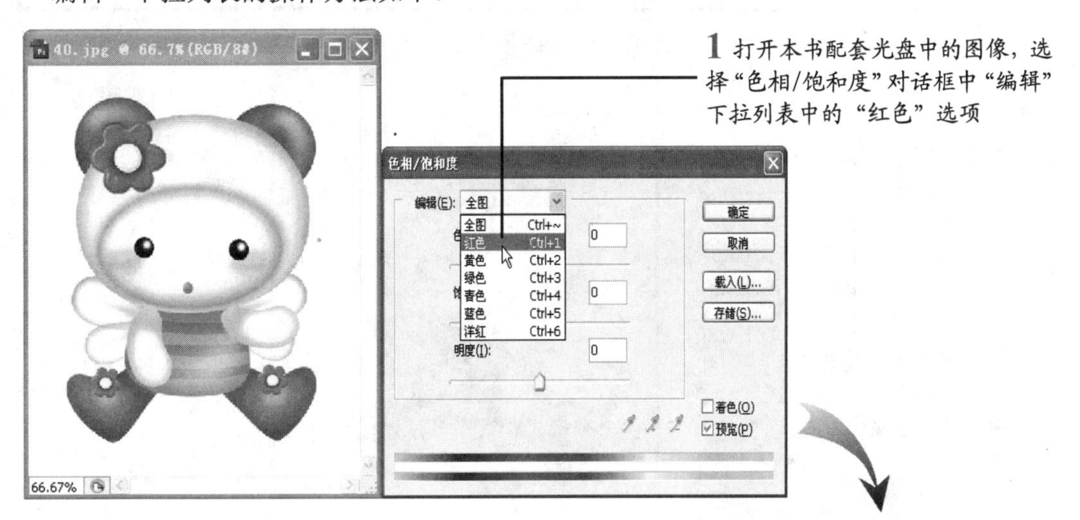

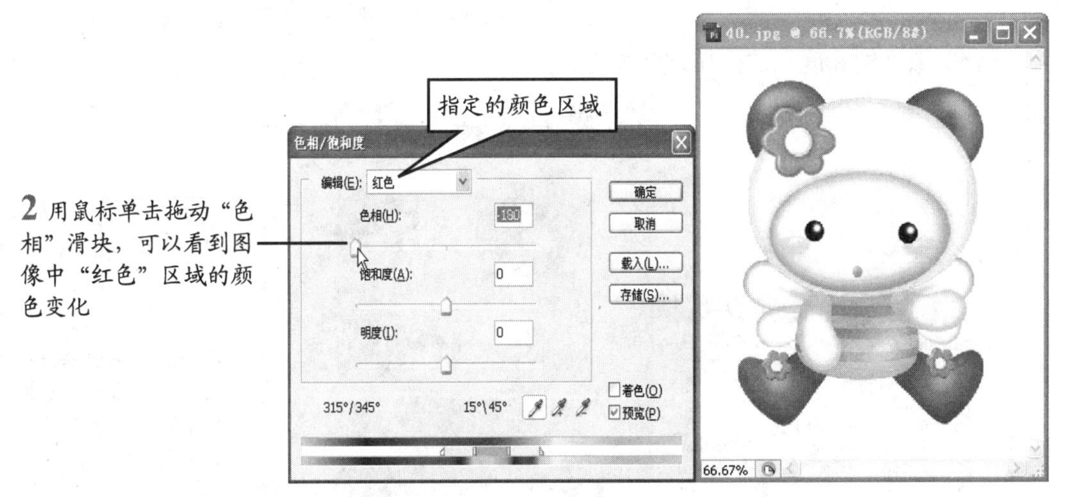

调整图像“色相”的操作方法如下。

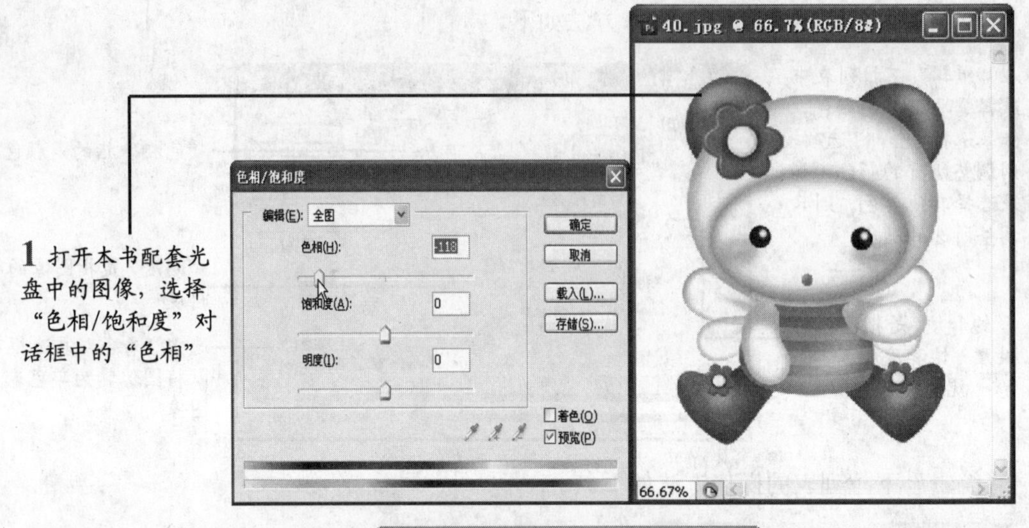

1 打开本书配套光盘中的图像，选择“色相/饱和度”对话框中的“色相”

2 用鼠标单击拖动“色相”滑块，可以看到图像中的颜色变化

调整图像“饱和度”的操作方法如下。

1 打开本书配套光盘中的图像，选择“色相/饱和度”对话框中的“饱和度”

2 用鼠标单击拖动“饱和度”滑块，可以看到图像中颜色变浓

调整图像“明度”的操作方法如下。

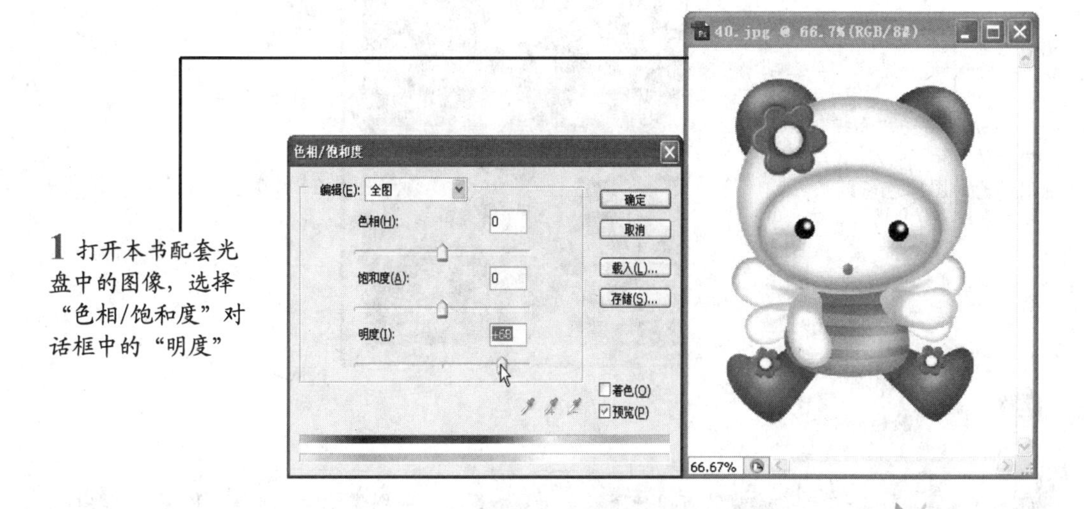

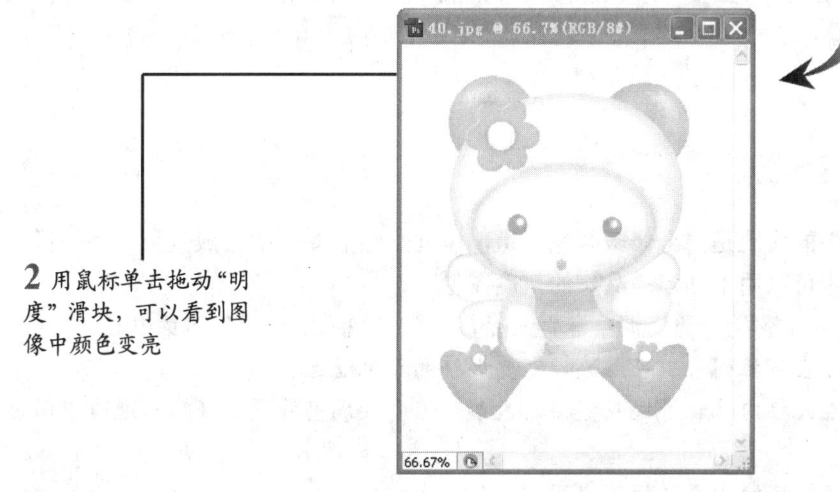

为图像“着色”的操作方法如下。

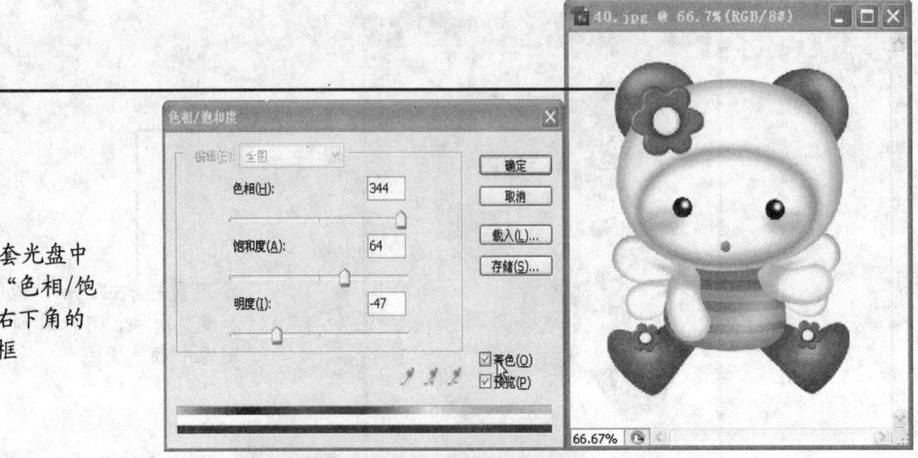

1 打开本书配套光盘中的图像，选中“色相/饱和度”对话框右下角的“着色”复选框

2 然后分别调整“色相”、“饱和度”和“明度”，以达到满意的图像色彩效果

一点就透

- 提高图像“饱和度”可以使图像变得更加鲜艳，而图像饱和度要适当地调整，要根据图像的实际情况来调整，其颜色值过高或者过低都会破坏图像的色彩和谐。

5.3.4 使用通道混合器

“通道混合器”的作用是混合修改颜色通道，以此来绘制图像的合成效果，使图像发生奇妙的色彩变化，也可以用于创建高品质的灰度图像。

选择“图像”|“调整”|“通道混合器”命令，弹出“通道混合器”对话框。

- 输出通道：在下拉列表中可以选择需要调整的颜色通道。
- 源通道：在此栏内拖动滑块或直接输入参数值，可调整源通道在输出通道中所占的百分比。
- 常数：用来改变输出通道的不透明度。
- 单色：选中该复选框图像将改为灰度图。

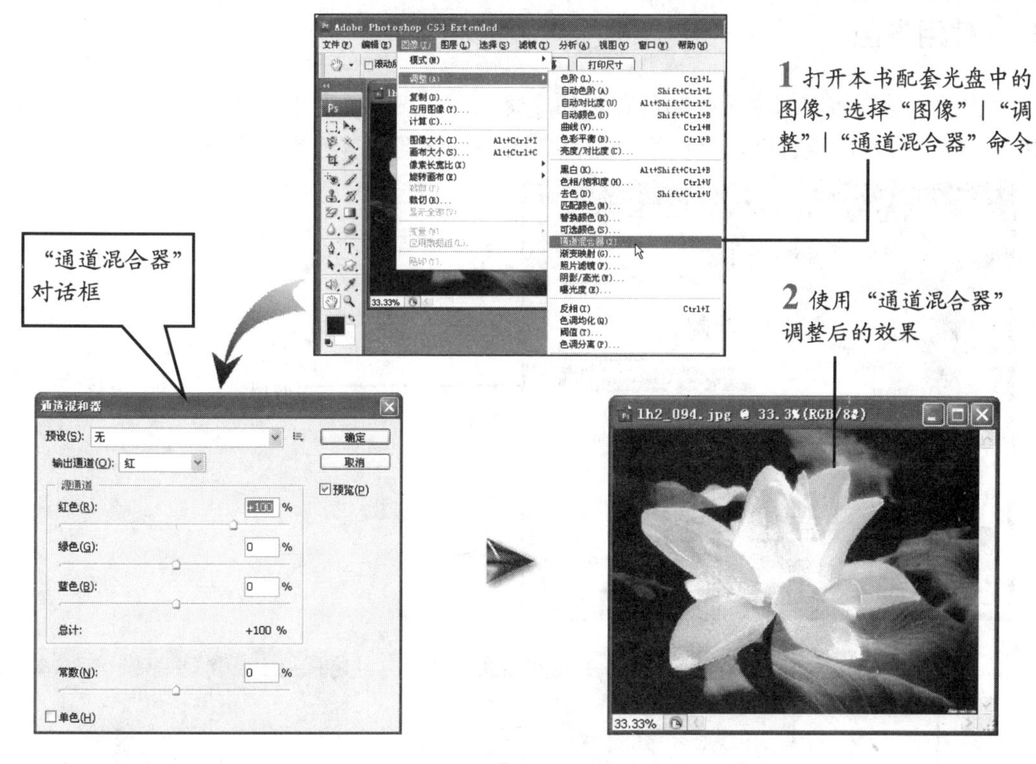

5.3.5 设置渐变映射

选择“图像”|“调整”|“渐变映射”命令，弹出“渐变映射”对话框，用户可以通过选取的渐变色来替代当前颜色，使图像获得渐变效果。

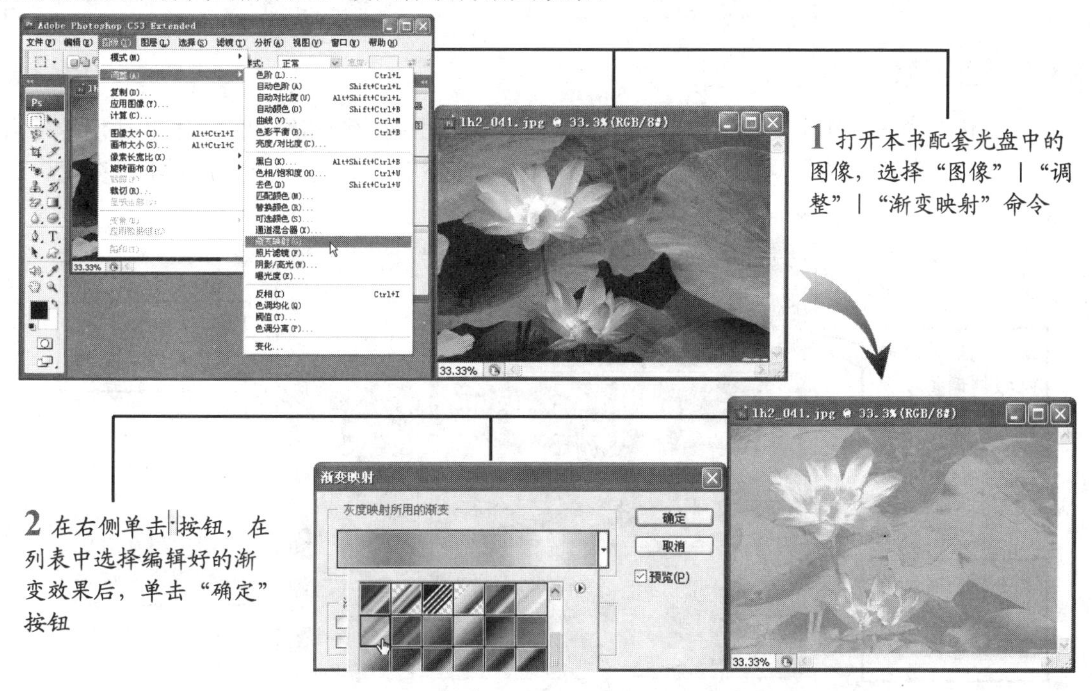

5.3.6 使用去色

“去色”是指将图像中所有颜色和饱和度降为零。选择“图像”|“调整”|“去色”命令或按下 Ctrl+Shift+U 组合键可以执行“去色”命令，将图像转换为灰度色彩模式。

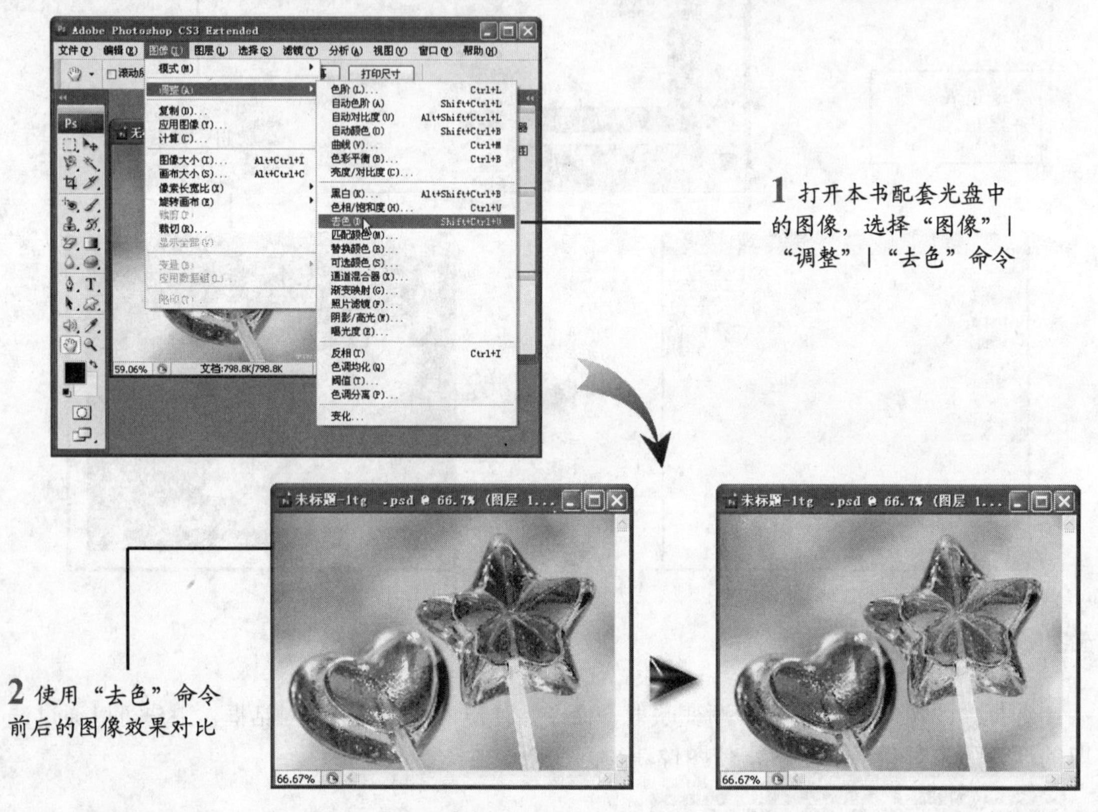

5.3.7 使用变化

“变化”命令的作用是调整图像或所选区域的色彩平衡、饱和度和对比度，适用于不需要精确色彩调整的平均色调图像。选择“图像”|“调整”|“变化”命令，弹出“变化”对话框。

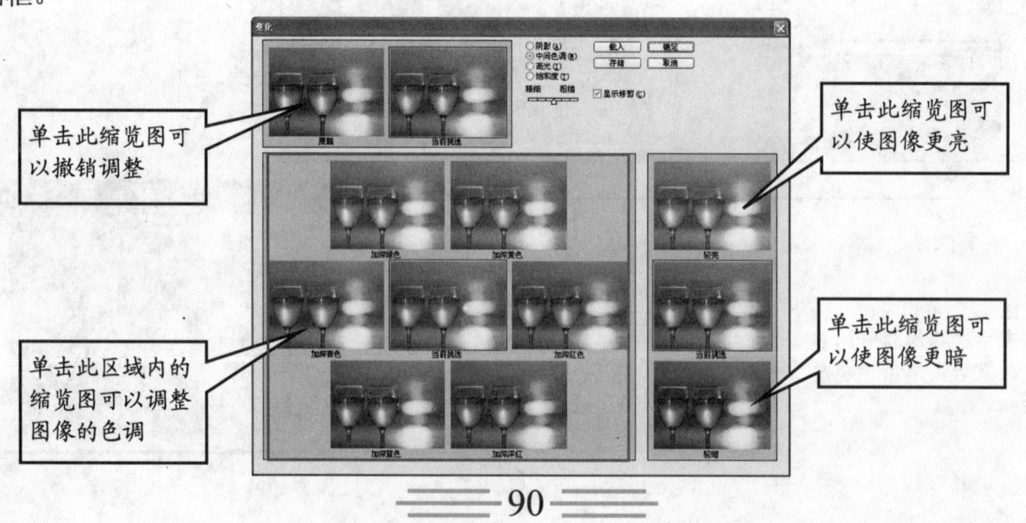

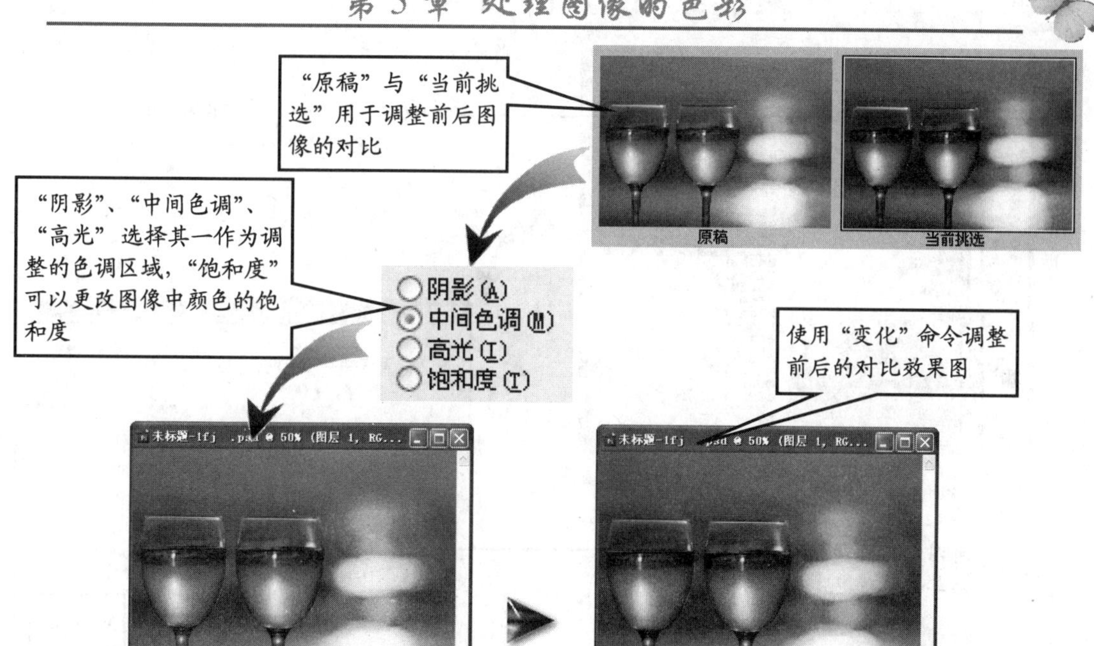

5.4 调整照片图像

通过使用"匹配颜色"、"照片滤镜"、"阴影和高光"、"曝光度"等命令，可以对照片图像的整体效果进行调整，例如将照片中的阴影和高光分别进行细致的调整，以突出照片的明暗对比，使照片具有拍摄时所无法达到的对比效果。

5.4.1 匹配颜色

选择"图像" | "调整" | "匹配颜色"命令，可以将一个图像（源图像）的颜色与另一个图像（目标图像）的颜色进行匹配，从而达到改变目标图像色彩的目的。还可以匹配同一图像中不同图层之间的颜色，通过更改亮度和色彩范围以及中和色调来调整图像中的颜色。

"匹配颜色"的操作方法如下。

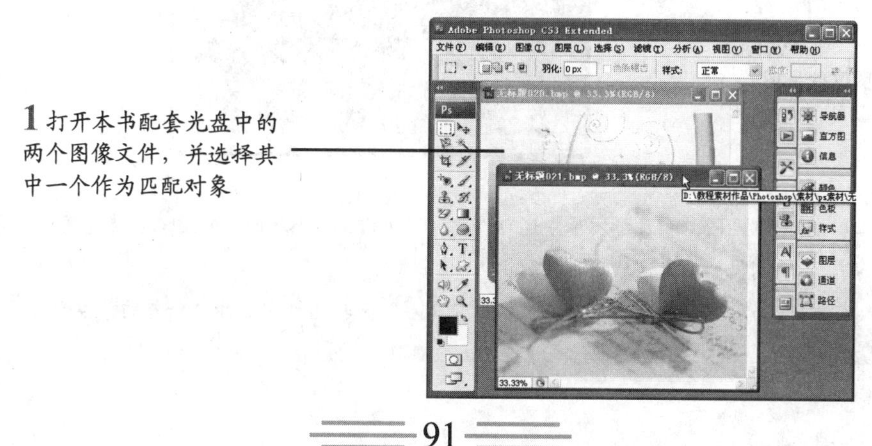

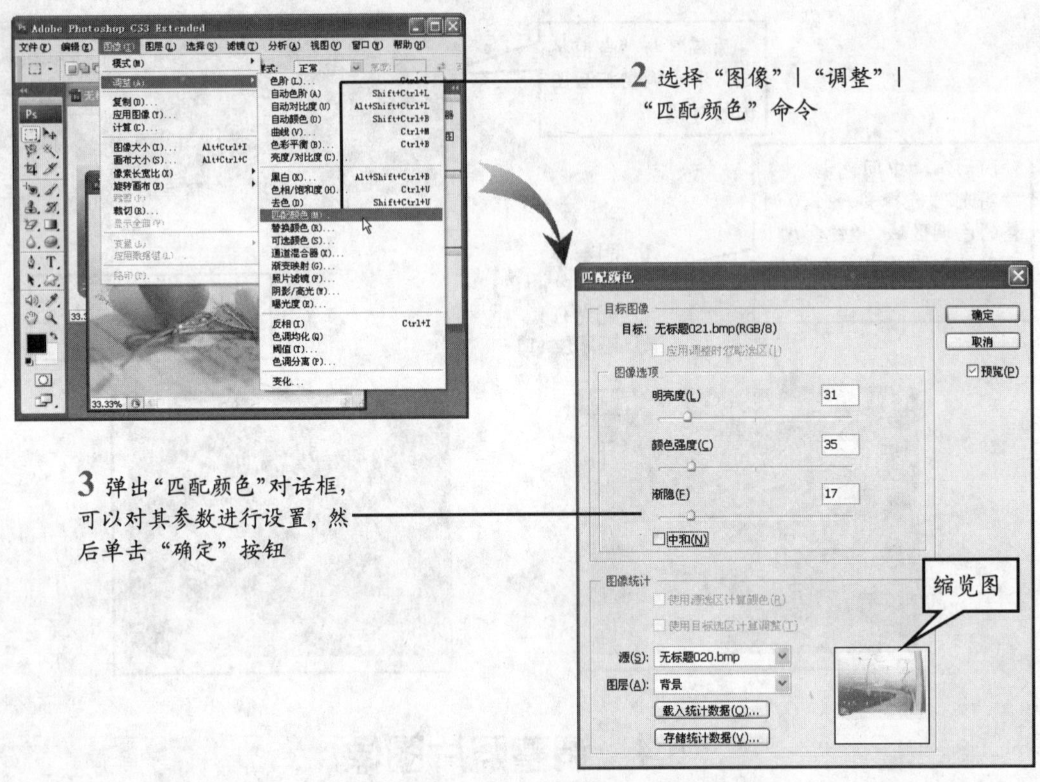

2 选择“图像”|“调整”|“匹配颜色”命令

3 弹出“匹配颜色”对话框，可以对其参数进行设置，然后单击“确定”按钮

❖ 明亮度与颜色强度：用来调整图像的亮度和饱和度。

❖ 渐隐：用来控制颜色匹配的程度，参数值越大，匹配的颜色就越少。

❖ 中和：选中该复选框后，软件将会自动调整颜色的匹配程度。

❖ 图层(A): 背景 ：该下拉列表用来设置与之匹配的图像中的图层，一般默认为背景图层。

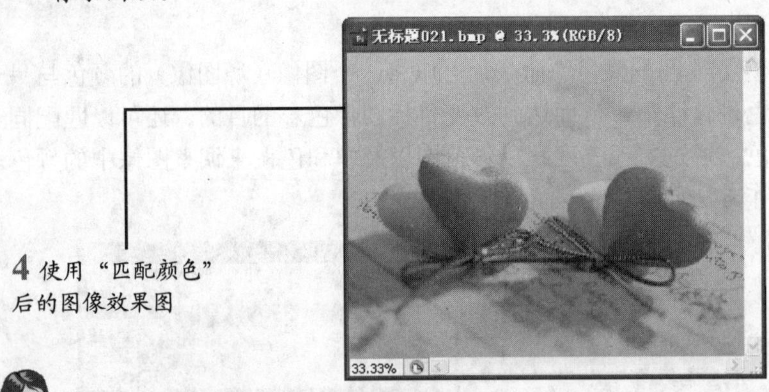

4 使用“匹配颜色”后的图像效果图

经验交流

- 在源图像和目标图像中还可以建立要匹配的选区，将一个图像的特定区域与另一个图像的特定区域进行匹配。
- 当源图像包含图层时，可以在“图层”下拉列表中选择“合并的”命令。

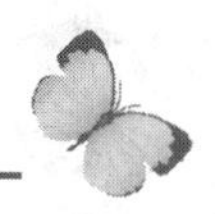

5.4.2 照片滤镜

选择“图像”|“调整”|“照片滤镜”命令，效果就好像是在相机镜头前添加彩色滤镜，调整通过镜头传输光的色彩平衡和色值，从而使胶片曝光。

“照片滤镜”的操作方法如下。

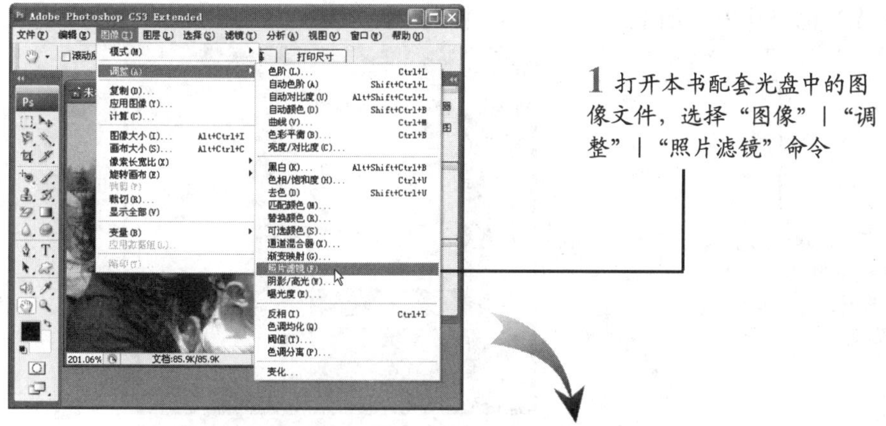

1 打开本书配套光盘中的图像文件，选择“图像”|“调整”|“照片滤镜”命令

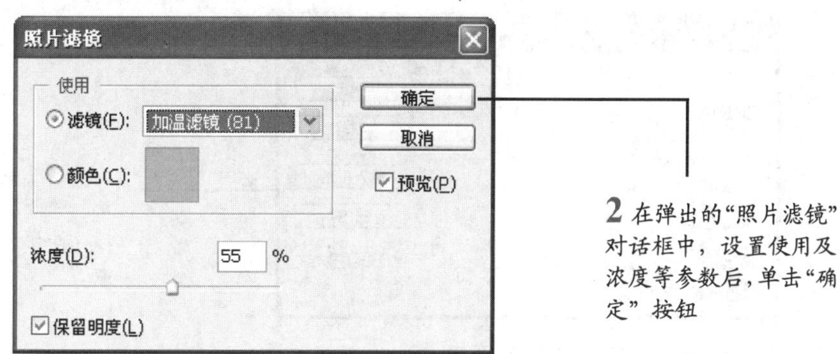

2 在弹出的“照片滤镜”对话框中，设置使用及浓度等参数后，单击“确定”按钮

- ❖ 滤镜(F): 加温滤镜 (85)：在该下拉列表中选择软件自带的光学滤镜。
- ❖ 颜色(C)：选中该选项后，单击其右侧的色块，可在弹出的“选择滤镜颜色”对话框中自定义滤镜颜色。
- ❖ 浓度：用来控制滤镜颜色与图像混合度。
- ❖ 保留明度(L)：该选项用来控制应用滤镜后是否改变图像原有的亮度。

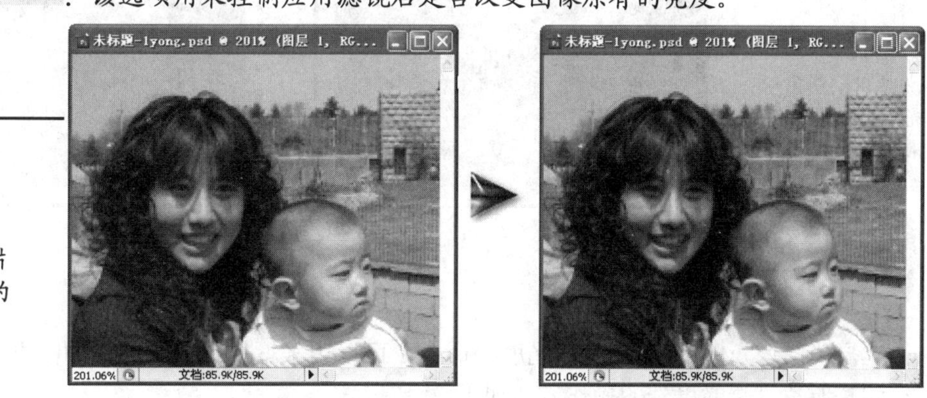

3 使用“照片滤镜”前后的效果对比

5.4.3 阴影和高光

“阴影/高光”命令用于修正曝光不足或曝光过度的照片，校正由于离相机太近造成的闪光灯发白缺陷。该命令可以提高图像中暗部区域的亮度，或降低亮部区域的亮度，可以用于特殊方式采光的图像中的阴影和高光的调整。

“阴影/高光”的操作方法如下。

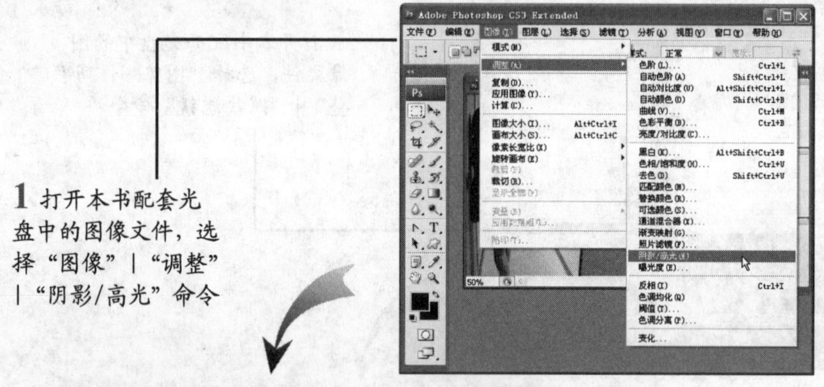

1 打开本书配套光盘中的图像文件，选择“图像”|“调整”|“阴影/高光”命令

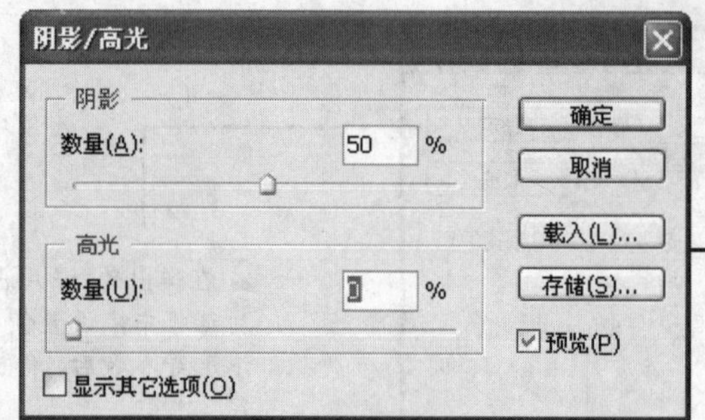

2 在弹出的“阴影/高光”对话框中，设置阴影及高光等参数后，单击“确定”按钮

❖ 阴影：用来提高暗部区域的亮度。
❖ 高光：用来降低亮部区域的亮度。

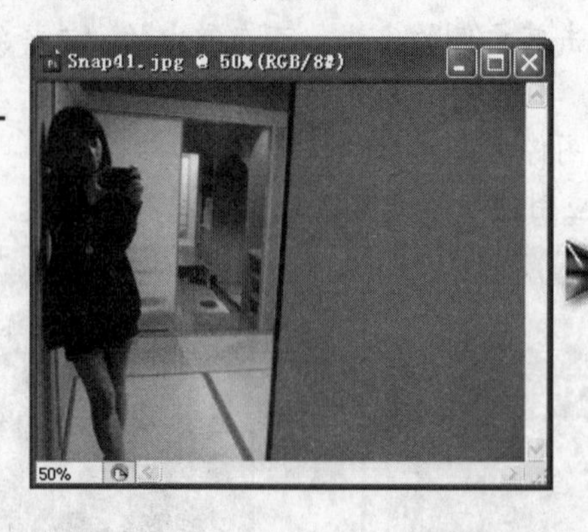

3 使用“阴影/高光”前后的图像效果对比

5.4.4 曝光度

选择“图像”|“调整”|“曝光度”命令，可以用来增加或减弱照片的曝光程度。

调整照片“曝光度”的操作方法如下。

1 打开本书配套光盘中的图像文件，选择“图像”|“调整”|“曝光度”命令

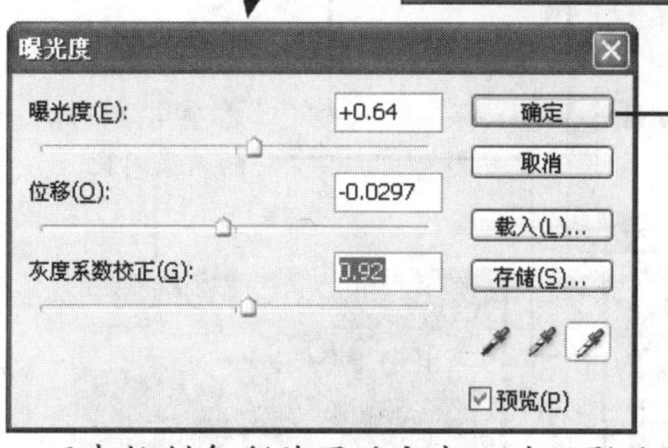

2 在弹出的“曝光度”对话框中，设置曝光度、位移、灰度系数校正等参数后，单击“确定”按钮

- ❖ 曝光度：用来控制色彩范围的高光，对阴影的影响很小。
- ❖ 位移：使阴影和中间调变暗，对高光的影响很小。
- ❖ 灰度系数校正：用于调整图像灰度系数。
- ❖ 吸管：分别单击“设置黑场”、“设置灰场”和“设置白场”按钮，然后在图像中最暗、最亮或中间亮度的位置单击，可改变图像整体的明暗。

3 使用“曝光度”前后的效果对比

5.5 调整图像获得选区命令

下面介绍一组用途特殊的色彩调整命令，使用“反相”、“色调均化”、“阈值”和“色调分离”等命令，可改变图像中的颜色和亮度值，它们常常用于增强图像的颜色及制作特殊效果，而不是用来校正颜色的。

5.5.1 使用反相

选择“图像”|“调整”|“反相”命令或按下 Ctrl+I 组合键，可得到图像的底片效果，该命令是唯一一个不丢失色彩信息的命令。

使用“反向”的操作效果如下。

5.5.2 设置色调均化

选择“图像”|“调整”|“色调均化”命令，可重新分布图像中各颜色的像素值，使图像中的明暗分布更加均匀。

“色调均化”的操作效果如下。

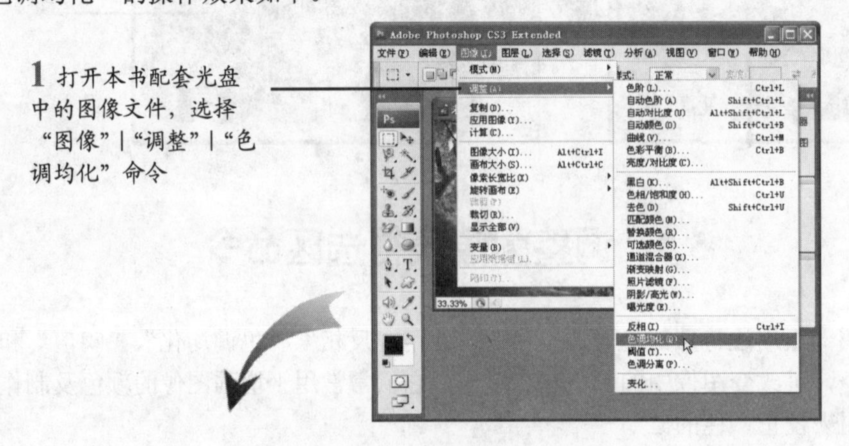

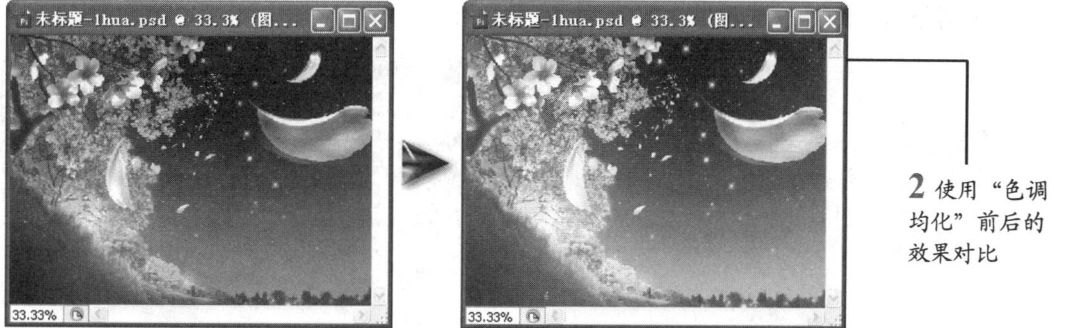

5.5.3 使用阈值

选择“图像”|“调整”|“阈值”命令，可将图像转换为高对比度的黑白图像。该命令是将图像的某个色阶指定为阈值，所有比该阈值亮的像素被转换为白色，而所有比该阈值暗的像素被转换为黑色。

“阈值”的操作效果如下。

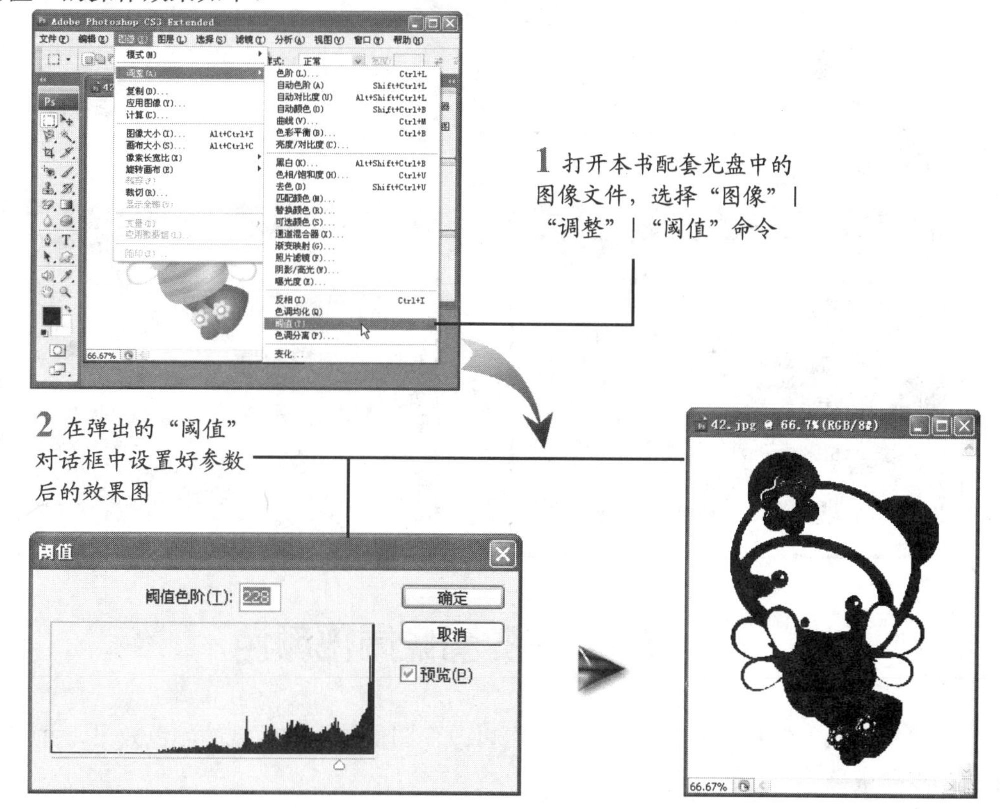

5.5.4 设置色调分离

“色调分离”命令能够减少图像中颜色过渡的细节。选择该命令后，通过设置色阶值来控制图像变化的强烈程度。色阶值越小，图像变化越强烈，色阶值越大，图像变化越微弱。

“色调分离”的操作效果如下。

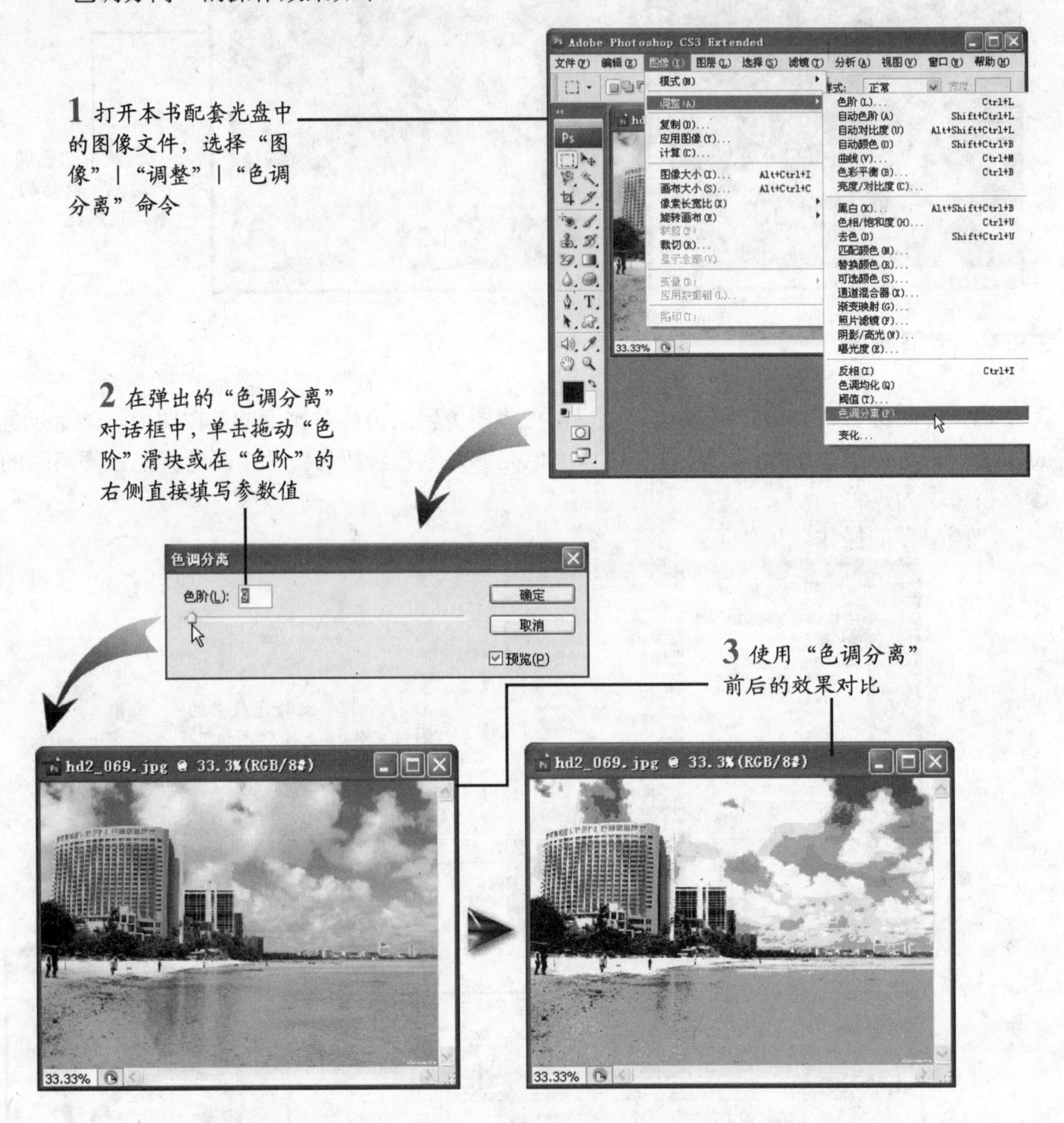

5.6 改变图像局部颜色

“替换颜色”和“可选颜色”命令可以改变图像的局部区域的颜色效果，并可以观察颜色的变化效果。

5.6.1 设置替换颜色

“替换颜色”命令可替换图像中某区域的颜色，通过色相、饱和度、亮度来调整，从而达到改变图像色彩的目的。

“替换颜色”的操作方法如下。

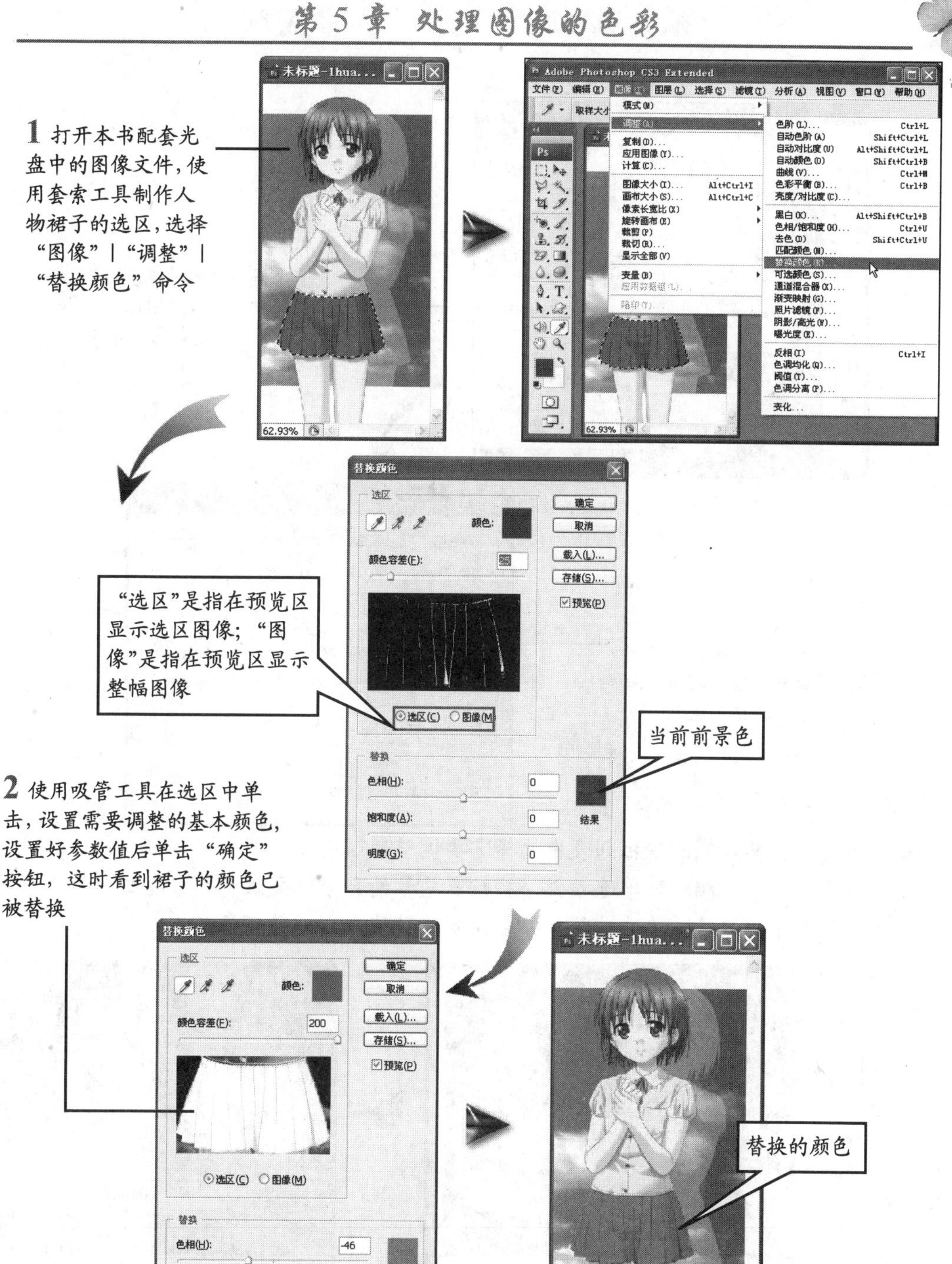

5.6.2 设置可选颜色

“可选颜色”是对指定的颜色进行精确的调整，可校正色彩不平衡问题和调整颜色。它可以在不影响其他颜色的同时，有选择地修改任何颜色中的印刷色数量。

"可选颜色"的操作方法如下。

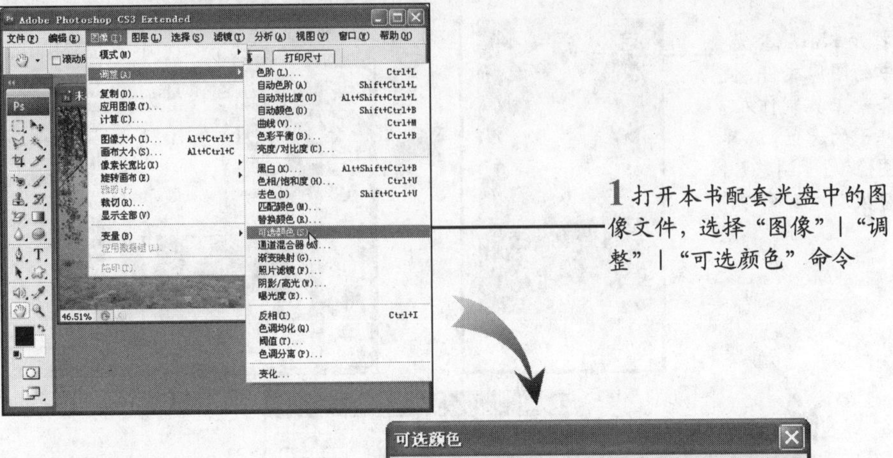

1 打开本书配套光盘中的图像文件，选择"图像"|"调整"|"可选颜色"命令

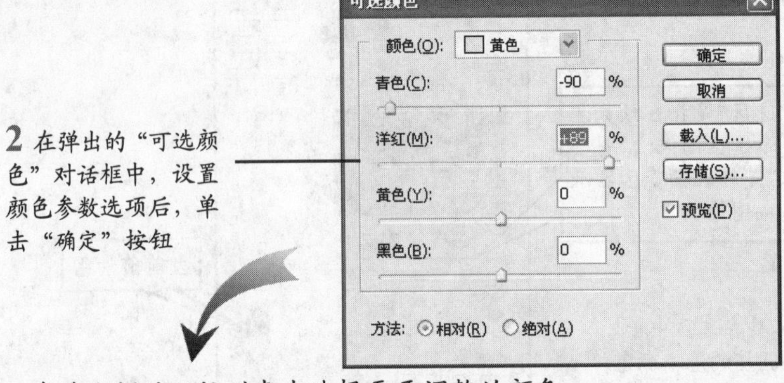

2 在弹出的"可选颜色"对话框中，设置颜色参数选项后，单击"确定"按钮

- ❖ 颜色：在其右侧的下拉列表中选择需要调整的颜色。
- ❖ 方法：选中"相对"单选按钮，将按照总量的百分比更改青色、洋红、黄色和黑色量，选中"绝对"单选按钮，将会按照绝对值方式调整颜色。

3 使用"可选颜色"前后的效果对比

第 6 章　图层概述及基本操作

6.1　图层基础知识

图层是 Photoshop 重要的功能之一，在使用图层进行图像编辑前，读者应该首先对图层的使用与管理进行了解。

6.1.1　了解图层和“图层”调板

图层是 Photoshop 的精髓部分，熟练掌握图层的使用方法对创建复杂的图像来说十分重要。图层的原理是将图像分成多个透明画布层，在每一个图层上绘制不同的图像，最后将这些透明画布进行重叠而组成最终的效果。“图层”调板的作用是对图像中创建的图层进行管理，在“图层”调板中可以进行创建、复制和删除图层以及添加图层蒙版、调整图层顺序等操作。使用“图层”调板可以对图层进行详细而全面的修改。

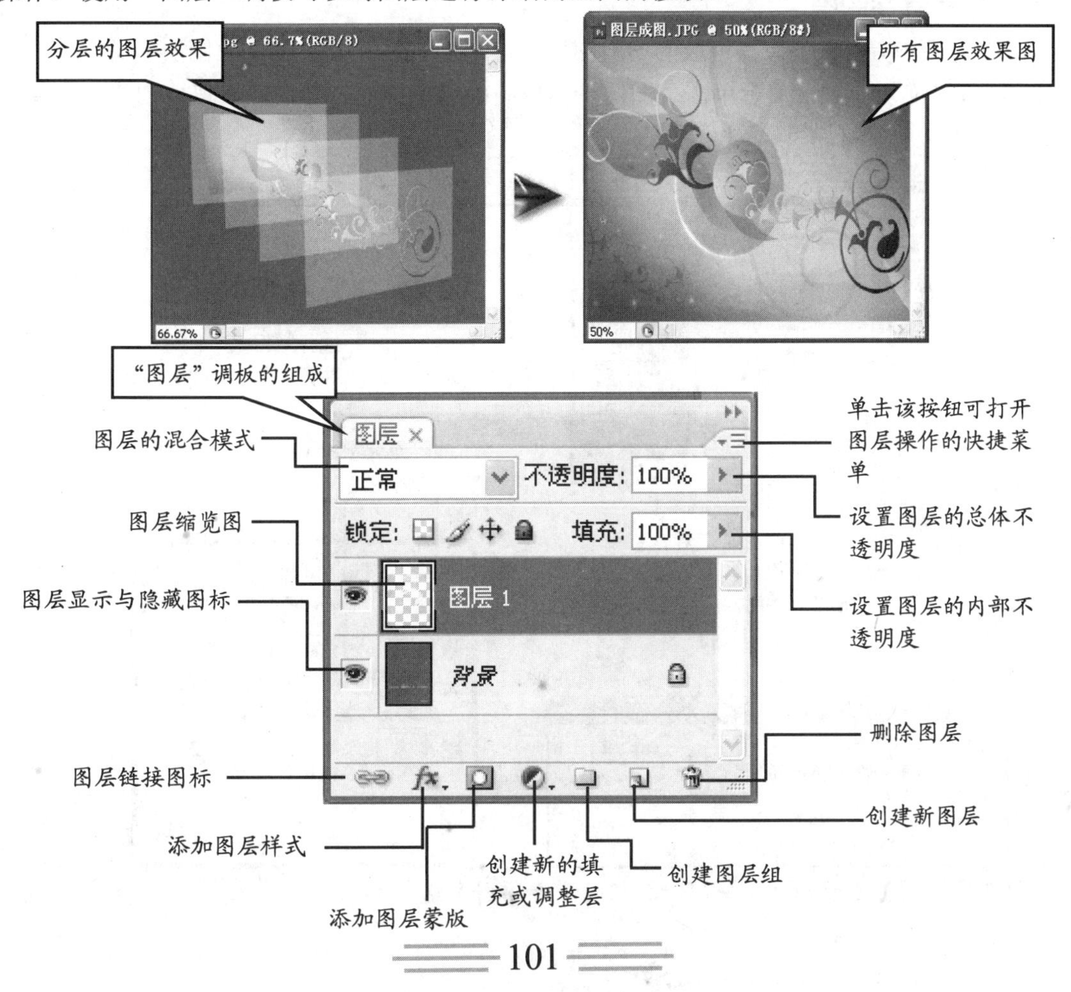

6.1.2 背景图层

背景图层是系统默认创建的、不包含图层信息的唯一的图层。

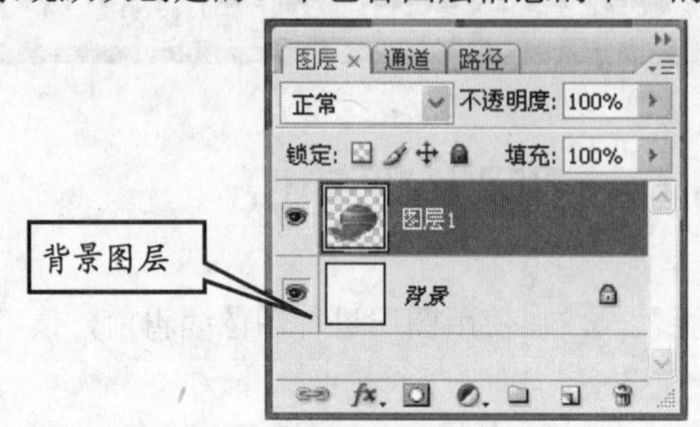

- 背景图层位于图层的最下方。
- 图层样式与图层蒙版不作用于背景图层。
- 背景图层可以使用绘图工具和修饰工具进行绘画。
- 背景图层中没有透明区域，如果需要删除背景图层的内容或选定的区域，被删除的部分将以前景色填充。

6.1.3 创建普通图层

普通图层是指由许多像素组成的一般图层。选择“图层” | “新建” | “图层”命令，或者按 Shift+Ctrl+N 组合键，或者单击“图层”调板中的 按钮，都可以快速地创建一个普通图层。

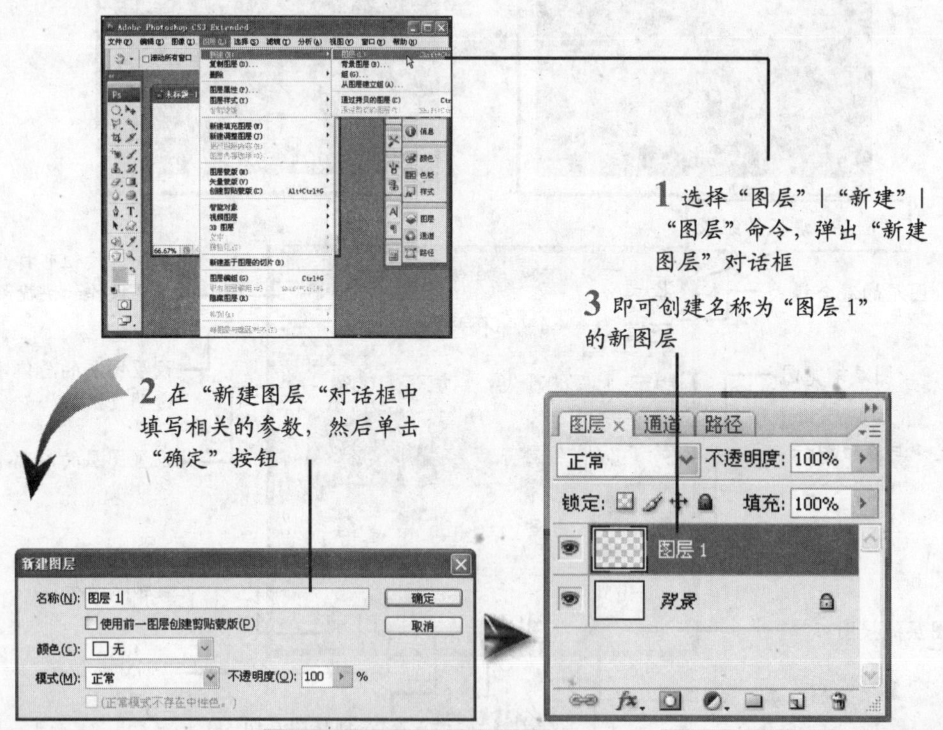

“新建图层”对话框中 使用前一图层创建剪贴蒙版(P) 复选框和 颜色(C): 无 的说明如下。

❖ □使用前一图层创建剪贴蒙版(P)：选中此复选框表示该图层将与其上一层组成剪辑组。

❖ 颜色(C): □无 ：用于设置图层前面方框的颜色，以便于区分多个图层。

6.1.4 创建调整图层

调整图层对图像的颜色信息的调整非常有帮助，用户可在调整图层进行各种色彩调整。调整图层同时具有普通图层的大多数功能，包括不透明度、色彩模式及图层蒙版等。

创建调整图层，其具体的操作步骤如下。

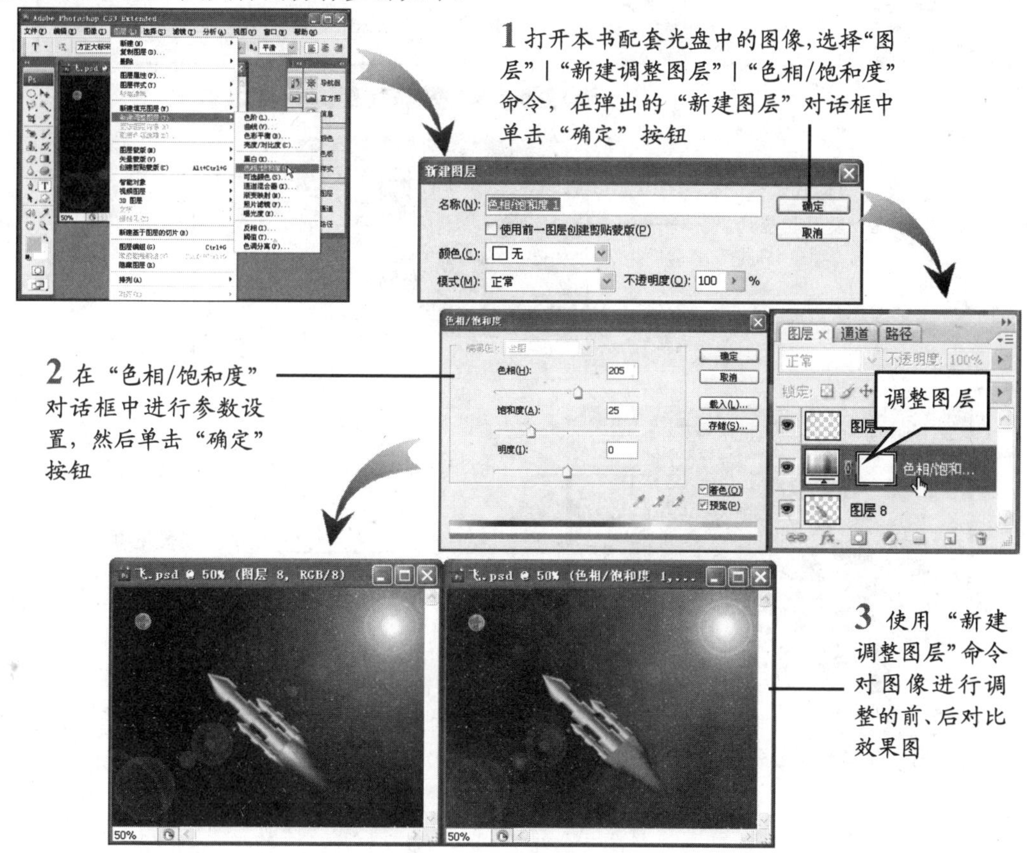

经验交流

◆ 调整图层的效果会影响“图层”调板中调整层以下的图层，如果想要某个图层不受影响，可以将其移到调整层的上方。

◆ 如果对调整后的效果不满意，可以双击“图层”调板中的调整层缩览图，在打开的对话框中重新调整。

6.1.5 创建填充图层

填充图层是一种带蒙版的图层，它将颜色、渐变颜色或图案对图像或者选区进行填充，填充后的内容单独位于一个图层，并且可以根据情况随时改变其内容。

创建填充图层的方法如下。

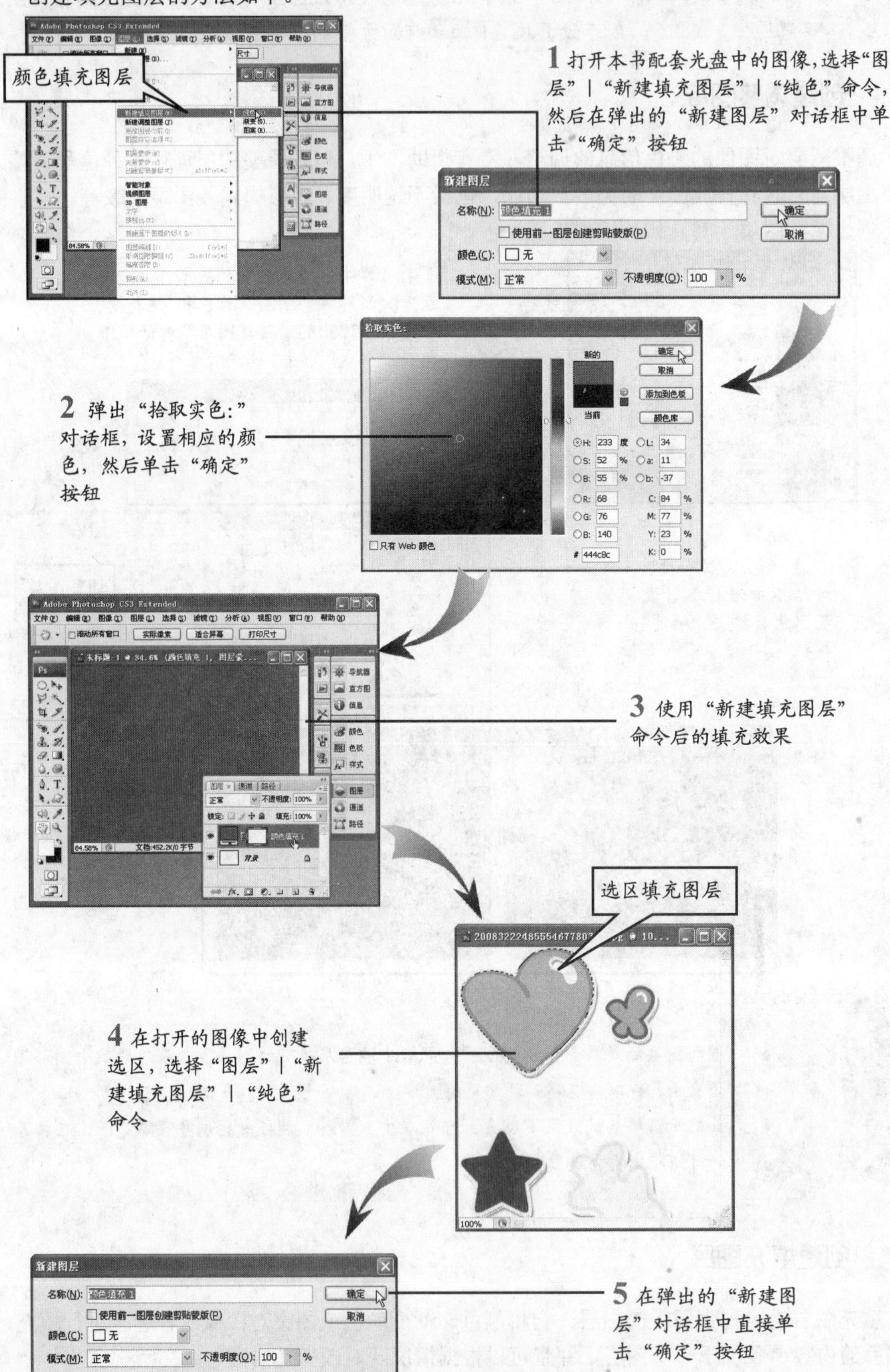

6 在弹出的“拾取实色:”对话框中设置颜色，然后单击“确定”按钮填充图像中被选择的区域

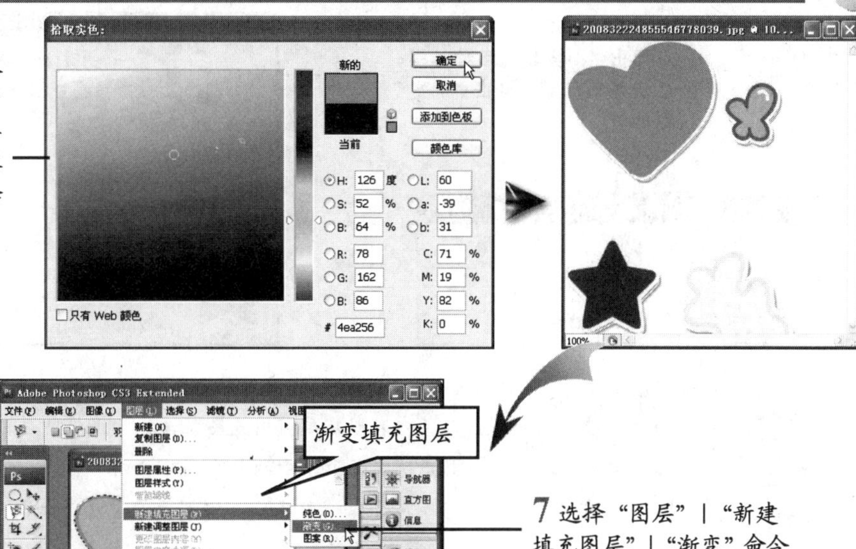

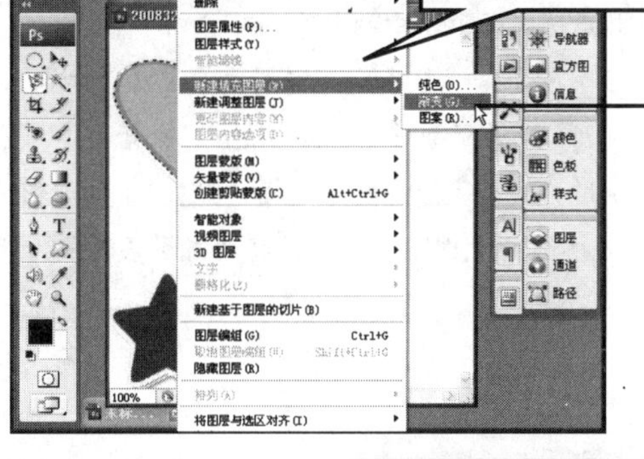

7 选择“图层”|“新建填充图层”|“渐变”命令

8 在弹出的“渐变填充”对话框中选择渐变类型，然后单击“确定”按钮

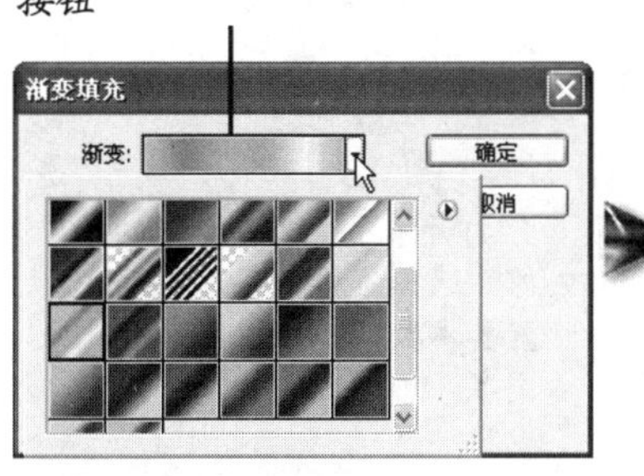

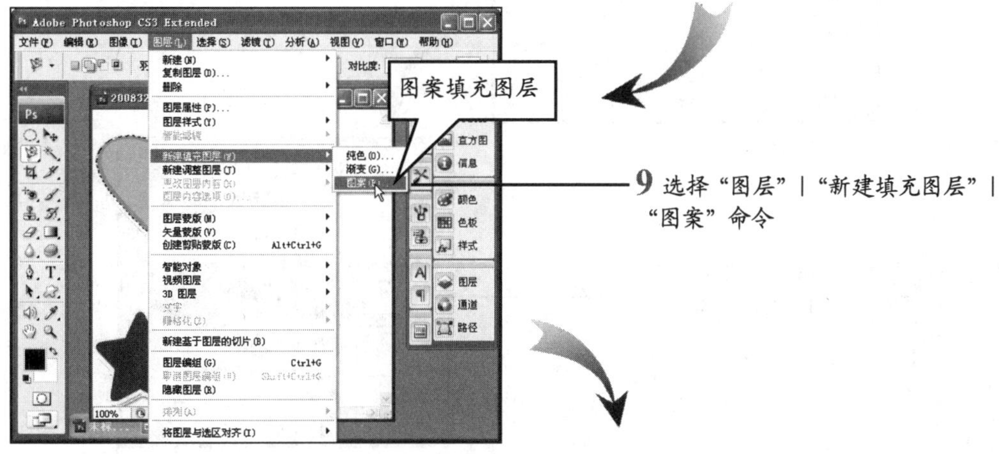

9 选择“图层”|“新建填充图层”|“图案”命令

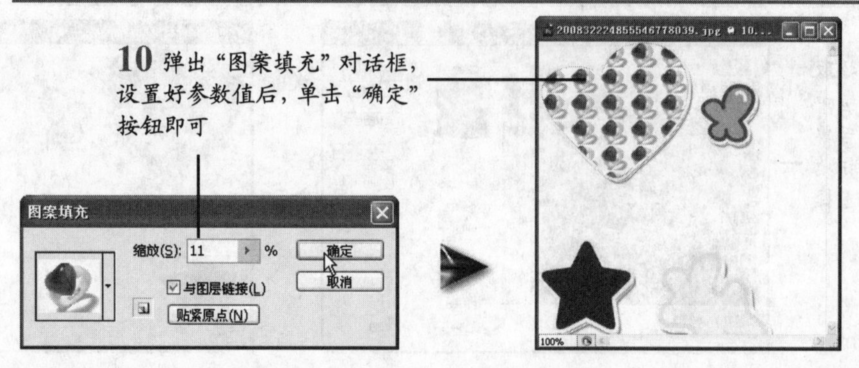

- 如果需要改变填充图层的内容或需要将填充图层转换为调整图层，可选择"图层"|"更改图层内容"命令，然后选择子菜单中的命令即可。
- 如果需要编辑填充图层，可选择"图层"|"图层内容选项"命令，或者双击"图层"调板中填充图层的缩览图，将在此弹出"拾取实色:"对话框。
- 如果需要在填充图层上进行绘制，则需要先选择"图层"|"栅格化"|"填充内容"命令或选择"图层"|"栅格化"|"图层"命令，将填充图层转换为带蒙版的普通图层。

6.1.6 创建文字图层

文字图层是通过文字工具生成的图层。先选择横排文字工具 T 或者直排文字工具 IT，并在其选项栏中设置文字的字体、大小、颜色等参数后，在图像窗口单击即可输入文字，所输入的文字所在的图层就是文字图层。

创建文字图层的操作方法如下。

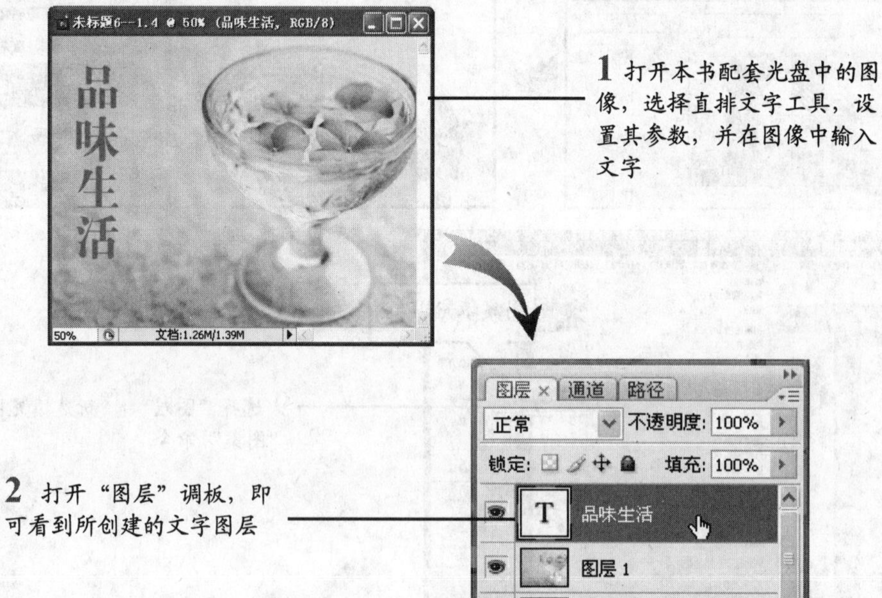

6.1.7　创建形状图层

在使用路径工具或者形状工具绘制图像时，Photoshop 将会自动创建一个图层，即形状图层，并将所创建的形状保存在图层蒙版中。用户可以根据需要随时更改形状或编辑形状图层的内容。

创建形状图层的操作方法如下。

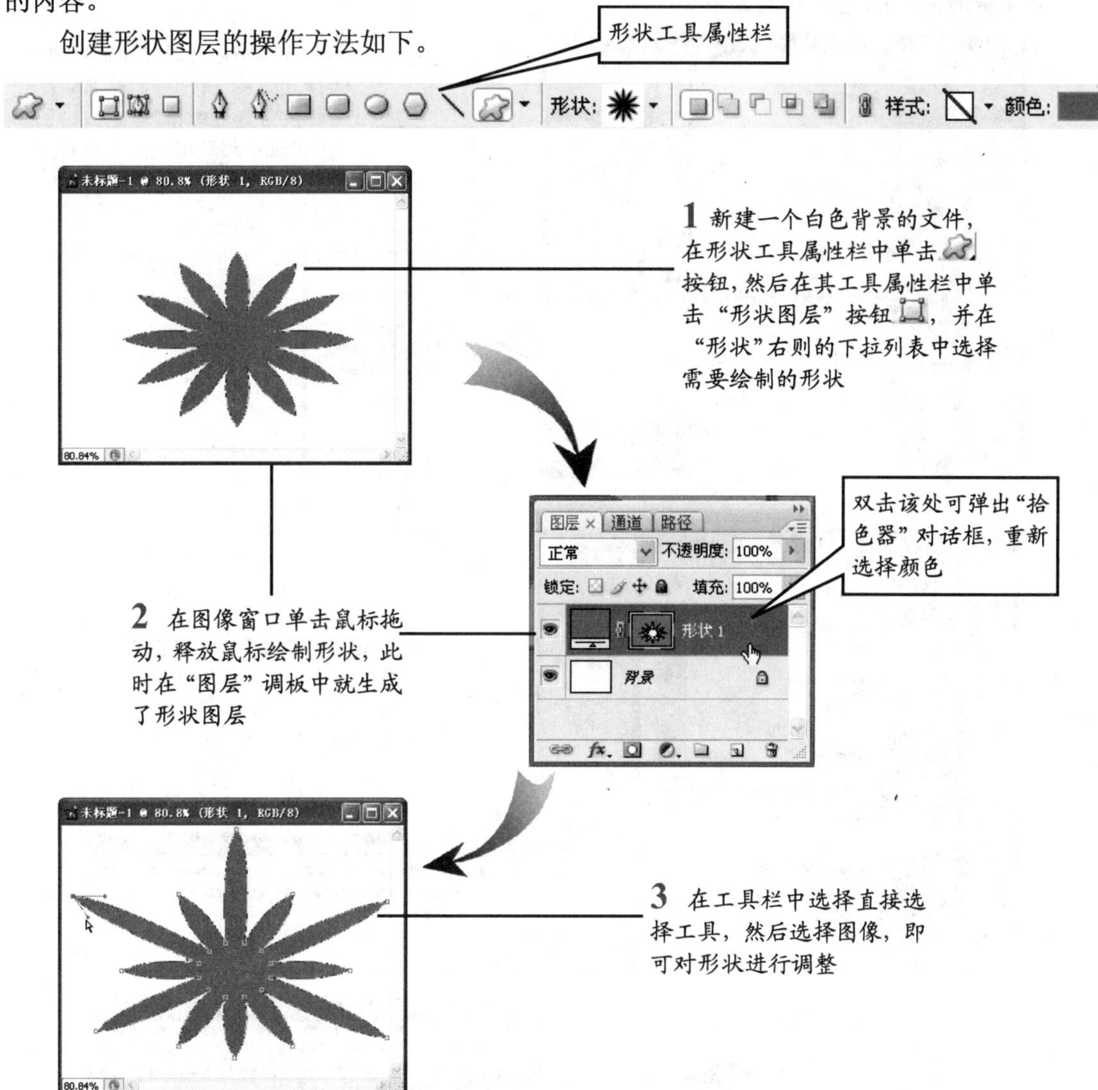

- 在编辑过程中，如果需要将形状图层转换为普通图层，可以选择“图层”|“栅格化”|“形状”命令，或者选择“图层”|“栅格化”|“图层”命令。
- 在编辑过程中，如果需要为形状添加渐变效果，可以选择“图层”|“更改图层内容”|“渐变”命令。
- 在形状图层中，由于形状保存在蒙版中，从而无法编辑形状的蒙版内容，但可以利用形状编辑工具调整形状的外观。

一点就透

6.1.8 创建智能图层

智能图层是在不破坏原图层的基础上编辑图层。在对智能图层的编辑过程中，系统将创建一个副本图像文件，在编辑时是在副本上进行编辑，而不会对原图像造成影响。

创建智能图层的操作方法如下。

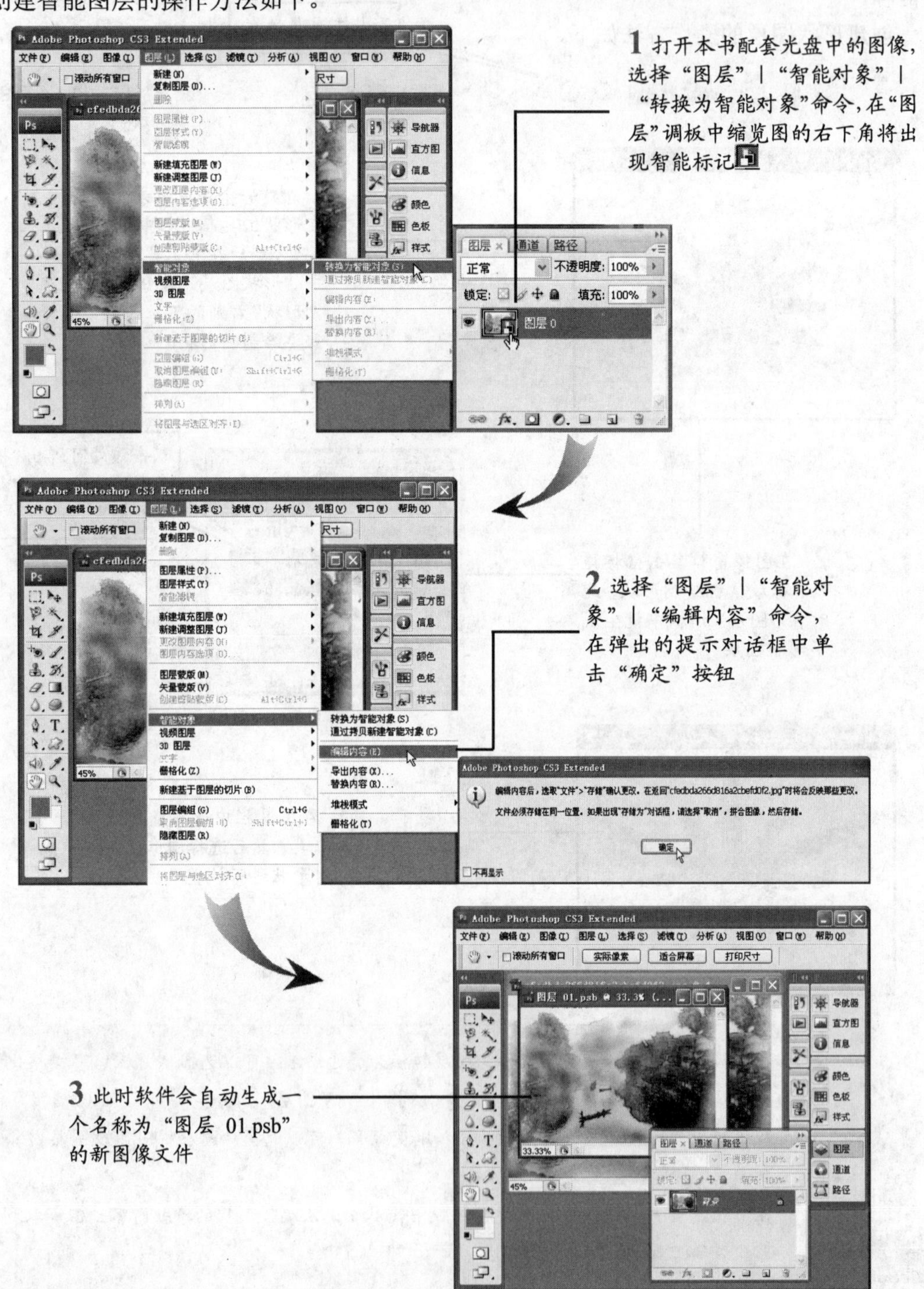

4 在新的图像文件中可以进行图像的编辑，当编辑完成后，按下 Ctrl+S 组合键即可将所设置的效果应用到智能图层中

将矢量图形作为智能对象导入后，该图形还可以保持矢量的特征，即对其放大缩小而不失真、不栅格化。

6.2 图层的基本操作

图层的基本操作主要包括图层的新建、命名、删除、复制、移动、链接、合并、对齐、分布、显示与隐藏、转换等操作。

6.2.1 新建并命名图层

新建图层与创建普通图层的方法相同（参见 6.1.3 节创建普通图层），下面介绍图层的命名及修改图层名称的方法及步骤。

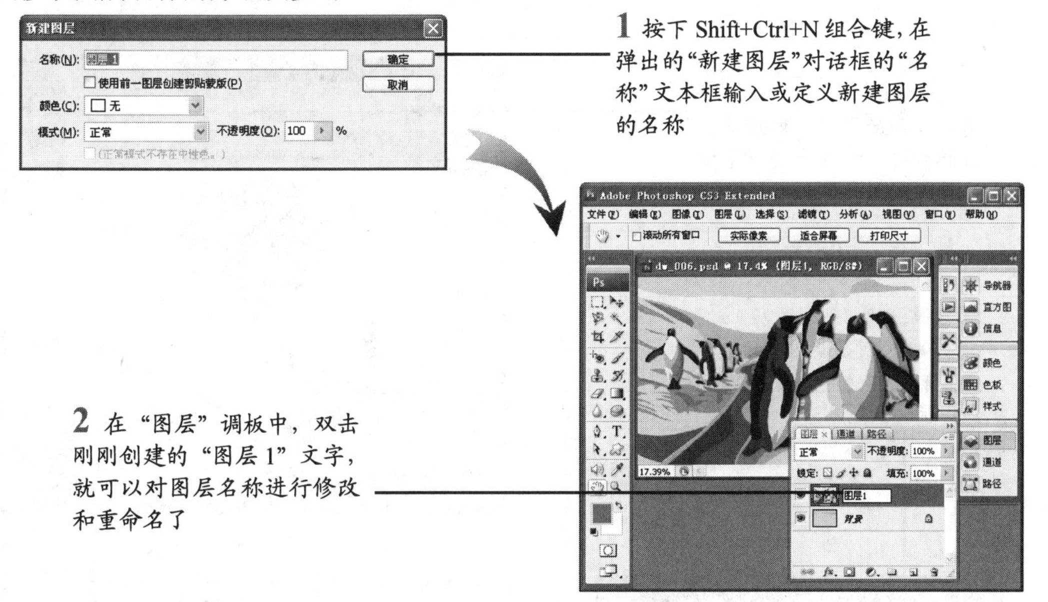

6.2.2 删除与复制图层

对图层的编辑操作还包括删除和复制图层，操作步骤如下。

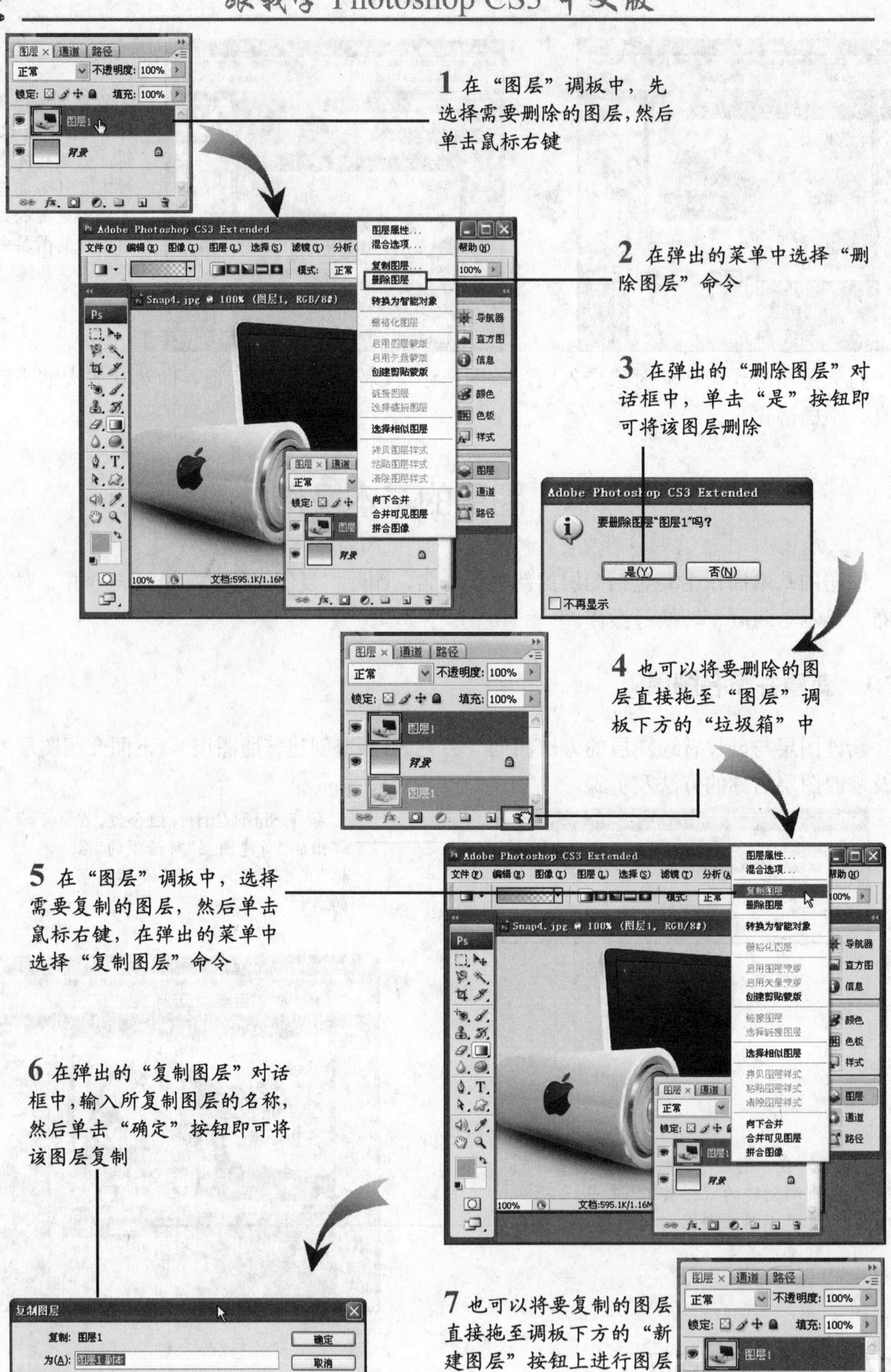

1 在"图层"调板中，先选择需要删除的图层，然后单击鼠标右键

2 在弹出的菜单中选择"删除图层"命令

3 在弹出的"删除图层"对话框中，单击"是"按钮即可将该图层删除

4 也可以将要删除的图层直接拖至"图层"调板下方的"垃圾箱"中

5 在"图层"调板中，选择需要复制的图层，然后单击鼠标右键，在弹出的菜单中选择"复制图层"命令

6 在弹出的"复制图层"对话框中，输入所复制图层的名称，然后单击"确定"按钮即可将该图层复制

7 也可以将要复制的图层直接拖至调板下方的"新建图层"按钮上进行图层复制

6.2.3 显示与隐藏图层

在使用 Photoshop 绘制图像的过程中，如果文档中出现多个图层，为了方便编辑，可以通过隐藏或显示图层的方法对文档的内容进行操作。图层的隐藏与显示的方法很简单，下面是显示与隐藏图层的操作方法。

1 打开本书配套光盘中的图像

2 在“图层”调板中单击需要隐藏图层左侧的 图标，即可将该图层关闭

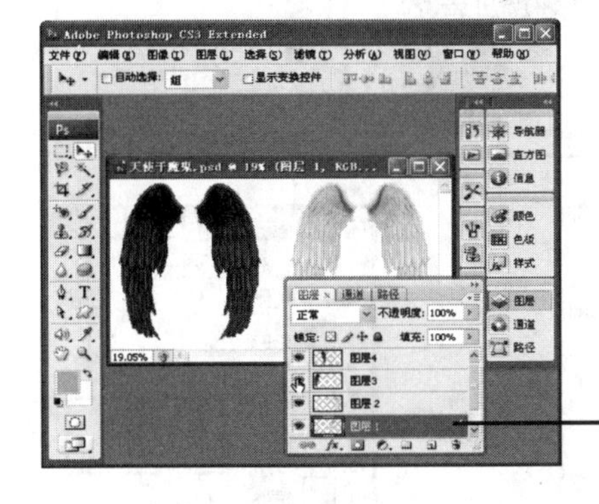

3 将图层隐藏后，再次单击该图层左侧的 图标，可重新显示被隐藏的图层

4 在“图层”调板中，按住 Alt 键的同时单击选定图层左侧的 图标，可将该图层以外的其他图层隐藏

6.2.4 调整图层顺序

图层在“图层”调板中是自上而下依次排列的，先建立的图层位于图层下方，后建立的图层位于图层的上方。在编辑时，改变图层的顺序便可获得不同的图像处理效果。

下面介绍调整图层排列顺序的操作方法。

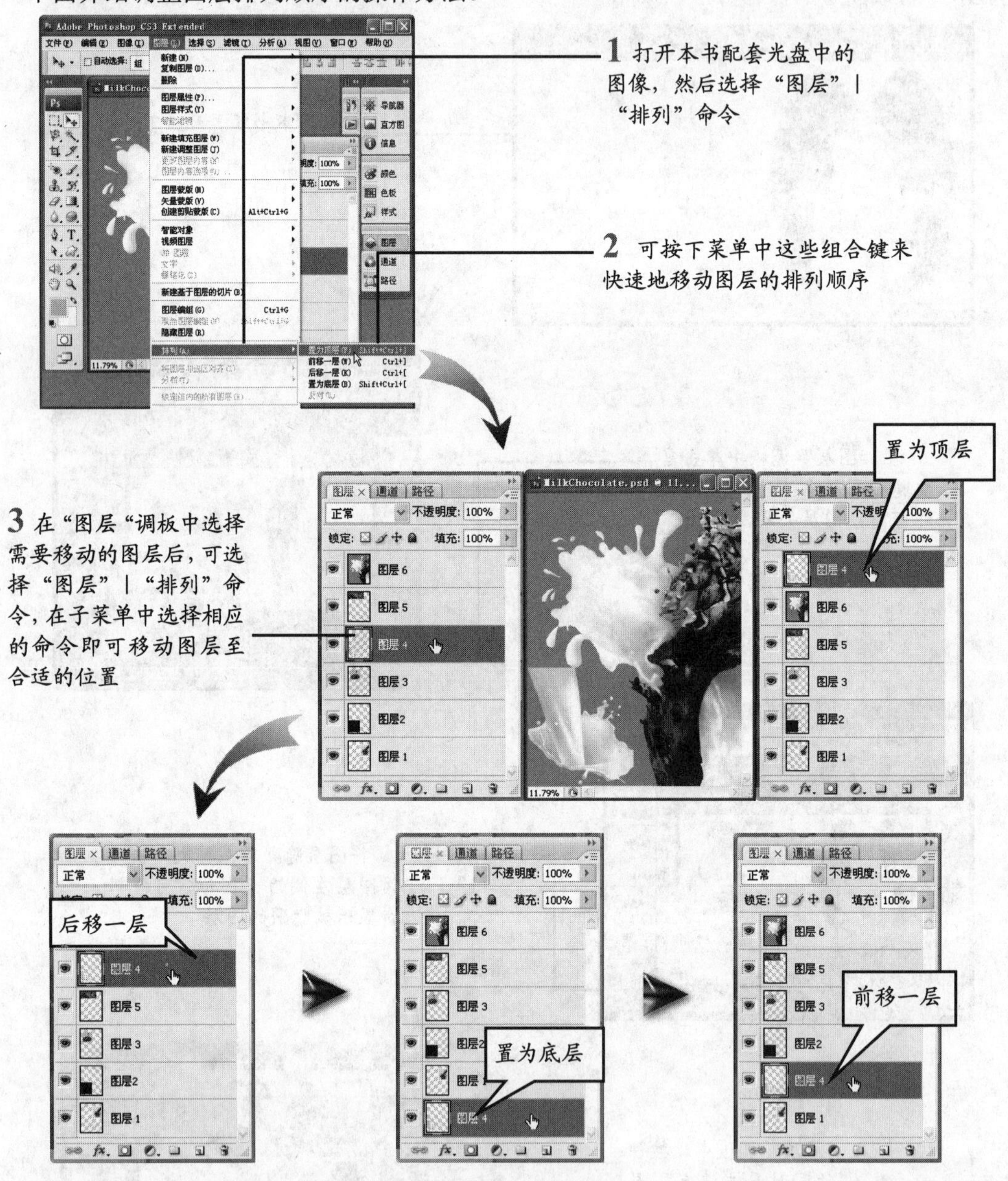

❖ 置为顶层：表示将当前选择图层移动到最顶部。

❖ 前移一层：表示将当前选择图层往上移动一层。

❖ 后移一层：表示将当前选择图层往下移动一层。

❖ 置为底层：表示将当前选择图层移动到最底部。

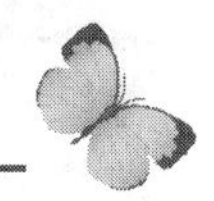

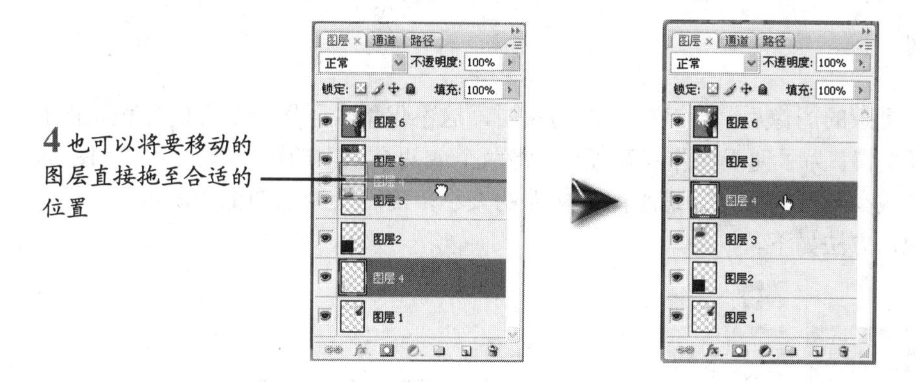

6.2.5 链接图层

在编辑图像时，往往需要将多个图层中的图像进行移动、变换和复制等操作，此时便可使用软件提供的链接命令来进行操作。

下面介绍链接图层的操作方法。

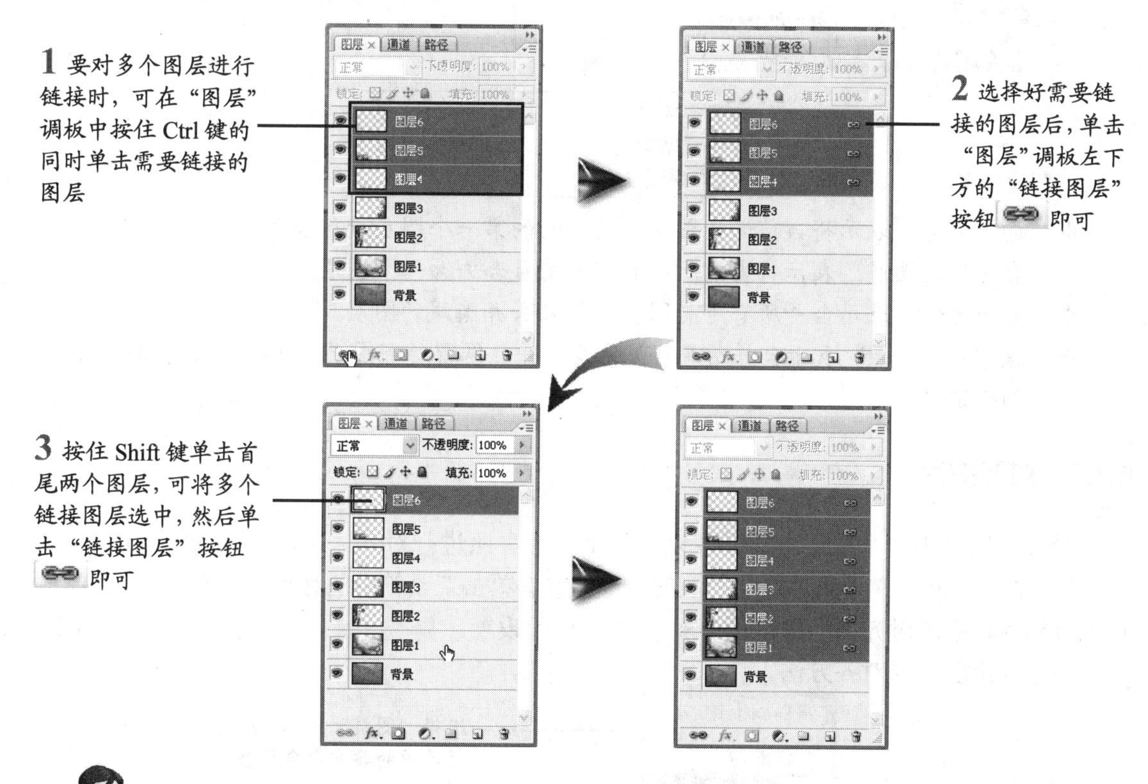

- 如果要链接所有图层，可选择“选择”|“所有图层”命令，然后单击“图层”调板左下方的按钮。
- 如果将某些图层与背景链接，则无法移动任何一个图层。

一点就透

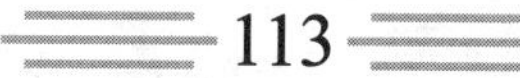

6.2.6 合并图层

在处理完较为复杂的图像后，会产生大量的图层，这不仅增大了图像文件的体积，而且使图像的处理速度变慢。为了便于操作和管理，可将两个或两个以上的图层合并为一个图层。通过合并图层，可减少图层的数量，缩小图像文件的大小，而不会影响图像的质量。

合并图层的操作方法如下。

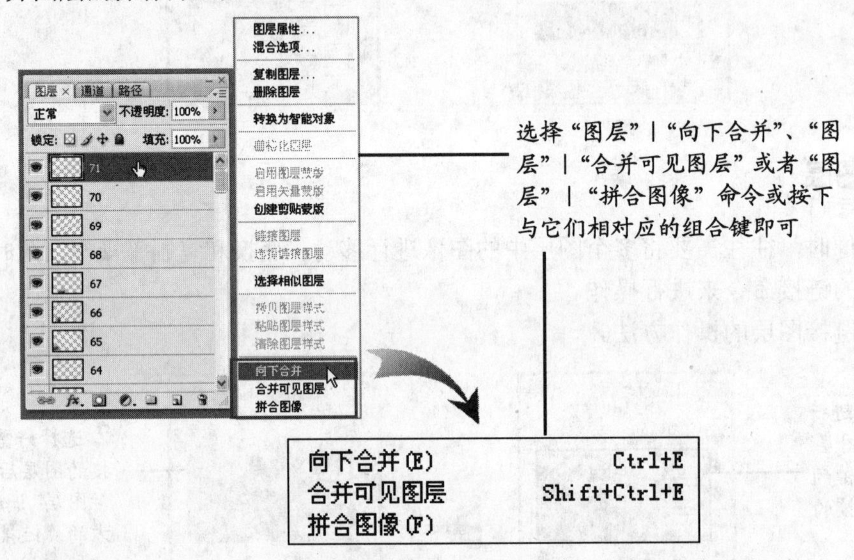

- ❖ 向下合并：表示将当前选择图层与它下面的第一个图层进行合并。
- ❖ 合并可见图层：表示将当前所有的可见图层合并为一个图层。
- ❖ 拼合图像：表示合并所有可见图层，并且丢弃隐藏的图层。
- ❖ 盖印可见图层：表示合并所有可见图层，并且保留所有图层，可按 Shift+Ctrl+Alt+E 组合键。

6.2.7 对齐图层

对齐图层是将多个图层中的图像以另一个图像参照进行对齐。可以通过选择“图层”|“对齐”命令，然后在子菜单选择相应的命令，或者单击工具箱中的移动工具，然后单击该工具属性栏中的对齐类型按钮进行设置。

下面介绍图层的对齐方法。

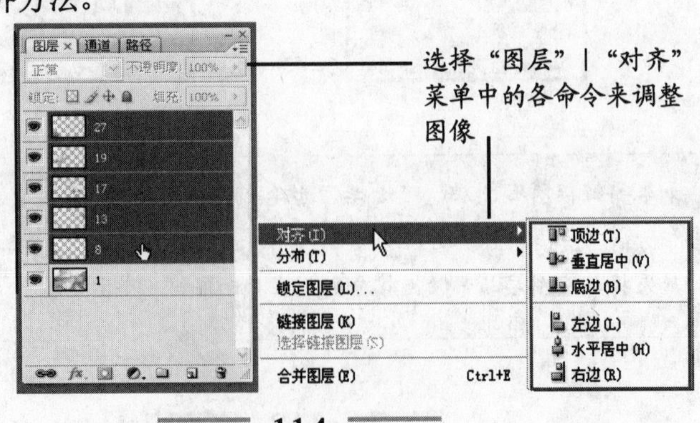

- ❖ 顶对齐：表示以图像中最顶部图层中的图像作为参照物进行对齐。
- ❖ 垂直居中对齐：表示将所有图层中的图像的中心放在同一水平线上。
- ❖ 底对齐：表示以图像中最底图层中图像的底边作为参照物进行对齐。
- ❖ 左对齐：表示以图像中最左侧图像的左边作为参照物。
- ❖ 水平居中对齐：表示将所有图像的中心放在同一竖直线上。
- ❖ 右对齐：表示以图像中最右侧图像的右边作为参照物。

6.2.8 分布图层

图层的分布是将多个图层中的图像以另一种方式在水平或垂直方向上进行距离相等的分布。可以通过选择"图层"|"分布"命令，然后在子菜单中选择相应的命令，也可以单击工具箱中的移动工具，单击该工具属性栏中的分布类型按钮进行设置。

图层分布的操作方法如下。

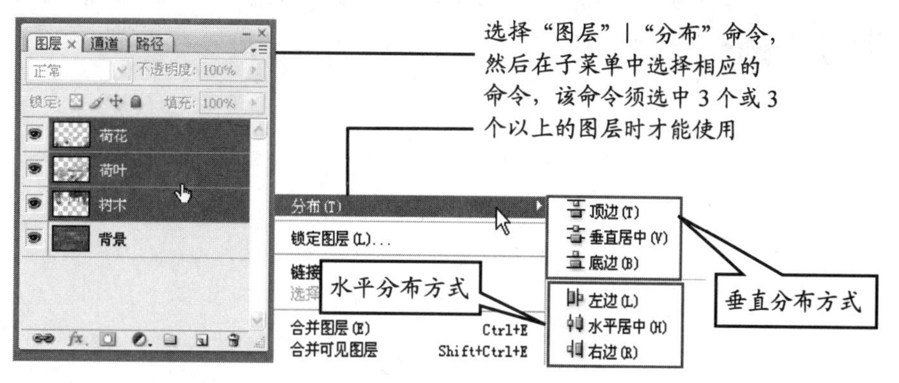

- ❖ 垂直分布：表示不论选择哪种垂直分布命令，图像之间在垂直方向的距离相等。
- ❖ 水平分布：表示不论选择哪种水平分布命令，图像之间在水平方向的距离相等。

6.2.9 转换背景层与普通层

在使用 Photoshop 对图像进行编辑处理的过程中，可以看到对背景图层无法设置效果，如果要对背景图层进行编辑处理，必须先要将背景图层转换为普通图层。

将背景图层转换为普通图层的操作方法如下。

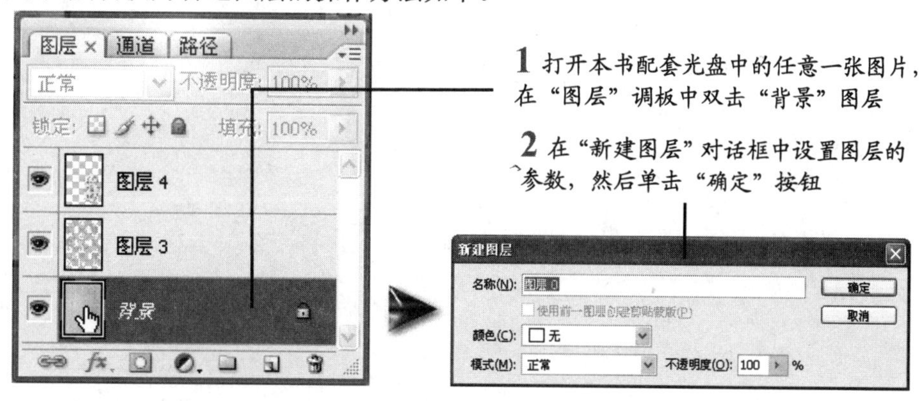

3 “图层”调板中的背景层即转换为普通图层

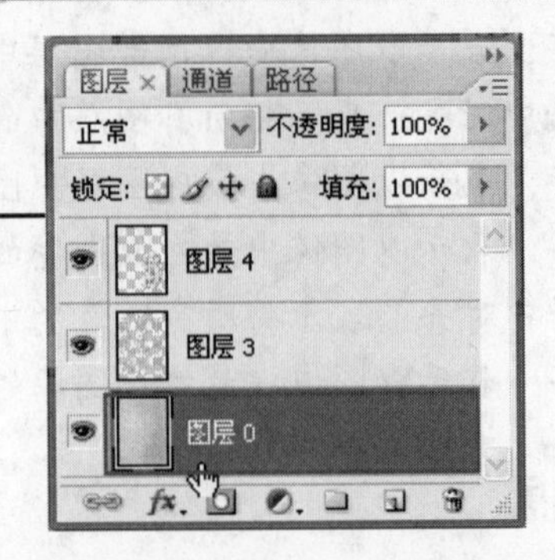

- 如果图像中没有背景图层，可以先选定要转换的图层，然后选择“图层”|“新建”|“背景图层”命令，即可将所选图层转换为背景图层，并自动设置到图层列表的最底层。
- 当普通图层转换为背景图层后，其透明区域将自动以当前背景色填充，在图层中添加的效果将直接合并到图层中。

第 7 章　路径及形状工具的功能

7.1　创建与编辑路径

使用选区工具创建的选区有时往往不够精确，这时就要通过路径工具来进行编辑，从而创建出精确而复杂的路径形状。创建完毕后的路径，用户可以自由地对其进行编辑，修改路径的形状并将其转换成选区来完成图像的绘制。

7.1.1　创建路径工具的使用

路径是将多个点（在路径中称为“锚点”）连接起来的曲线或者线段。要在图像中创建路径，可以通过钢笔工具、自由钢笔工具和图形工具来完成。下图先介绍钢笔工具的属性栏。

❖ 形状图层：将路径创建为形状图层。使用该选项创建的路径会产生图层图样，并将其以蒙版的形式放置在形状图层中。
❖ 路径：在图像中创建工作路径。
❖ 填充像素：将路径创建为各种形状的填充位图，创建的路径必须为闭合路径。
❖ 自动添加/删除：选中该复选框时，创建的形状软件会自动对其添加或删除锚点。
❖ 路径之间的运算：路径的运算与选区的运算方法基本相同，有“添加到路径区域”、“从路径区域减去”、“交叉路径区域”、“重叠路径区域除外”4 种运算。
❖ 样式：可以为创建的形状创建图层样式，即高级图层效果。
❖ 颜色：如果选择创建路径形状图层，可以改变创建的形状颜色。
❖ 磁性的：在选择“自由钢笔”工具后，属性栏内会有“磁性的”选项。该选项用于设置钢笔工具，使其具有磁性套索工具的吸附效果。

选择钢笔工具，并单击属性栏中的“路径”按钮，在图像中创建基本路径的步骤如下。

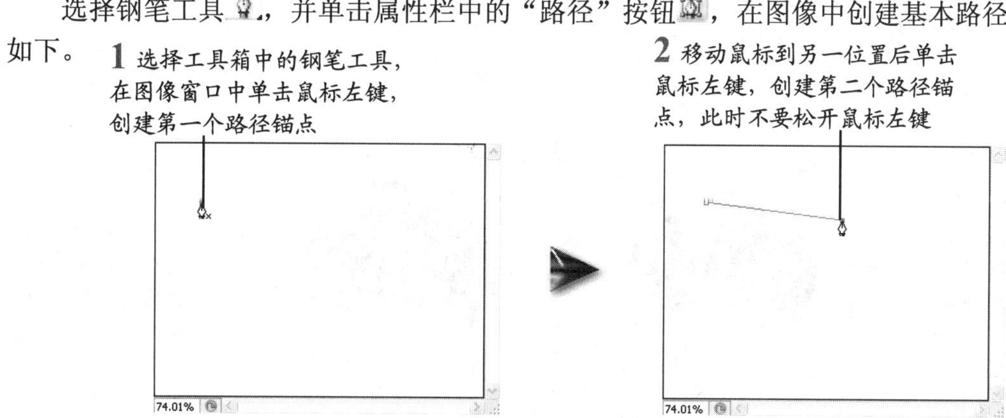

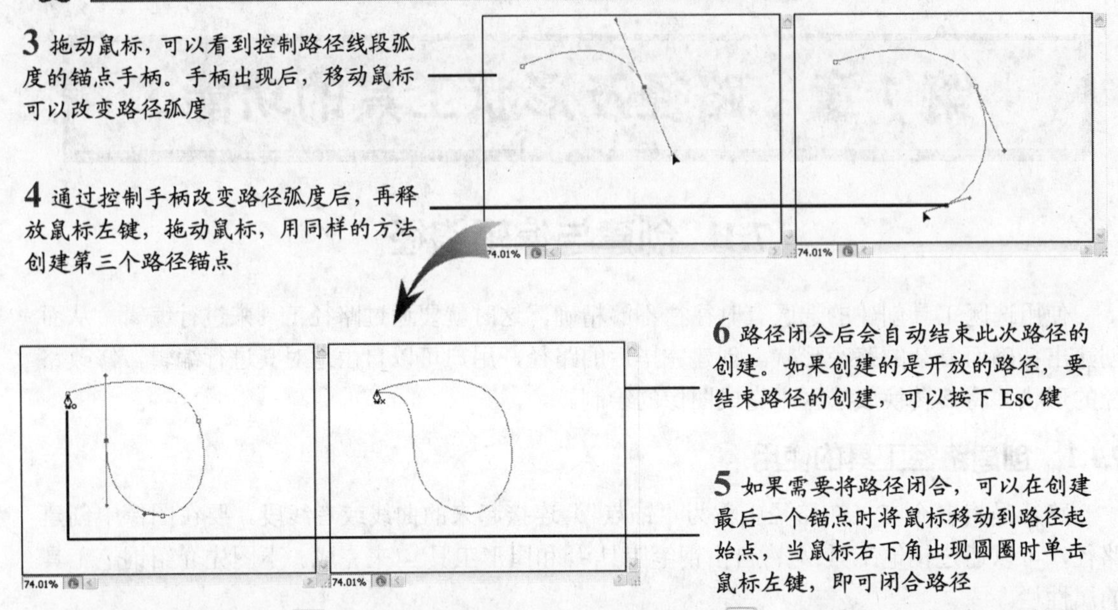

选择自由钢笔工具，并单击属性栏中的“路径”按钮，在图像中创建基本路径的步骤如下。

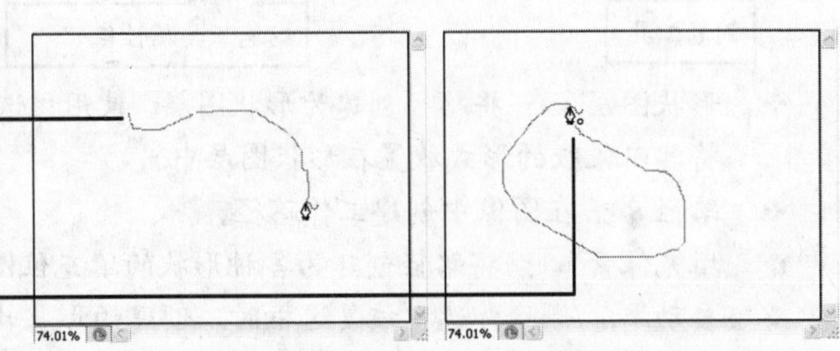

选择钢笔工具，并单击属性栏中的“形状图层”按钮，可在图像中绘制形状。

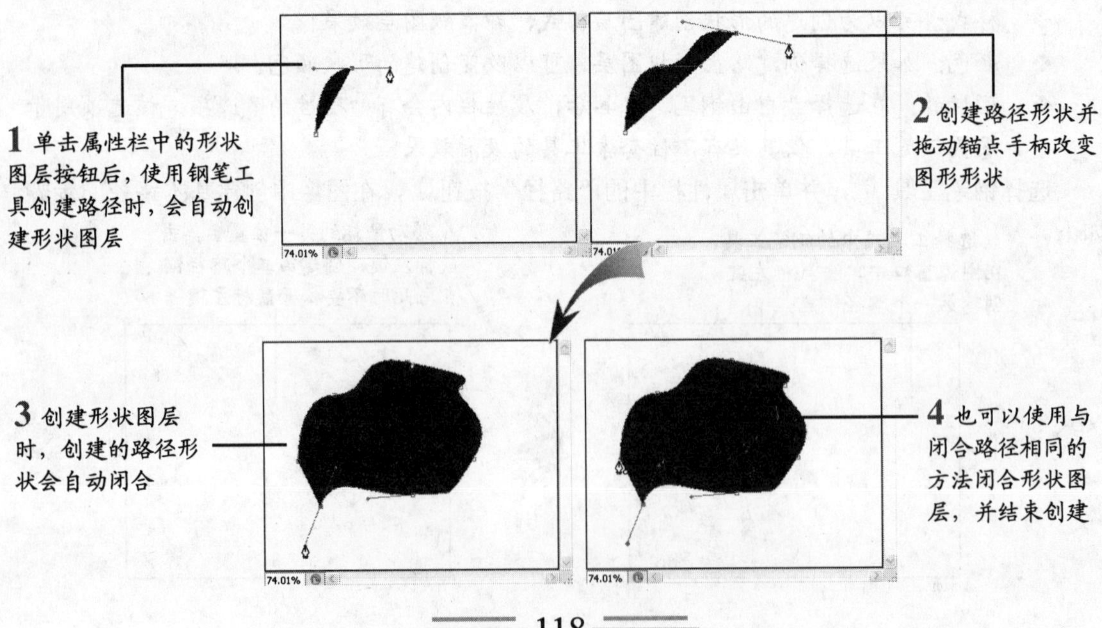

- 在创建路径时，单击鼠标创建的锚点与上一点是以直线形式进行连接的，而按住鼠标左键不放并拖动鼠标创建的路径与上一点是以曲线形式进行连接的。
- 将鼠标放在路径线上光标为时，表示可以在此处单击鼠标左键添加锚点；将鼠标放置在路径上的锚点上光标变为时，表示单击鼠标左键会将该锚点删除。
- 鼠标光标为时单击鼠标左键可创建新路径；将鼠标移到创建的第一锚点，鼠标光标为时单击鼠标左键会将创建的路径闭合。

7.1.2 添加删除锚点工具的使用

创建好的路径还不是很精确，可以使用添加删除锚点工具对路径上的锚点进行添加或删除，才能更好地把握路径的形状。

添加删除锚点工具的使用方法和步骤如下。

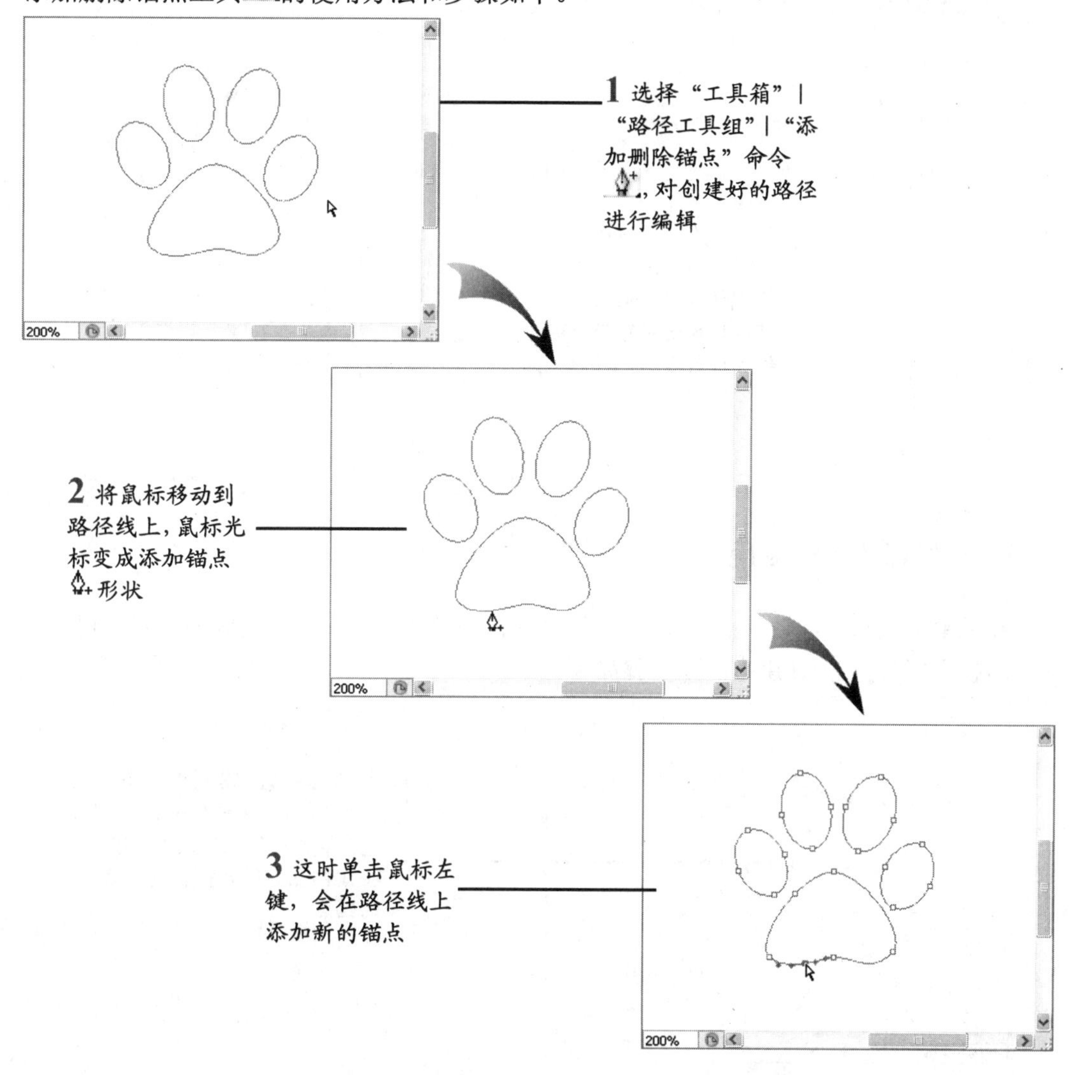

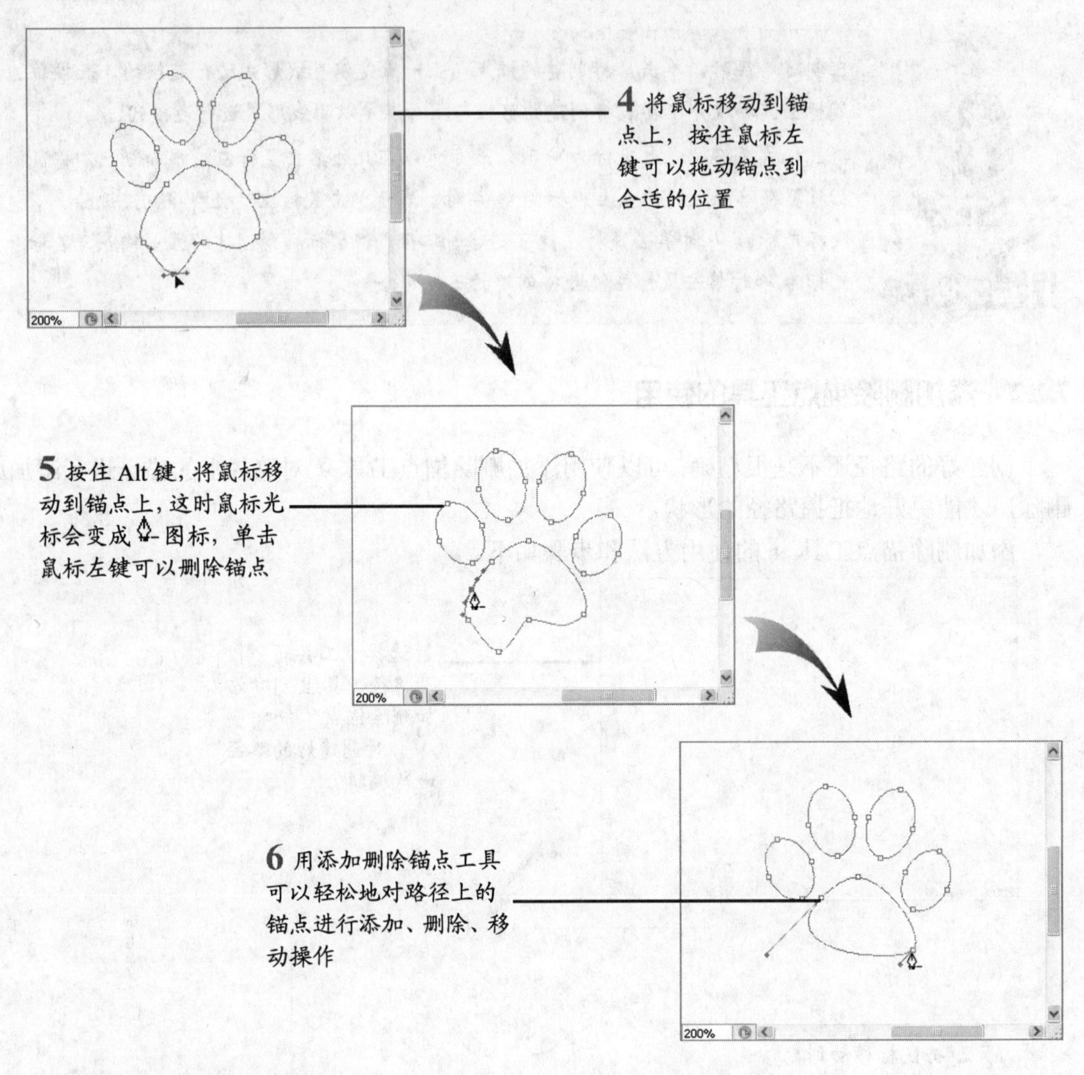

7.1.3　转换点工具的使用

在钢笔工具组中，转换点工具的作用是将路径线上的锚点改变成尖角或圆角。转换点工具的使用方法和步骤如下。

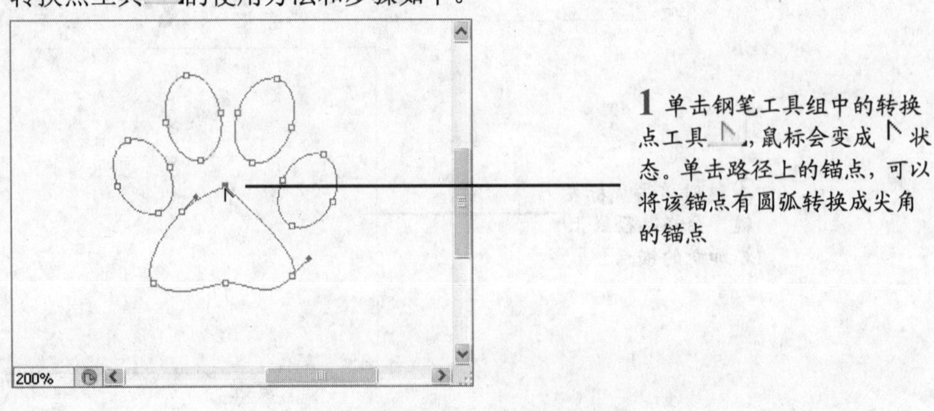

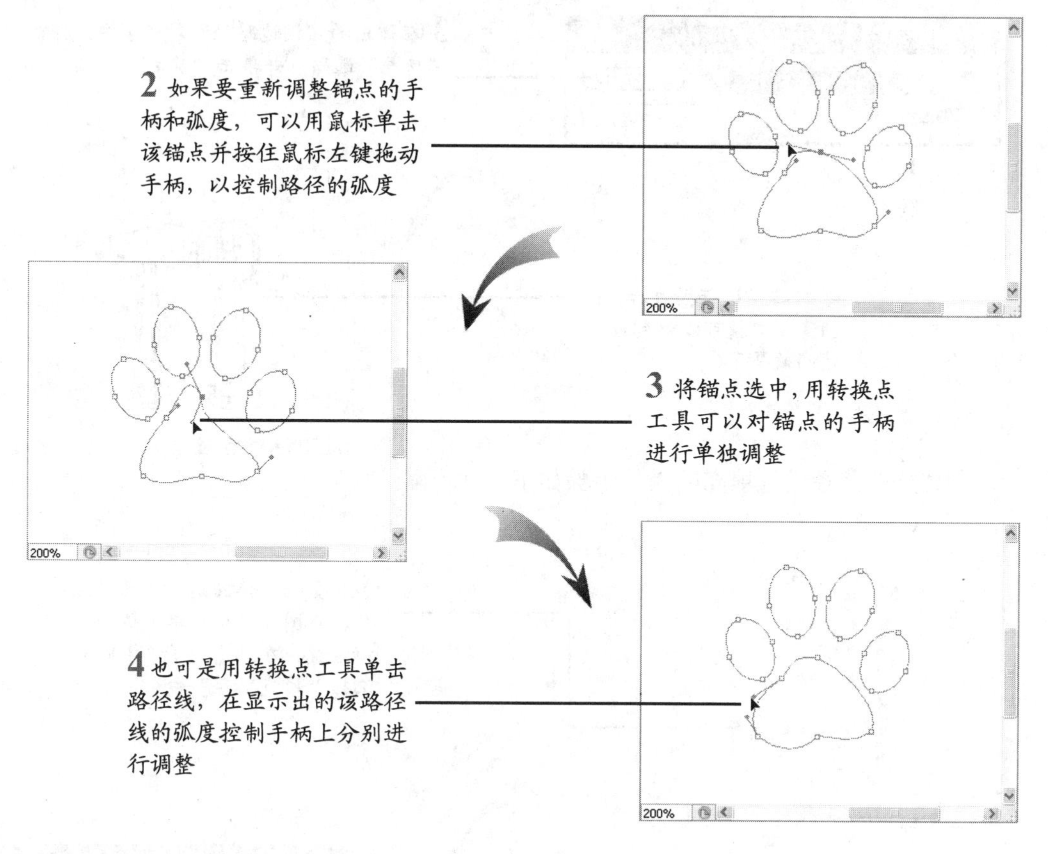

7.1.4 路径描边与填充的方法

对于创建好的路径，用户可以对其进行描边和填充的操作。填充路径时可以对其设置不透明度、混合模式、羽化等参数。

对创建好的路径进行描边的操作步骤如下。

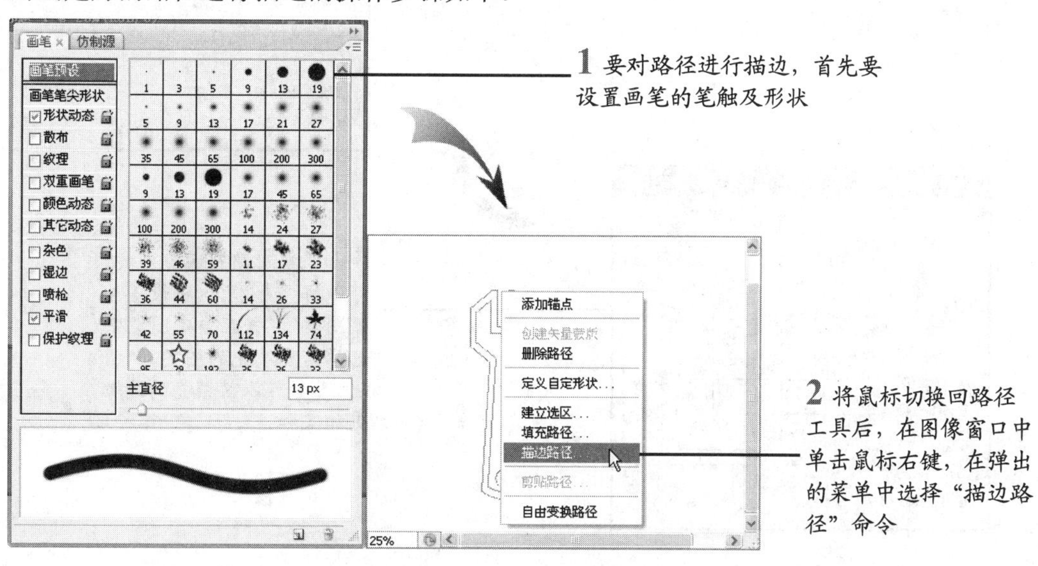

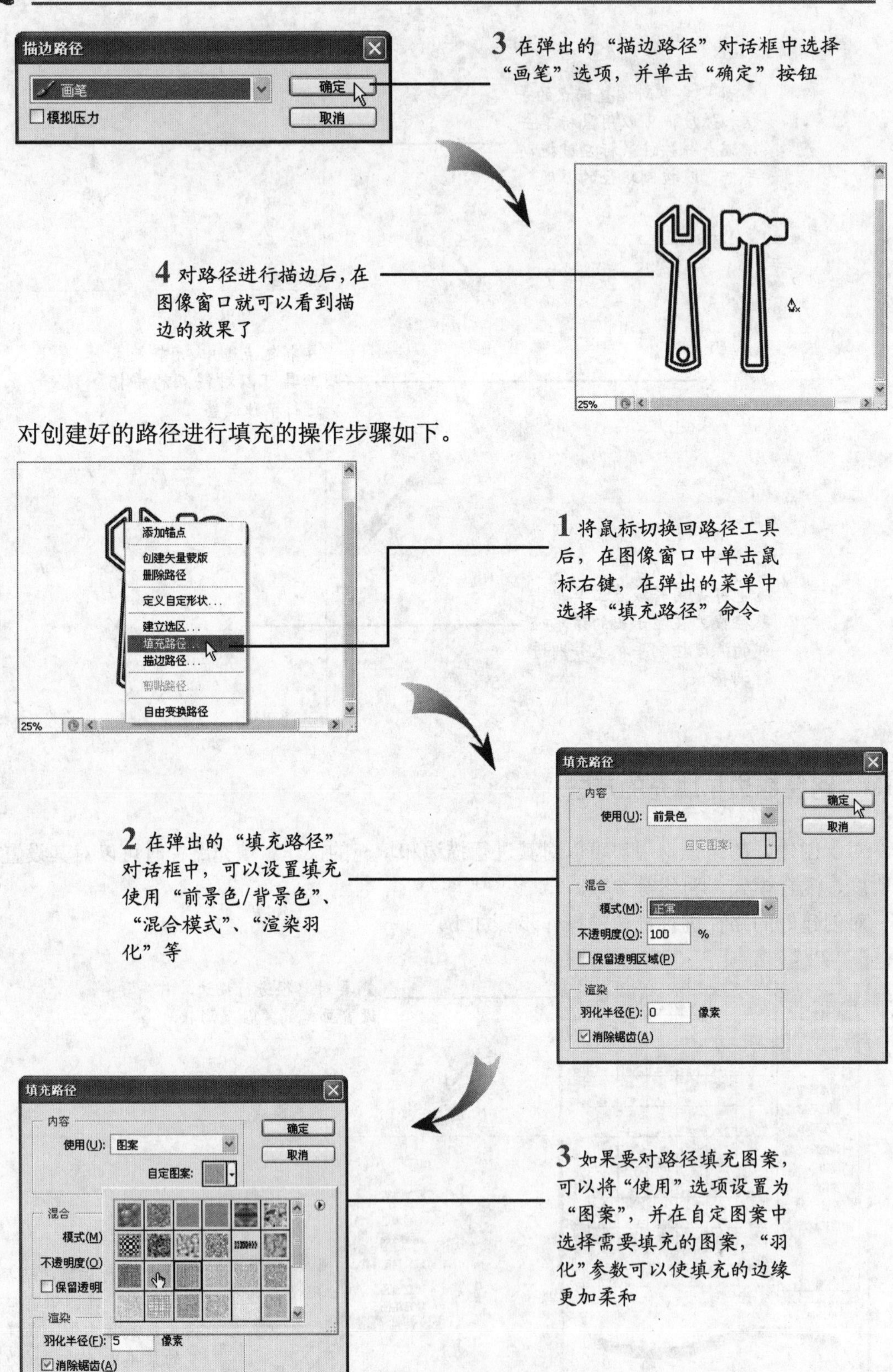

3 在弹出的“描边路径”对话框中选择“画笔”选项，并单击“确定”按钮

4 对路径进行描边后，在图像窗口就可以看到描边的效果了

对创建好的路径进行填充的操作步骤如下。

1 将鼠标切换回路径工具后，在图像窗口中单击鼠标右键，在弹出的菜单中选择“填充路径”命令

2 在弹出的“填充路径”对话框中，可以设置填充使用“前景色/背景色”、“混合模式”、“渲染羽化”等

3 如果要对路径填充图案，可以将“使用”选项设置为“图案”，并在自定图案中选择需要填充的图案，“羽化”参数可以使填充的边缘更加柔和

4 单击“确定”按钮后，就可以在图像窗口中看到填充后的效果

7.1.5 用“路径”调板管理路径

“路径”调板的作用与“图层”调板的作用相同，用于管理路径并对路径进行操作。

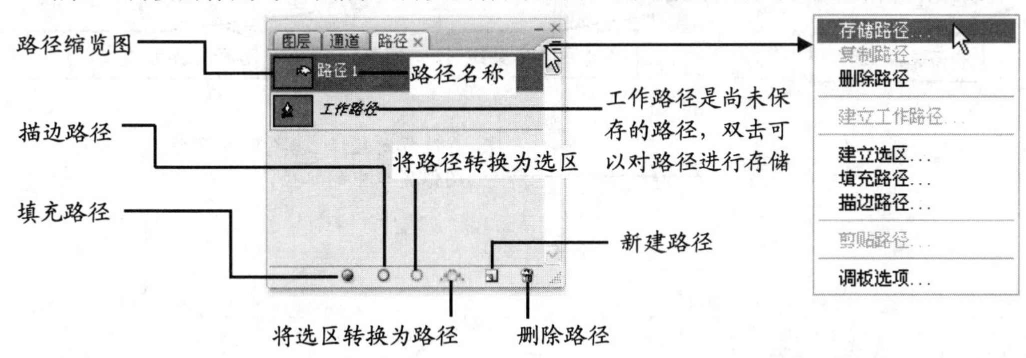

7.1.6 路径显示与隐藏的方法

创建的路径如果暂时不用，但是仍需要保留，可以将路径隐藏。下面是路径显示与隐藏的具体操作步骤。

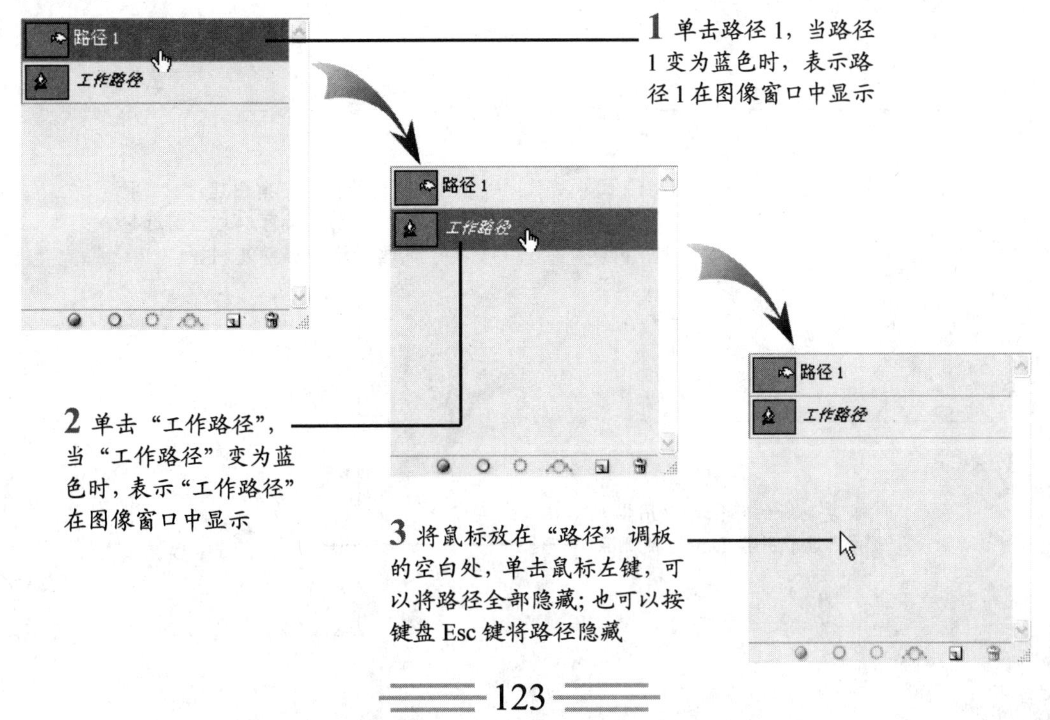

7.2 选择路径工具的使用

使用选择路径工具可以轻松地选取图像中的路径，并对路径进行移动、旋转、缩放、变形等操作。

7.2.1 使用路径选择工具

在工具箱内钢笔工具下方的黑色箭头就是路径选择工具，使用它可以方便地移动、复制路径，并进行路径间的运算。

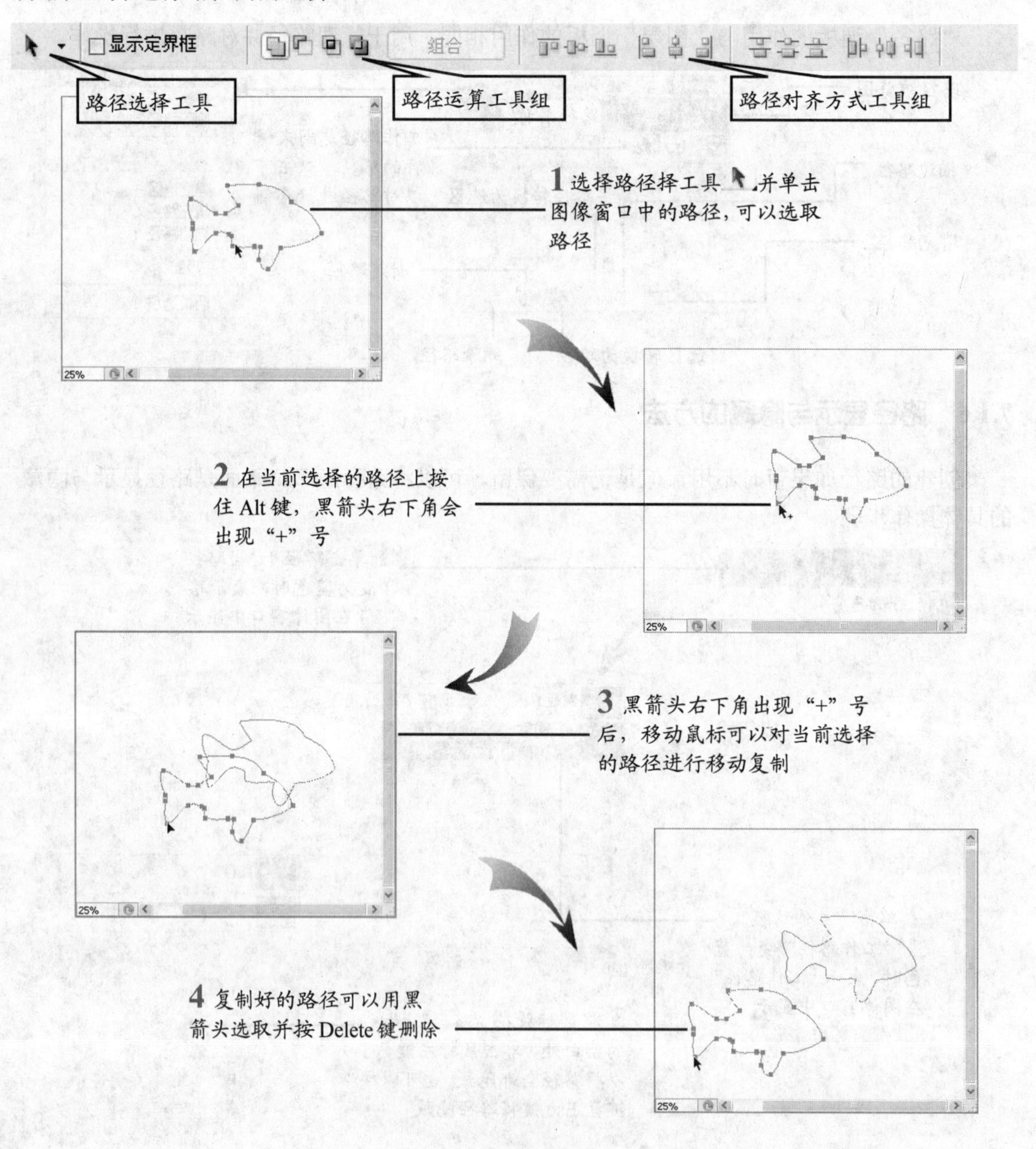

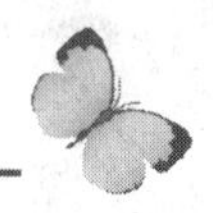

7.2.2 使用直接选择工具

黑色箭头下的白色箭头就是直接选择工具，使用它可以方便地调整路径中锚点的位置以及对手柄进行调节。

使用直接选择工具的操作如下。

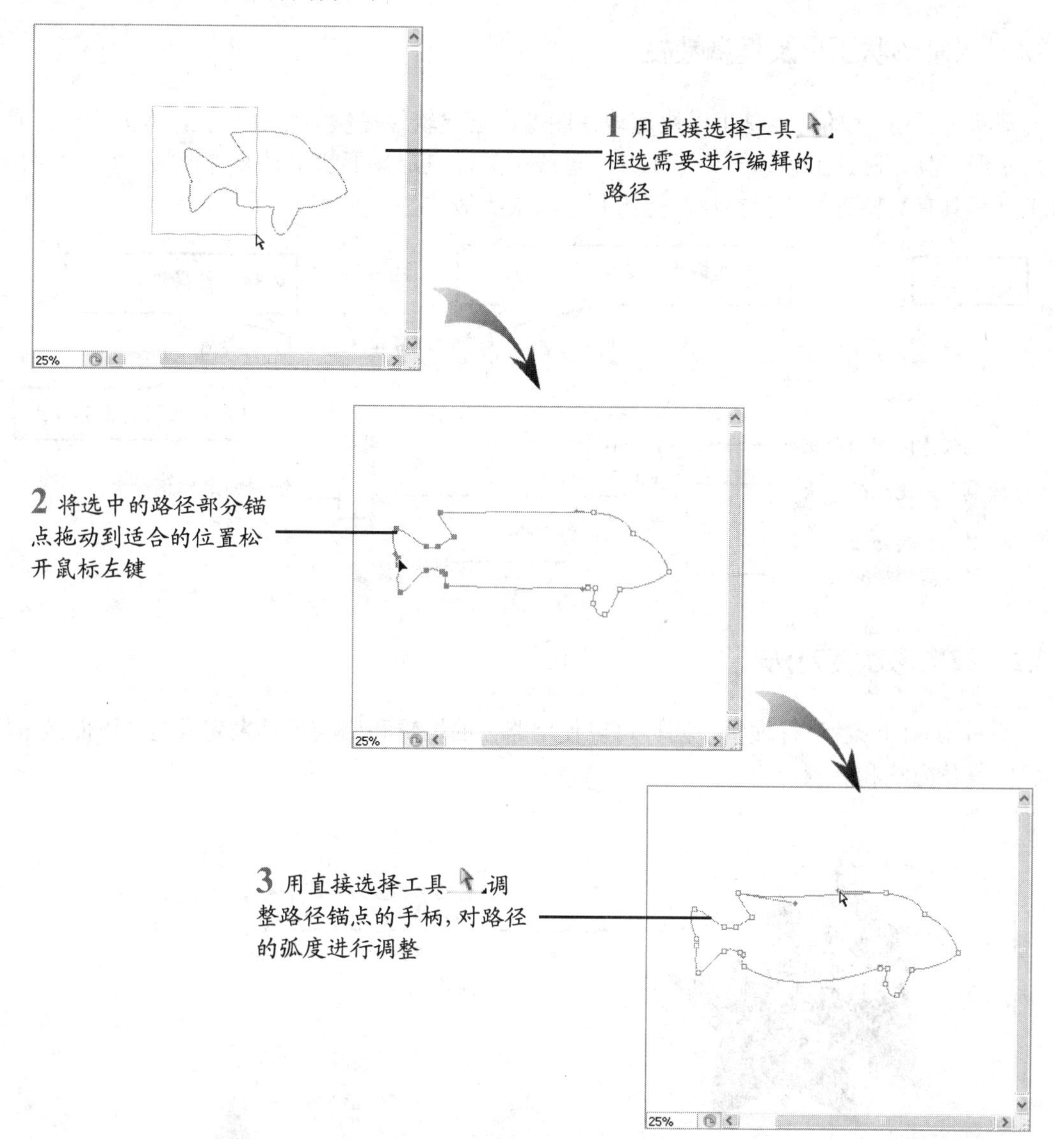

一点就透

- 在使用直接选择工具选取路径时，按住 Alt 键可以将路径全部选中，同时鼠标会切换成路径选择工具。
- 在使用路径选择工具选取路径时，按住 Ctrl 键可以将全部选中路径变成选取局部，同时鼠标会切换成直接选择工具。

7.3 绘制形状与编辑形状

在 Photoshop 软件中，用户可以使用形状工具组在图像中快速地创建形状及形状图层，并通过形状编辑工具轻松地对创建的形状进行编辑和变形。

7.3.1 了解形状工具及其属性栏

形状工具组的特点是可以快速地在图像中创建软件提供的各种形状，例如矩形工具、圆角矩形工具、椭圆工具、多边形工具、直线工具、自定义形状工具 6 种形状工具，每种形状工具都具有其特有的选项参数，但绘制方法很类似。

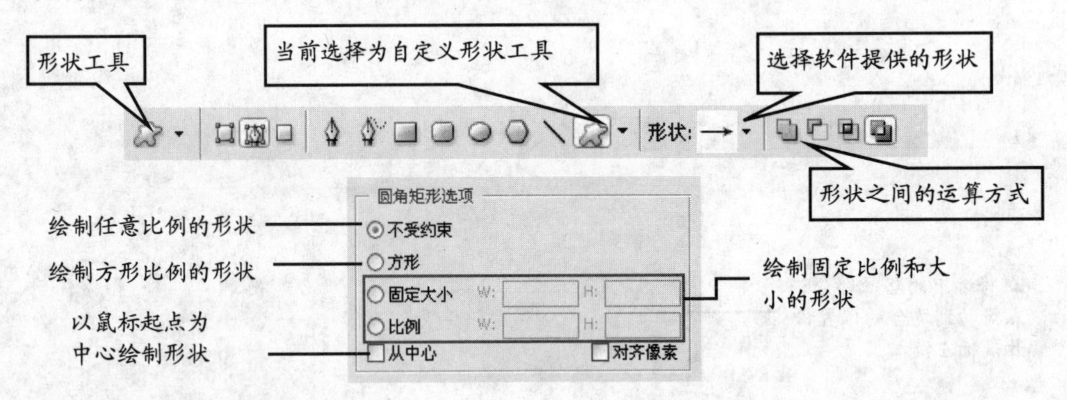

7.3.2 编辑形状的方法

要对创建的形状进行编辑，同样可以使用路径的编辑和修改工具来完成的。下面是编辑形状的具体方法和步骤。

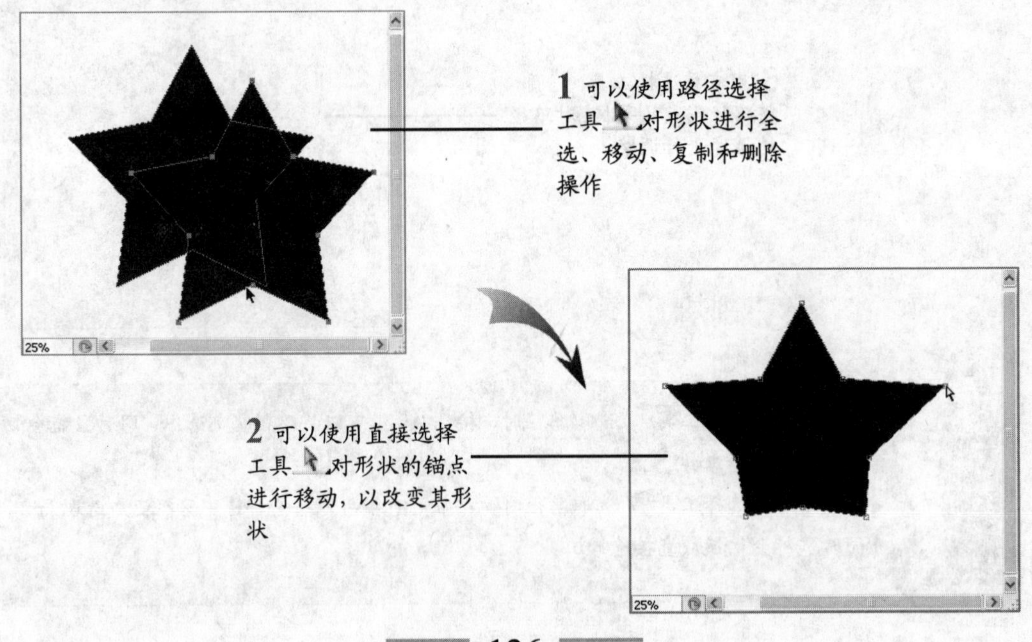

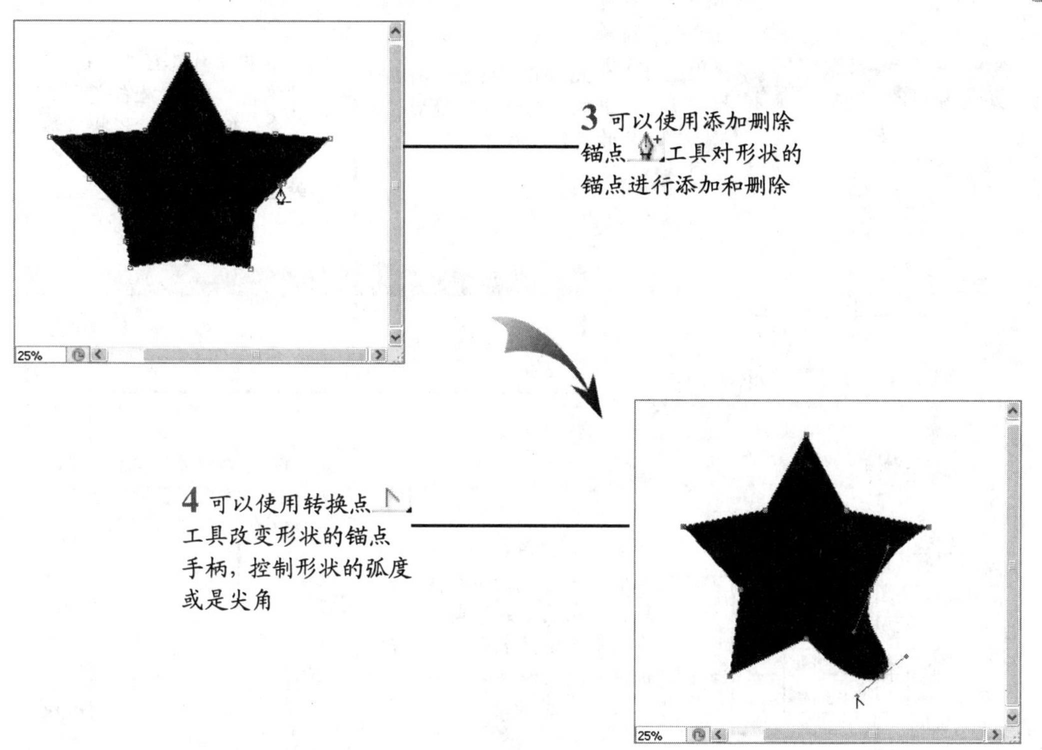

7.3.3 形状与选区间的转换

如果希望将形状转换为选区，方法非常简单，就是按住 Ctrl 键后单击该形状图层的蒙版，就会获得当前形状的选区。下面是形状、选区、路径三者互相转换的具体步骤。

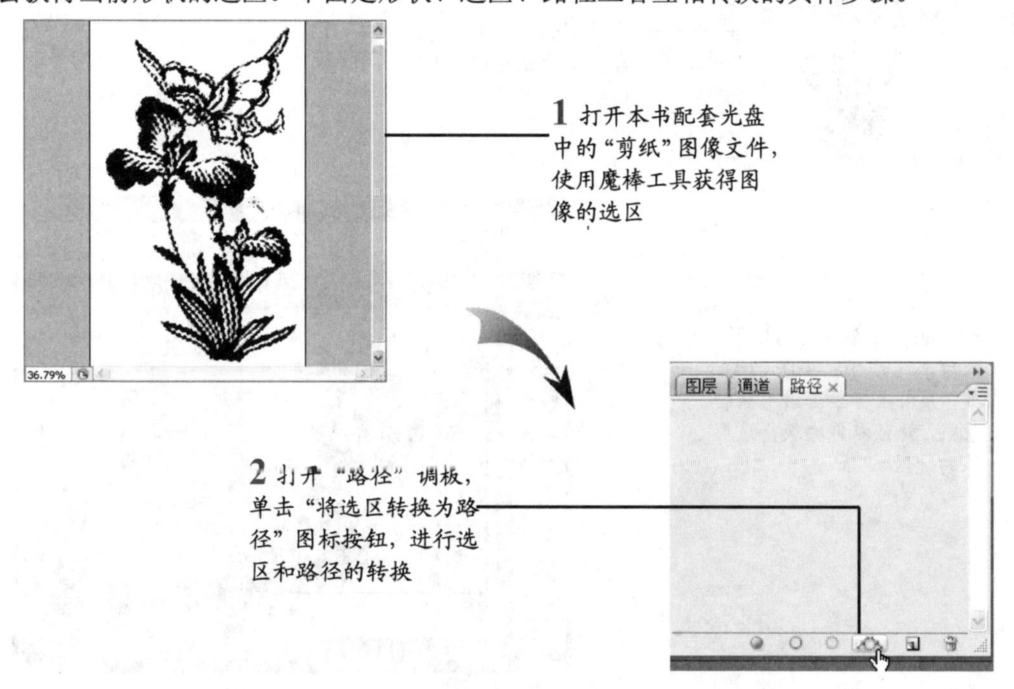

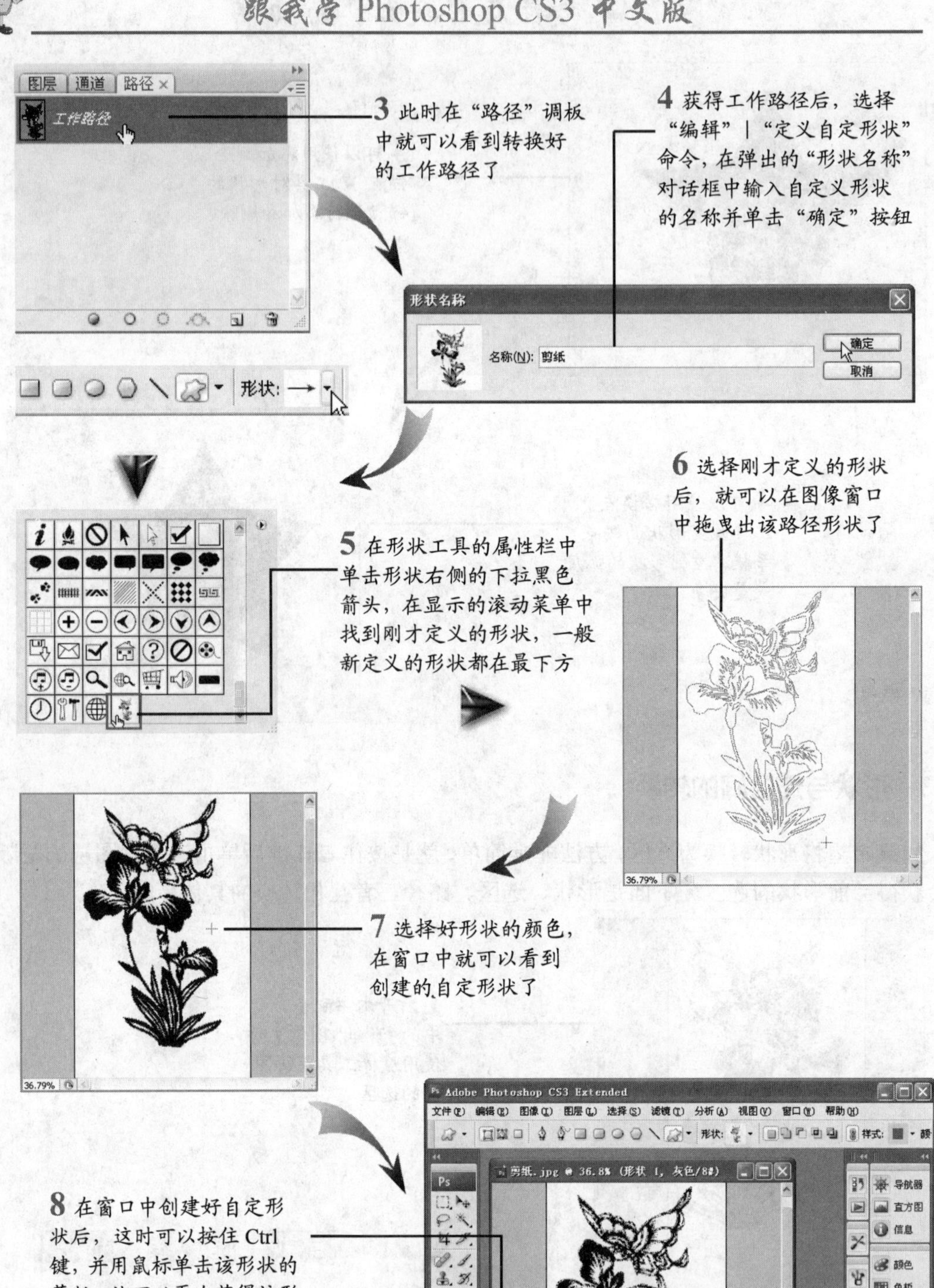

3 此时在“路径”调板中就可以看到转换好的工作路径了

4 获得工作路径后，选择“编辑”|“定义自定形状”命令，在弹出的“形状名称”对话框中输入自定义形状的名称并单击“确定”按钮

5 在形状工具的属性栏中单击形状右侧的下拉黑色箭头，在显示的滚动菜单中找到刚才定义的形状，一般新定义的形状都在最下方

6 选择刚才定义的形状后，就可以在图像窗口中拖曳出该路径形状了

7 选择好形状的颜色，在窗口中就可以看到创建的自定形状了

8 在窗口中创建好自定形状后，这时可以按住 Ctrl 键，并用鼠标单击该形状的蒙版，就可以再次获得该形状的选区

第 8 章　使用通道

8.1　了解通道

在 Photoshop 中新建或打开图像文件时，就会自动创建图像的颜色信息，即“通道”。对一个 RGB 图像来说，它包括了“红”、“绿”、“蓝”、“RGB”共 4 个颜色通道，在通道中可以分别对图像的单独颜色通道进行调整。

8.1.1　通道的特点及用途

通道主要是用来存放图像不同的颜色信息或选区的，也是用来保护图层选区的一种特殊方法。通道的作用是将组成图像的色彩进行分离，以便对其进行单独编辑。

通道包括“颜色通道”、“Alpha 通道”、“专色通道”3 类。

- ❖ 颜色通道：其特点是用来保存图像的颜色信息，图像中颜色通道的数量取决于图像的色彩模式。例如 RGB 图像为 3 个颜色通道，CMYK 图像为 4 个颜色通道等。
- ❖ Alpha 通道：特点是将图层中制作的选区内容以通道的形式保存下来，用来方便在图层和蒙版中制作特效时重新利用选区内容，其实就是保存编辑的选区。
- ❖ 专色通道：是一种特别的色彩通道，可以作为专用页面叠印在原图像上，进行单独的打印输出，它可以增强图像中专色的输出效果。

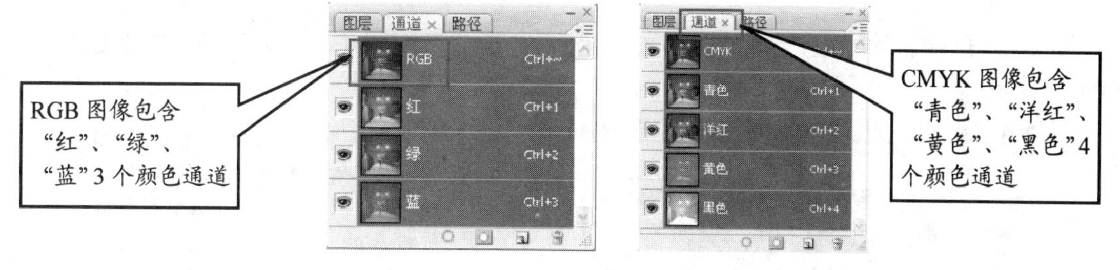

8.1.2　“通道”调板的组成

要对图像的颜色通道进行调整，必须在“通道”调板中来完成。“通道”调板位于“图层”调板和“路径”调板的中央，下图显示的是 RGB 色彩模式下图像的“通道”调板构成。

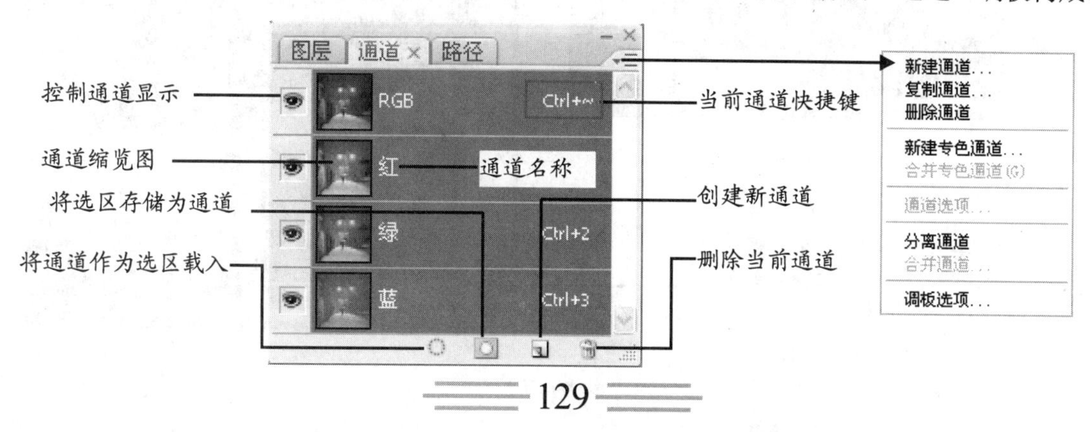

“通道”调板的各部分功能如下。

- ❖ 眼睛图标：控制通道的显示和隐藏。
- ❖ 通道缩览图：与图层缩览图作用相同，按 Ctrl 键单击缩览图可以载入该通道的选区。
- ❖ 当前通道快捷键：通过使用组合键快速切换通道。
- ❖ 通道名称：可对通道进行重命名。
- ❖ 将选区存储为通道：将当前选区存储为蒙版，并且将其保存到新的 Alpha 通道中。
- ❖ 将通道作为选区载入：将当前通道中的图像转换成选区。
- ❖ 创建新通道：在“通道”调板中创建一个新的 Alpha 通道。
- ❖ 删除当前通道：将当前选择的通道删除。
- ❖ 新建专色通道：创建一个新的增强图像专色的输出效果通道。
- ❖ 分离/合并通道：多通道图像可以利用分离技术，将其分解为单灰度图像进行独立的编辑处理和保存；合并通道的作用是将分离后的通道对象进行合成。
- ❖ 调板选项：控制通道缩览图的显示及大小。

8.2 对通道进行操作

在通道中可以创建专色通道或 Alpha 通道，可以使用 Alpha 通道创建和存放蒙版，还可以通过“通道”调板对通道进行新建、复制、分离与合并以及删除等操作。

8.2.1 创建 Alpha 通道

在图像中创建新的通道，会自动生成为 Alpha 通道。下面是在“通道”调板中创建新通道的具体步骤。

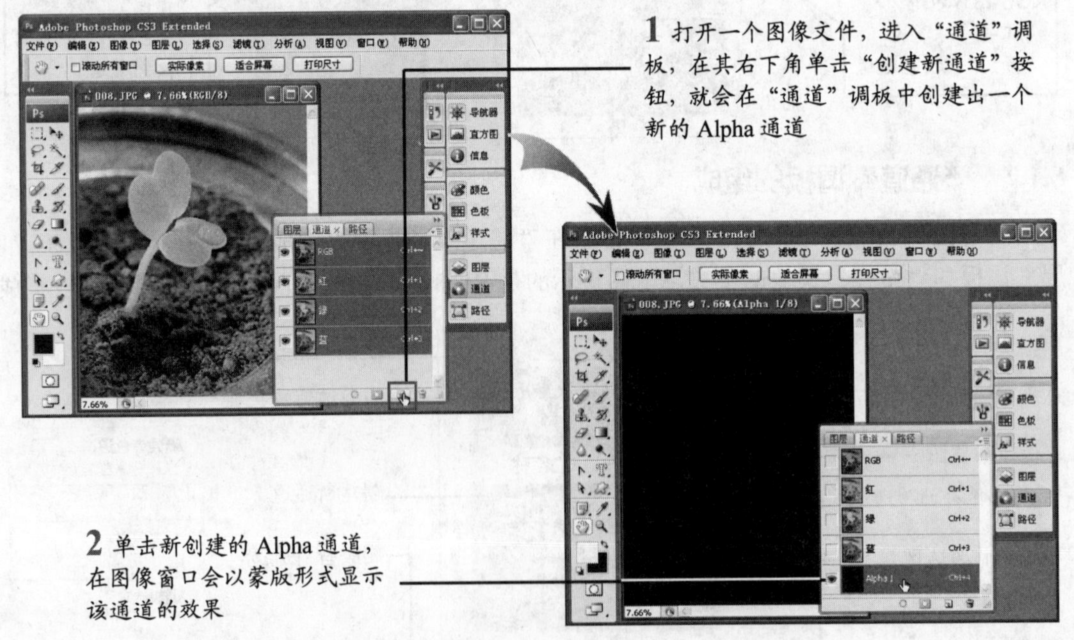

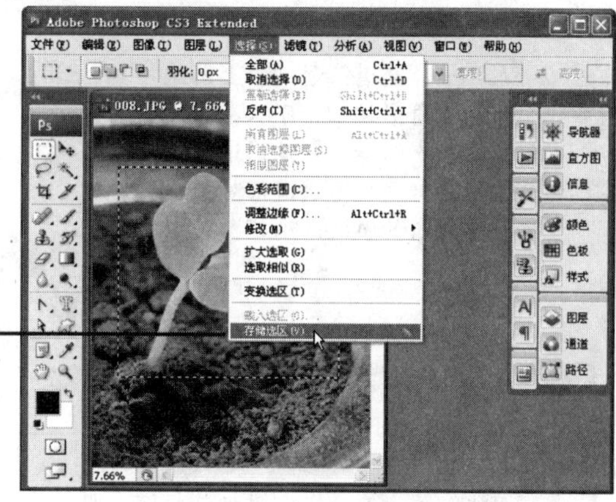

3 也可以通过将图像中的选区进行保存的方式来建立Alpha通道，方法是在图像中创建选区，然后选择“选择”|“存储选区”命令，弹出“存储选区”对话框

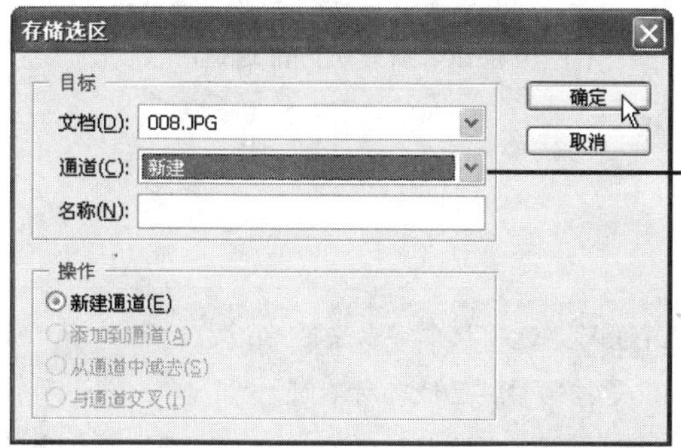

4 在弹出的“存储选区”对话框中输入保存的选区名称，“操作”选项栏内会默认“新建通道”，单击“确定”按钮进行选区的保存

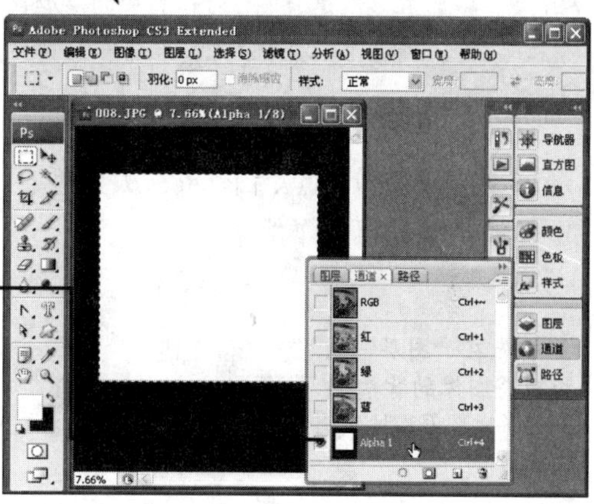

5 再次进入“通道”调板内，可以看到在通道中新建了与刚才制作的选区形状相同的Alpha通道

6 也可以将图像中的选区直接转换成通道，方法是在“通道”调板中单击“将选区存储为通道”按钮，就可以新建出与选区形状相同的通道

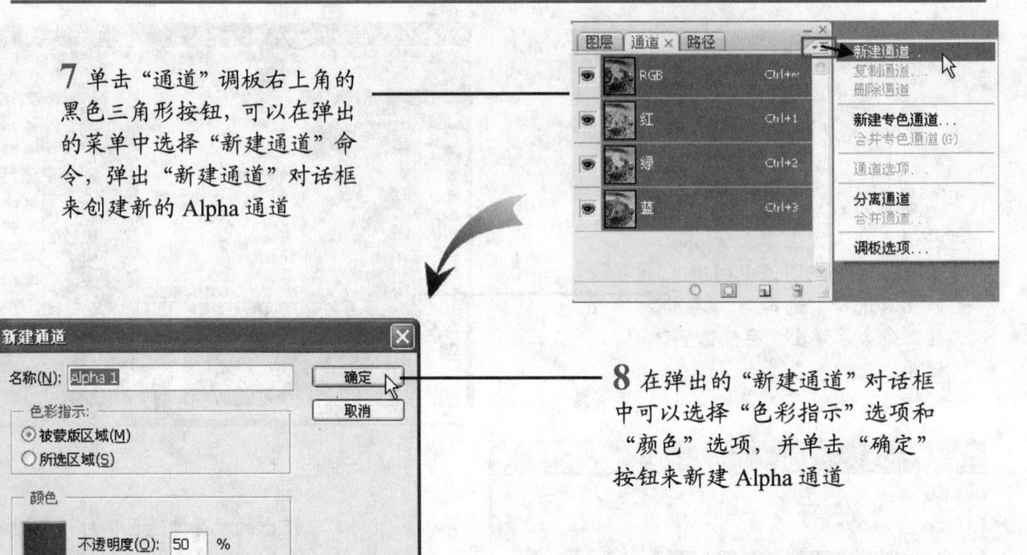

7 单击“通道”调板右上角的黑色三角形按钮，可以在弹出的菜单中选择“新建通道”命令，弹出“新建通道”对话框来创建新的 Alpha 通道

8 在弹出的“新建通道”对话框中可以选择“色彩指示”选项和“颜色”选项，并单击“确定”按钮来新建 Alpha 通道

一点就透

◆ 在弹出的“新建通道”对话框中，“色彩指示”选项栏中可以选择“被蒙版区域”和“所选区域”两种通道的显示方式，其实就是控制蒙版区域有所不同。

◆ 在“新建通道”对话框中的“颜色”选项栏，可以控制新建的 Alpha 通道的颜色和不透明度，该颜色主要是被蒙版区域颜色及透明度，而不会影像图像的颜色效果。

通道中的颜色只有黑、白、灰三大色系。那么，通道中的这三大色系到底有何作用呢？通过下面的步骤就可以了解了。

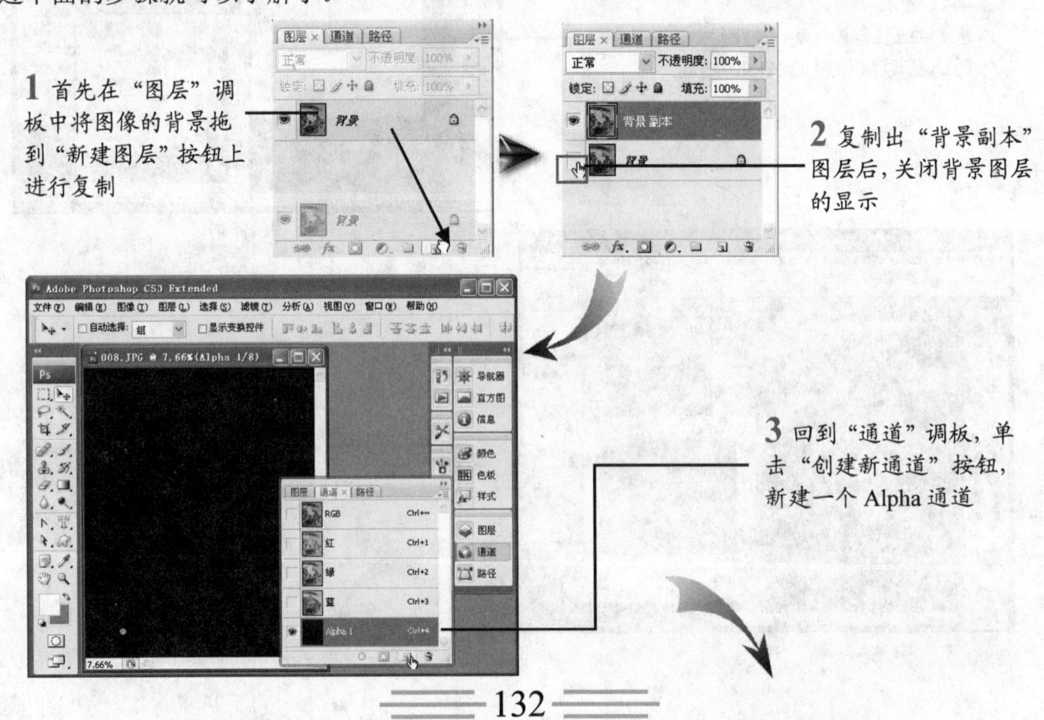

1 首先在“图层”调板中将图像的背景拖到“新建图层”按钮上进行复制

2 复制出“背景副本”图层后，关闭背景图层的显示

3 回到“通道”调板，单击“创建新通道”按钮，新建一个 Alpha 通道

4 选中新建的 Alpha 通道，并在图像窗口中创建一个矩形选区，将选区填充为灰色

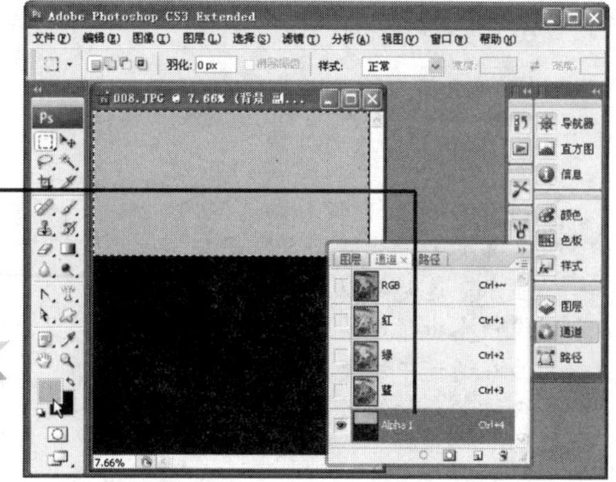

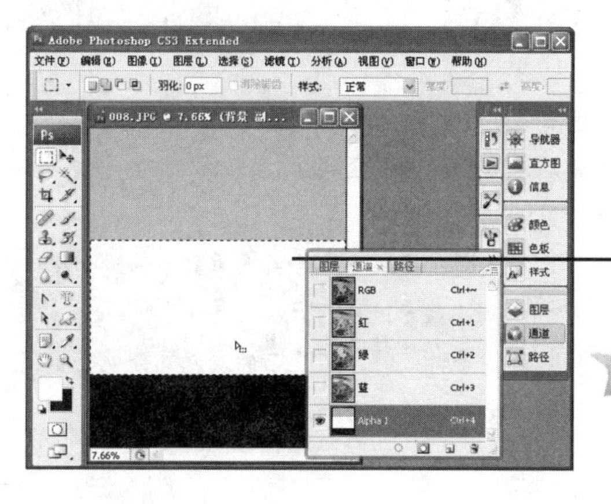

5 将选区下移到图像的中部，并将选区填充为白色

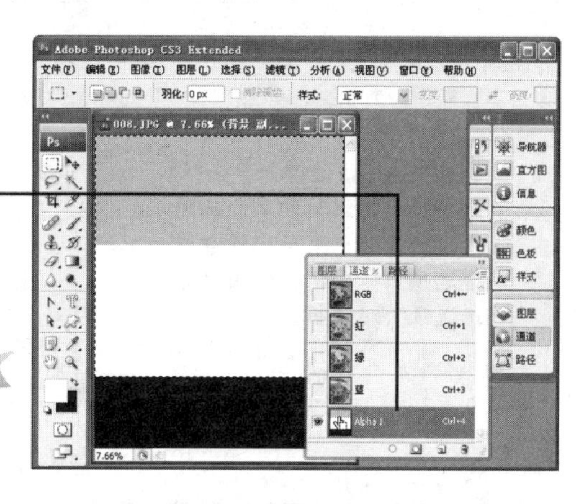

6 按 Ctrl+D 组合键将选区取消后，再按住 Ctrl 键单击 Alpha 通道，可以看到获得了 Alpha 通道的选区

7 回到“图层”调板，选中“背景副本”图层，按 Ctrl+C 组合键复制选区

8 按 Ctrl+V 组合键粘贴选区内容，并关闭“背景副本”图层的显示，这时可以看到粘贴的图像产生出了虚实过度，就是因为在通道中填充了黑、白、灰 3 种颜色的缘故

经验交流

- 在 Alpha 通道中，黑、白、灰三色有各自不同的作用。
- 黑色表示为不选中的区域，即是最后未显示的图像区域。
- 白色表示为选中的区域，即是最后显示的图像区域。
- 灰色表示图像的部分区域被选中，由灰色的灰度大小来控制图像显示的清晰度。灰度大于 50%显示选中区域，小于 50%则不显示选中区域。
- 在对图像使用通道中获得的选区操作滤镜等特效时，不显示的灰色部分也会受到编辑影响，在通道中只有黑色区域不会受到编辑的影响。

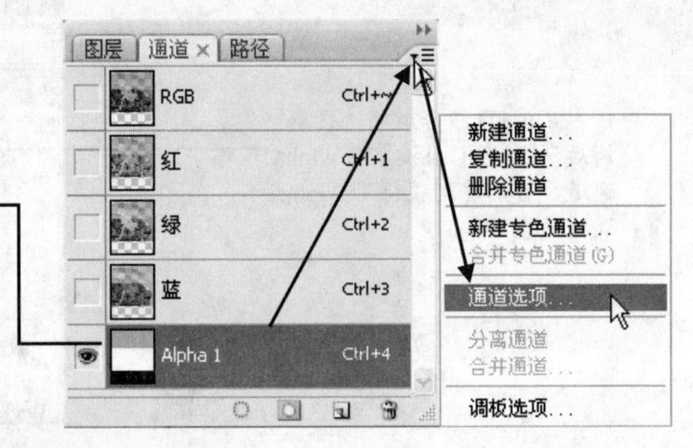

9 选中 Alpha 通道并单击“通道”调板右上角的黑色三角形，选择弹出菜单中的“通道选项”命令，会弹出“通道选项”对话框

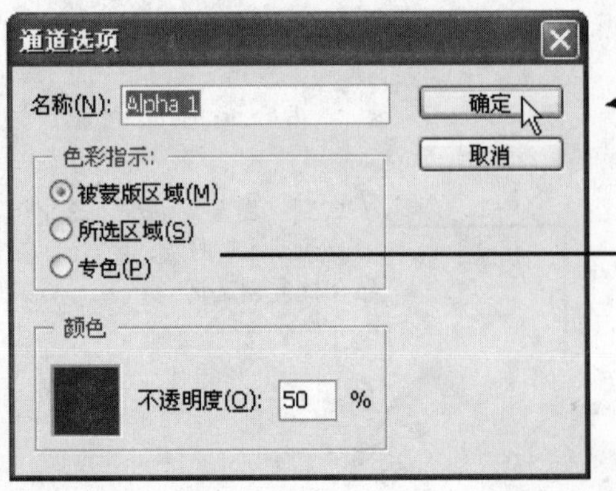

10 在弹出的“通道选项”对话框中，可以设置该通道的“色彩指示”和“颜色”选项，也可以将通道转换成专色通道

8.2.2 复制通道

通道的复制与图层的复制基本相同，下面是复制通道的几种常用方法和步骤。

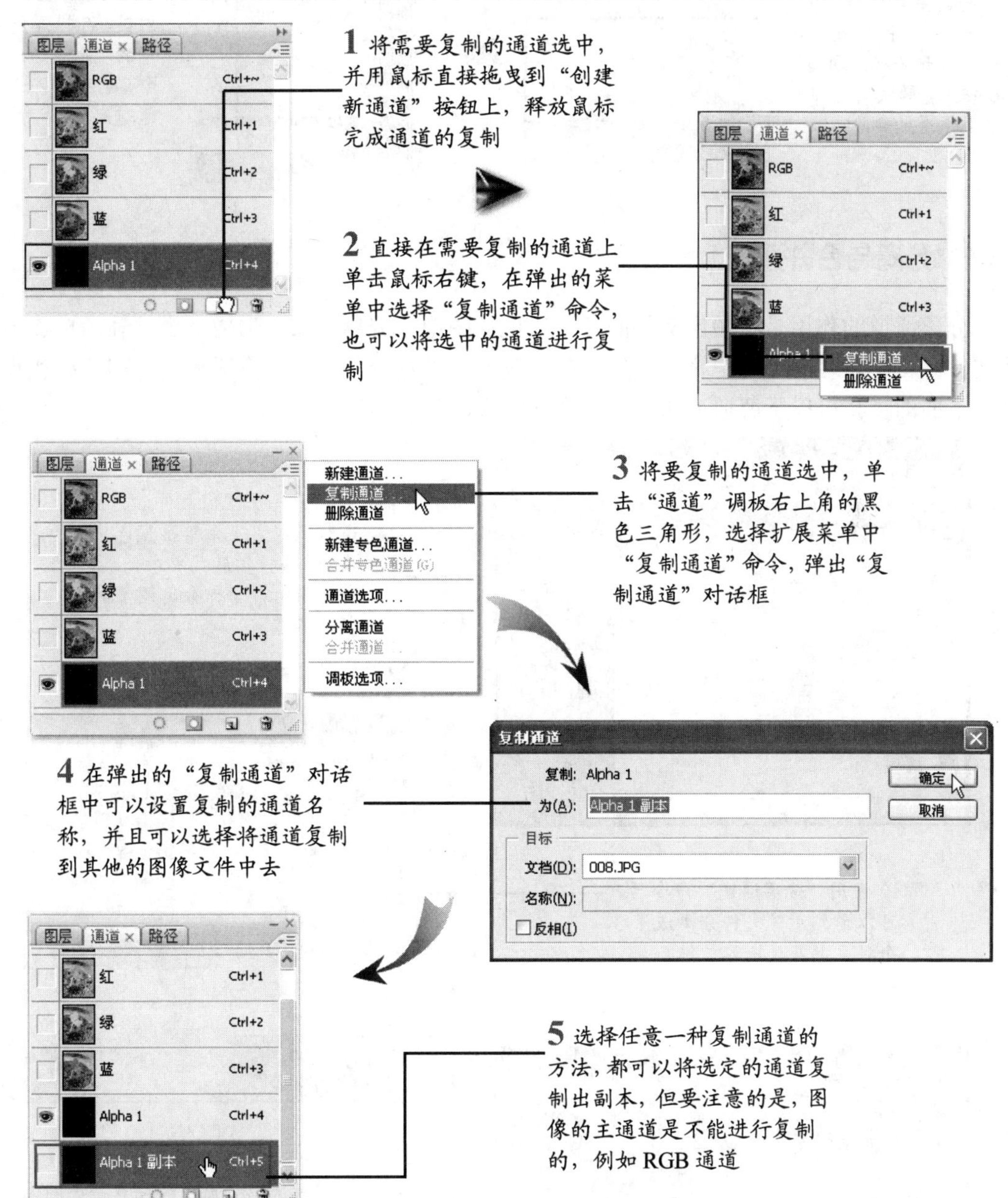

8.2.3 删除通道

通道的删除方法比较简单，但图像的主通道不能进行删除。如果将图像通道中的原色通道删除，例如删除 RGB 色彩模式图像的红、绿、蓝通道中的任意一种，该图像的色彩模式会自动转成“多通道模式”。下面是删除通道的具体方法和步骤。

1 将需要删除的通道选中，并用鼠标直接拖曳到“删除当前通道”按钮上，释放鼠标即可完成通道的删除

2 直接在需要删除的通道上单击鼠标右键，选择弹出菜单中的“删除通道”命令，也可以将选中的通道删除

8.2.4 分离与合并通道

分离通道的作用是将图像文件的各个通道从图像中分离出来，形成一个单独的单通道图像文件。合并通道的作用是将分离后的单通道图像进行合并，与分离通道的作用正好相反。通过下面的步骤可以了解通道的分离与合并的方法和技巧。

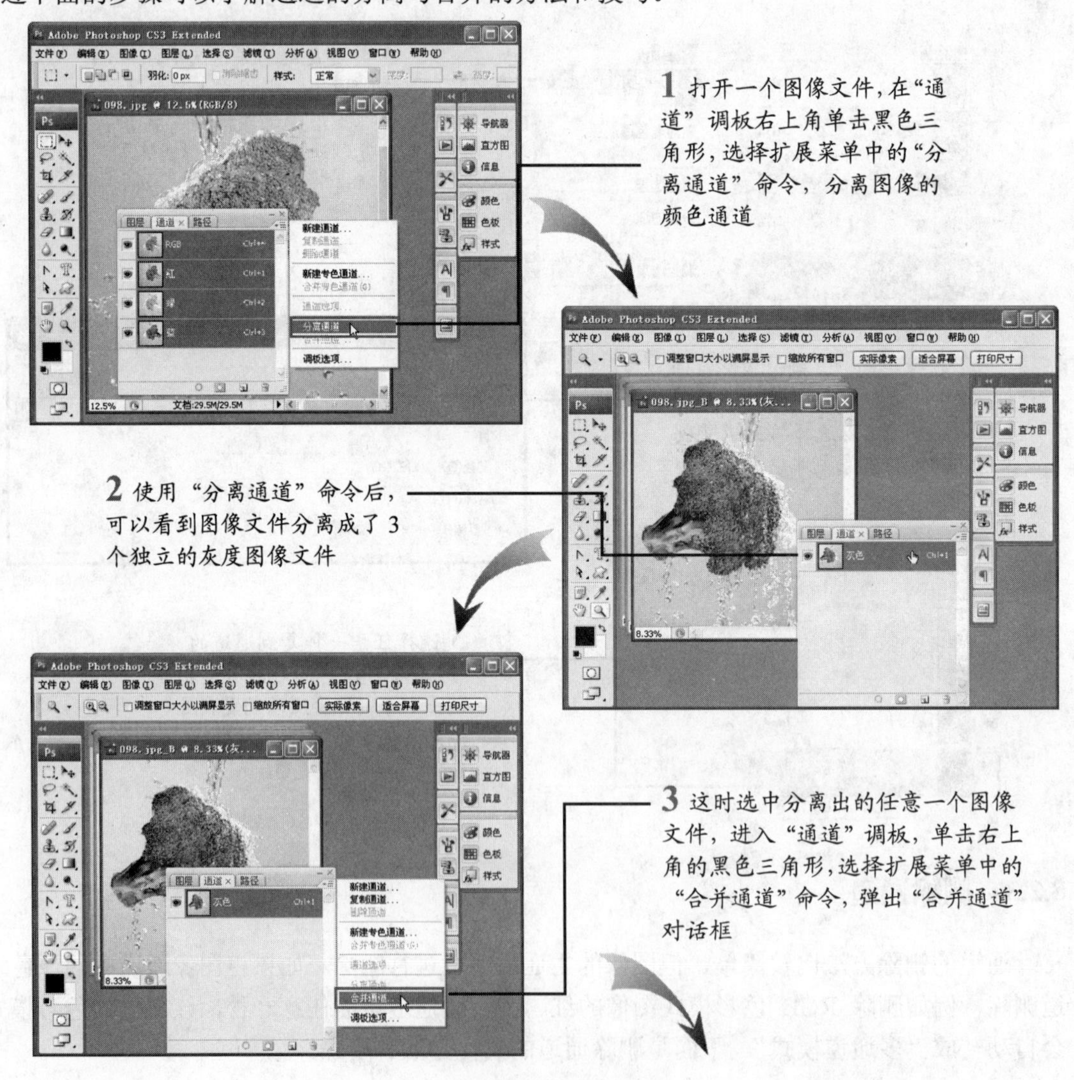

4 在弹出的“合并通道”对话框中，可以选择合并模式，将图像合并成为“RGB颜色”、“CMYK颜色”等色彩模式图像，然后单击“确定”按钮

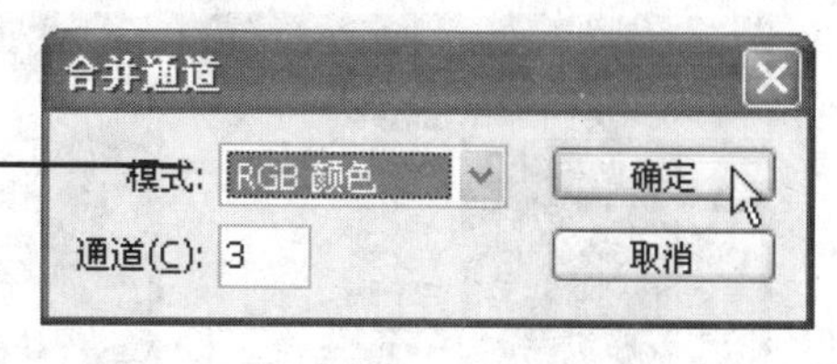

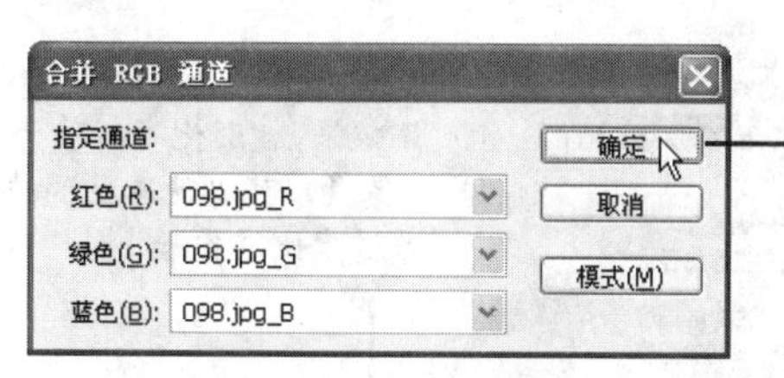

5 在“合并通道”对话框中，如果选择将图像合并成“RGB颜色”模式，在弹出的“合并RGB通道”对话框中选择3个颜色通道的文件，单击“确定”按钮进行合并

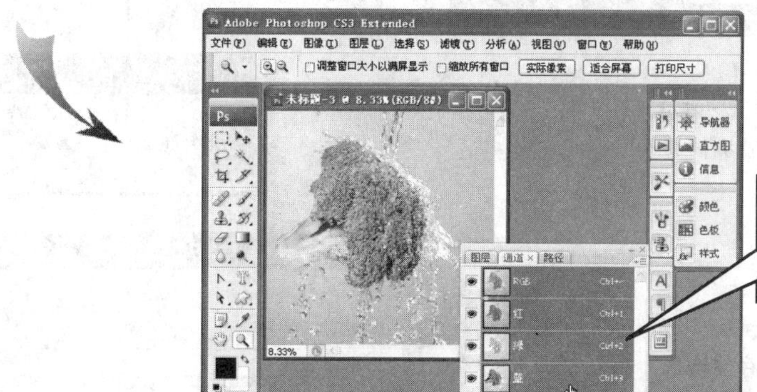

3个灰度图像又被合并成一个RGB图像文件

8.3 通道的高级应用

通道之间还可以进行运算和转换专色通道等高级操作，并可以结合蒙版制作出独特的图像效果。

8.3.1 通道运算

在通道中获得选区，选择“选择”菜单内的“存储选区”和“载入选区”命令，可以完成通道之间的运算，这种方法在制作图像特效时使用极为频繁。通过下面的步骤，用户可以深入地了解通道之间的运算方法。

1 打开图像文件，使用选区制作工具制作出编辑区域的选区

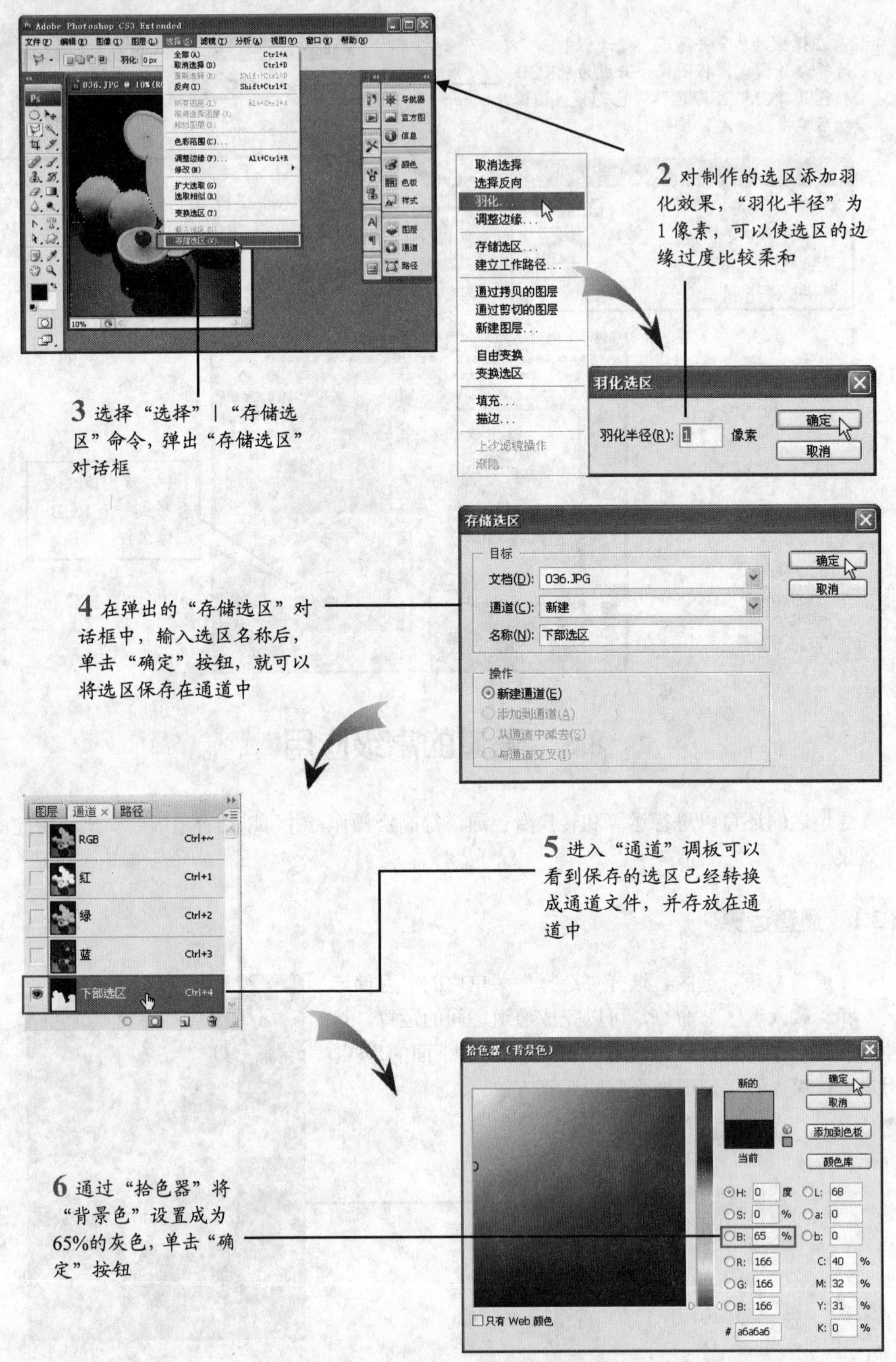
2 对制作的选区添加羽化效果，“羽化半径”为1像素，可以使选区的边缘过度比较柔和
3 选择“选择”|“存储选区”命令，弹出“存储选区”对话框
4 在弹出的“存储选区”对话框中，输入选区名称后，单击“确定”按钮，就可以将选区保存在通道中
5 进入“通道”调板可以看到保存的选区已经转换成通道文件，并存放在通道中
6 通过“拾色器”将“背景色”设置成为65%的灰色，单击“确定”按钮
取消选择
选择反向
羽化...
调整边缘...
存储选区...
建立工作路径...
通过拷贝的图层
通过剪切的图层
新建图层...
自由变换
变换选区
填充...
描边...
羽化选区
羽化半径(R): 1 像素
确定
取消
存储选区
目标
文档(D): 036.JPG
通道(C): 新建
名称(N): 下部选区
操作
新建通道(E)
添加到通道(A)
从通道中减去(S)
与通道交叉(I)
图层
通道
路径
RGB Ctrl+~
红 Ctrl+1
绿 Ctrl+2
蓝 Ctrl+3
下部选区 Ctrl+4
拾色器（背景色）
新的
当前
添加到色板
颜色库
只有 Web 颜色

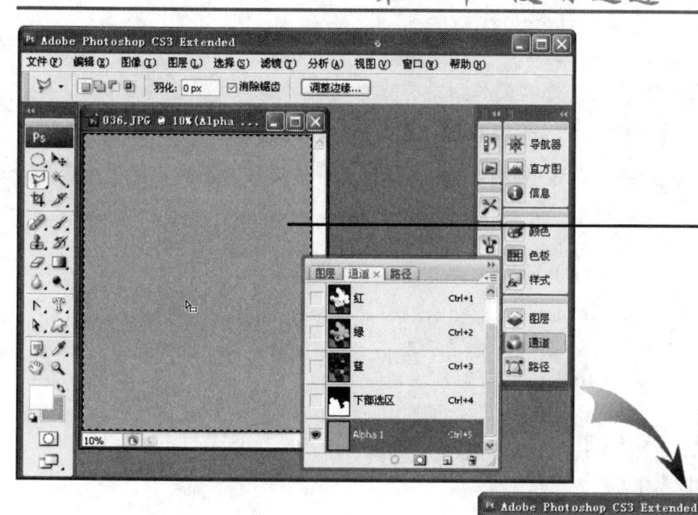

7 在“通道”调板中创建一个新的通道，并在图像窗口中按下 Ctrl+A 组合键将图像全选

8 选择“选择”|“载入选区”命令，弹出“载入选区”对话框

9 在弹出的“载入选区”对话框中，在“通道”下拉列表中选择之前保存的选区，在“操作”栏中选择运算方式，并单击“确定”按钮关闭对话框

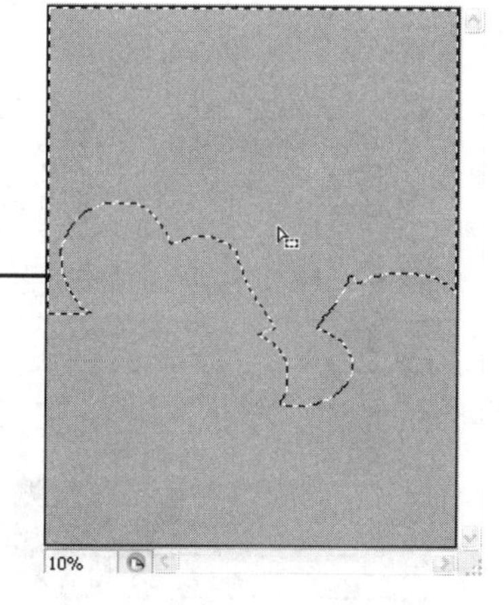

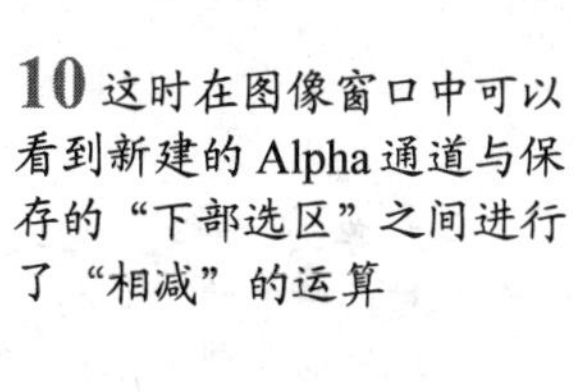

10 这时在图像窗口中可以看到新建的 Alpha 通道与保存的“下部选区”之间进行了“相减”的运算

- "操作"栏内"添加到选区"选项的作用是将保存的选区添加到当前选区当中。
- "操作"栏内"从选区中减去"选项的作用是将保存的选区从当前的选区当中减去。
- "操作"栏内"与选区交叉"选项的作用是只保留保存的选区与当前选区的重合部分。

一点就透

8.3.2 创建专色通道

前面介绍通道的类型和特点时介绍了专色通道，其主要作用是增强图片中专色的输出效果，下面介绍创建专色通道的具体步骤。

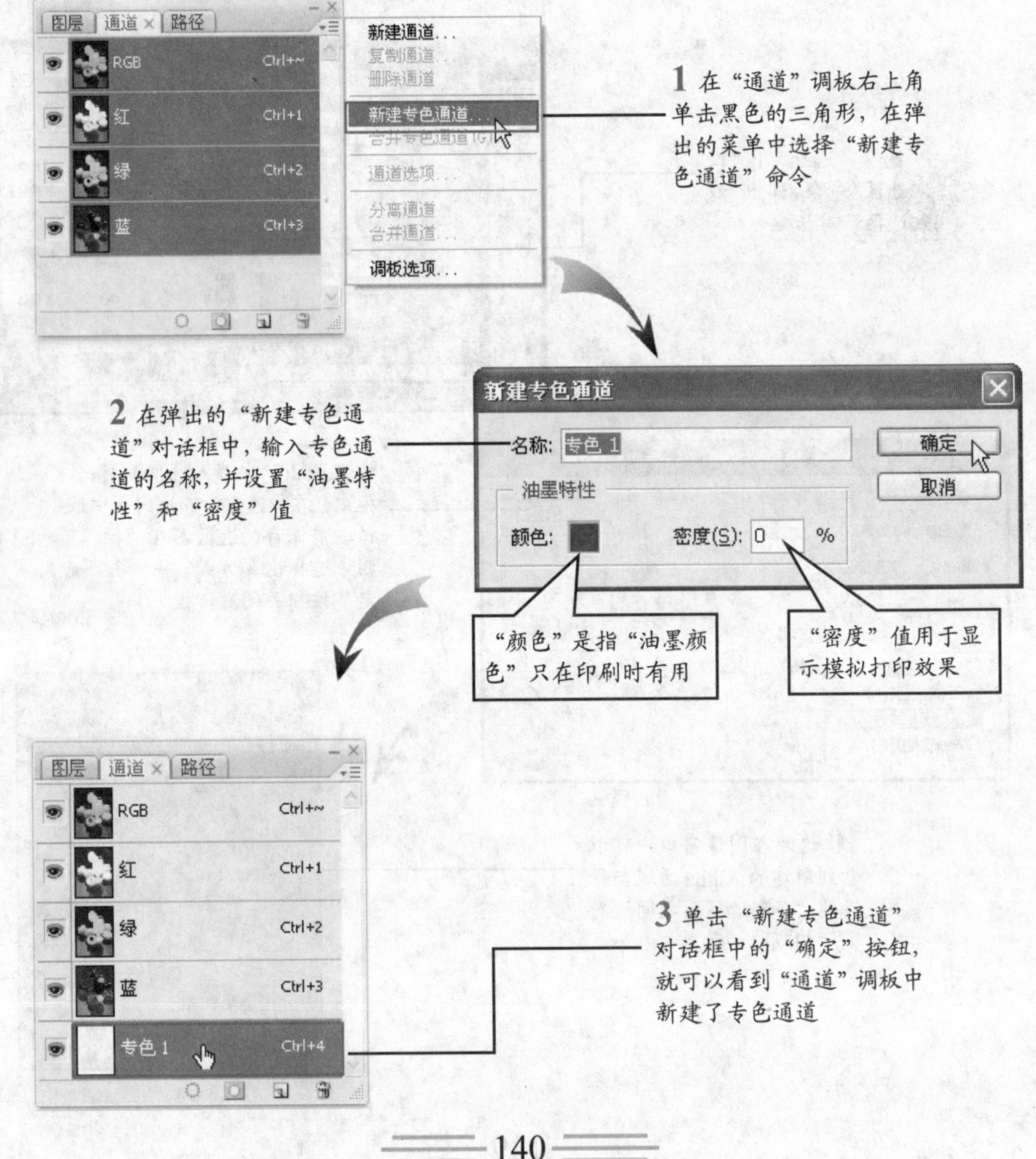

第 9 章　使用图层与蒙版

9.1　对图层进行设置

在 Photoshop 中，用户不仅可以进行图层的创建、复制、删除等操作，还可以通过“图层”调板来设置不同图层之间的混合模式、填充和不透明度，并对图层进行锁定编辑等设置。

9.1.1　设置混合模式

在“图层”调板中，用户可以对不同图层之间的混合模式进行调整，以达到图层叠加的特殊效果。下面是调整不同图层之间混合模式的方法。

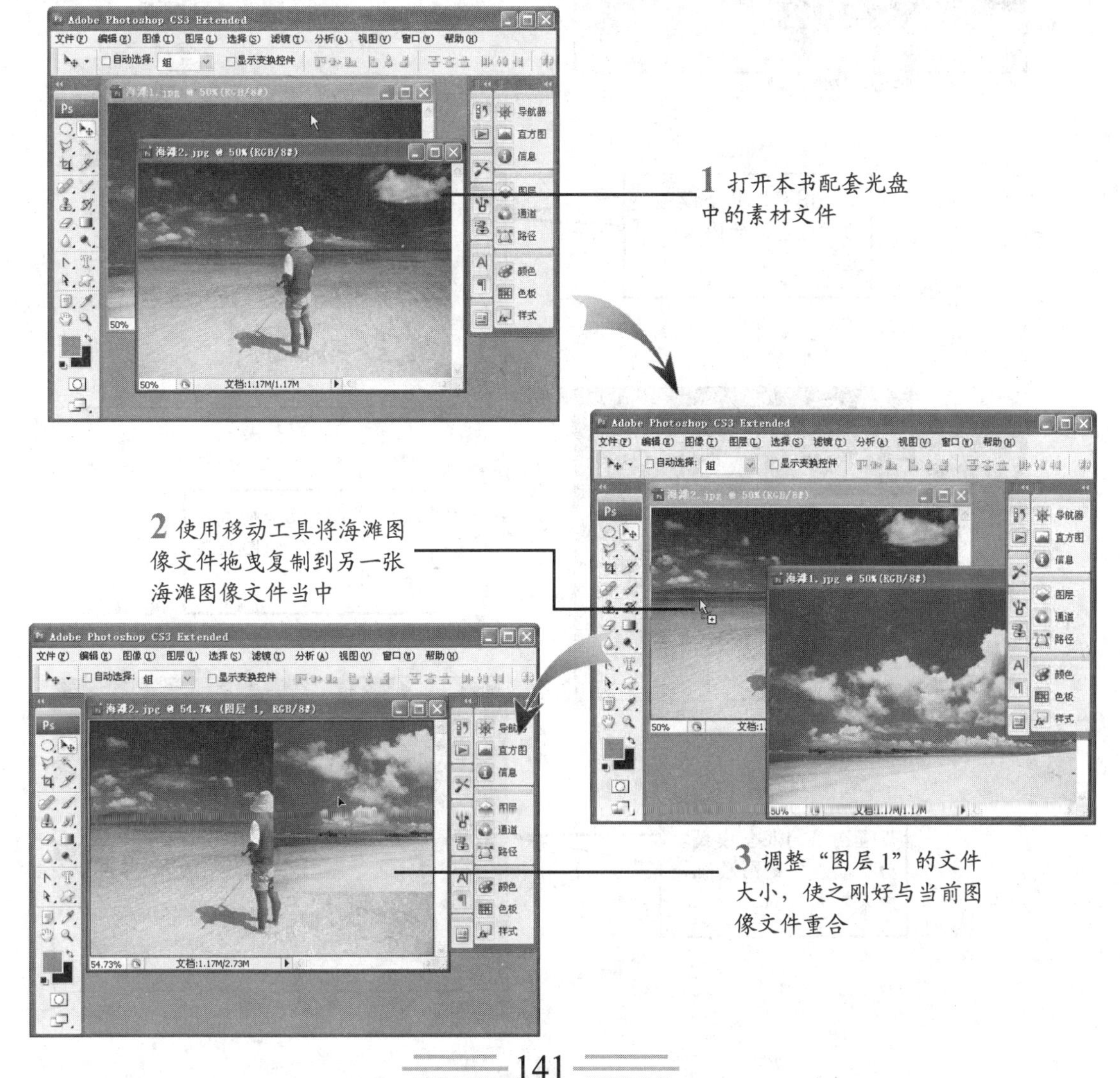

4 打开“图层”调板，将“图层 1”选择为当前图层，在“混合模式”下拉列表中选择“溶解”混合模式。此时，“混合模式”下拉列表处于蓝色的激活状态，按↓键，可以切换图层混合模式，在图像窗口观察变化，选择适合的混合效果

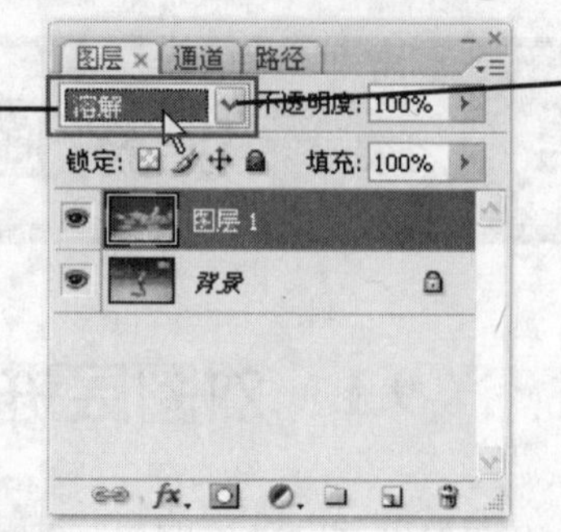

正常
溶解

变暗
正片叠底
颜色加深
线性加深
深色

变亮
滤色
颜色减淡
线性减淡（添加）
浅色

叠加
柔光
强光
亮光
线性光
点光
实色混合

差值
排除

色相
饱和度
颜色
明度

设置图层的混合模式为“正片叠底”的图层混合效果

设置图层的混合模式为“滤色”的图层混合效果

设置图层的混合模式为“饱和度”的图层混合效果

设置图层的混合模式为“明度”的图层混合效果

9.1.2 设置总体不透明度

在“图层”调板中，用户还可以对图层的“不透明度”进行调整，以制作出半透明或总体透明的图层特殊效果，调整不透明度将不会保留设置过的图层样式效果。以下是调整图层总体不透明度的方法。

1 打开本书配套光盘中的素材文件，进入“图层”调板并新建“图层 1”

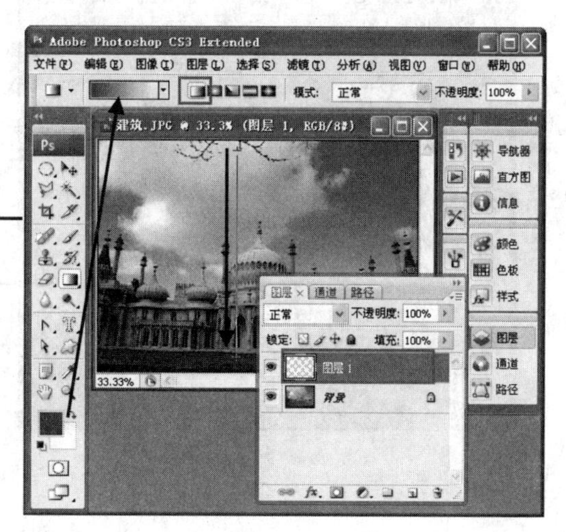

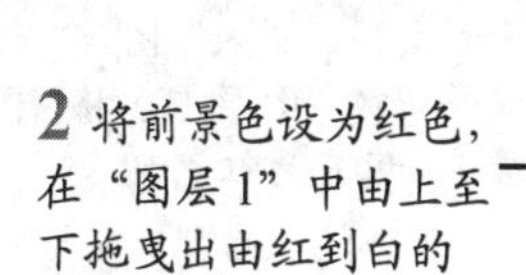

2 将前景色设为红色，在“图层 1”中由上至下拖曳出由红到白的线性渐变

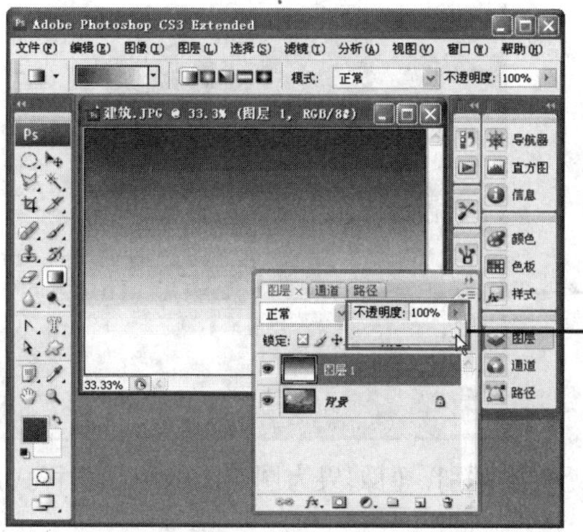

3 打开“图层”调板，单击“不透明度”参数栏，拖动滑块调整“图层 1”的总体不透明度，也可以直接输入不透明度数值

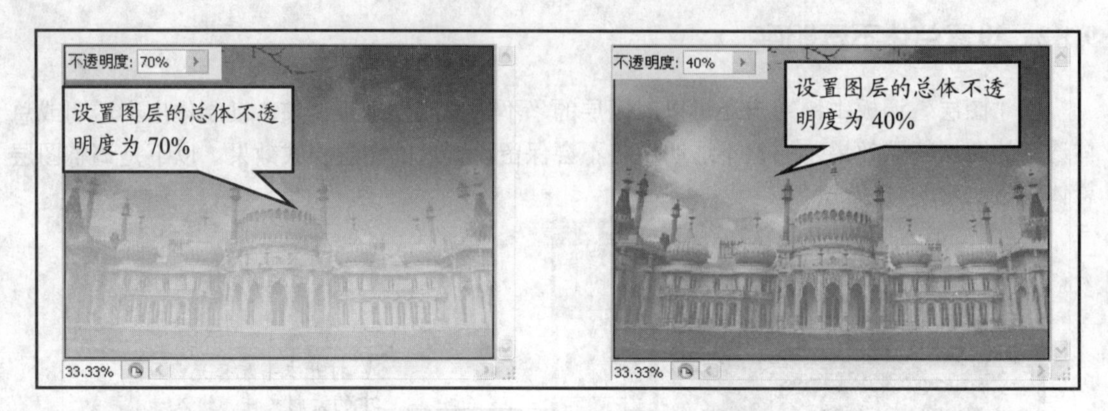

9.1.3 设置内部不透明度

在“图层”调板中的“填充”参数栏可以对图层的内部不透明度进行调整，通过使用“填充”也可以制作出半透明或透明的图层效果，但是它可以保留在图层中设置过的图层样式。下面是调整图层内部不透明度的方法。

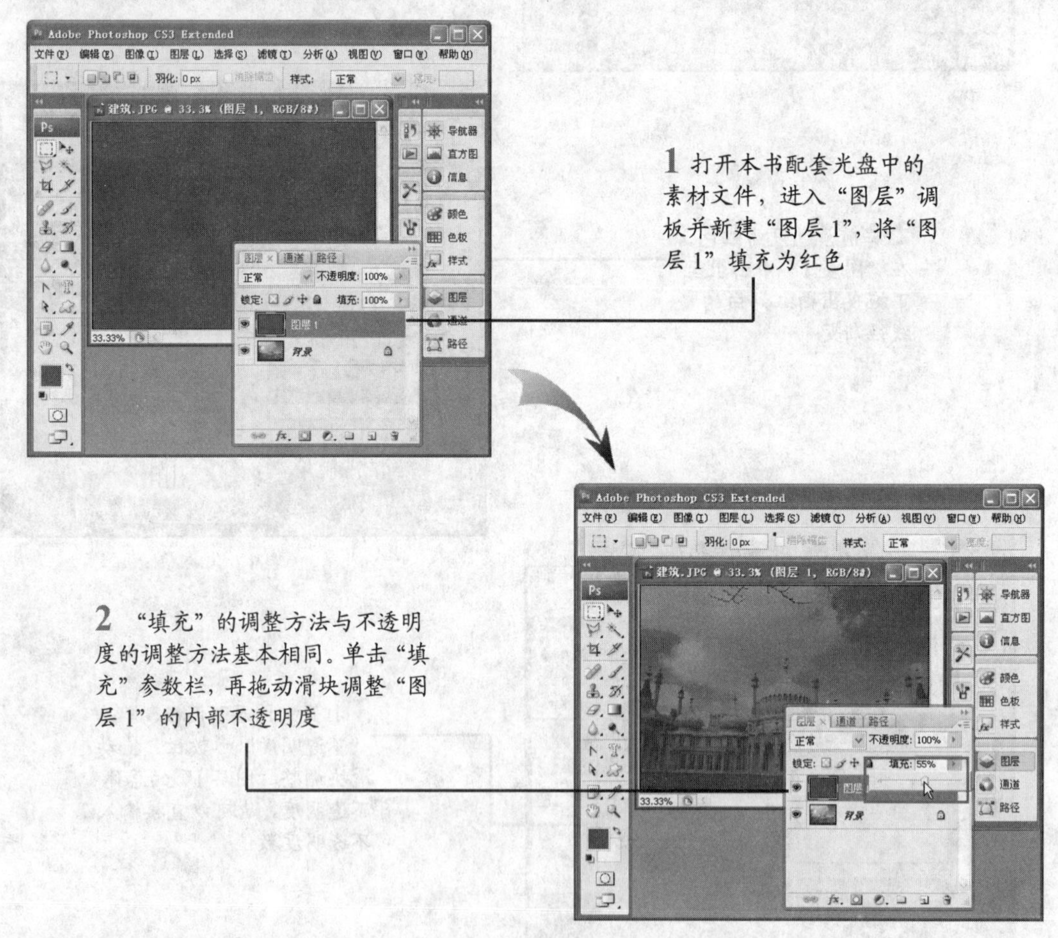

这样看起来调整“填充”与“不透明度”无明显区别，但如果为图层添加了图层样式后，就可以发现它们之间的不同了。

添加图层样式后，“填充”为0%效果，保留了图层样式的“斜面和浮雕”效果

添加图层样式后，设置图层的总体不透明度为0%，图层样式的“斜面和浮雕”效果也同样会变透明

9.1.4 锁定图层

在“图层”调板中，用户可以对暂时不编辑或已经编辑完成并且需要显示出来的图层设置“锁定”，以便限制对该图层所做的操作。

☞下面是图层“锁定”的种类及特点。

- ❖ 锁定透明：将当前选择的图层中透明的部分进行锁定，锁定后无法对图层中的透明部分进行编辑。
- ❖ 锁定图像像素：锁定对当前选择的图层中所有对象的绘图操作。
- ❖ 锁定位置：无法再改变当前选择图层中对象的位置。
- ❖ 锁定全部：对当前选择的图层进行全部锁定，不能进行任何操作和编辑。

9.1.5 创建和管理图层组

在“图层”调板中，用户还可以创建图层组，使用颜色或名称对不同的图层组进行分类管理，并将同类别的图层放入到图层组中进行管理。下面是创建和管理图层组的具体步骤。

1 打开本书配套光盘中的素材文件

2 进入“图层”调板，可以看到图像包含了多个图层

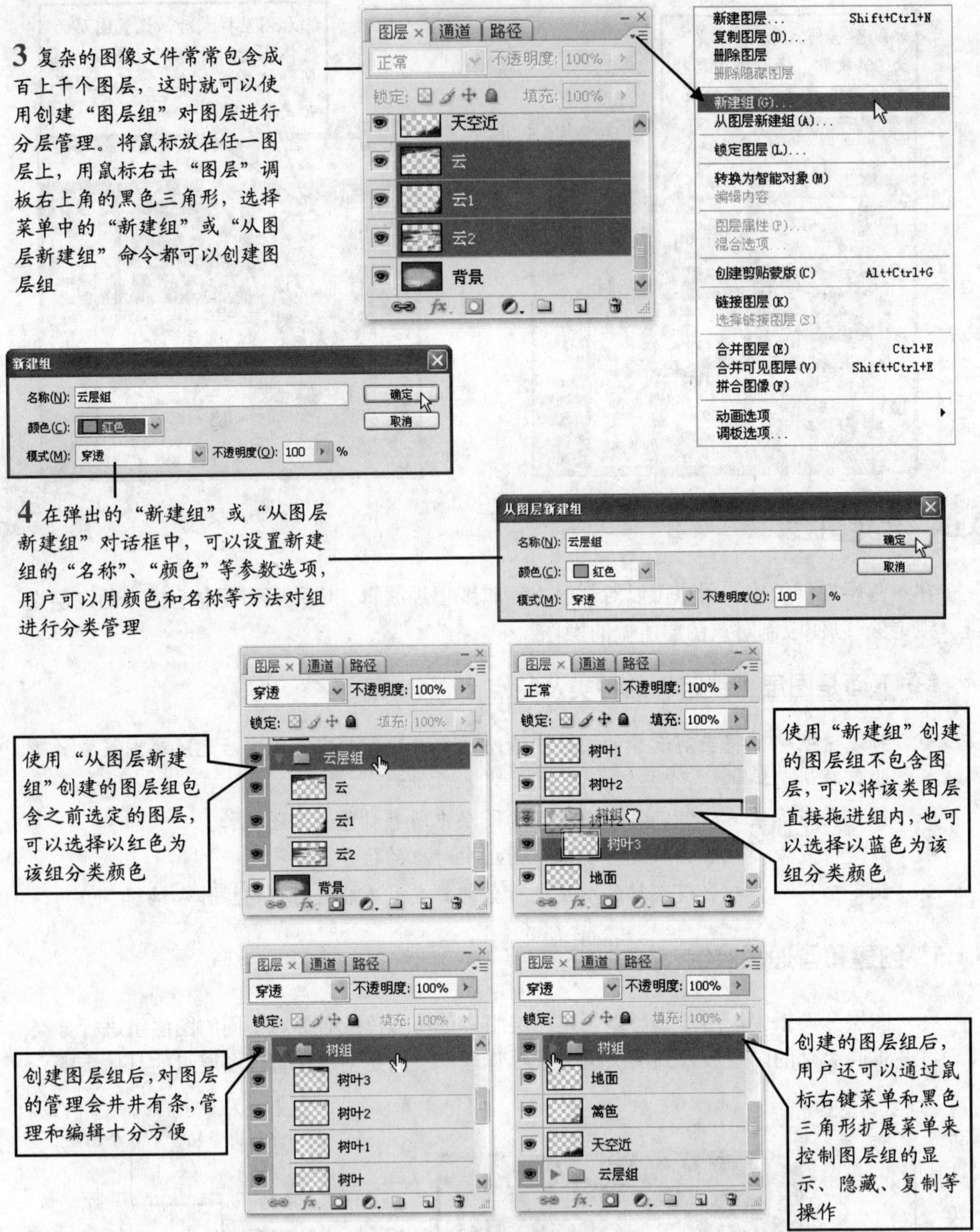

9.2 认识图层样式

在 Photoshop 中，用户还可以为图层快速添加并设置图层样式，例如投影、内阴影、斜面和浮雕等图层样式特效。下面就来认识和学习如何为图层添加样式。

9.2.1 认识“图层样式”对话框

图层样式包含了十分丰富的图层编辑功能。在“图层”调板中单击 fx 按钮，选择弹出菜单中的样式或者使用鼠标双击任一图层，都可以弹出如下的“图层样式”对话框。

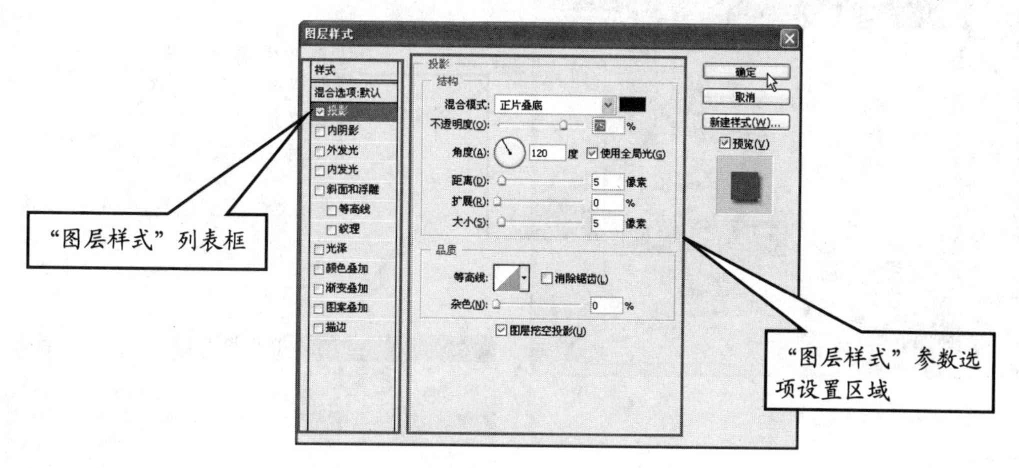

下面是“图层样式”对话框中“投影”样式的常用参数选项。

- ❖ 混合模式：当前选择的图层样式与原图的混合作用模式，后面的色块表示当前投影的颜色。
- ❖ 不透明度：如果设置了“投影”样式，该选项用于控制当前产生的投影的不透明度。
- ❖ 角度：控制产生投影的角度。
- ❖ 使用全局光：当前图像中的所有图层使用同样的光照角度及光照效果。
- ❖ 距离：控制产生的投影的偏移程度。
- ❖ 扩展：控制产生的投影的扩散程度。
- ❖ 大小：控制产生的投影的大小，即清晰程度。
- ❖ 等高线：单击右侧的黑色三角形，在打开的下拉列表中可以选择不同的投影轮廓特征。
- ❖ 杂色：控制产生的投影产生的杂点数量及程度。
- ❖ 图层挖空投影：选中该复选框，可以启用外部投影效果。

当然，也可以通过“样式”调板为图层快速选择软件提供的“图层样式”。

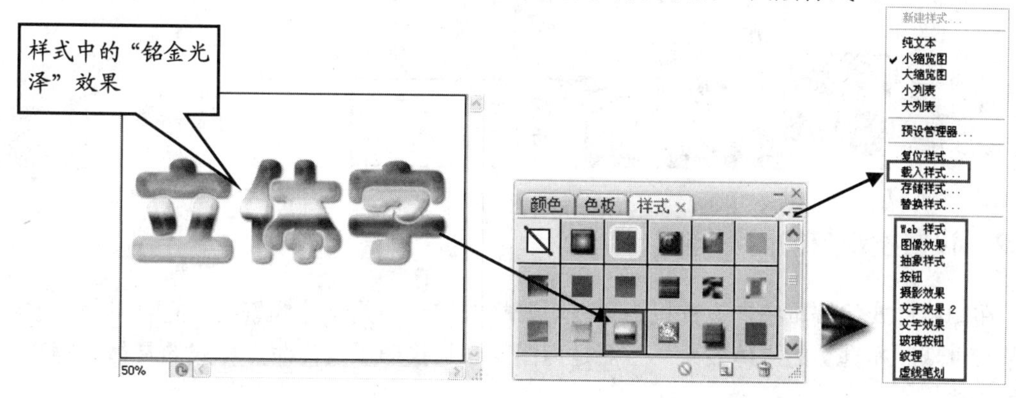

为图层添加了图层样式后，如果效果不理想，还可以选择性地控制图层样式的显示，或将其进行删除。下面是删除图层样式的具体操作步骤。

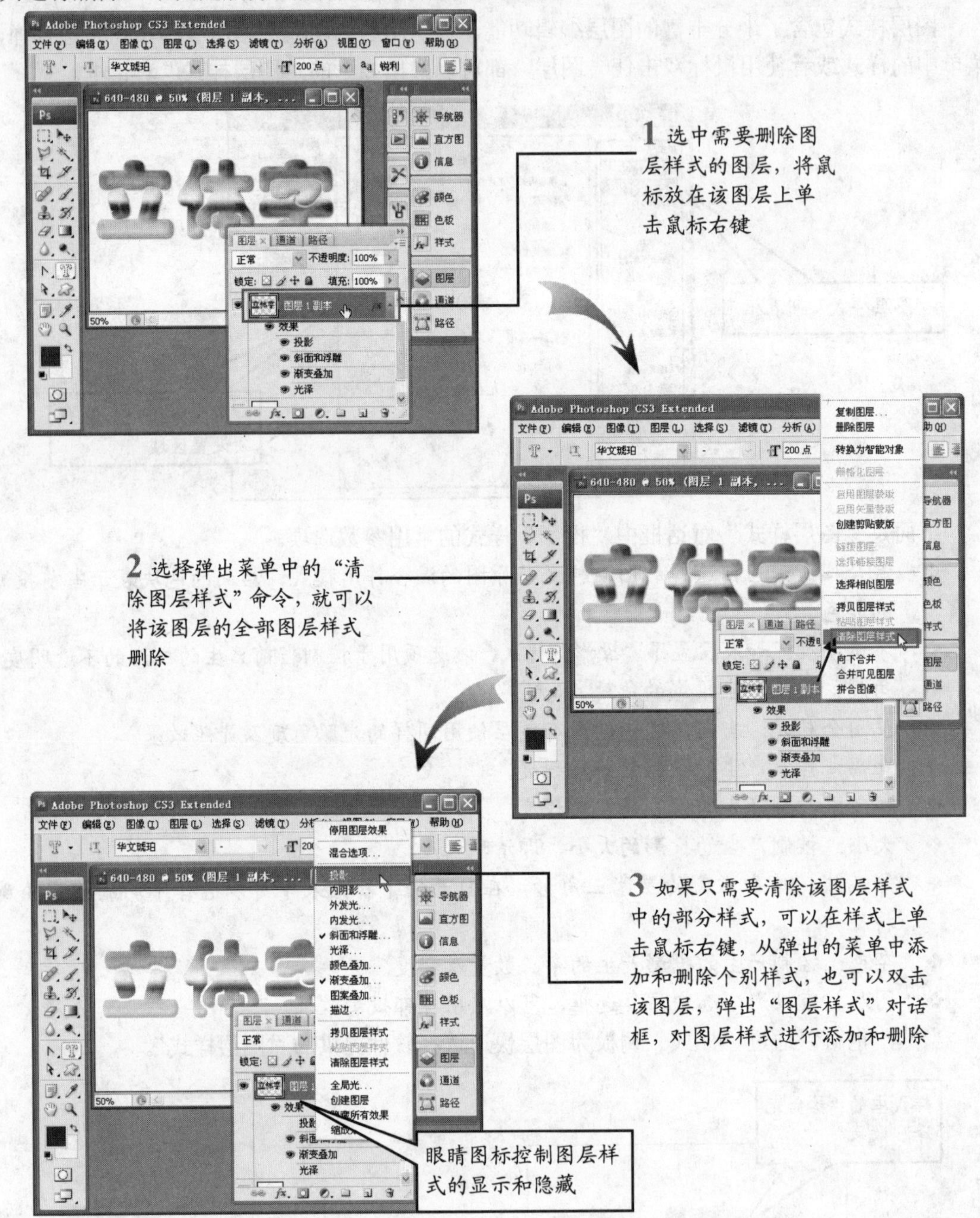

9.2.2 设置投影与内阴影样式

在图层样式的编辑中，设置投影和内阴影样式的使用是十分频繁的，它可以使图层中的图像产生悬浮和真实的立体效果。下面是为图层添加投影以及内阴影样式的具体步骤和参数设置方法。

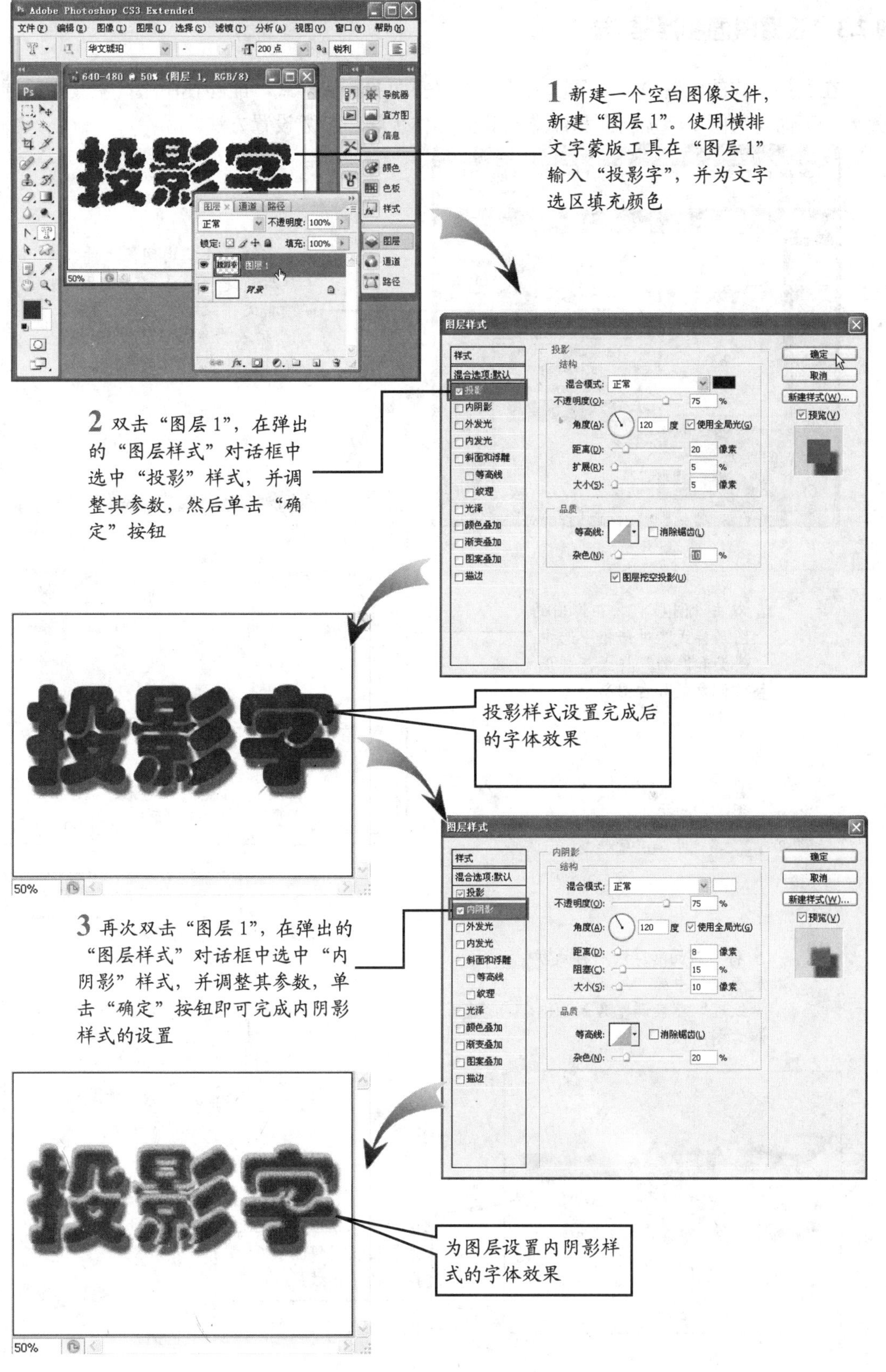

1 新建一个空白图像文件，新建“图层 1”。使用横排文字蒙版工具在“图层 1”输入“投影字”，并为文字选区填充颜色
2 双击“图层 1”，在弹出的“图层样式”对话框中选中“投影”样式，并调整其参数，然后单击“确定”按钮
投影样式设置完成后的字体效果
3 再次双击“图层 1”，在弹出的“图层样式”对话框中选中“内阴影”样式，并调整其参数，单击“确定”按钮即可完成内阴影样式的设置
为图层设置内阴影样式的字体效果

9.2.3 设置斜面和浮雕样式

在图层样式的编辑中，还可以为图层设置斜面和浮雕样式，能够使图层产生真实的浮雕效果。下面是为图层添加斜面和浮雕样式的具体步骤和参数设置方法。

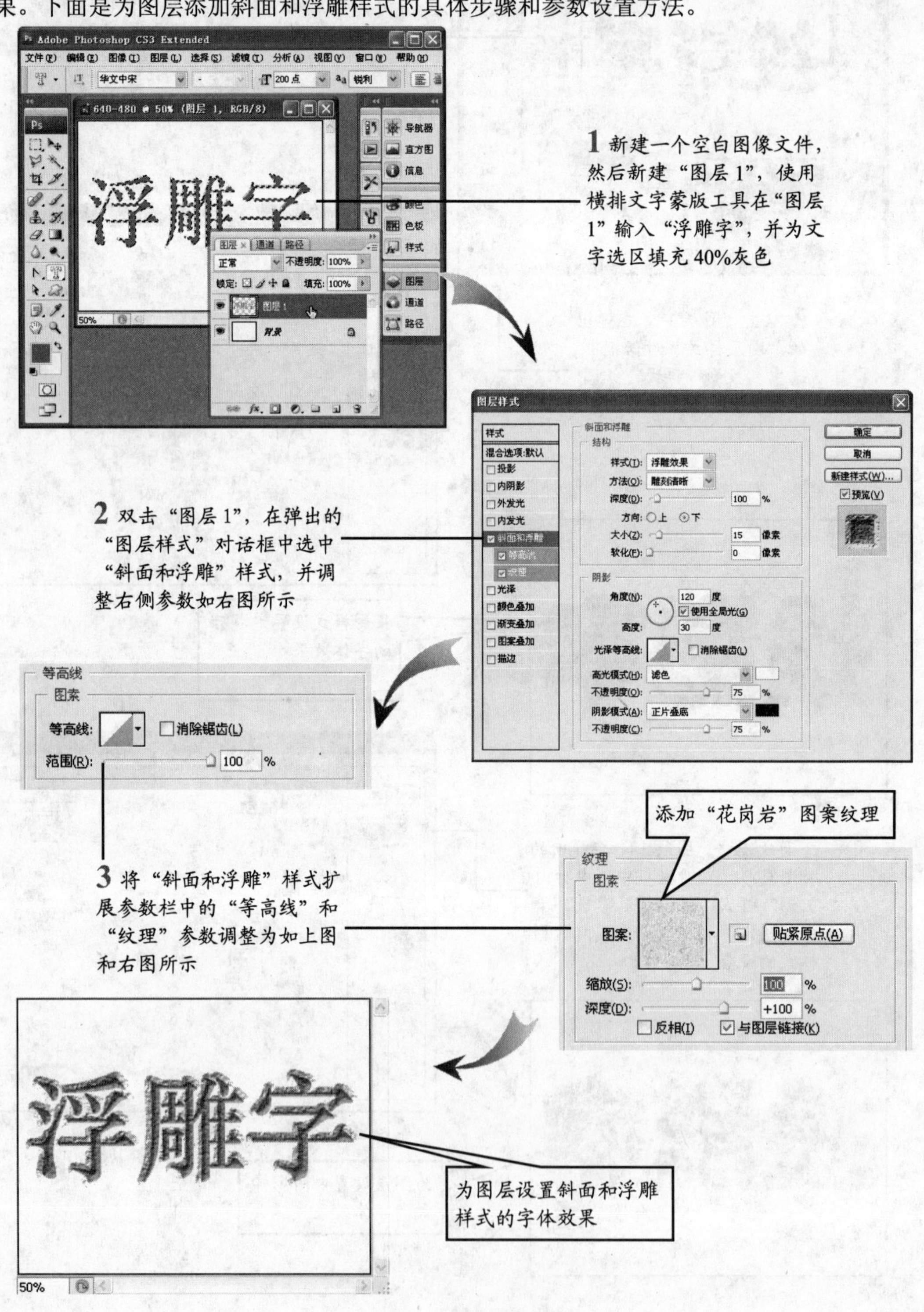

9.2.4 设置发光与光泽样式

为图层设置发光与光泽样式，能够使图层中的对象产生真实的光照效果和对象质感。下面是为图层添加发光与光泽样式的具体步骤和参数设置方法。

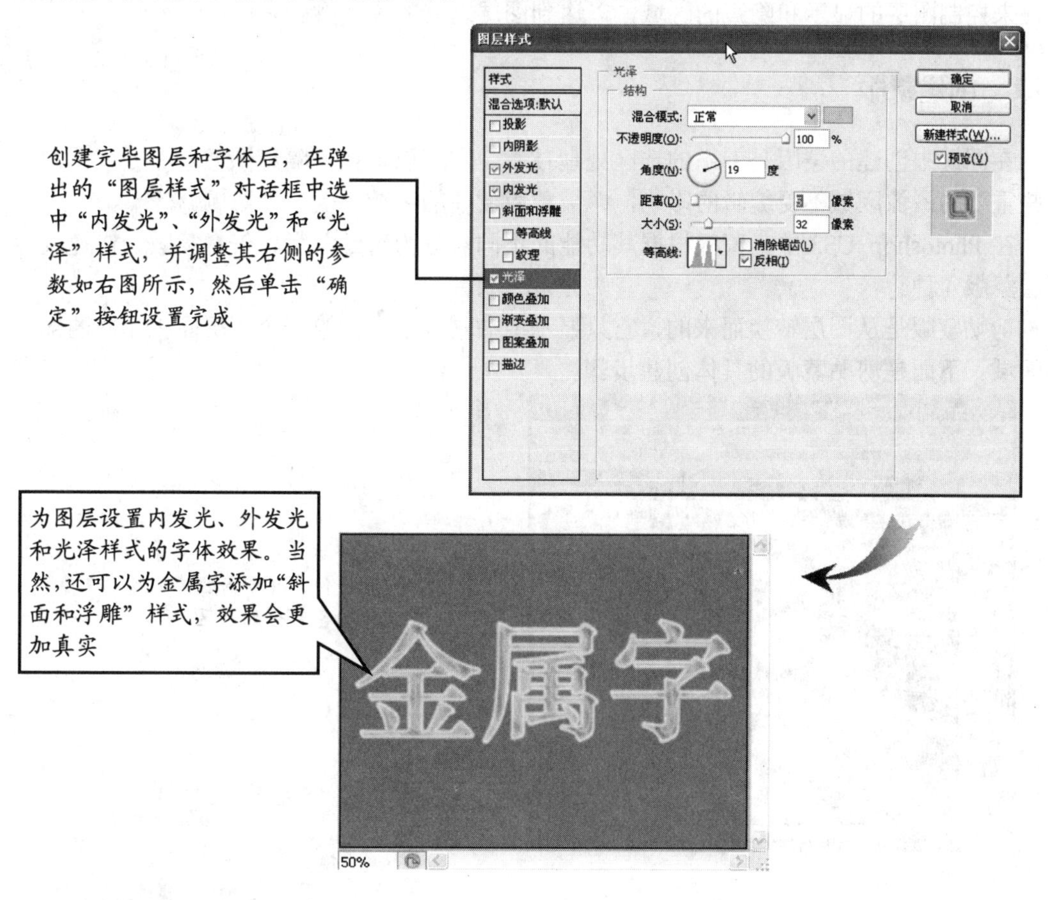

9.2.5 设置其他样式

在图层样式的编辑中，还可以为图层设置叠加和描边样式，能够使图层产生丰富的层次感。下面是为图层添加叠加及描边样式后的霓虹字体效果。

9.3 蒙版的应用

Photoshop 中的蒙版是图像制作的又一大利器。“蒙版”其实就是在图层上建立一个遮罩层，来控制图层的显示和隐藏的区域，以达到图层之间的完美融合。

9.3.1 创建蒙版

在图层中创建的蒙版是专用的选区处理技术，它可以选择或隔离图像，在处理图像时使一些重要的图像区域不受编辑的影响，即被蒙版蒙住的区域不受编辑影响。

在 Photoshop CS3 中，蒙版根据其功能的不同被分为剪贴蒙版、矢量蒙版、快速蒙版、图层蒙版 4 种。

剪贴蒙版是从图层转换而来的，它只显示剪贴蒙版下面的第一个图层面积相同的部分图像区域。下面是剪贴蒙版的具体创建步骤。

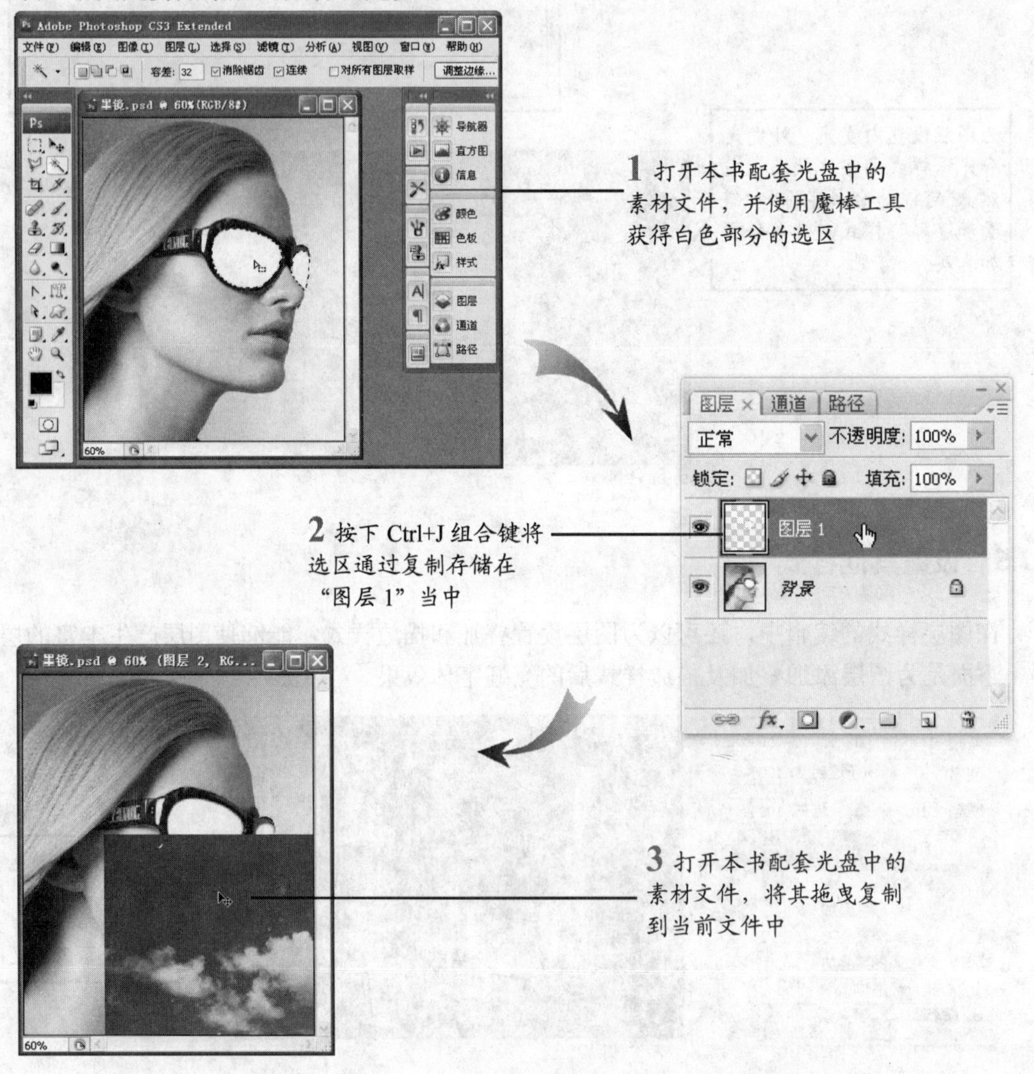

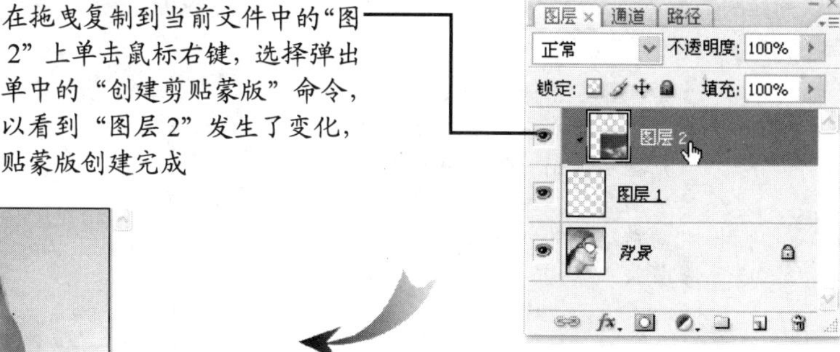

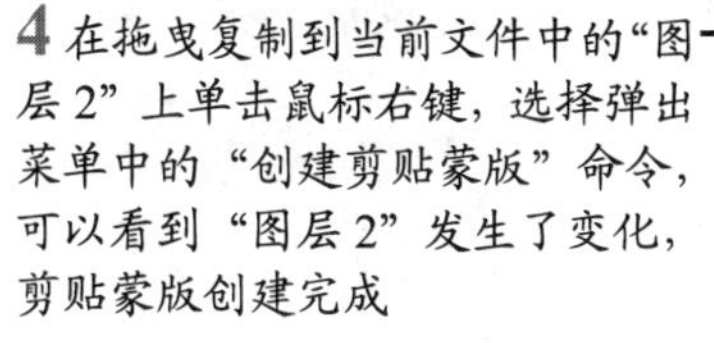

4 在拖曳复制到当前文件中的“图层 2”上单击鼠标右键，选择弹出菜单中的“创建剪贴蒙版”命令，可以看到“图层 2”发生了变化，剪贴蒙版创建完成

5 在图像窗口中可以看到只有墨镜区域显示了“图层 2”的图像。使用移动工具可以任意调整“图层 2”的显示区域

矢量蒙版的作用也是限制图层的显示区域，但矢量蒙版是通过路径辅助控制显示区域的。下面是矢量蒙版的具体创建步骤。

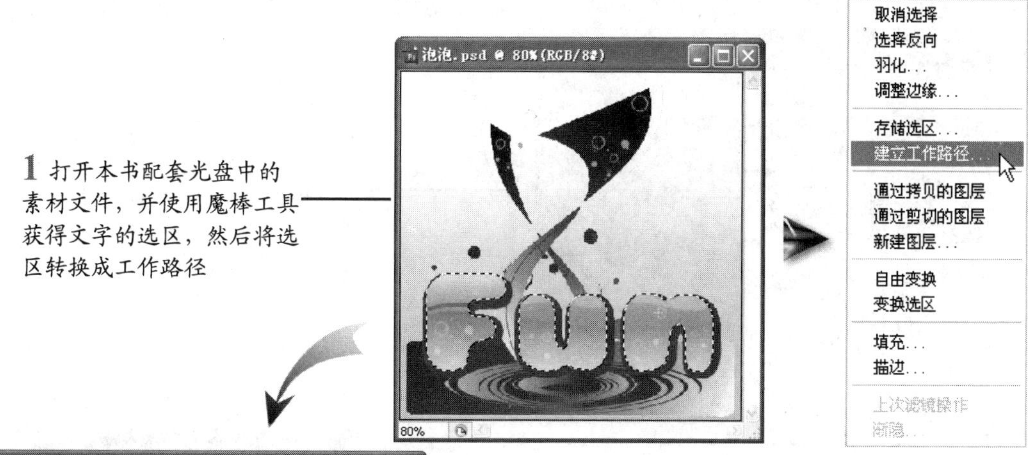

1 打开本书配套光盘中的素材文件，并使用魔棒工具获得文字的选区，然后将选区转换成工作路径

2 要创建“矢量蒙版”，必须创建路径，用于辅助控制显示区域。进入“路径”调板，可以看到转换好的工作路径

3 在“图层”调板中新建“图层 1”，并填充一个渐变效果或是拖拉复制一张素材。选择“图层”|“矢量蒙版”|“当前路径”命令创建出矢量蒙版

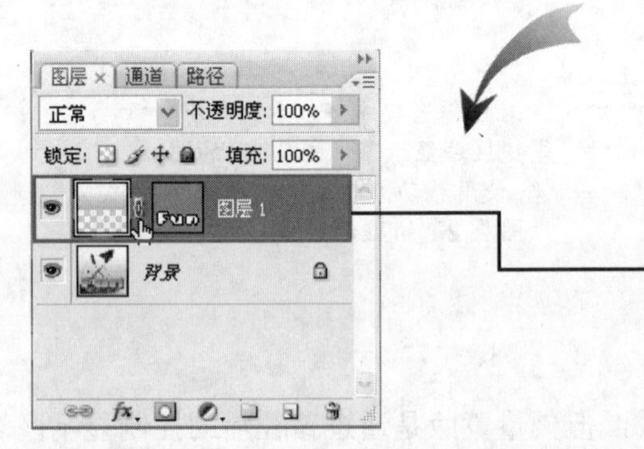

4 创建出“矢量蒙版”后，可以将“路径”隐藏显示。单击“矢量蒙版”中的“链接”图标，可以控制在移动“图层 1”时“路径”是否同时移动

快速蒙版是通过工具栏中的“以快速蒙版模式编辑”图标创建的，作用是在图像窗口中创建保护编辑层并以蒙版形式编辑选区。下面是创建快速蒙版的方法和步骤。

1 打开本书配套光盘中的素材文件，按下 Q 键或单击工具箱中的“以快速蒙版模式编辑”图标启用快速蒙版，然后使用画笔工具编辑蒙版区域，即红色区域

2 在使用画笔工具编辑时，要随时调整画笔笔触的大小，这样才能制作出准确的蒙版区域。再次按下 Q 键或单击工具箱中的“以标准模式编辑”图标退出快速蒙版。注意，这时的画笔笔触硬度会影响选区填充时的不透明度

3 在使用快速蒙版获得选区后，可以按下 Shift+Ctrl+I 组合键将选区反选

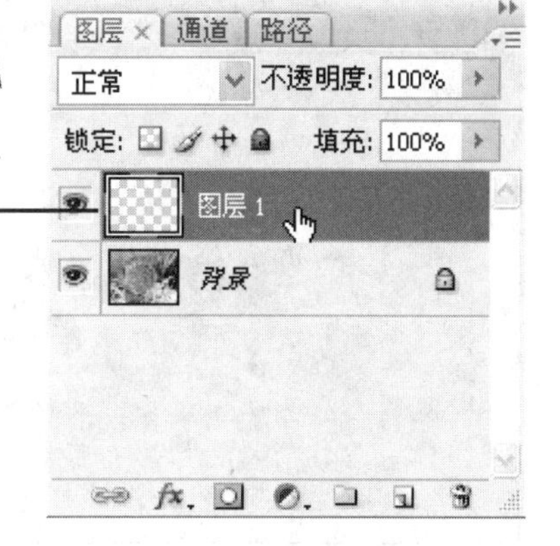

4 进入“图层”调板，新建“图层 1”作为即将使用的填充层

5 使用渐变工具在“图层 1”中拖曳出一个渐变效果，并更改图层模式，可以使图像出现不同的编辑效果

使用“快速蒙版”编辑选区并添加“柔光”混合模式后的图像效果

原图效果

一点就透

◆ 使用快速蒙版制作复杂的选区是十分方便和快捷的，不用像使用路径那样调整手柄和弧度。但是在使用快速蒙版时必须随时按/键调整笔触大小，并将图像放大，才能制作出精确的选区。

图层蒙版是由“图层”调板下的“添加图层蒙版”按钮创建的，其作用是控制图层中部分区域的隐藏和显示。更改“图层蒙版”区域可以将大量的特殊效果应用于图层之中，并且不会影响当前选择图层中的像素。下面是创建图层蒙版的方法和步骤。

1 打开本书配套光盘中的素材文件，并将背景层复制出“背景副本”，为背景层填充白色

2 将“洋酒”素材中的酒瓶抠出，并拖曳复制到当前冰块图像当中。将“图层 1”酒瓶的位置摆放适当

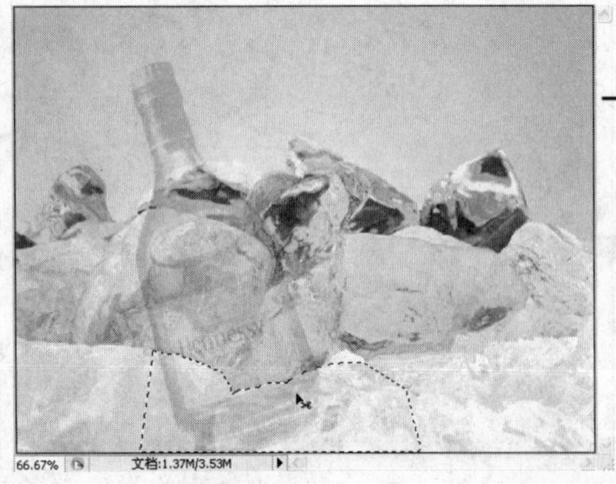

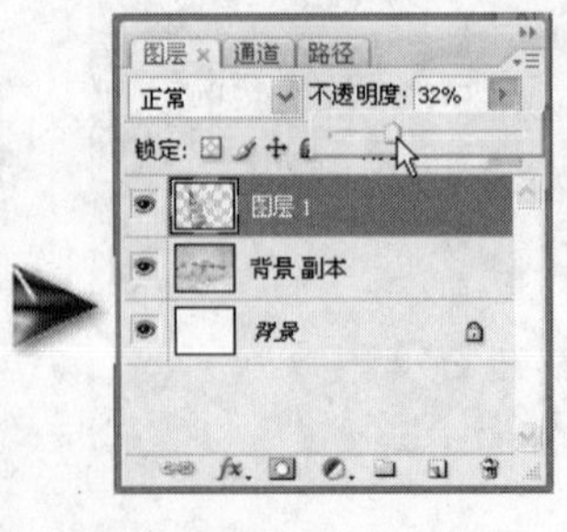

3 降低“图层 1”的不透明度，以能够看清楚“背景副本”图层为标准。在“图层 1”中制作出冰块遮挡酒瓶的选区

4 制作出冰块遮挡酒瓶的选区后，选择“图层”|“图层蒙版”|“隐藏选区”命令，可以看到创建的“图层蒙版”将选区部分的酒瓶隐藏了

5 打开图层和蒙版中间的“链接”，选中酒瓶图像，就可以在图像中任意调整酒瓶的上下位置

6 为了让酒瓶更好地与冰块融合，可以再新建一个图层，拖曳出一个径向渐变，并将图层混合模式改为“色相”

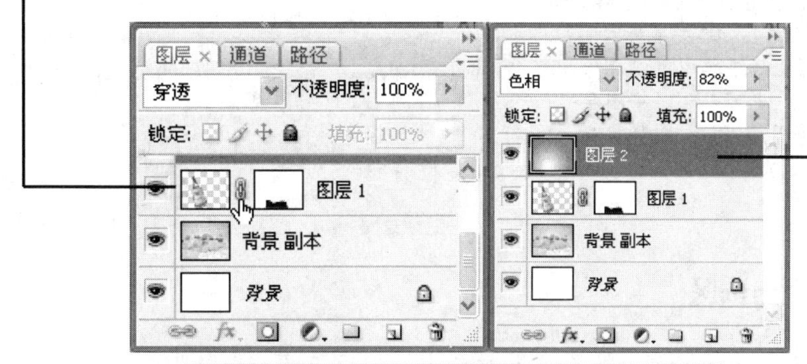

添加了图层蒙版后的图像合成效果

- 在创建和使用“图层蒙版”时，蒙版中填充的白色部分表示当前对应图层中的图像区域完全显示。
- 蒙版中填充的黑色部分表示当前对应图层中的图像隐藏区域。
- 蒙版中填充的灰色部分表示当前对应图层中的图像呈半透明显示效果。

图像的背景层不能添加图层蒙版，必要时可以将背景层复制为“背景副本”层。

9.3.2 编辑蒙版

在图层中创建蒙版后，还可以对蒙版进行删除、停用、应用等编辑操作。

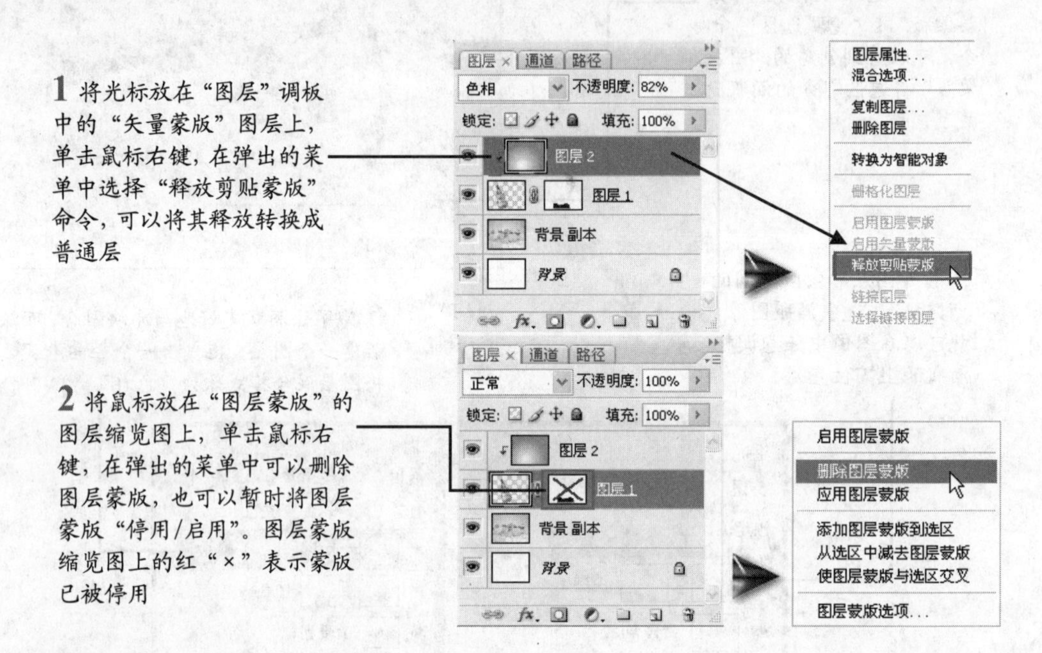

9.3.3 转换蒙版与选区

要将蒙版转换为选区，可以按 Ctrl 键并单击蒙版缩览图获得蒙版选区；也可以使用右键菜单中的命令将蒙版转换为选区。

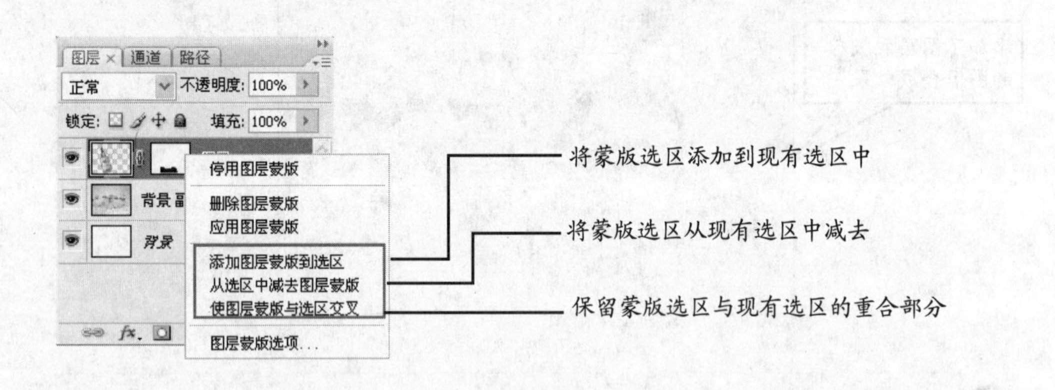

第 10 章　滤镜效果的应用

10.1　滤镜概述

在 Photoshop 中，滤镜是特殊的图像处理模块，使用滤镜可以产生许多令人惊叹的图像效果。

10.1.1　滤镜的概念

Photoshop 中内置的滤镜位于菜单栏的“滤镜”菜单下，滤镜只能对当前的可见图层或图层中有选区的部分进行操作。

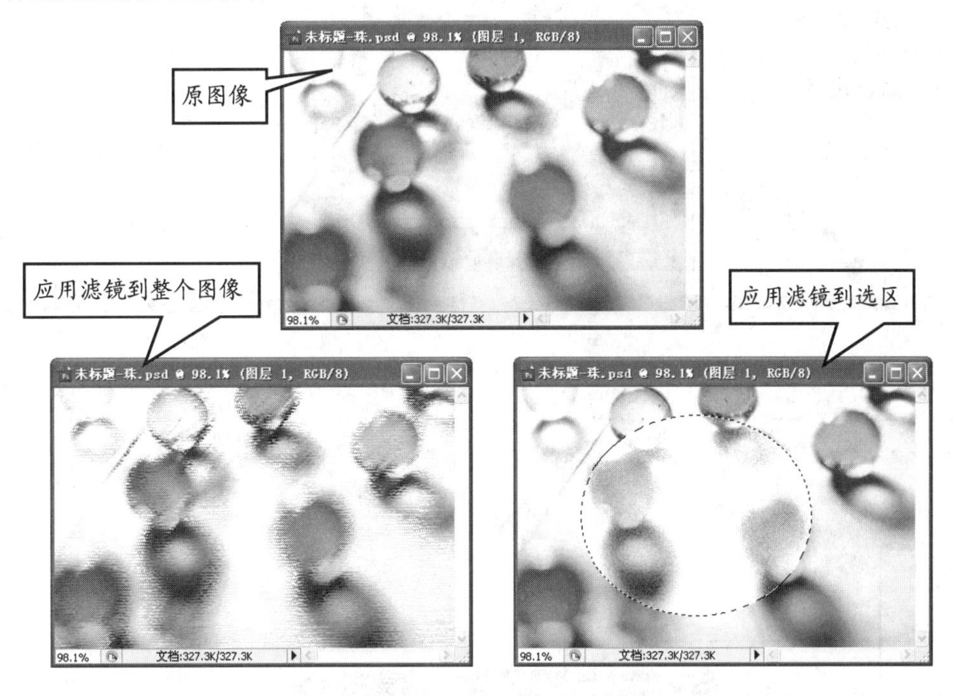

- 在 Photoshop 中使用 RGB 模式的图像可以应用所有的滤镜，而位图模式、索引模式、16 位灰度模式和 48 位 RGB 模式则不能应用任何滤镜；在 CMYK 模式和 Lab 模式下的图像，部分如“画笔描边”、“素描”、“纹理”、“艺术效果”和“视频”等滤镜不能使用。
- 使用“编辑”菜单中的“还原状态更改”和“重做状态更改”命令，可以对比滤镜使用的前后效果。
- 在 Photoshop 中针对图层限定，文字层必须先栅格化之后才可以使用滤镜。

一点就透

10.1.2 使用滤镜的技巧

Photoshop 中的滤镜功能十分强大，要想熟练地使用滤镜，就必须掌握一定的滤镜使用技巧。掌握好滤镜的使用，应该注意以下几个方面。

- ❖ 当只对局部图像滤镜效果进行处理时，可将选区羽化，使处理的区域能够自然地融于原图像中。
- ❖ 滤镜可以作用于单独的图层，并通过色彩混合合成图像。
- ❖ 已经执行的滤镜会出现在“滤镜”菜单的顶部命令中，按 Ctrl+F 组合键可重复上一次滤镜。
- ❖ 滤镜可以多个同时使用，也可将多个滤镜记录成一个“动作”。

10.1.3 使用抽出滤镜

抽出滤镜的作用是可以方便地选择并清除图像的背景。下面介绍抽出滤镜的操作方法。

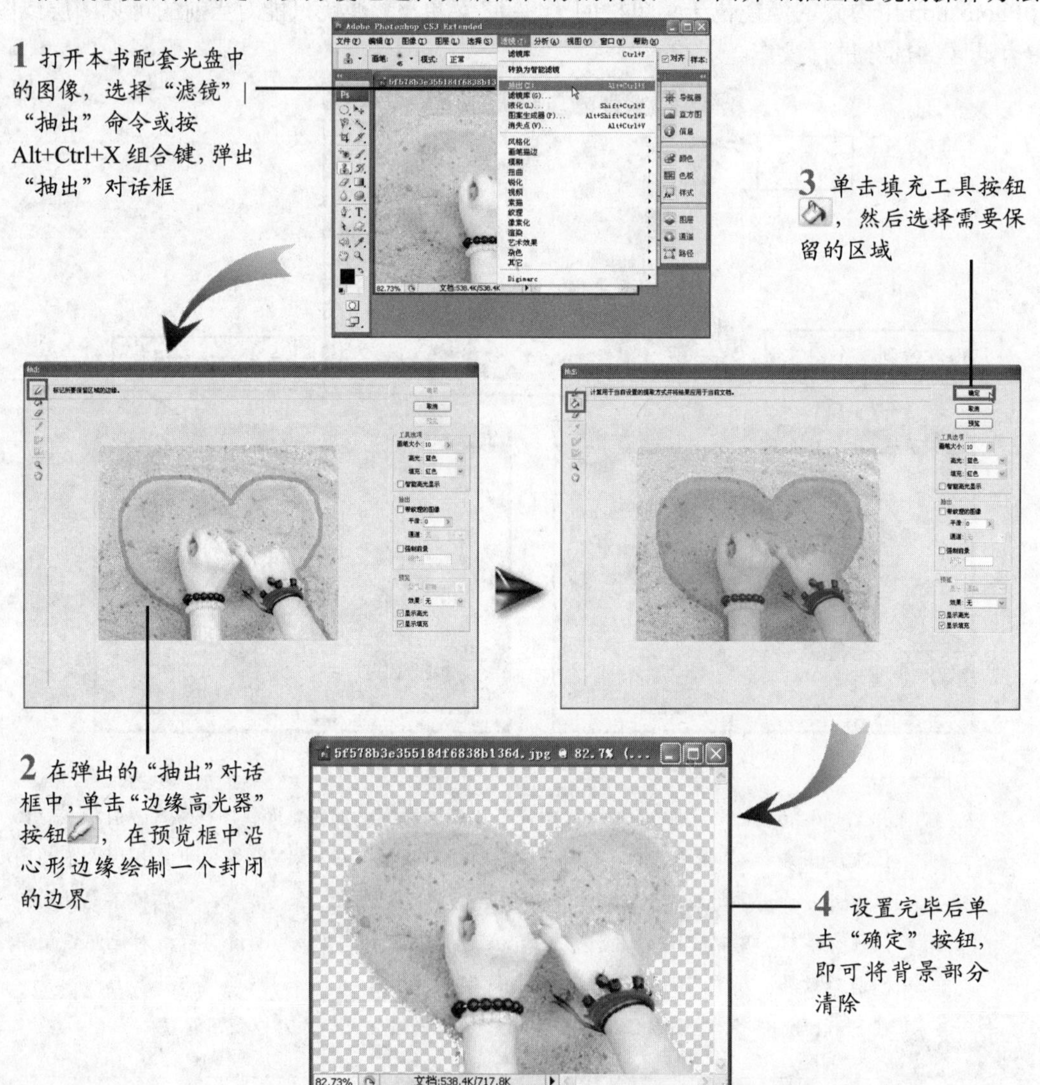

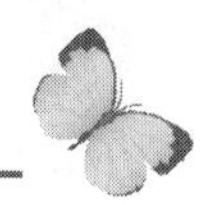

10.1.4 了解滤镜库

滤镜库可以对添加滤镜后的图像效果进行预览。滤镜库将常用的滤镜集合在一个对话框中，以折叠菜单的方式显示，并提供直观的效果预览，还可以在该对话框中为图像连续添加多个滤镜效果。通过选择“滤镜”|“滤镜库”命令，即可弹出“滤镜库”对话框。

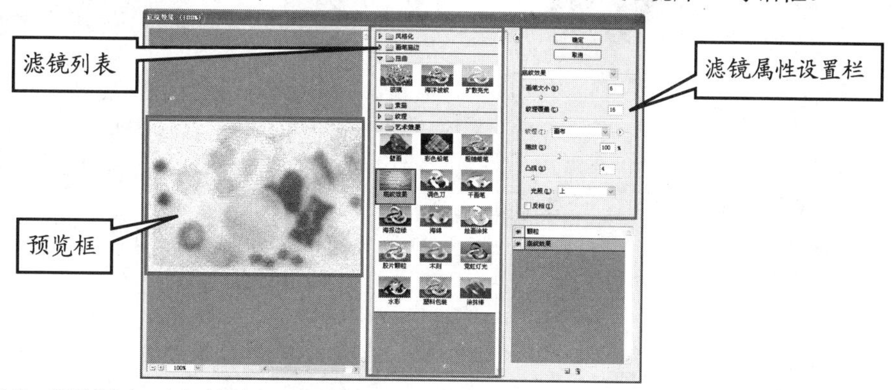

“滤镜库”对话框中下方的按钮说明如下。

❖ 单击“滤镜库”左侧“预览框”下方的[-]或[+]按钮，可缩小或放大图像的显示比例。
❖ 单击“滤镜库”右侧“滤镜属性栏”下方的[眼睛]按钮，可隐藏或显示当前滤镜效果。
❖ 单击“新建效果图层”按钮[新建]，可添加其他滤镜效果。
❖ 单击“删除效果图层”按钮[删除]，可删除当前效果图层中的滤镜效果。

10.1.5 使用液化滤镜

液化滤镜可以使图像进行大范围的变形，并且可以模拟逼真的液体流动的效果，从而非常方便地进行各种各样类似液化效果的变形处理，快速地制作出收缩、膨胀、弯曲、漩涡、扩展、旋转、移位、反射等效果。选择“滤镜”|“液化”命令，即可弹出“液化”对话框。

各种液化的操作效果如下。

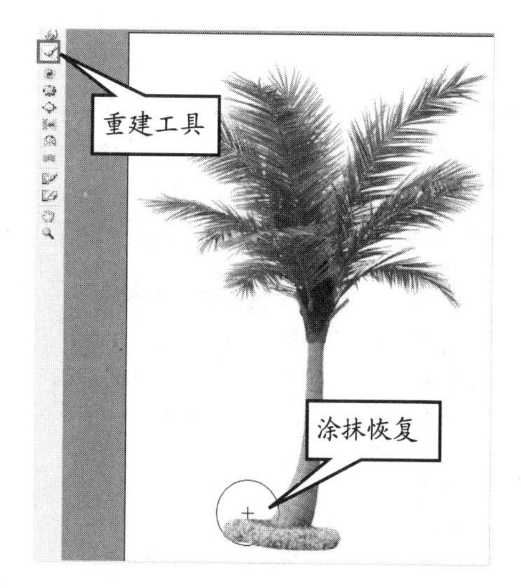

顺时针旋转扭曲工具
涂抹旋转

褶皱工具
涂抹收缩

膨胀工具
涂抹膨胀

左推工具
涂抹移位

镜像工具
镜像复制

湍流工具
流水效果

- 液化命令不能用于索引模式、位图模式和通道颜色模式。
- 如果要在图像上进行变形操作，但其中的一部分不需要扭曲，此时可使用冻结蒙版工具将其隔离出来后，再进行变形处理。
- 如果要将图像恢复到初始状态，可在“液化”对话框右侧的“重建选项”设置区中单击“恢复全部”按钮。

10.1.6 使用图案生成器

利用图案生成器命令可以选取图像中的部分区域或整个图像，对其进行适当的设置，可制作出各种抽象的背景图案效果。

图案生成器的操作效果如下。

1 打开本书配套光盘中的图像，选择“滤镜”|“图案生成器”命令或按 Alt+Shift+Ctrl+X 组合键，弹出“图案生成器”对话框

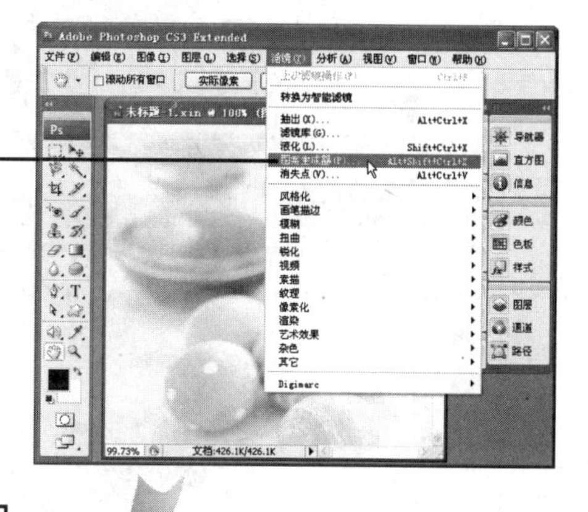

2 在弹出的“图案生成器”对话框中设置需要生成图案的区域，然后单击“生成”按钮

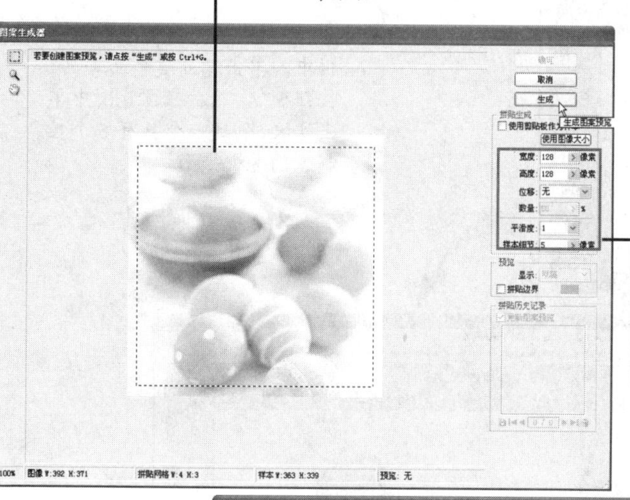

在此可设置宽度、高度、平滑度和样本细节

3 生成的图案效果

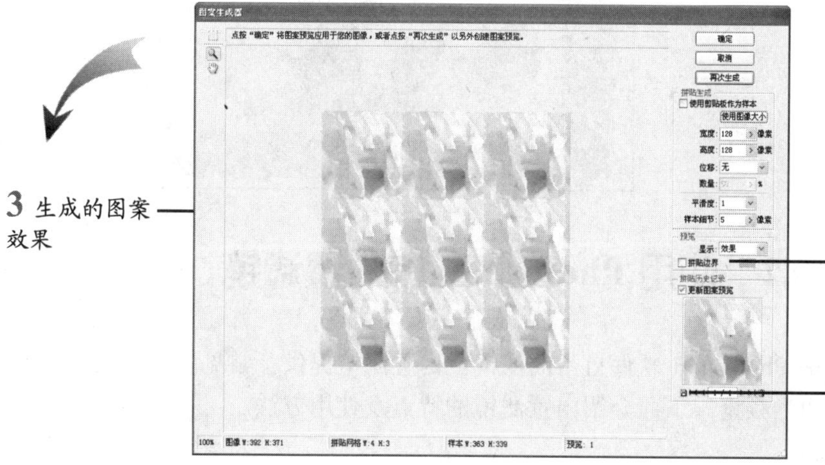

选中该复选框，可显示图像的拼贴边界

单击该按钮，可将图像保存为图案

10.1.7 使用消失点滤镜

利用消失点滤镜可以在自定义的透视参考框中对图像进行复制、转换、喷绘、粘贴等操作。操作对象根据自定区域的透视关系进行自动的调整，以达到合适的透视关系。

消失点滤镜的操作方法如下。

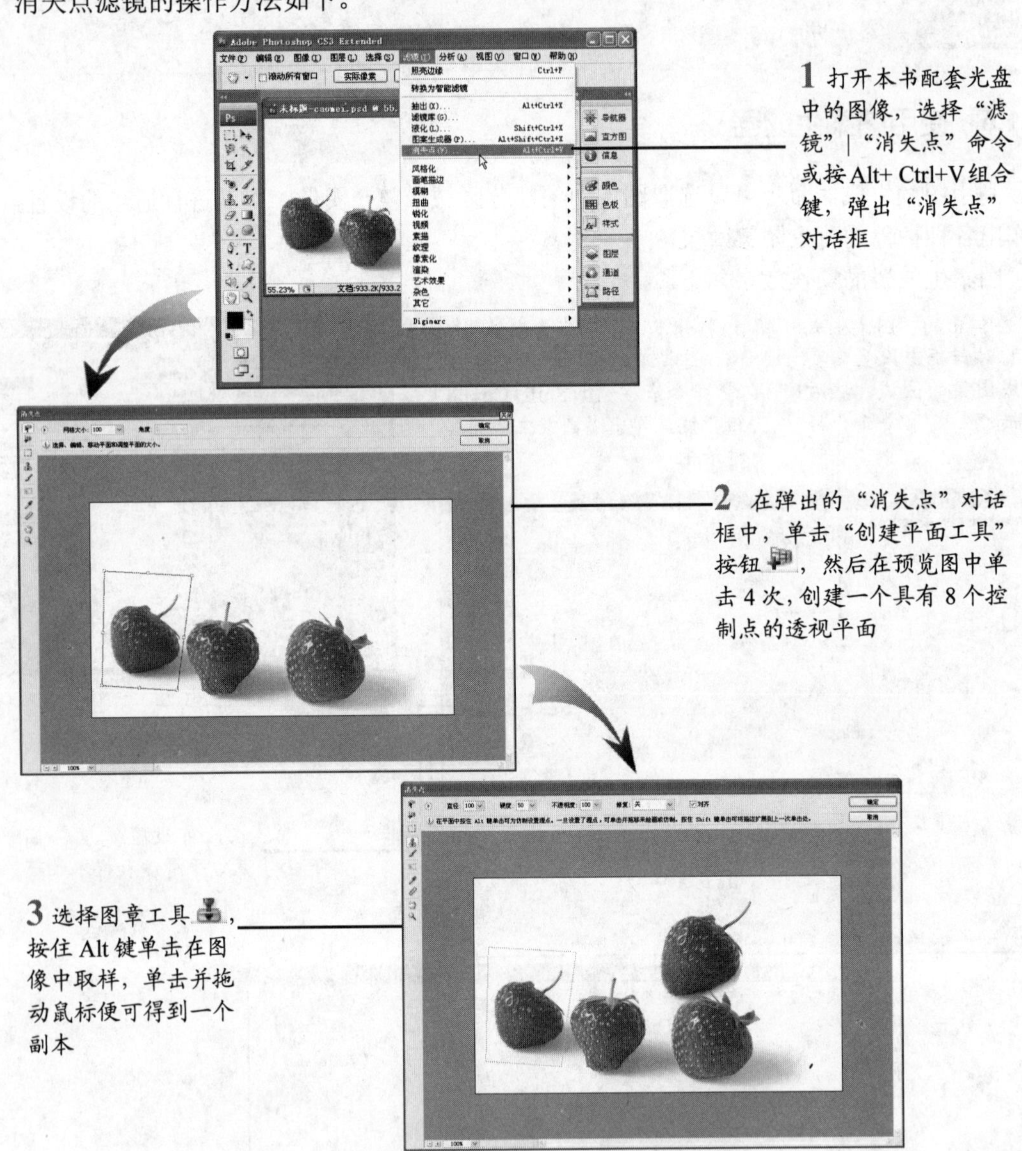

10.2 使用 Photoshop 的内置滤镜

所谓内置滤镜就是 Photoshop 软件自带的滤镜。内置滤镜提供了常见的滤镜效果，在图像的处理过程中使用相当频繁。下面介绍内置滤镜的特点及使用方法。

10.2.1 使用风格化滤镜组

风格化滤镜通过移动、查找并增加图像像素的对比度来生成绘制印象派效果及其他风格化作品效果。风格化滤镜提供了 9 种效果，分别是“查找边缘”、“等高线”、“风”、“浮雕效果”、“扩散”、“拼贴”、“曝光过度”、“凸出”和“照亮边缘”滤镜。

下面来了解它们所生成的效果。

该滤镜将主要颜色变化区域进行搜索，并且强化其边缘效果，使图像看起来像用彩色铅笔勾画过一样

该滤镜与“查找边缘”滤镜类似，它以图像的明暗区域进行搜索，绘制出一条较细的线

该滤镜通过在图像中添加一些短细的水平线，来模拟风吹的效果，使用时最好是在无选区的状态下

该滤镜常常在通道中使用，勾画选区边界，并降低周围的颜色值，从而生成浮雕效果

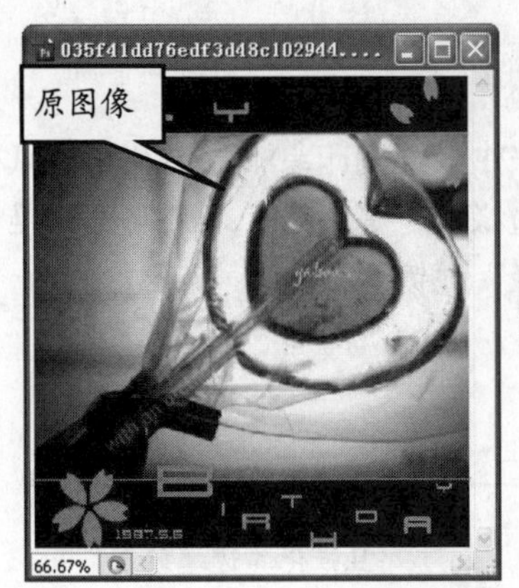

该滤镜使像素按规定方式有机移动，产生透过磨砂玻璃观察图像分离的模糊效果

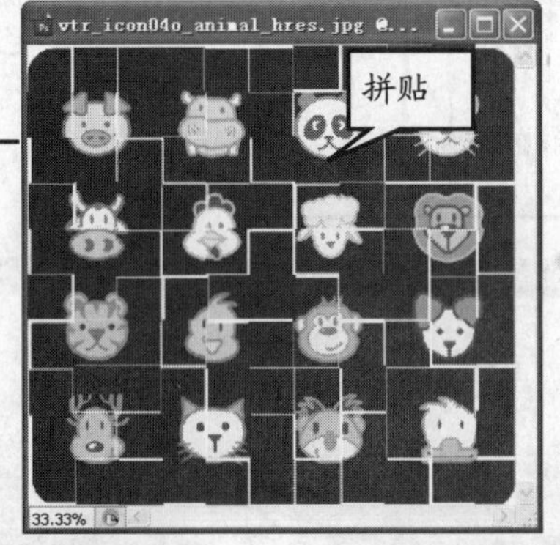

该滤镜可根据对话框中的设置方式将图像分成多块瓷砖状，从而产生拼贴效果

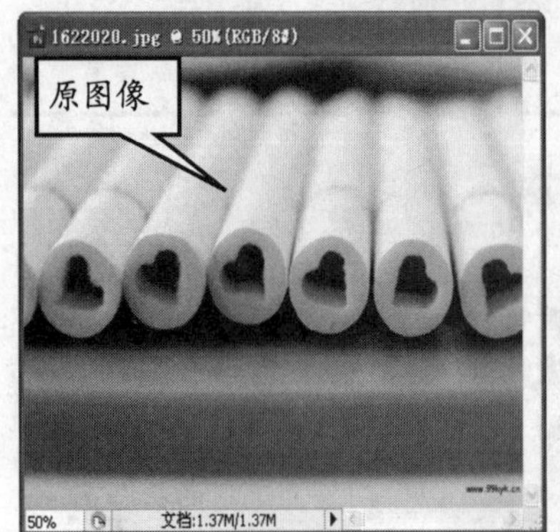

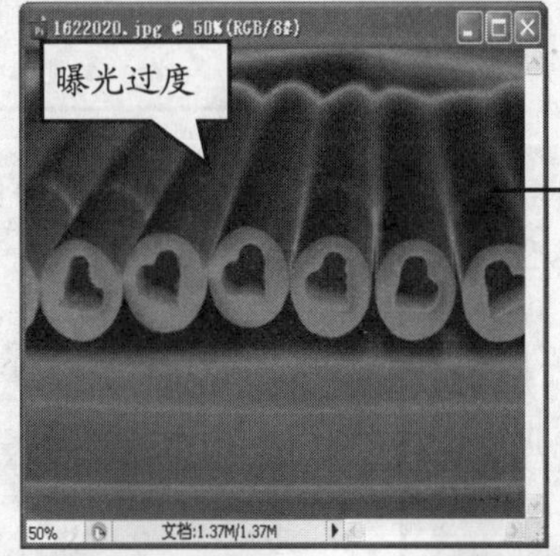

该滤镜可产生图像正片与负片混合的效果，类似拍摄中光线过强产生的过度曝光效果

该滤镜与“拼贴”滤镜相似，但产生的砖块方法不同，它将图像分成大小相同重叠放置的立方体或锥体

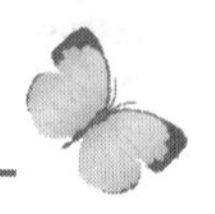

该滤镜主要搜索颜色变化区域，增强边缘过度像素，从而模拟霓虹灯的效果

10.2.2 使用画笔描边滤镜组

画笔描边滤镜包括“成角的线条”、“墨水轮廓”、“喷溅”、“喷色描边”、“强化的边缘”、“深色线条”、“烟灰墨”和“阴影线”8 种滤镜，它们使用不同的画笔和油墨勾画图像，产生涂抹的艺术效果。

画笔描边生成的滤镜效果如下。

10.2.3 使用模糊滤镜组

模糊滤镜通过削弱图像中相邻像素间的对比度，使相邻像素平滑过渡，从而达到柔化图

像的效果。模糊滤镜组包含了 11 个滤镜效果，下面分别进行介绍。

❖ “表面模糊”滤镜：该滤镜在模糊图像时保留图像的边缘，可用于杂色和颗粒的消除。

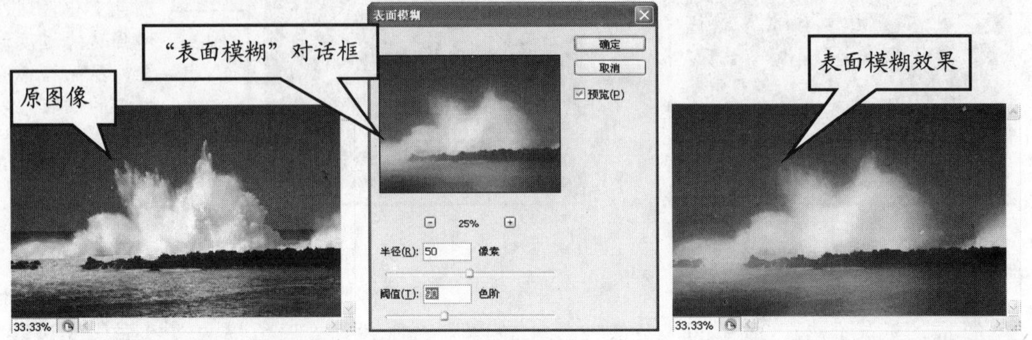

❖ “动感模糊”滤镜：该滤镜模仿拍摄运动物体的手法，通过对某一方向上的像素产生移位生成运动效果。

❖ “方框模糊”滤镜：该滤镜以相邻像素的平均颜色来模糊图像。

❖ “高斯模糊”滤镜：该滤镜可对图像进行有选择的模糊。

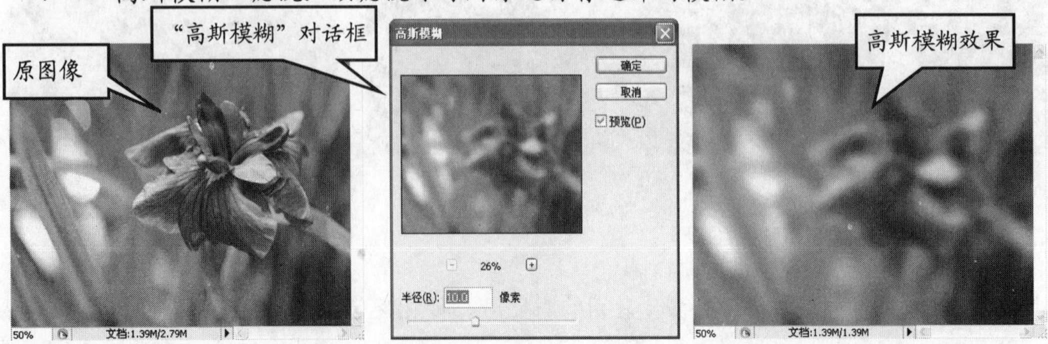

❖ “模糊”滤镜：该滤镜用来平滑边缘过度清晰或是对比度过于强烈的区域，产生的模糊效果可使边缘看起来更为柔和。

❖ “进一步模糊”滤镜：该滤镜同“模糊”滤镜所产生的模糊效果一样，只是模糊的程度不同，“进一步模糊”滤镜所产生的模糊效果大约是“模糊”滤镜的 4 倍。

❖ “径向模糊”滤镜：该滤镜可产生放射模糊和旋转模糊的效果。

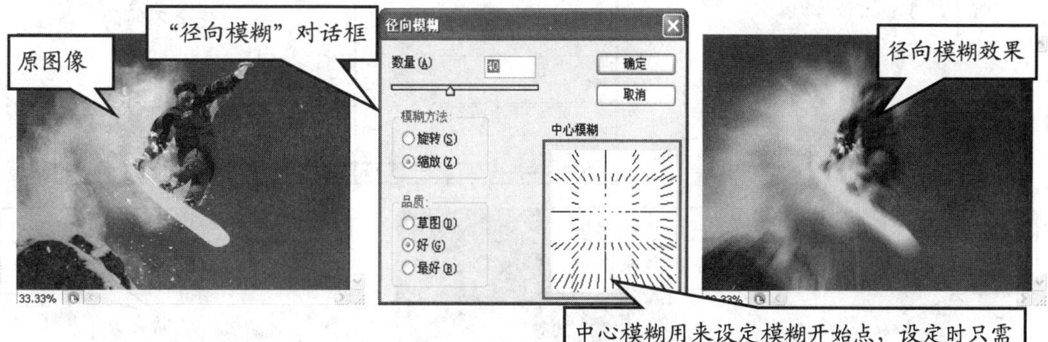

❖ “镜头模糊”滤镜：该滤镜模拟虚实镜头的转变产生模糊，可配合通道来使用。

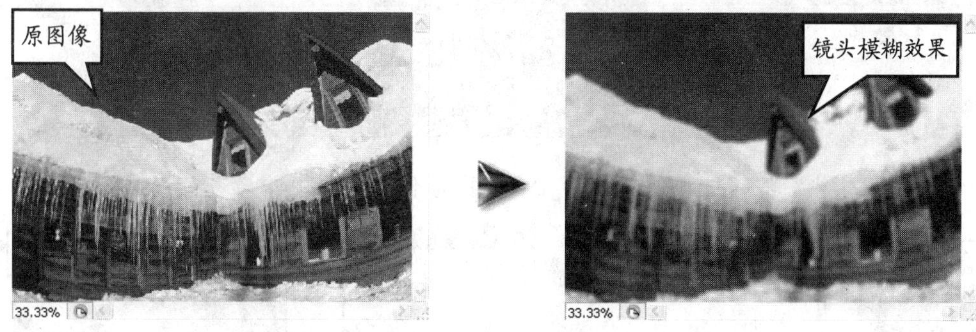

❖ “平均”滤镜：该滤镜找出整个图像或选区内的图像的平均色，然后用该颜色填充图像或选区，并创建平滑外观。

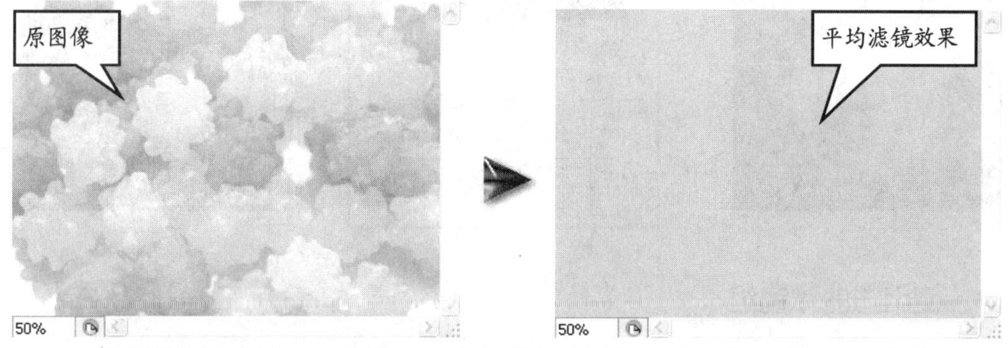

❖ “特殊模糊”滤镜：该滤镜可以产生清晰的模糊边界，它只对微弱的颜色变化区域进行模糊，不模糊边缘。在其对话框中可设定“半径”、“阈值”、“品质”和“模式”，其中“模式”选项中可选择“正常”、“仅限边缘”和“叠加边缘”3 种方式来模糊图像。

❖ “形状模糊”滤镜：该滤镜使用指定的图形作为模糊中心来进行模糊。

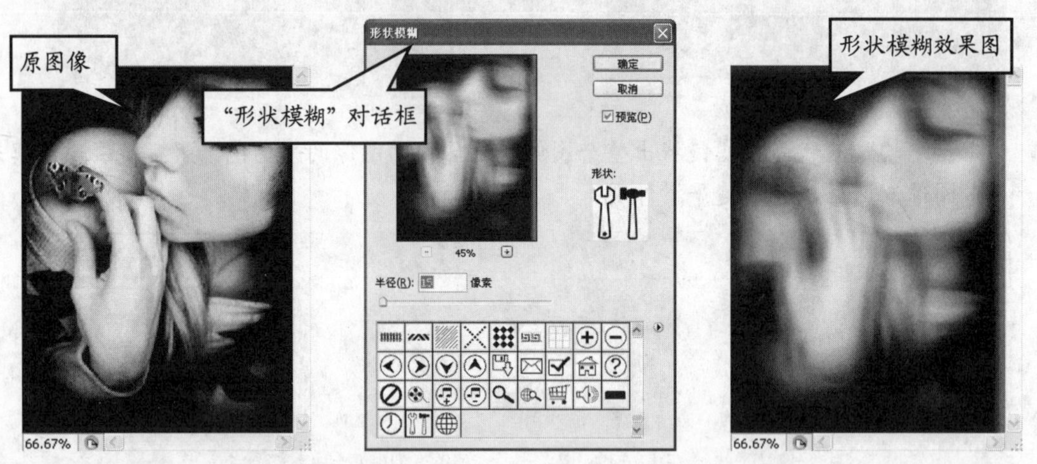

10.2.4 使用扭曲滤镜组

扭曲滤镜的主要功能是按照各种方式在几何意义上来扭曲图像，从而产生三维或者其他的变形效果，如非正常拉伸、扭曲等，可产生水波、镜面反射和火光等自然效果。扭曲滤镜组包含 13 种滤镜效果，它们大多是对图像中的色彩进行位移、插值等操作。

❖ “波浪”滤镜：该滤镜可根据不同的波长产生各种不同的波浪波动效果。

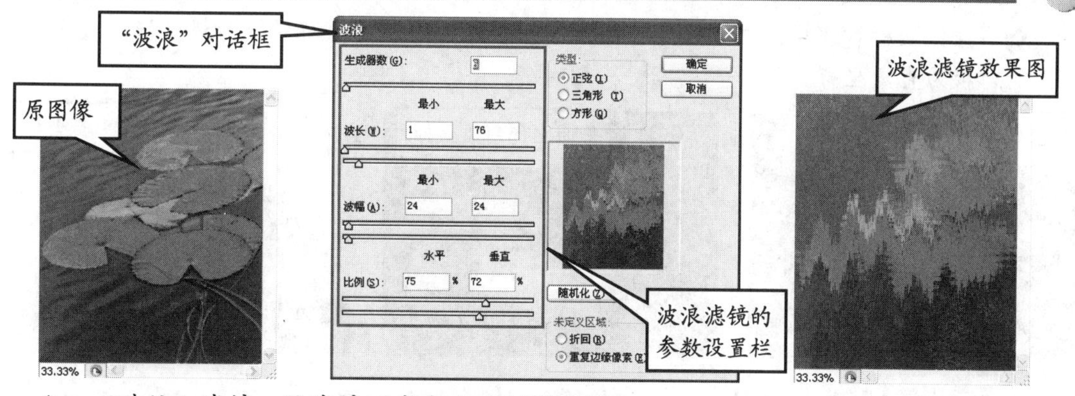

❖ "波纹"滤镜：该滤镜可产生水面倒影效果。

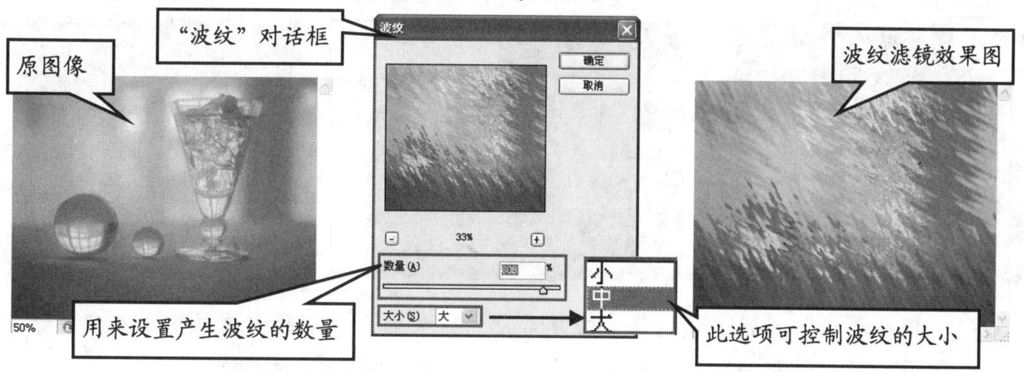

❖ "玻璃"滤镜：该滤镜通过制造一些细小的纹理，从而产生透过玻璃观察图像的效果。其对话框中的"扭曲度"和"平滑度"用来控制扭曲程度，还可以确定纹理和比例。

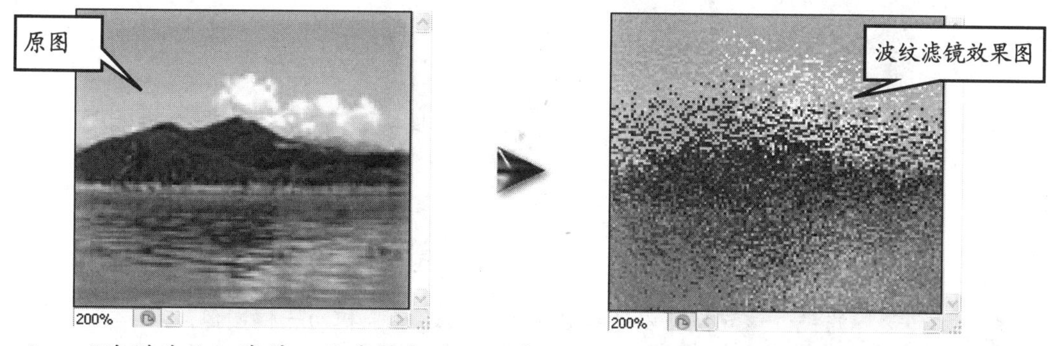

❖ "海洋波纹"滤镜：该滤镜与波纹程度不同，可模拟海洋表面的波纹效果，也可模拟出玻璃的质感。

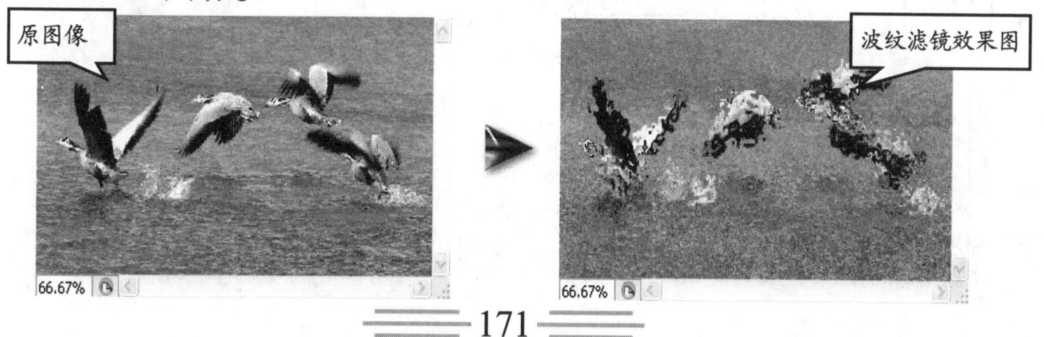

❖ “极坐标”滤镜：该滤镜可转换图像的坐标，即直角坐标转换为极坐标，极坐标转换为直角坐标。

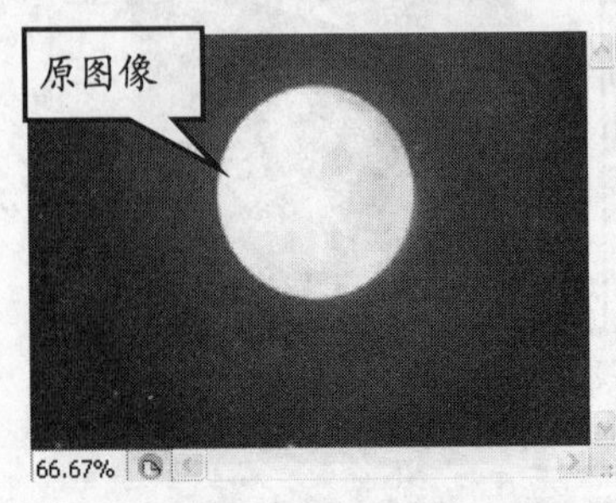

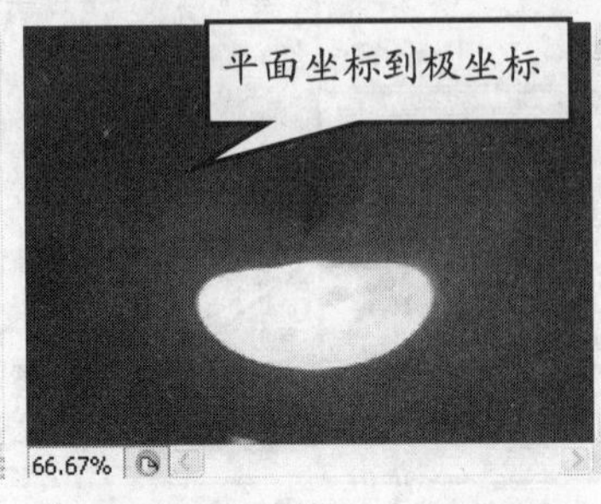

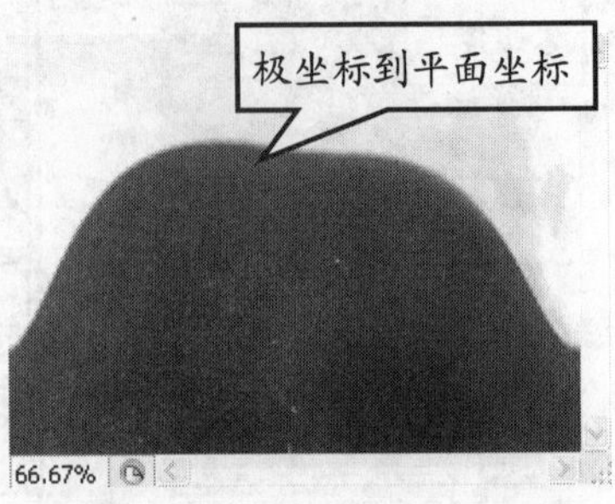

❖ “挤压”滤镜：该滤镜可将整个图像或选区向内或向外挤压，使平面对象产生厚度感。

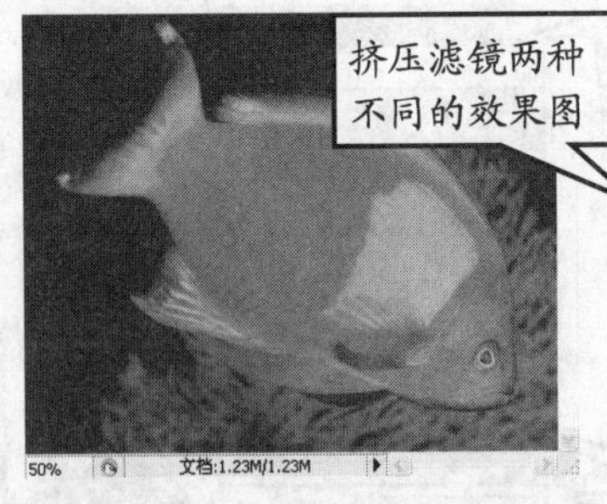

❖ “镜头校正”滤镜：该滤镜可修复常见的镜头变形造成的失真缺陷，在其对话框中可设置“移动扭曲”、“色差”、“晕影”和“变换”等参数。

❖ “扩散亮光”滤镜：该滤镜可产生和光热弥漫效果，其颜色取决于背景色。

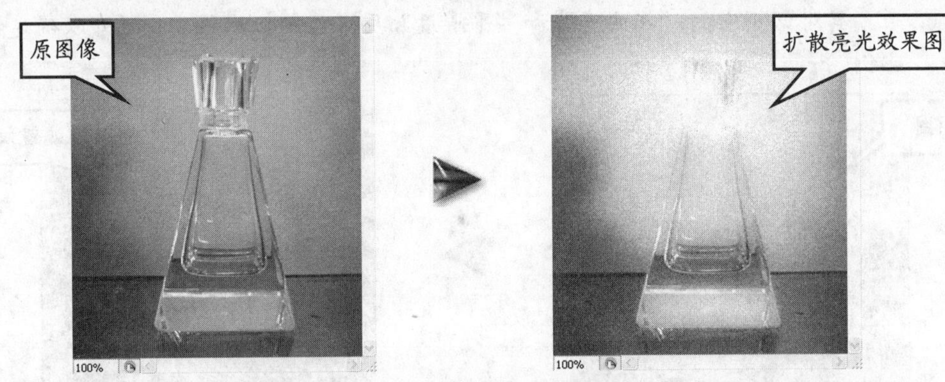

❖ “切变”滤镜：该滤镜可以通过自定的弯曲路径来扭曲一幅图像。

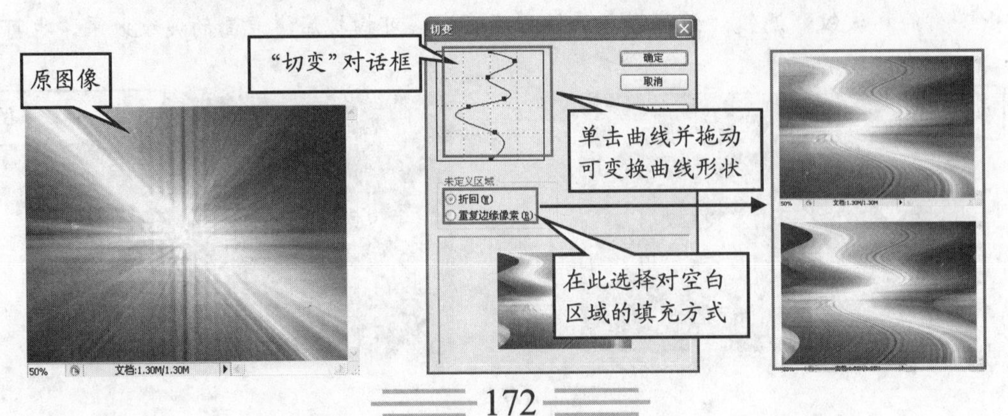

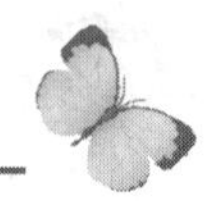

❖ “球面化”滤镜：该滤镜与“挤压”滤镜的效果非常相似，只是比“挤压”滤镜多了个“模式”选项。

❖ “水波”滤镜：该滤镜可产生各种水晕涟漪效果。

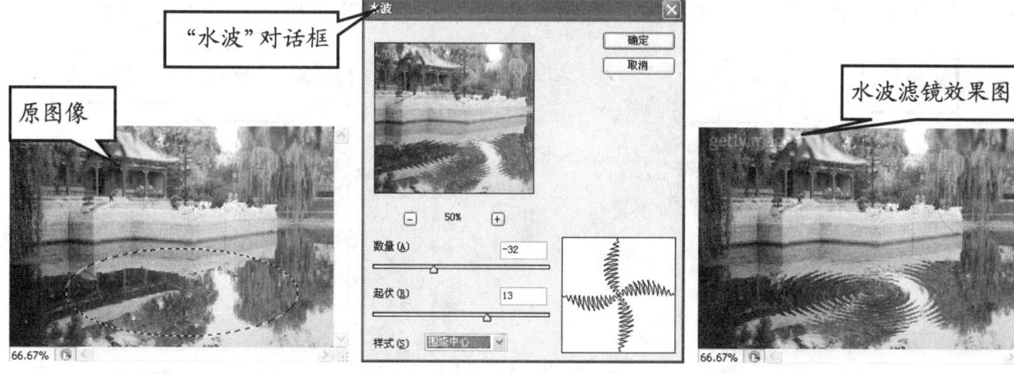

❖ “旋转扭曲”滤镜：该滤镜可产生旋转的漩涡效果，旋转中心为图像的中心。

❖ “置换”滤镜：该滤镜需要两个文件才能完成，它根据“置换图”中不同的像素色调值来对图像进行变形，可产生不定向的位移效果。

10.2.5 使用锐化滤镜组

锐化滤镜是通过增强图像中相邻像素间的对比度来减弱或消除图像的模糊，使图像轮廓分明、纹理清晰。锐化滤镜组共有 5 种滤镜效果，下面分别进行介绍。

❖ “USM 锐化”滤镜：该滤镜在处理图像时用的是模糊蒙版效果，以此产生边缘轮廓锐化的效果。“USM 锐化”滤镜同时兼有“锐化”、“进一步锐化”和“锐化边缘”3 种功能，因此其锐化效果最强。

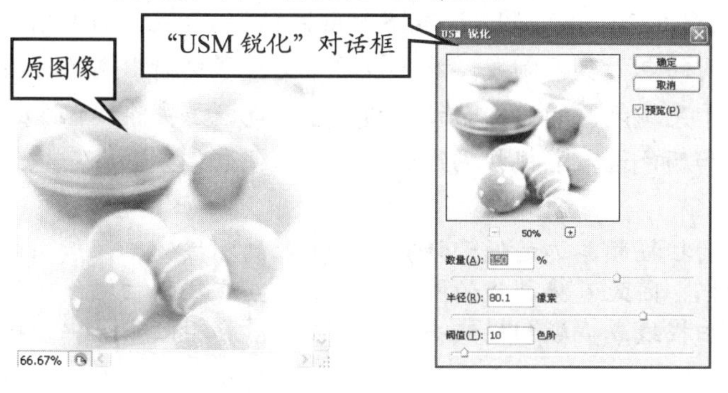

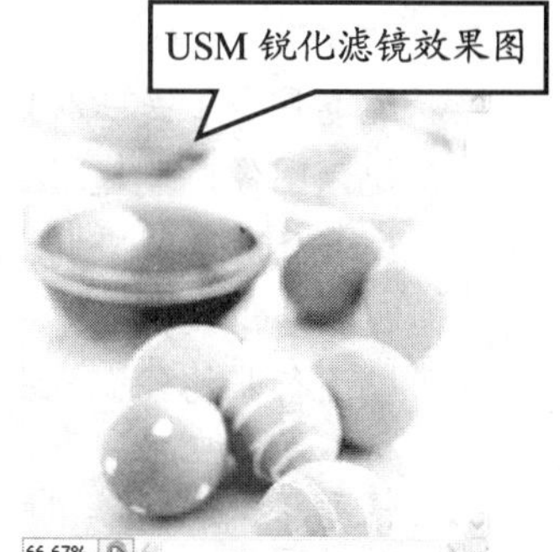

❖ “锐化”和“进一步锐化”滤镜：这两种滤镜的效果相似，主要是提高相邻像素点之间的对比度，从而使图像变得清晰，不同之处是“进一步锐化”滤镜比“锐化”滤镜的效果更为强烈。

❖ “锐化边缘”滤镜：该滤镜只用于锐化图像轮廓，不同颜色之间分界更加明显。

❖ “智能锐化”滤镜：该滤镜使用独特的运算方法，能更好地进行边缘探测，减少锐化后产生的重影，进一步改善了图像的边缘细节。

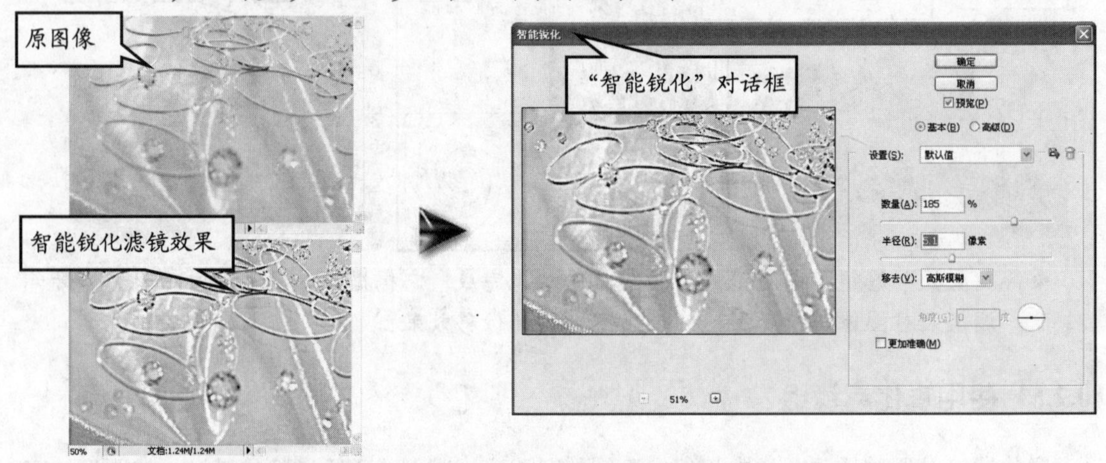

10.2.6 使用视频滤镜组

视频滤镜组只有在处理图像进行输出时才会用到，它包括两种滤镜，分别是“NTSC 颜色”滤镜和“逐行”滤镜。

❖ “NTSC 颜色”滤镜：NTSC（National Television Systems Committee，国家电视系统委员会）是一种国际通用的电视颜色制式。该滤镜用于当计算机输出图像转换为视频图像时，通过去除由于色域范围的差别而带来的误差，也就是去除图像中过度饱和的颜色，来防止过饱和颜色进入电视扫描线引起的显示色彩偏差，从而达到电视机能够接受的水平。

❖ “逐行”滤镜：电视使用的扫描频率远远低于计算机显示器的扫描频率，然而计算机显示器也分行和逐行扫描，因此直接捕捉的图像会出现相互交错的扫描线。该滤镜可将视频图像中的奇数扫描线或偶数扫描线去除，从而平滑在视频信号中缺损的移动图像。

10.2.7 使用素描滤镜组

素描滤镜用来模拟素描、速写以及三维的艺术效果，还适用于创建精美的艺术品和手绘效果。大多数素描滤镜都配合前景色和背景色来使用，因此，设定的前景色与背景色对图像的滤镜效果起着至关重要的作用。素描滤镜组包括 14 种滤镜效果，分别介绍如下。

- ❖ “半调图案”滤镜：该滤镜利用前景色和背景色在图像中可生成网格图案，其对话框中可设置“大小”、“对比度”和“图案类型”，图案类型中还包括“圆形”、“网点”和“直线”3 种类型。

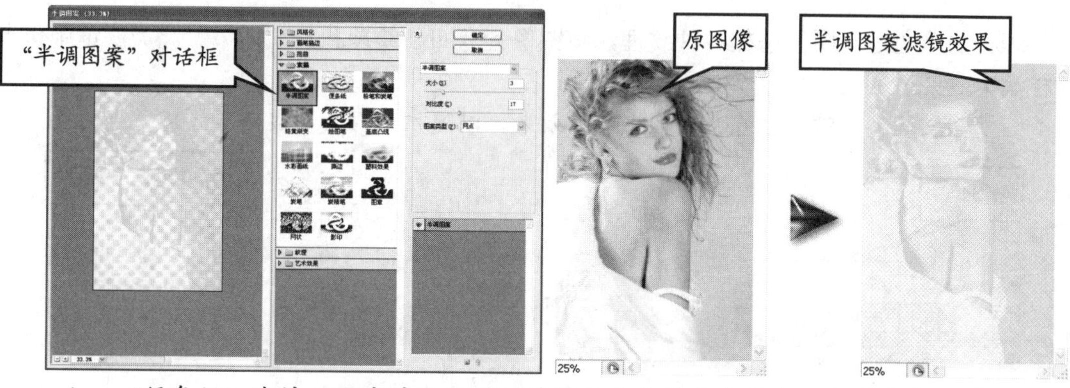

- ❖ “便条纸”滤镜：该滤镜依然使用前景色和背景色来着色，它产生类似浮雕的凹陷压印效果。
- ❖ “粉笔和炭笔”滤镜：该滤镜用来模拟粉笔与木炭的绘制效果。处理后的图像显示前景色、背景色和中间灰。
- ❖ “铬黄”滤镜：该滤镜不需要设置前景色与背景色，可模拟液态金属效果。
- ❖ “绘图笔”滤镜：该滤镜使用水墨颜色也就是前景色模拟素描画的效果。
- ❖ “基底凸陷” 滤镜：该滤镜模拟岩石或化石的浮雕效果。
- ❖ “水彩画纸”滤镜：该滤镜可在保持原图色彩的同时产生扩散、渗湿的效果。

- ❖ “撕边”滤镜：该滤镜通过前景色、背景色结合图像交界处来制作分裂效果。
- ❖ “塑料效果”滤镜：该滤镜可产生塑料的质感。
- ❖ “炭笔”滤镜：该滤镜也是通过前景色、背景色着色，它模拟炭笔画的效果。

❖ “炭精笔”滤镜：该滤镜模拟炭精笔纯白和浓黑的纹理。
❖ “图章”滤镜：该滤镜类似“影印”滤镜，但没有“影印”滤镜的效果强，主要模拟图章作画的效果。
❖ “网状”滤镜：该滤镜可制作出网纹效果，在使用前需要设置前景色和背景色。
❖ “影印”滤镜：该滤镜模拟的效果与“图章”滤镜类似，它处理后的图像高光区显示前景色，阴暗区显示背景色。

10.2.8 使用纹理滤镜组

纹理类滤镜通过向图像添加各种纹理，使图像具有凹凸纹理和材质效果。此类滤镜中包含 6 种滤镜效果。

❖ “龟裂缝”滤镜：该滤镜可产生浮雕效果，以随机的形式生成龟裂纹理。

❖ “颗粒”滤镜：该滤镜可在图像中加入不规则的颗粒，按照设定的方式形成颗粒纹理。
❖ “马赛克拼贴”滤镜：该滤镜可模拟马赛克拼贴效果。
❖ “拼缀图”滤镜：该滤镜可将图像分为规则排列的小方块，每块的像素颜色的平均色是该方块的颜色，类似瓷砖的效果。

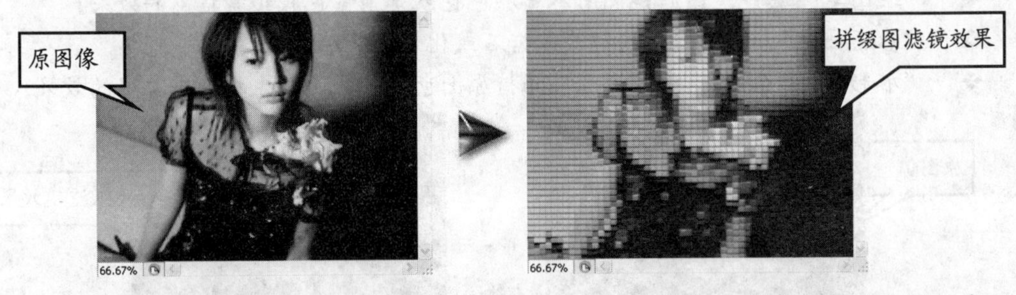

❖ “染色玻璃”滤镜：该滤镜像分离的彩色玻璃块，其颜色由像素颜色的平均值决定。

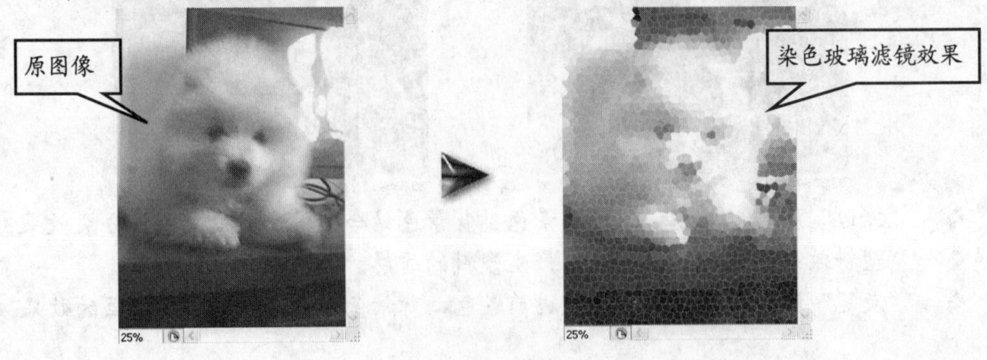

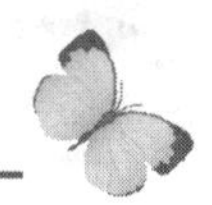

❖ “纹理化”滤镜：该滤镜可在图像中加入各种纹理效果。

10.2.9 使用像素化滤镜组

像素化类滤镜可将图像中的相似颜色像素分块或平面化。

❖ “彩块化”滤镜：该滤镜在图像原有轮廓的前提下，找出主要色块的轮廓，再将相近的颜色兼并为色块。

❖ “彩色半调”滤镜：该滤镜模仿金属版画效果。

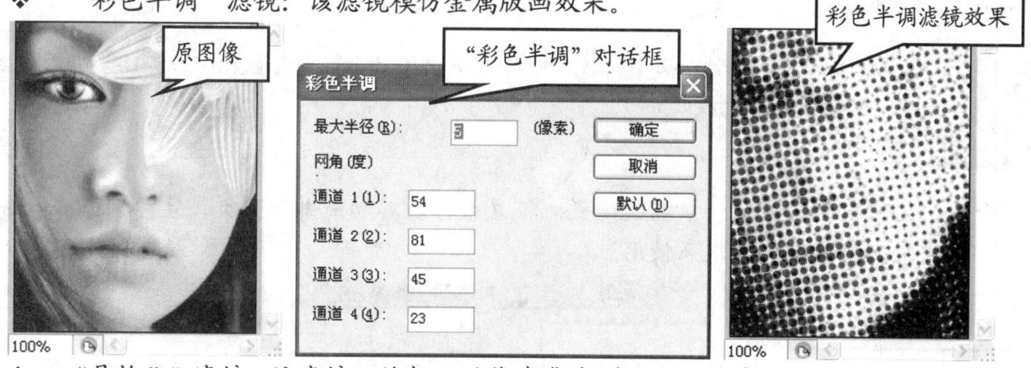

❖ “晶格化”滤镜：该滤镜可将相近的像素集中到一个个像素网格中，使图像清晰化。

❖ “点状化”滤镜：该滤镜与“晶格化”滤镜相类似，不同之处是该滤镜在晶块间产生缝隙，缝隙由背景色填充。

❖ “马赛克”滤镜：该滤镜可合成颜色相似的像素并规则地排列，模拟马赛克的效果。

❖ “碎片”滤镜：该滤镜产生一种不聚焦的效果，它将图像中的像素复制并分配，从而降低不透明度。

❖ “铜版雕刻”滤镜：该滤镜在图像中可随机产生各种不规则直线、曲线和孔斑，模拟光泽和金属板效果。

10.2.10 使用渲染滤镜组

渲染滤镜组是使用较多的滤镜，主要用于图像产生光线照明效果和不同的光源效果。该滤镜组包含了 5 种滤镜效果，分别介绍如下。

❖ “云彩”和“分层云彩”滤镜：这两个滤镜主要用来生成云彩，但产生云彩的方式不同。“云彩”滤镜将原图全部覆盖。“分层云彩”滤镜是将图像“云彩”滤镜处理后再反相操作，不会覆盖图像。

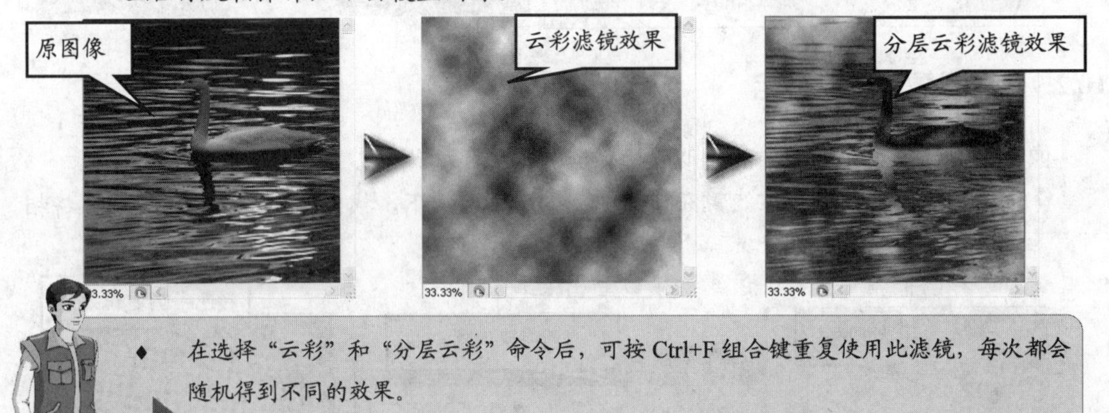

一点就透

◆ 在选择“云彩”和“分层云彩”命令后，可按 Ctrl+F 组合键重复使用此滤镜，每次都会随机得到不同的效果。

❖ “光照效果”滤镜：该滤镜设置比较复杂，但其功能却很强大，主要用于产生光照效果，一般配合通道来使用。

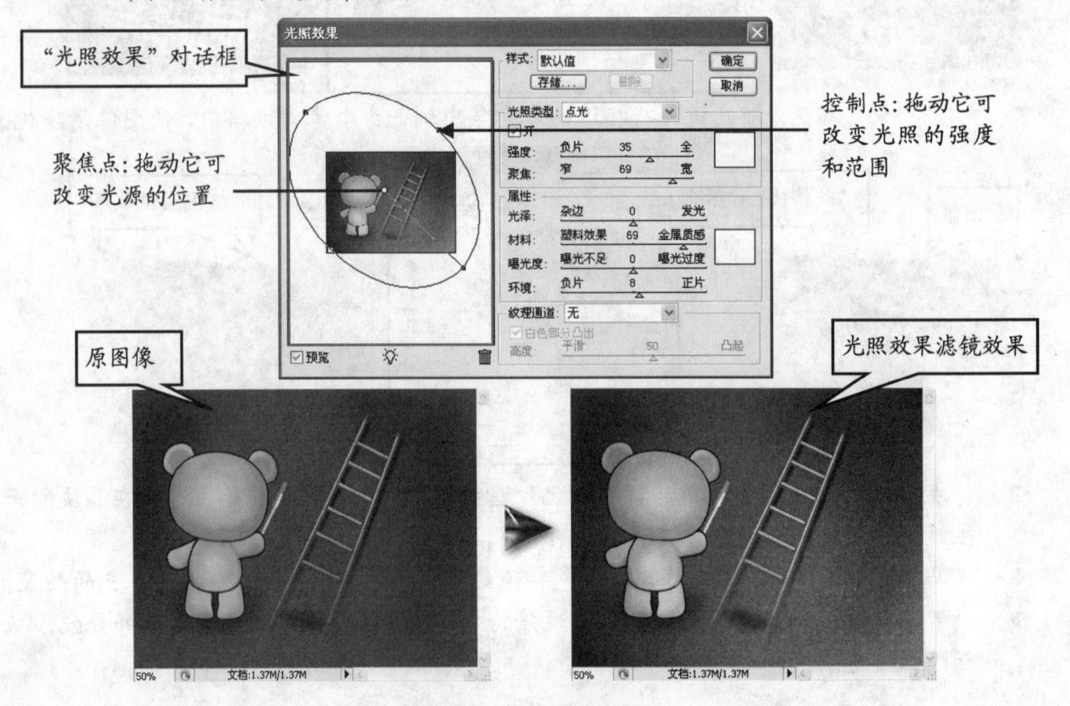

❖ “镜头光晕”滤镜：该滤镜在图像中摄像时产生的镜头眩光效果，它可手动调节眩光位置。

10.2.11 使用艺术效果滤镜组

艺术效果滤镜组主要用于图像的艺术效果处理，从而产生精美的艺术品效果。艺术滤镜组只支持 RGB 模式和多通道模式的图像。

❖ “壁画”滤镜：使用该滤镜后，图像产生壁画效果。
❖ “彩色铅笔”滤镜：该滤镜模拟彩色铅笔的绘图效果。
❖ “粗糙蜡笔”滤镜：该滤镜通过在图像中填入纹理，从而使图像产生纹理浮雕效果。
❖ “底纹效果”滤镜：该滤镜利用图像中纹理的类型和色值产生纹理喷绘的效果。
❖ “调色刀”滤镜：该滤镜使相近的颜色融合产生写意的效果。
❖ “干画笔”滤镜：该滤镜使图像产生一种干枯的油画效果。
❖ “海报边缘”滤镜：该滤镜可自动跟踪图像中颜色变化大的区域，并在其边界填入黑色阴影。

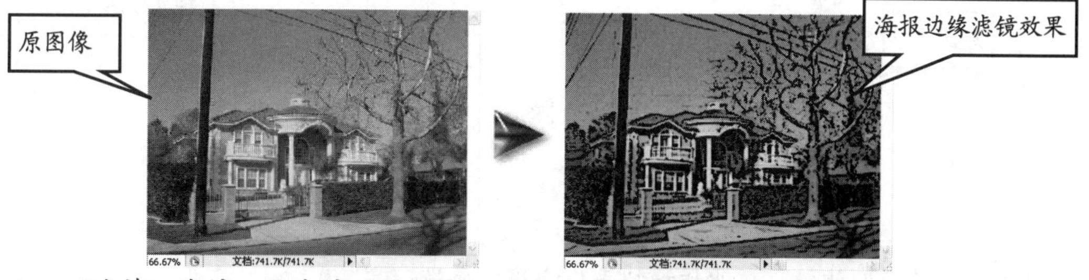

❖ “海绵”滤镜：该滤镜可使图像画面产生浸湿的效果。
❖ “绘画涂抹”滤镜：该滤镜可使图像产生一种涂抹过的模糊效果。

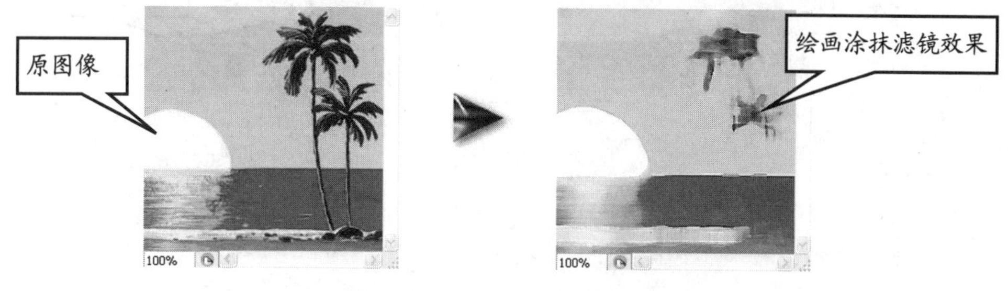

❖ “胶片颗粒”滤镜：该滤镜在增亮图像加大其反差的同时，使图像产生一种颗粒纹理的效果。

❖ “木刻”滤镜：该滤镜模拟的是一种木刻效果。

❖ “霓虹灯光”滤镜：该滤镜模拟霓虹灯光照的效果。

❖ “水彩”滤镜：该滤镜模拟水彩画的绘图效果。

❖ “塑料包装”滤镜：该滤镜处理后的图像呈现蒙着一层塑料的效果。

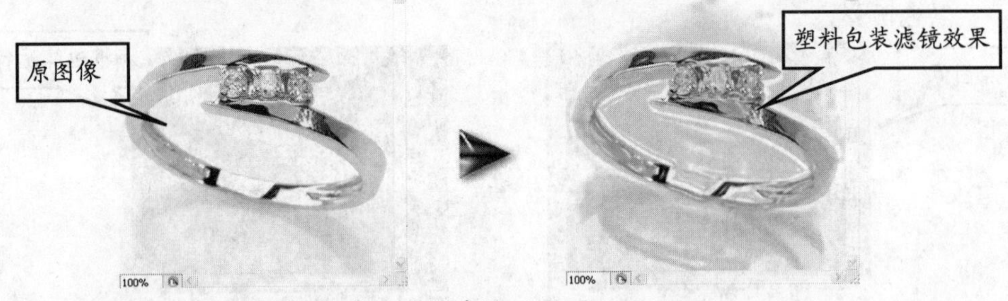

❖ “涂抹棒”滤镜：该滤镜模拟手指涂抹的效果。

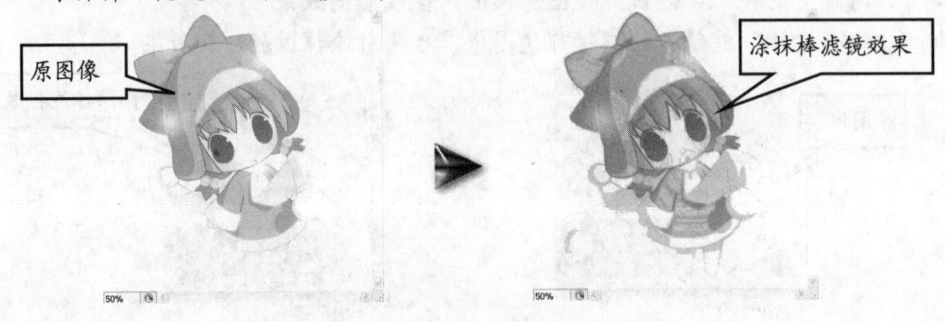

10.2.12 使用杂色滤镜组

杂色滤镜组用于在图像中添加或去除杂点，如扫描输入图像常有的斑点和折痕等。该滤镜组包含了如下 5 种滤镜效果。

❖ “减少杂色”滤镜：该滤镜主要用于去除照片中的杂色。
❖ “蒙尘与划痕”滤镜：该滤镜可将图像中的缺陷融入周围像素中，也用于去除扫描图像中的斑点和折痕。
❖ “去斑”滤镜：该滤镜用于消除图像中的斑点，一般情况下，该滤镜可反复使用，以去除杂色。
❖ “添加杂色”滤镜：该滤镜可将杂色随机地混合到图像中，并在混合的同时产生色彩散漫效果。

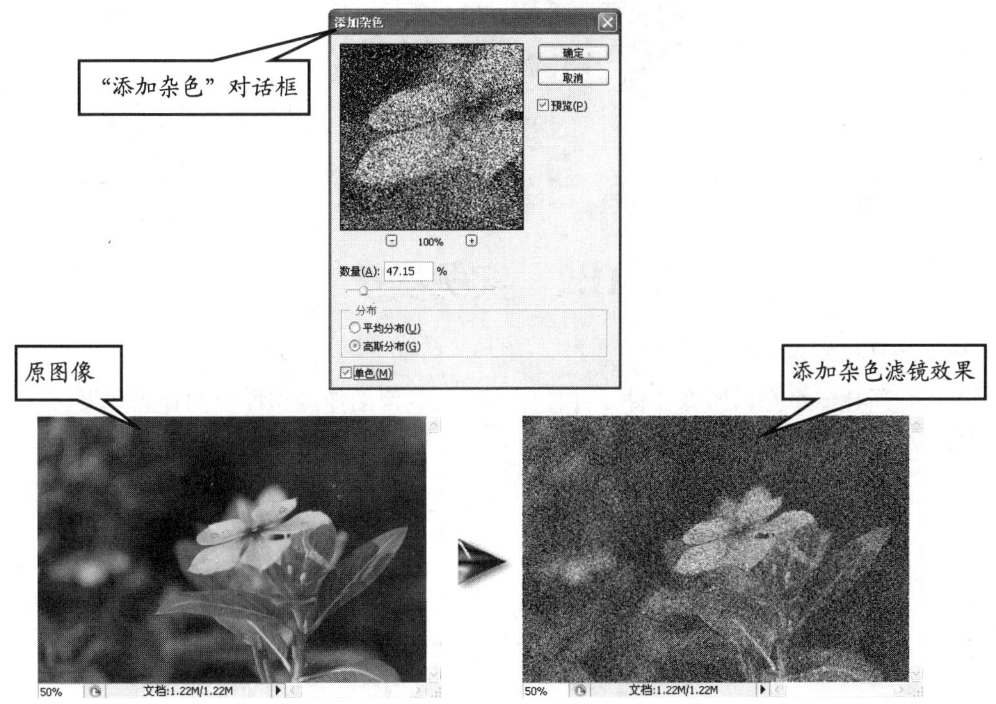

❖ “中间值”滤镜：该滤镜以斑点和斑点周围的像素颜色作为两者之间的像素颜色来消除干扰。

10.2.13 使用其他滤镜组

除了以上滤镜外，Photoshop 还提供了“其他”滤镜组与“Digimarc”滤镜组。下面介绍它们的特点。

❖ “其他”滤镜组：“其他”滤镜组中包含有 5 种滤镜效果，它们主要用于修饰图像中的某些细节部分。
❖ “Digimarc”滤镜组：“Digimarc”数字水印滤镜组包含两种滤镜效果，用于给 Photoshop 图像加入著作权信息。

第 11 章　制作节日贺卡

11.1　实例分析

每当节日来临，制作一张电子贺卡发送给亲朋好友，是一个既能送去温馨祝福又能锻炼思维创意的好方式，下面就来自己动手制作一张电子贺卡。

11.2　实例操作

贺卡的具体制作步骤如下。

首先，新建一个空白图像文件，并使用渐变工具为图像制作渐变的背景效果。

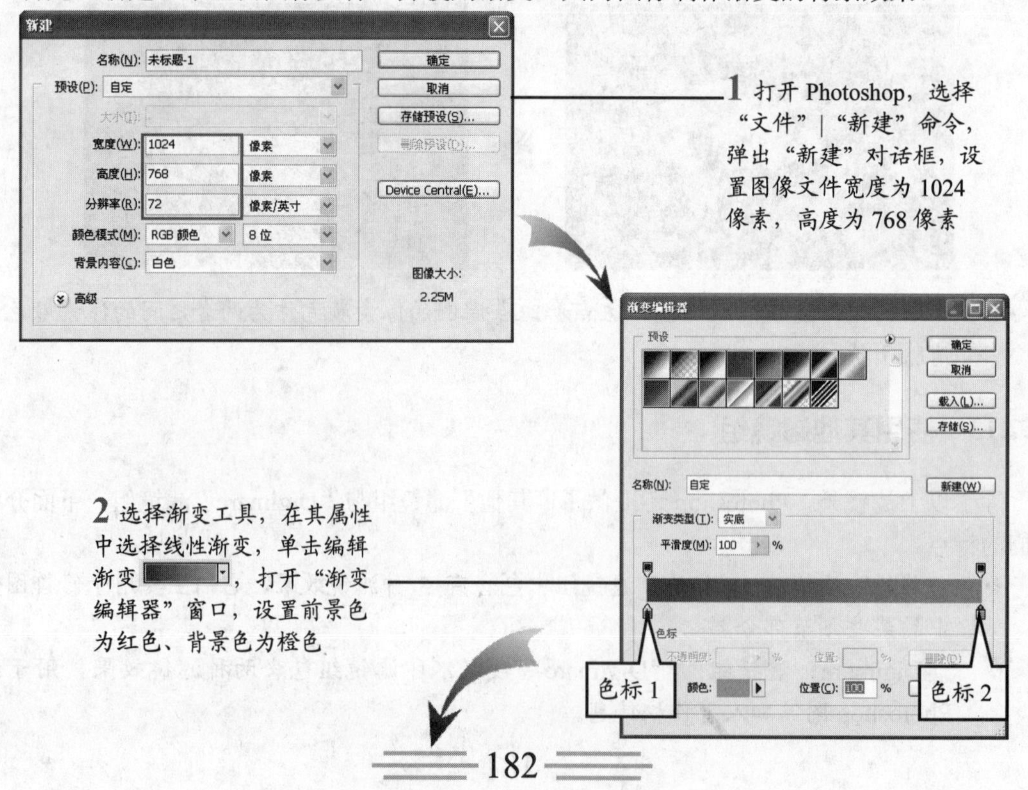

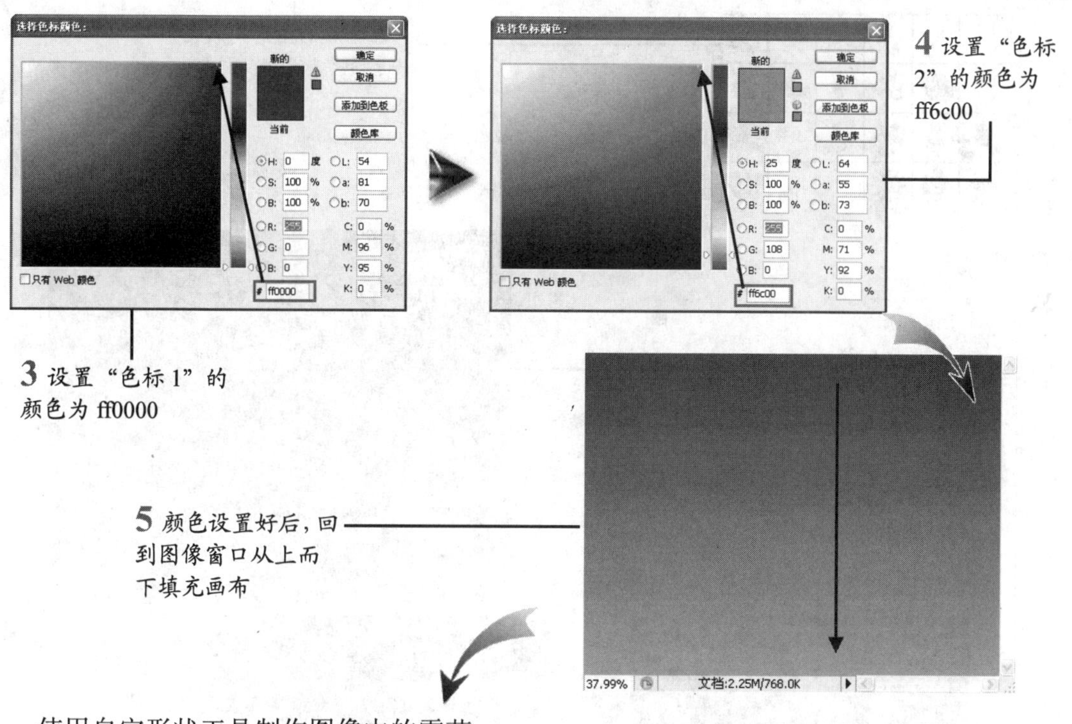

使用自定形状工具制作图像中的雪花。

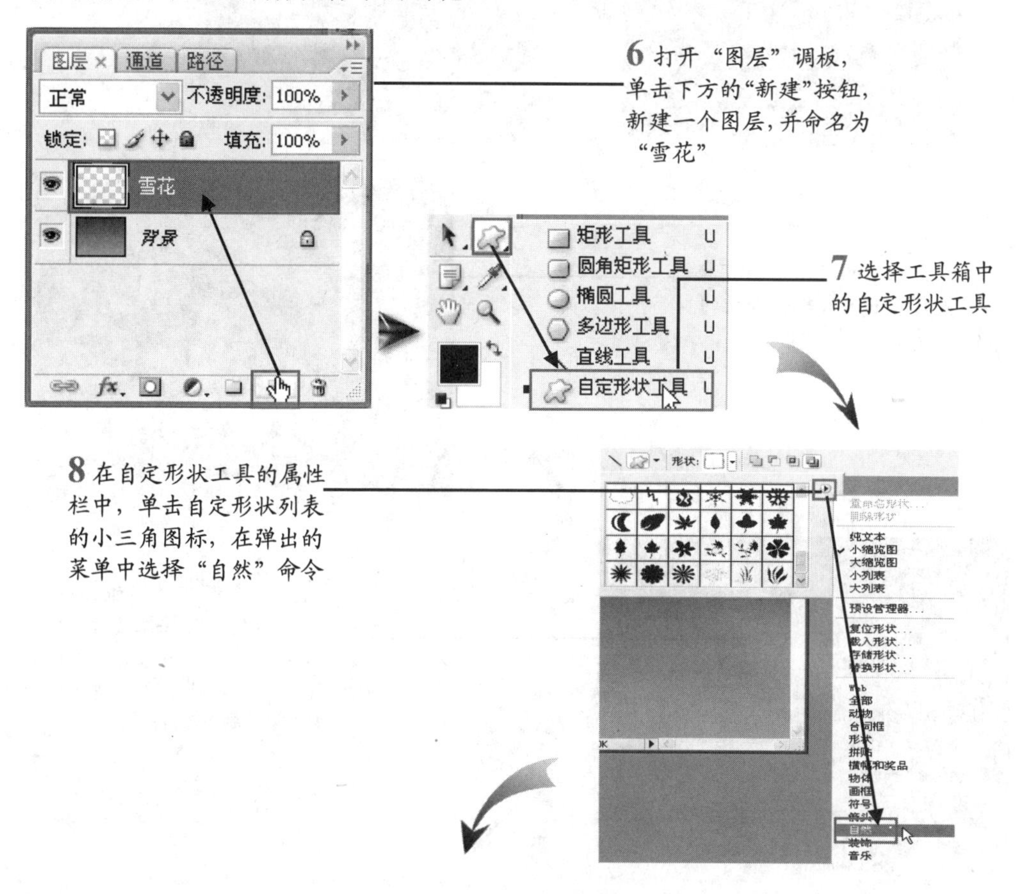

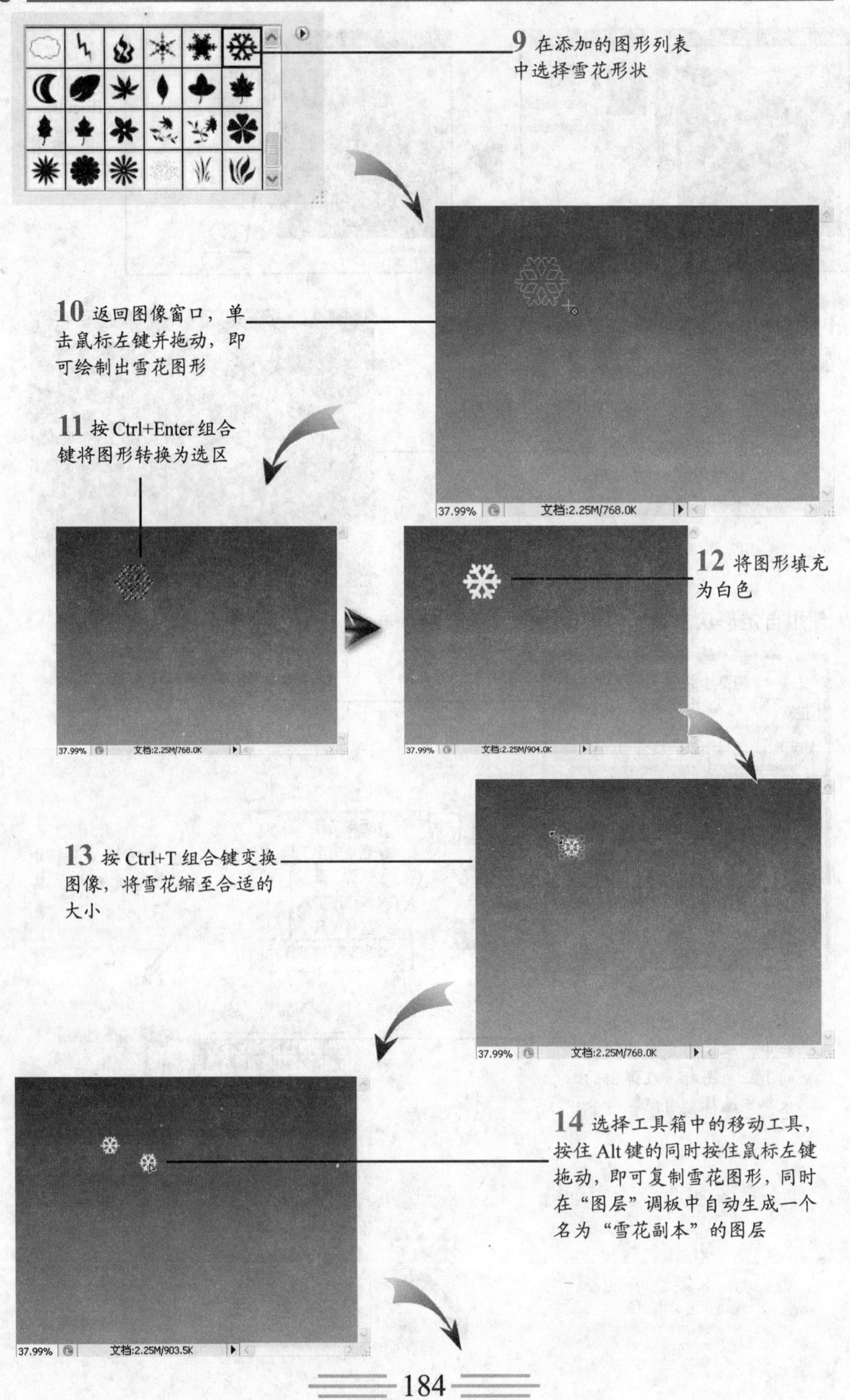
9 在添加的图形列表中选择雪花形状
10 返回图像窗口，单击鼠标左键并拖动，即可绘制出雪花图形
11 按 Ctrl+Enter 组合键将图形转换为选区
12 将图形填充为白色
13 按 Ctrl+T 组合键变换图像，将雪花缩至合适的大小
14 选择工具箱中的移动工具，按住 Alt 键的同时按住鼠标左键拖动，即可复制雪花图形，同时在“图层”调板中自动生成一个名为“雪花副本”的图层
37.99%
文档:2.25M/768.0K
37.99%
文档:2.25M/768.0K
37.99%
文档:2.25M/904.0K
37.99%
文档:2.25M/768.0K
37.99%
文档:2.25M/903.5K

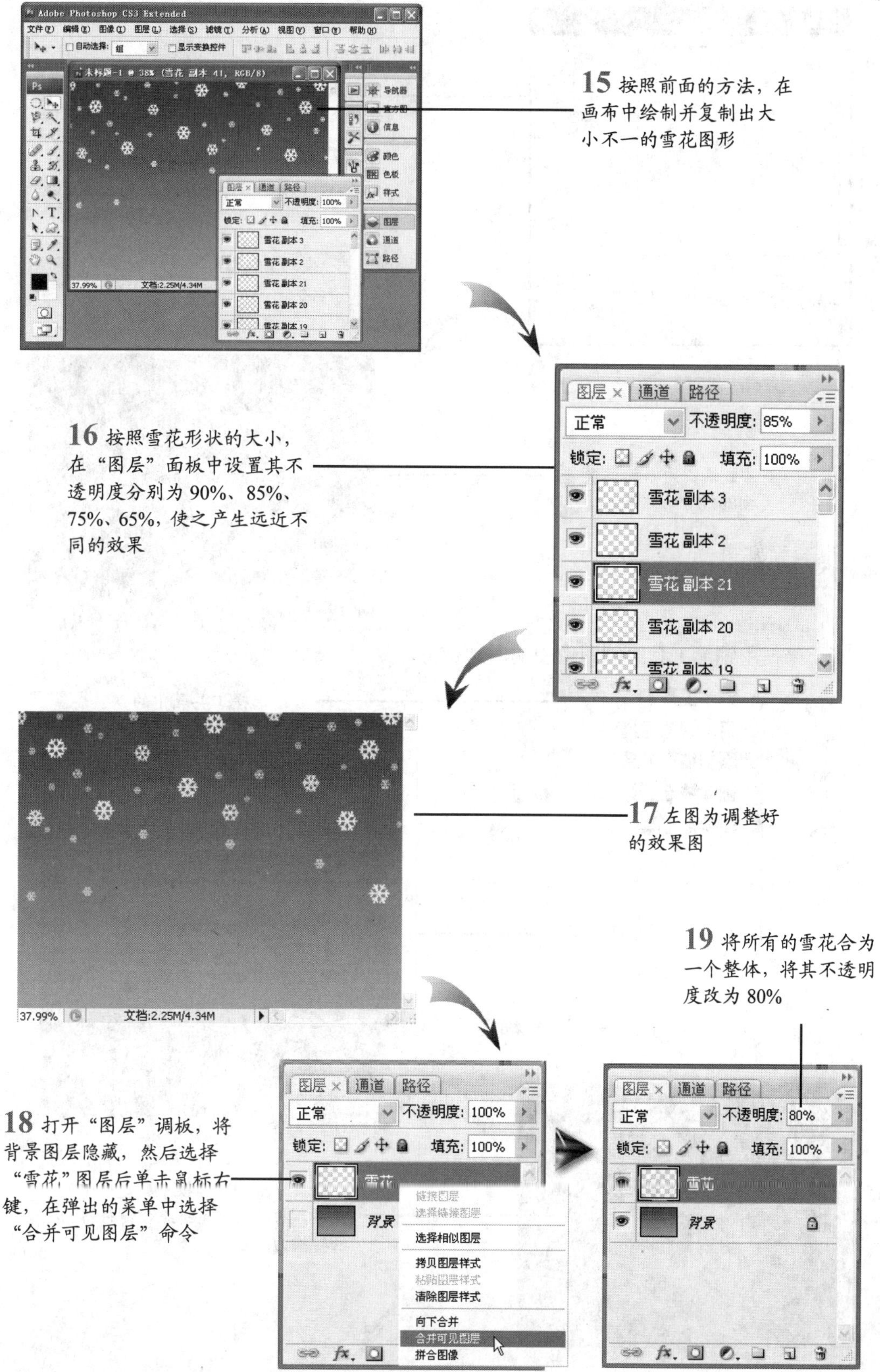

15 按照前面的方法，在画布中绘制并复制出大小不一的雪花图形

16 按照雪花形状的大小，在“图层”面板中设置其不透明度分别为 90%、85%、75%、65%，使之产生远近不同的效果

17 左图为调整好的效果图

18 打开“图层”调板，将背景图层隐藏，然后选择“雪花”图层后单击鼠标右键，在弹出的菜单中选择“合并可见图层”命令

19 将所有的雪花合为一个整体，将其不透明度改为 80%

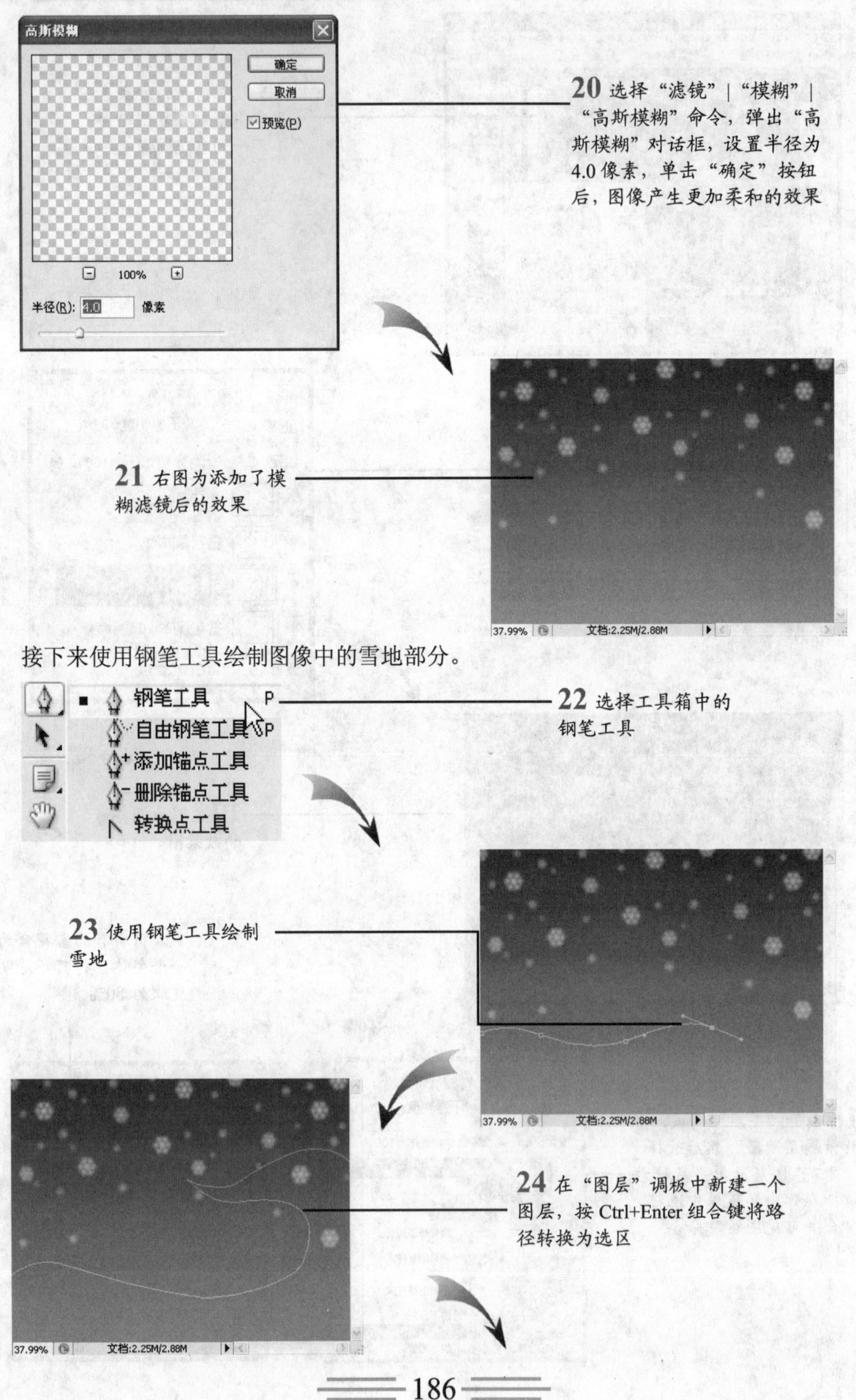

20 选择“滤镜”|“模糊”|“高斯模糊”命令，弹出“高斯模糊”对话框，设置半径为4.0像素，单击“确定”按钮后，图像产生更加柔和的效果

21 右图为添加了模糊滤镜后的效果

接下来使用钢笔工具绘制图像中的雪地部分。

22 选择工具箱中的钢笔工具

23 使用钢笔工具绘制雪地

24 在“图层”调板中新建一个图层，按Ctrl+Enter组合键将路径转换为选区

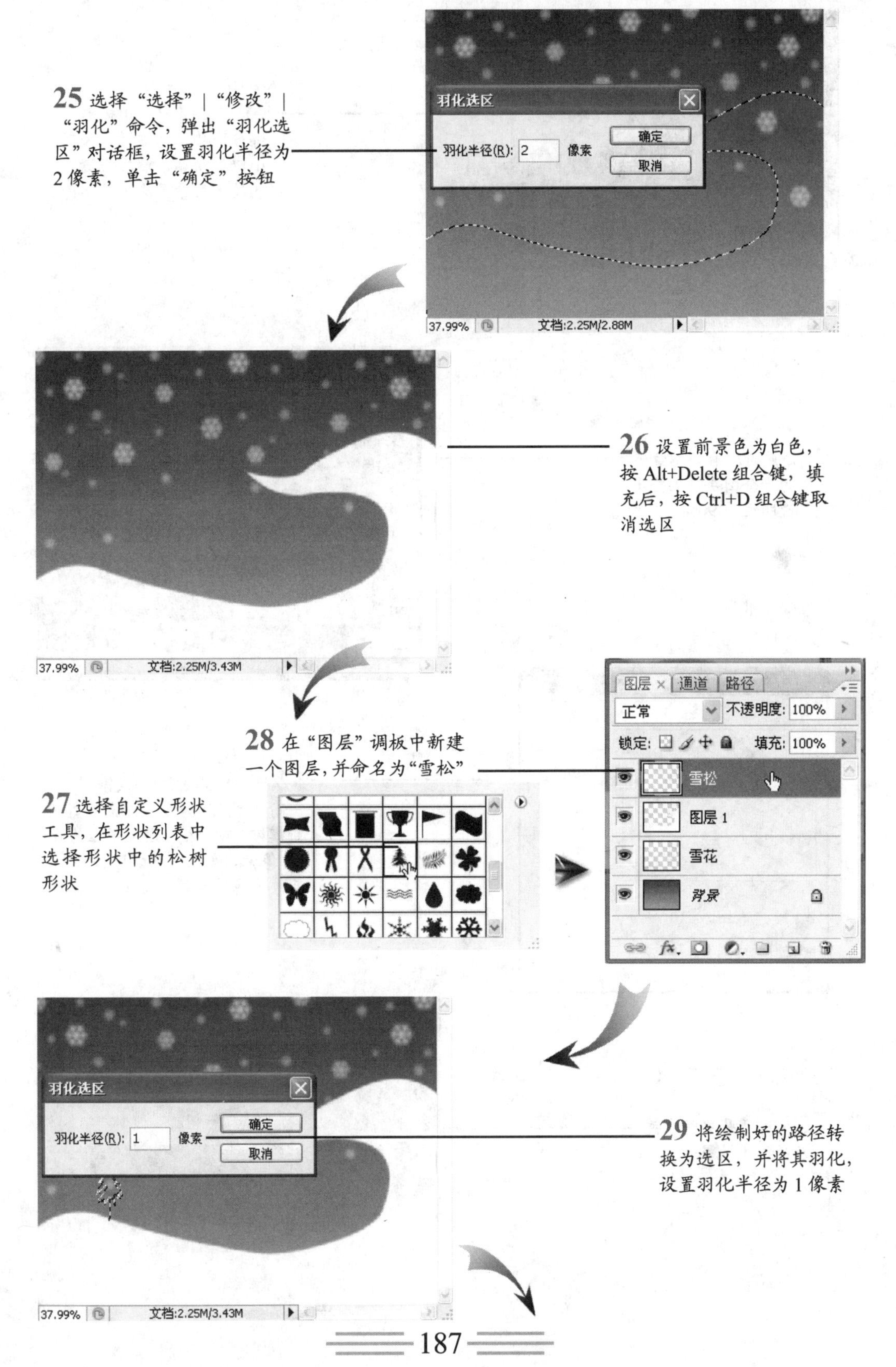

25 选择“选择”|“修改”|“羽化”命令，弹出“羽化选区”对话框，设置羽化半径为2像素，单击“确定”按钮

26 设置前景色为白色，按 Alt+Delete 组合键，填充后，按 Ctrl+D 组合键取消选区

27 选择自定义形状工具，在形状列表中选择形状中的松树形状

28 在“图层”调板中新建一个图层，并命名为“雪松”

29 将绘制好的路径转换为选区，并将其羽化，设置羽化半径为 1 像素

30 在图像中绘出树木部分，要注意远近、大小以及角度，然后用透明度来区分层次

31 将所有树木合并为一个图层，调整不透明度为 90%

高斯模糊

确定

取消

☑预览(P)

20%

半径(R): 1.5 像素

32 选择“滤镜”|“模糊”|“高斯模糊”命令，弹出“高斯模糊”对话框，设置半径为 1.5 像素，单击“确定”按钮后，该滤镜生效

33 这便是模糊滤镜后的整体效果

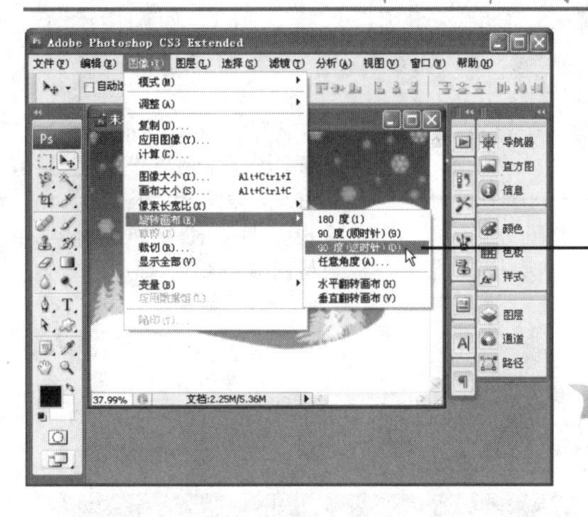

34 选择“图像”|“旋转画布”|“90°（逆时针）”命令，将图像 90° 逆时针翻转

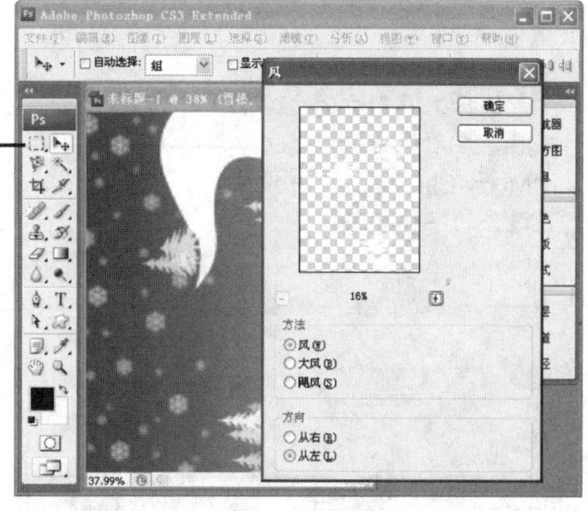

35 选择“滤镜”|“风格化”|“风”命令，弹出“风”对话框，设置“方法”为“风”，“方向”为“从左”，单击“确定”按钮后，该滤镜生效

36 执行完“风”滤镜后，选择“图像”|“旋转画布”|“90°（顺时针）”命令，将图像翻转还原，此时贺卡的背景已基本完成

制作圣诞贺卡没有圣诞老爷爷是不行的，下面将圣诞老人添加到贺卡中。

37 打开本书配套光盘中的图像文件，按 Ctrl+C 组合键复制该图像

38 在“图层”调板中新建一个图层，命名为“圣诞老人”，然后按 Ctrl+V 组合键将素材图像粘贴进来

39 选择工具箱中的文字工具，在图像中输入英文“Merry Christmas”，并设置适合的字体效果

40 按 Ctrl+T 组合键变换字体

41 选择工具箱中的移动工具，将字体摆放至合适的位置

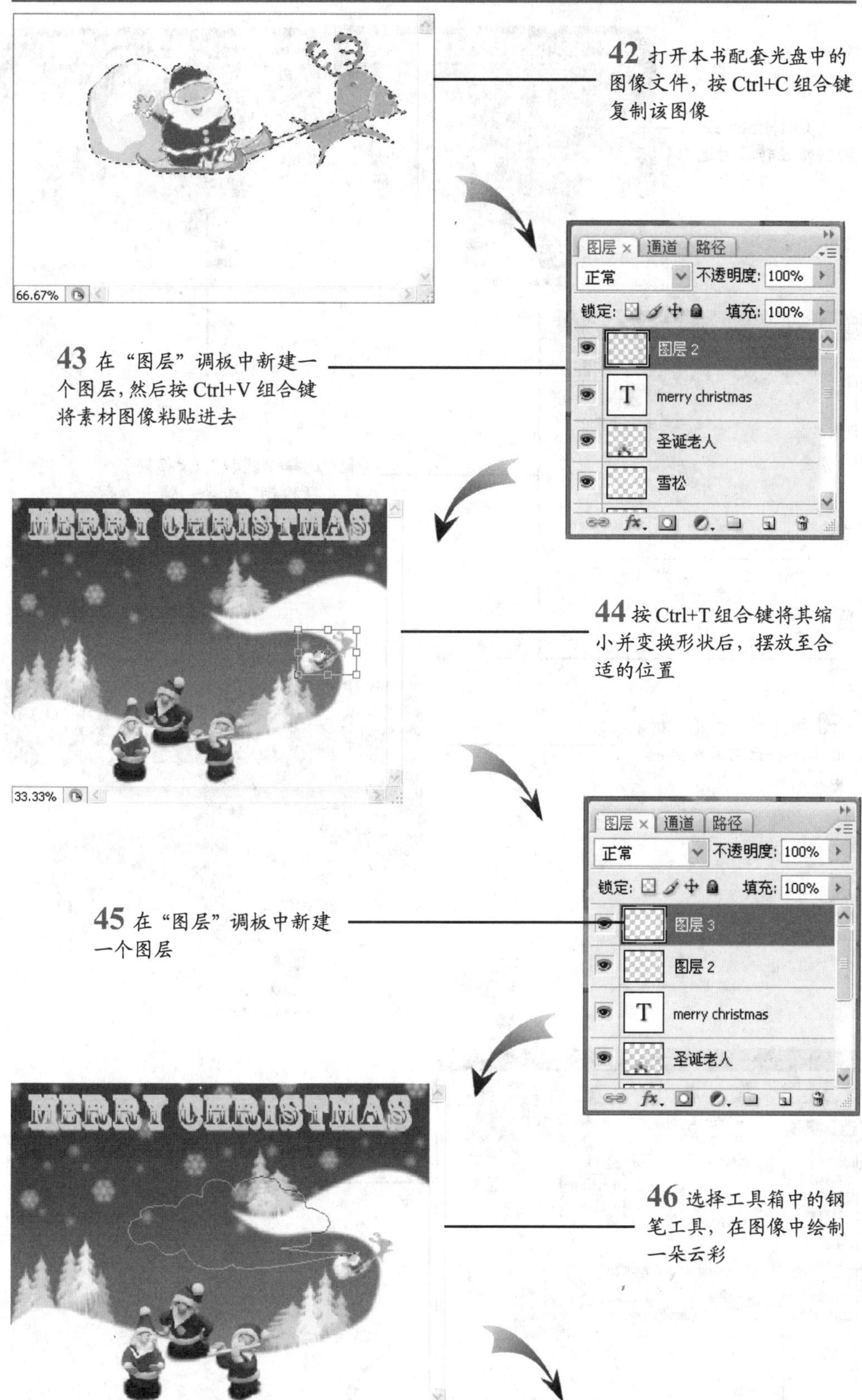

42 打开本书配套光盘中的图像文件，按 Ctrl+C 组合键复制该图像

43 在“图层”调板中新建一个图层，然后按 Ctrl+V 组合键将素材图像粘贴进去

44 按 Ctrl+T 组合键将其缩小并变换形状后，摆放至合适的位置

45 在“图层”调板中新建一个图层

46 选择工具箱中的钢笔工具，在图像中绘制一朵云彩

47 按 Ctrl+Enter 组合键将路径转换为选区

48 设置前景色为白色并填充

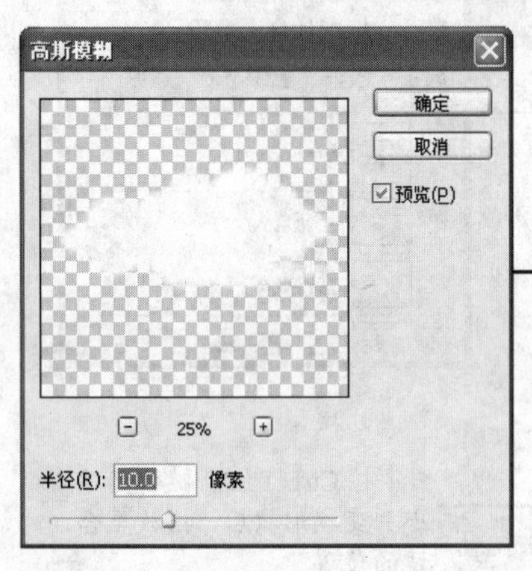

49 选择"滤镜"|"模糊"|"高斯模糊"命令，弹出"高斯模糊"对话框，设置半径为 10.0 像素

50 按照制作雪花与树木的方法将云彩添加到图像中

图层样式

样式
混合选项:默认
投影
内阴影
外发光
内发光
斜面和浮雕
等高线
纹理
光泽
颜色叠加
渐变叠加
图案叠加
描边

投影
结构
混合模式: 正片叠底
不透明度(O): 75 %
角度(A): 101 度 使用全局光(G)
距离(D): 5 像素
扩展(R): 0 %
大小(S): 16 像素
品质
等高线: 消除锯齿(L)
杂色(N): 0 %
图层挖空投影(U)

确定
取消
新建样式(W)...
预览(V)

51 在"图层"调板中双击"云彩"图层，添加"投影"图层样式，设置"距离"为 5 像素，"扩展"为 0%，"大小"为 16 像素

52 在“图层”调板中选择文字图层，单击鼠标右键，在弹出的菜单中选择“栅格化文字”命令，将文字图层转换为普通图层

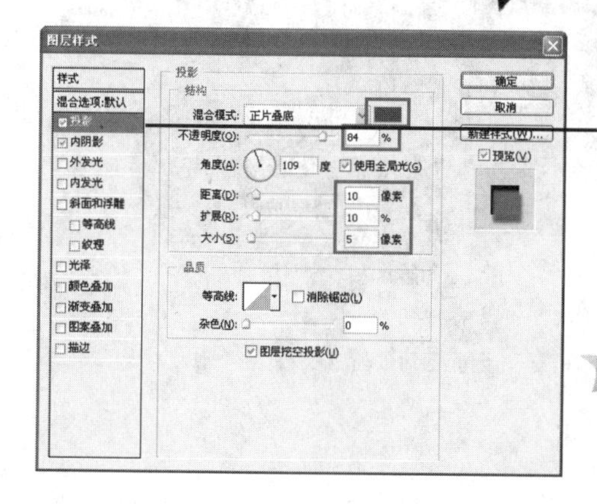

53 将文字图层转换为普通图层后，双击该图层将弹出“图层样式”对话框，添加如左图所示的“投影”样式

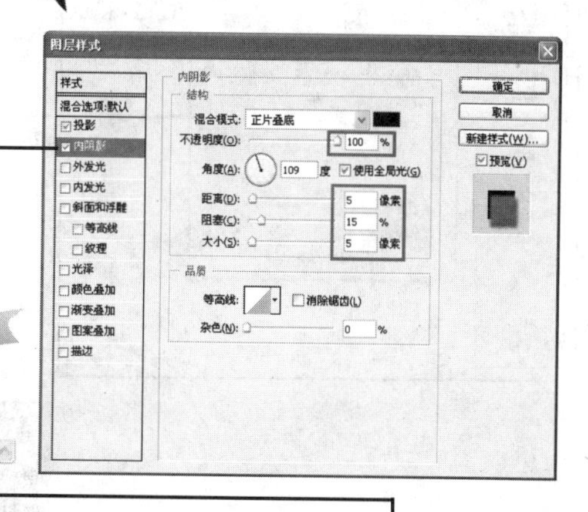

54 选择“内阴影”选项，为图像添加右图中的样式

55 左图为添加样式后的英文字效果

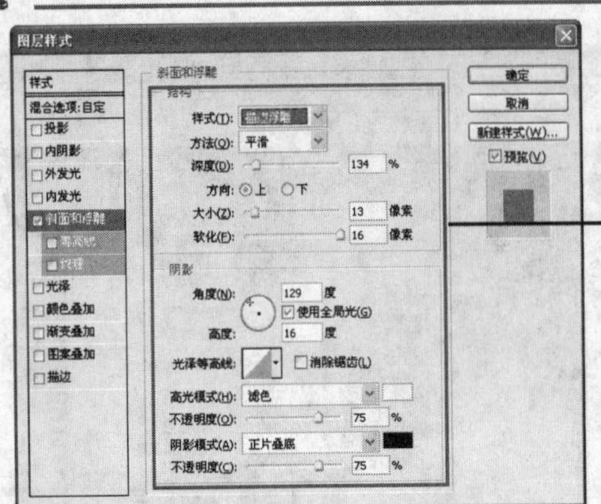

56 在"图层"调板中，选择圣诞老人所在的图层，为该图层添加如左图所示的"斜面和浮雕"样式

57 右图为添加样式后的圣诞老人图像效果

58 在"图层"调板中选择图层1，为该图层添加如左图所示的"投影"样式

59 右图为添加样式后的图像效果

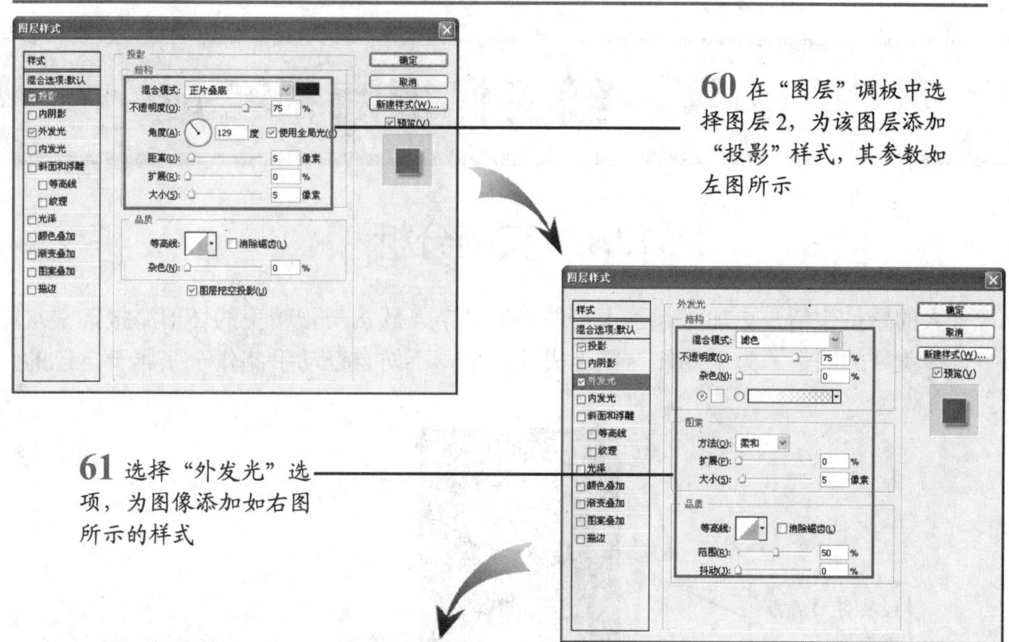

60 在“图层”调板中选择图层 2，为该图层添加“投影”样式，其参数如左图所示

61 选择“外发光”选项，为图像添加如右图所示的样式

62 左图为添加样式后的效果图

圣诞贺卡最终效果图

第 12 章　经典怀旧海报合成

12.1　实例分析

现代人的繁忙生活，更加激起了人们的怀旧情节，欣赏一张精美的怀旧海报，常常能激起心中许多美好的回忆。为了缅怀这些逝去的回忆，不妨自己动手制作一张属于自己的怀旧海报。

12.2　实例操作

制作经典怀旧海报的具体操作步骤如下。

首先对图像的色彩进行调整，并为图像添加杂点效果。

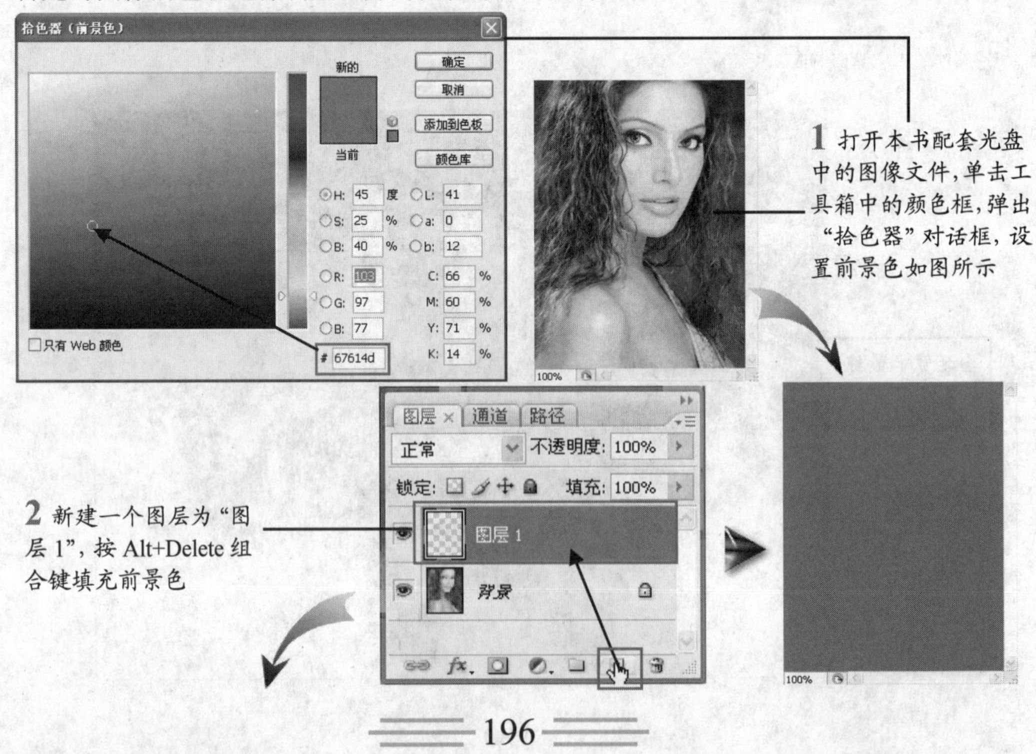

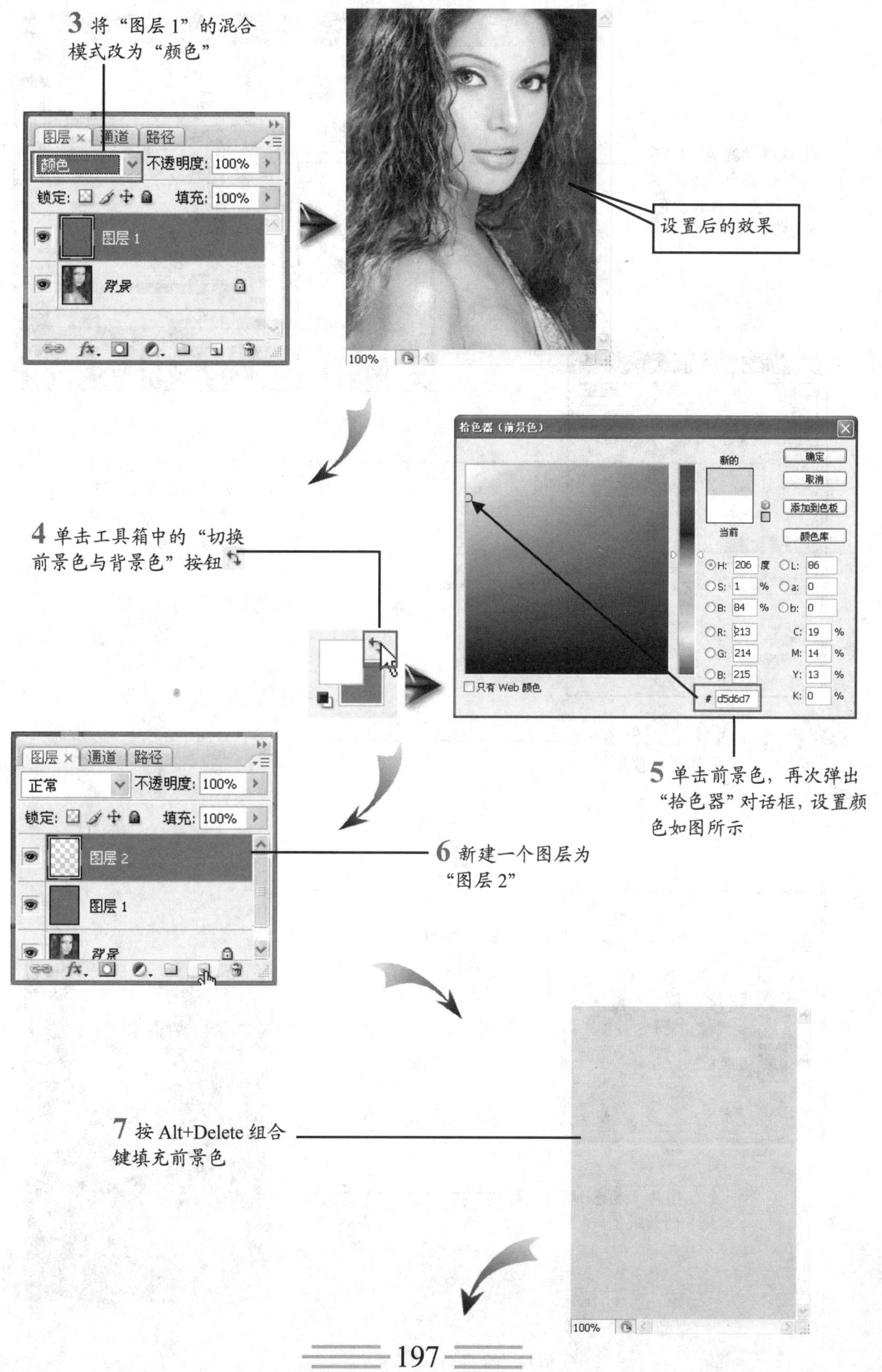
3 将“图层 1”的混合模式改为“颜色”
图层 通道 路径
颜色 不透明度: 100%
锁定: 填充: 100%
图层 1
背景
100%
设置后的效果
拾色器（前景色）
新的
当前
确定
取消
添加到色板
颜色库
H: 206 度 L: 86
S: 1 % a: 0
B: 84 % b: 0
R: 213 C: 19 %
G: 214 M: 14 %
B: 215 Y: 13 %
d5d6d7 K: 0 %
只有 Web 颜色
4 单击工具箱中的“切换前景色与背景色”按钮
5 单击前景色，再次弹出“拾色器”对话框，设置颜色如图所示
图层 通道 路径
正常 不透明度: 100%
锁定: 填充: 100%
图层 2
图层 1
背景
6 新建一个图层为“图层 2”
7 按 Alt+Delete 组合键填充前景色
100%

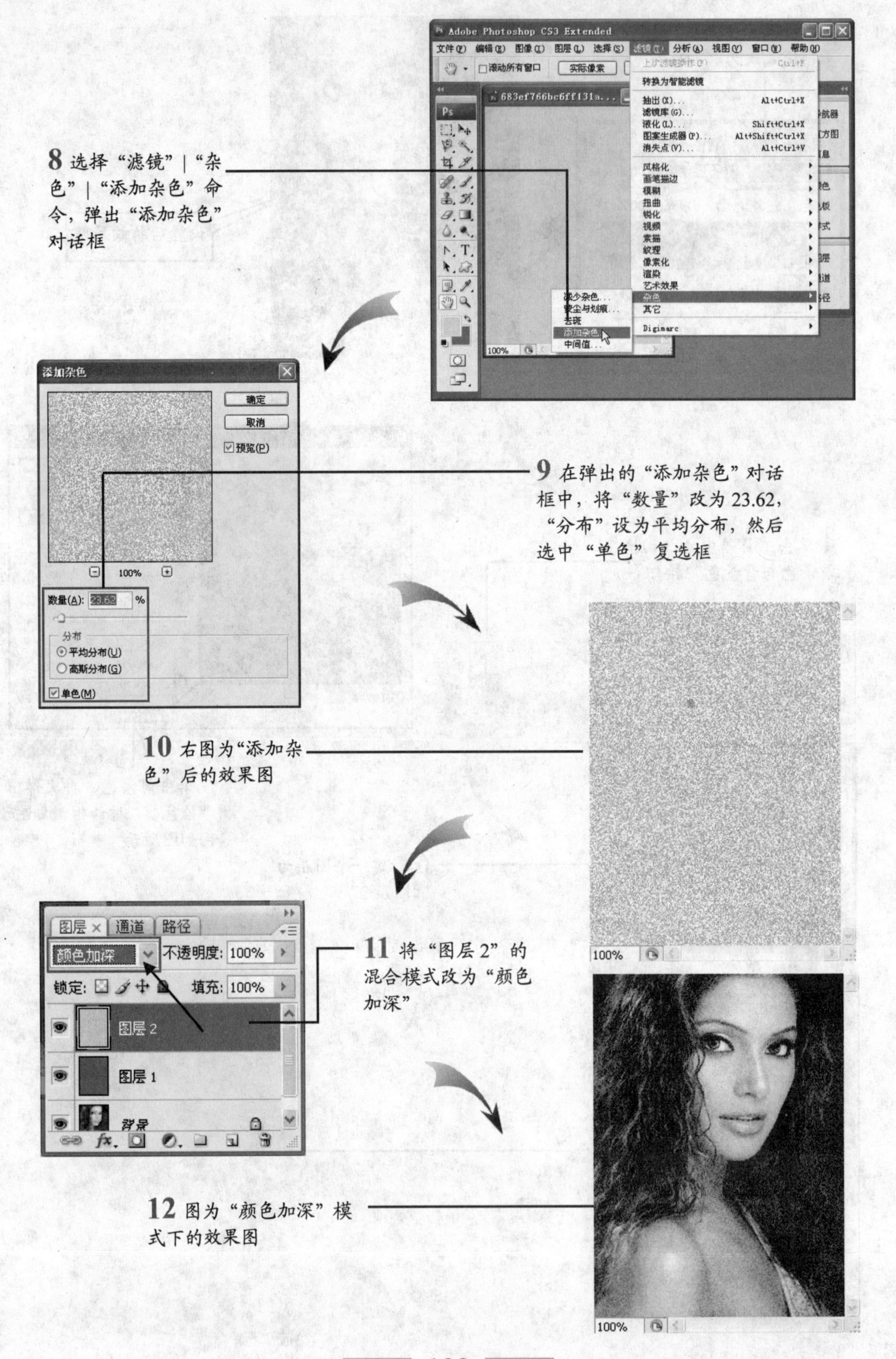

8 选择“滤镜”|“杂色”|“添加杂色”命令，弹出“添加杂色”对话框

9 在弹出的“添加杂色”对话框中，将“数量”改为23.62，“分布”设为平均分布，然后选中“单色”复选框

10 右图为“添加杂色”后的效果图

11 将“图层 2”的混合模式改为“颜色加深”

12 图为“颜色加深”模式下的效果图

使用蒙版来突出图像中的人物脸部和眼部特征。

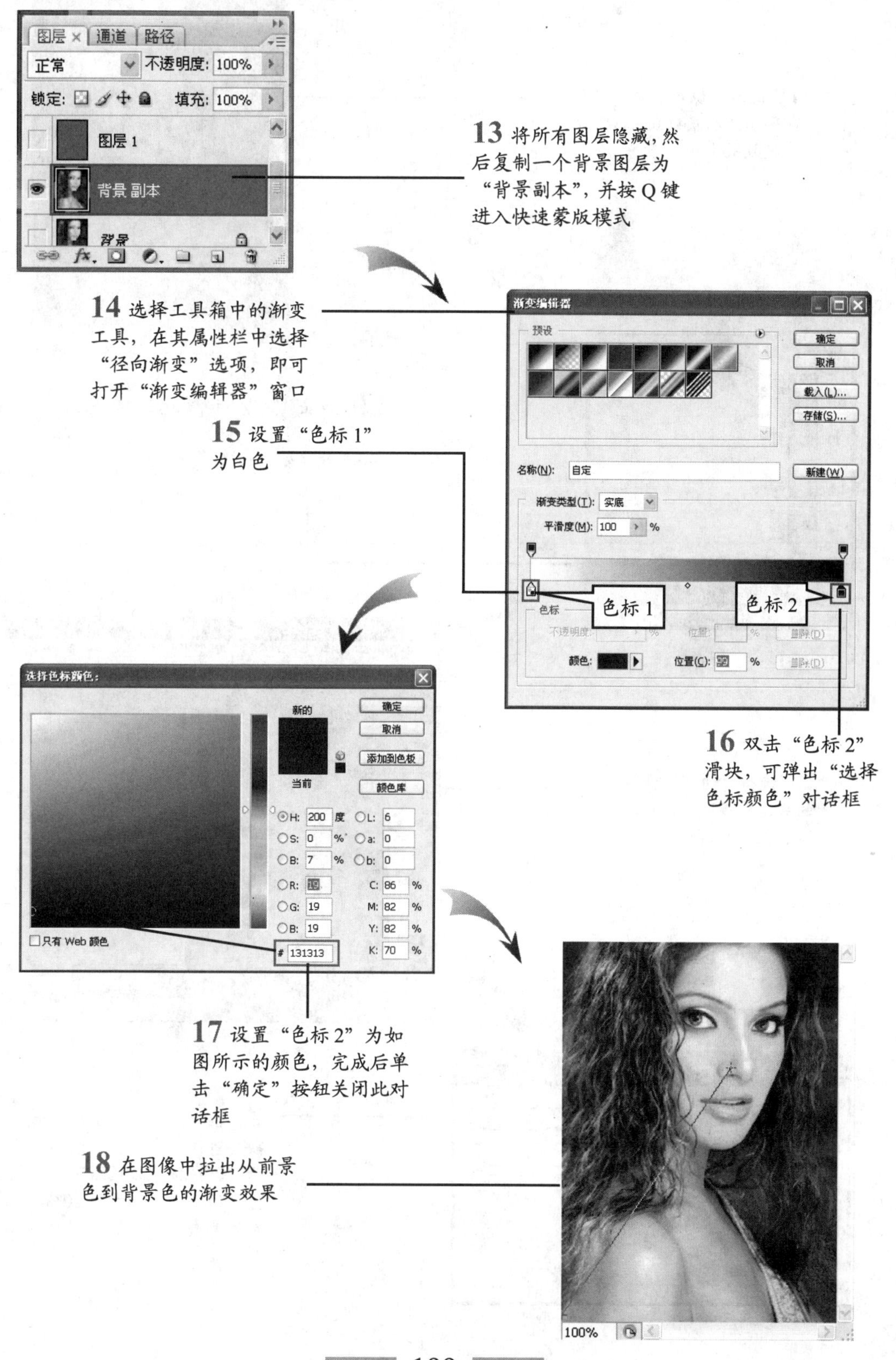

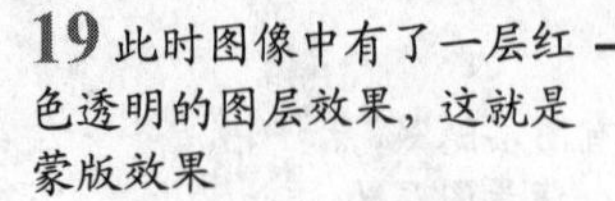

19 此时图像中有了一层红色透明的图层效果，这就是蒙版效果

20 单击“通道”调板，在“通道”调板中自动出现了一个快速蒙版通道

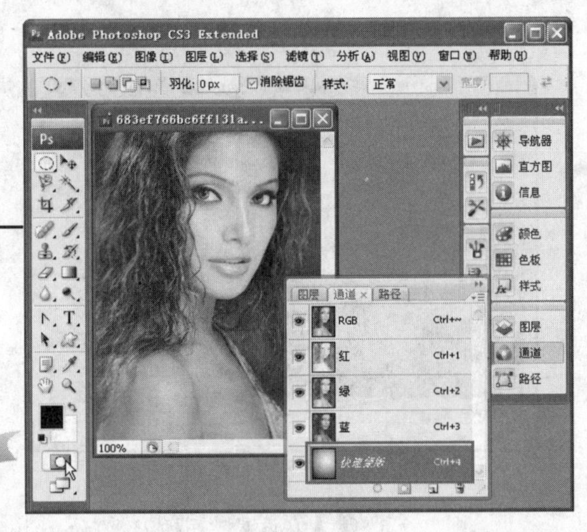

21 选择“通道”调板中的快速蒙版通道，双击“快速蒙版”通道

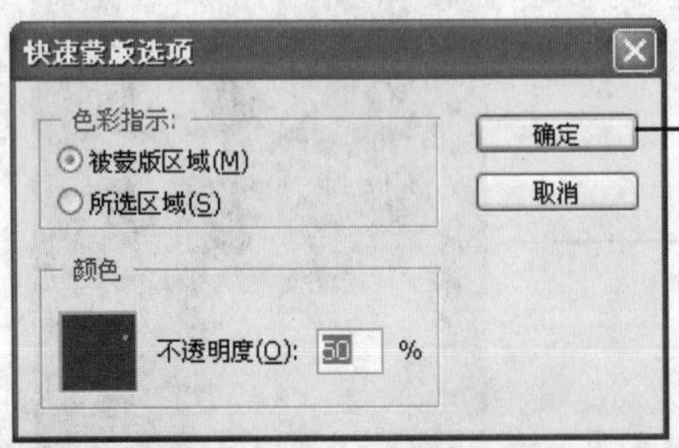

22 在弹出的“快速蒙版选项”对话框中，将“色彩指示”改为“被蒙版区域”，“颜色”的不透明度设为50%，然后单击“确定”按钮

23 单击工具箱中的“以标准模式编辑”按钮，会自动生成径向渐变产生的未被遮罩的图像选区

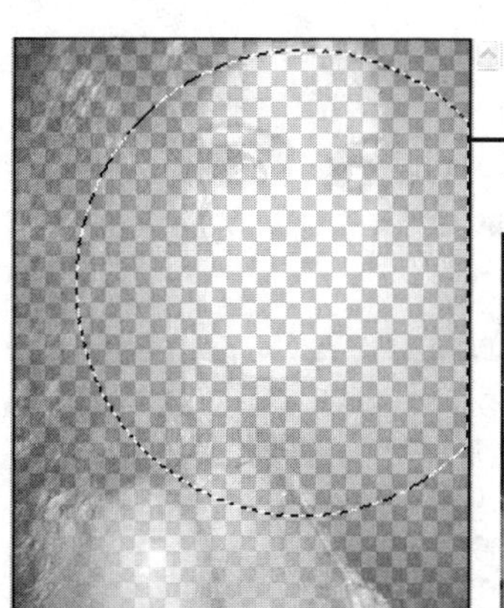

24 返回“图层”调板，选择“背景副本”图层，保持选区不变的同时，按Delete 删除选区内的图像

25 使背景图层可见，再将“背景副本”图层的混合模式改为“差值”

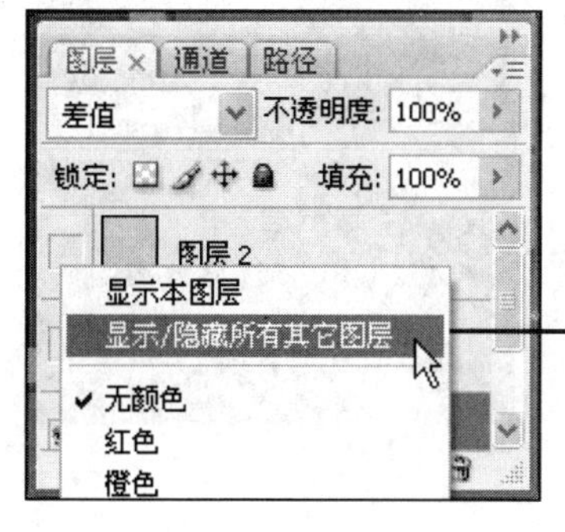

26 在“图层”调板中单击鼠标右键，在弹出的菜单中选择“显示/隐藏所有其他图层”命令，将所有图层设置为可见

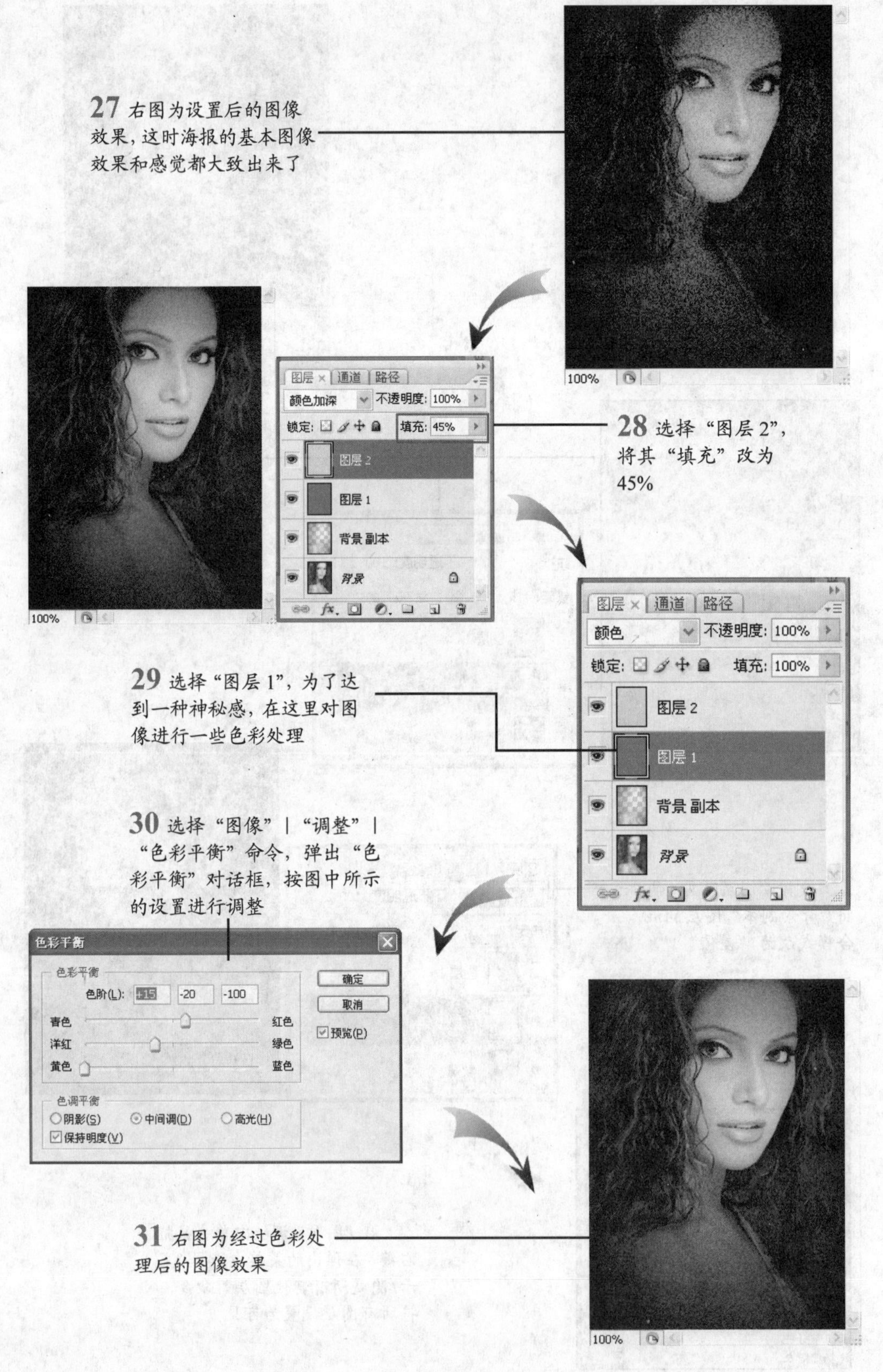

27 右图为设置后的图像效果，这时海报的基本图像效果和感觉都大致出来了

28 选择“图层 2”，将其“填充”改为45%

29 选择“图层 1”，为了达到一种神秘感，在这里对图像进行一些色彩处理

30 选择“图像”|“调整”|“色彩平衡”命令，弹出“色彩平衡”对话框，按图中所示的设置进行调整

31 右图为经过色彩处理后的图像效果

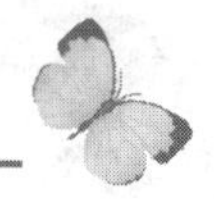

32 再次复制背景图层为“背景副本 2”，并将其他图层隐藏，以便观察当前制作图像的效果，然后按 Q 键进入快速蒙版

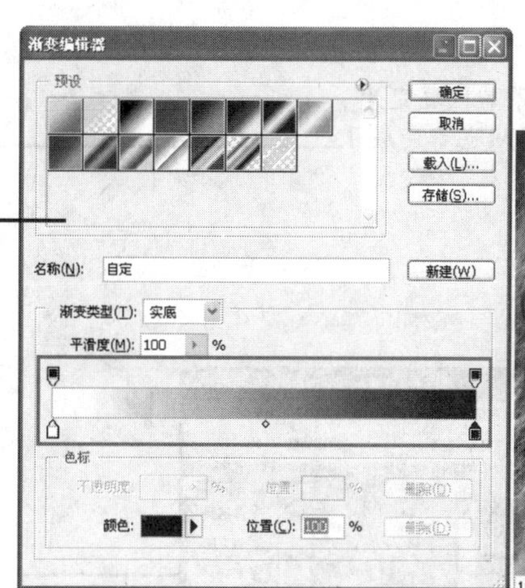

33 使用工具箱中的渐变工具，选择径向渐变在人物眼部绘制，设置渐变色带为前景色白色到背景色黑色的渐变效果

34 这时眼部为未被蒙盖区域，其他部分为被蒙盖区域

35 双击“以蒙版模式编辑”按钮，弹出“快速蒙版选项”对话框

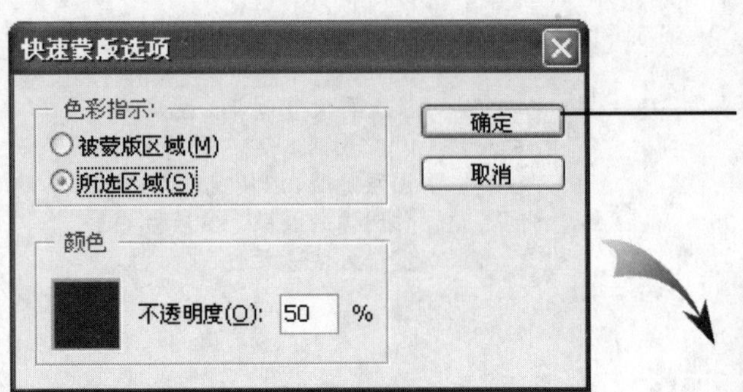

36 在弹出的“快速蒙版选项”对话框中，将“色彩指示”改为“所选区域”，“颜色”不透明度为50%，设置好后单击“确定”按钮

37 图像中的未被蒙盖区域变为被蒙盖区域，其他区域也都变成了未被蒙盖区域

38 此时单击工具箱中的“以标准模式编辑”按钮，自动在眼部生成了一个图像选区

39 按 Shift+Ctrl+I 组合键将选区反选

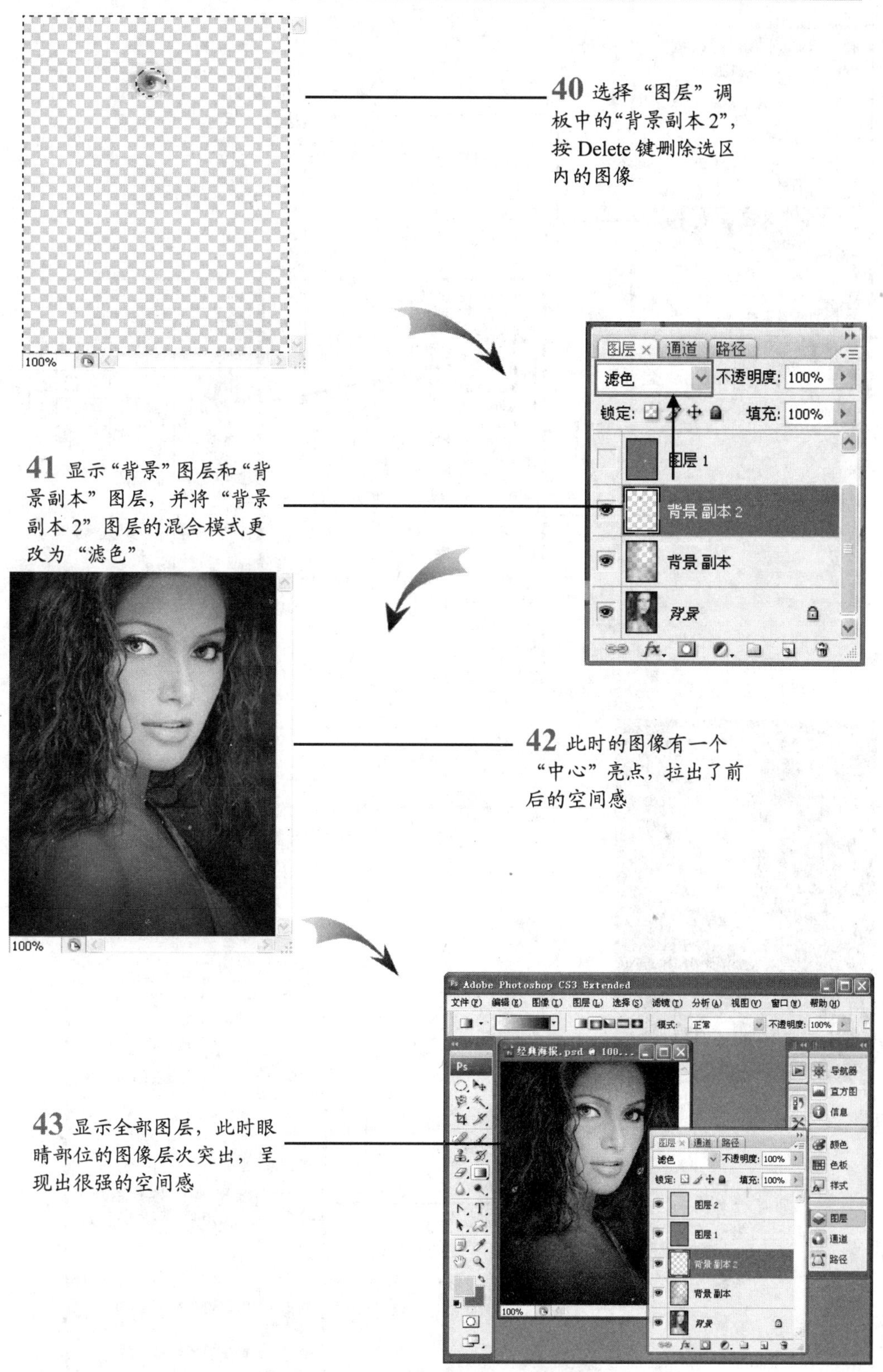

40 选择“图层”调板中的“背景副本 2”，按 Delete 键删除选区内的图像

41 显示“背景”图层和“背景副本”图层，并将“背景副本 2”图层的混合模式更改为“滤色”

42 此时的图像有一个“中心”亮点，拉出了前后的空间感

43 显示全部图层，此时眼睛部位的图像层次突出，呈现出很强的空间感

选择合适的笔触并使用画笔工具为图像制作出怀旧的划痕效果和特效字体。

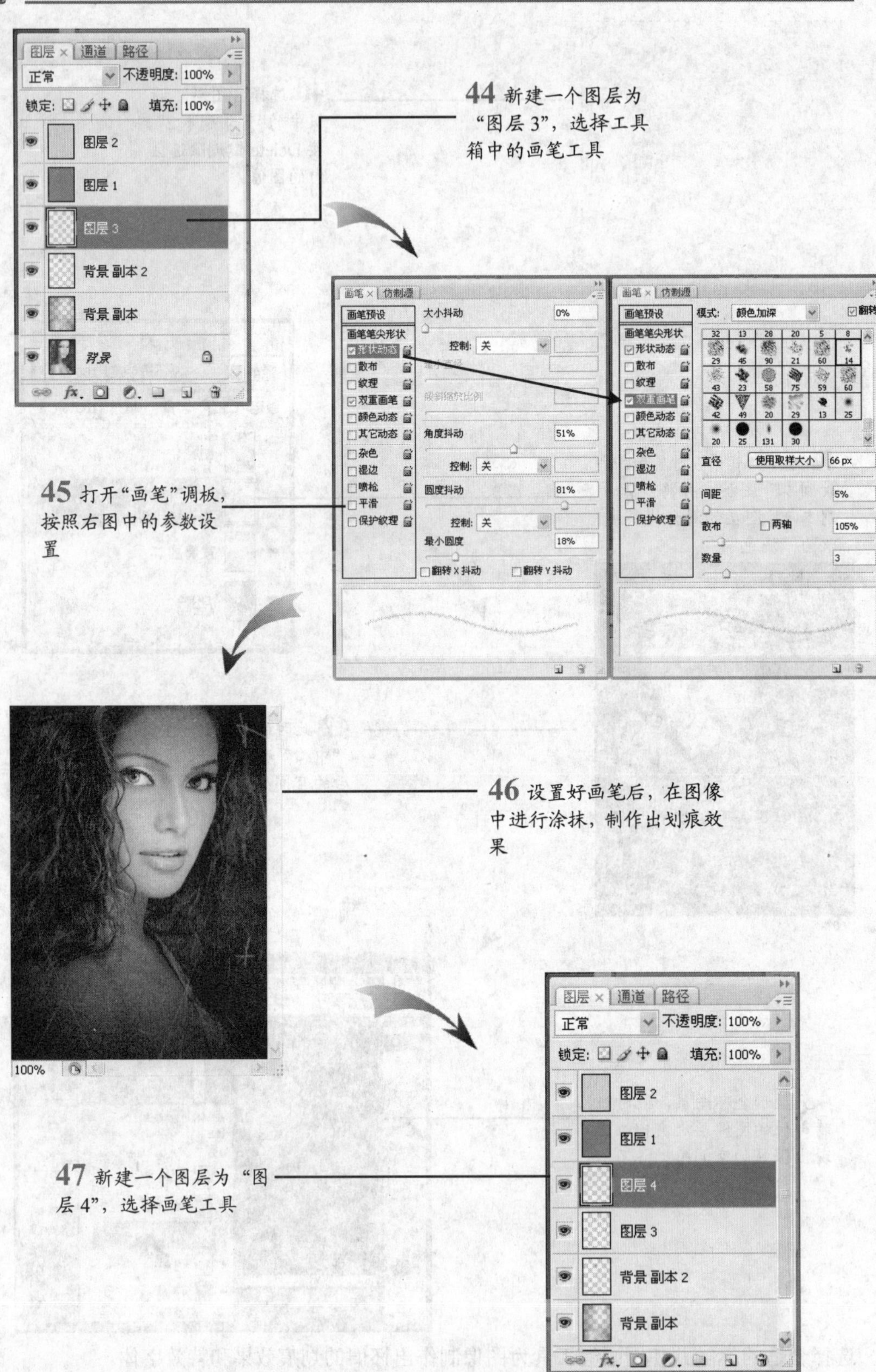

44 新建一个图层为“图层 3”，选择工具箱中的画笔工具

45 打开“画笔”调板，按照右图中的参数设置

46 设置好画笔后，在图像中进行涂抹，制作出划痕效果

47 新建一个图层为“图层 4”，选择画笔工具

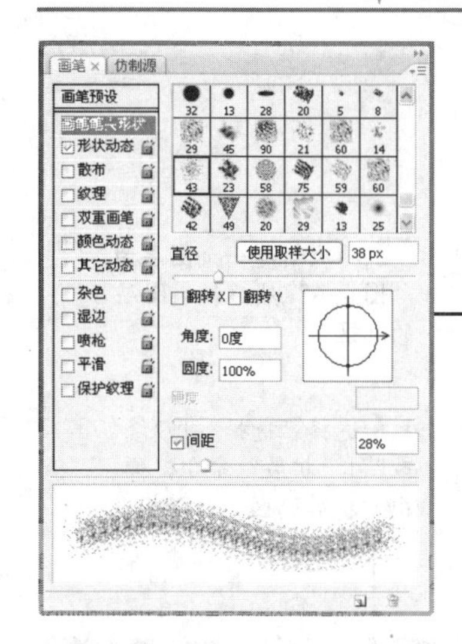

画笔笔触的属性栏设置

48 再次打开“画笔”调板，按照图中的参数设置

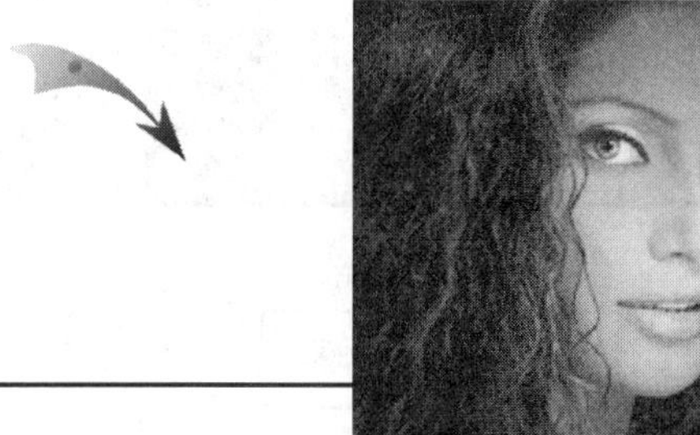

49 设置好画笔后，直接用鼠标在图像中按右图所示的效果涂抹

50 新建一个图层为“图层5”，选择画笔工具

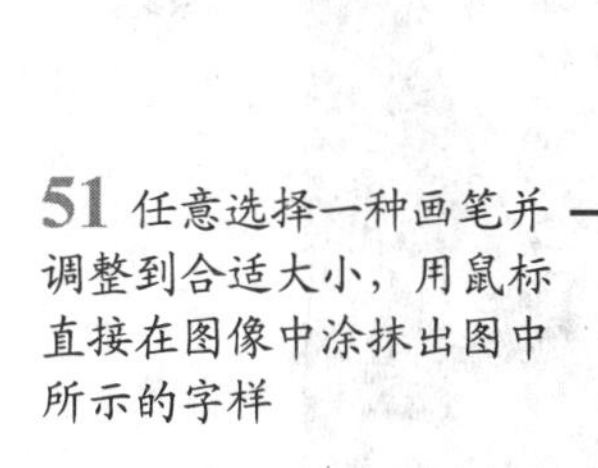

51 任意选择一种画笔并调整到合适大小，用鼠标直接在图像中涂抹出图中所示的字样

52 再次新建一个图层为“图层 6”，然后载入图层 5 的选区

53 选择“选择”|“修改”|“扩展”命令，弹出“扩展选区”对话框

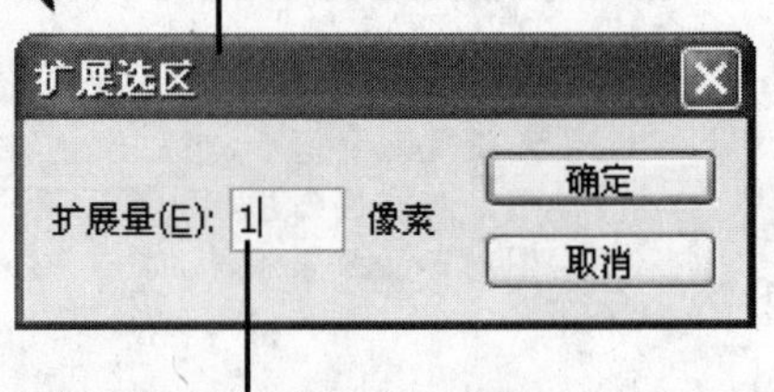

54 在弹出的“扩展选区”对话框中，将“扩展量”设为 1 像素，单击“确定”即可

55 选择“选择”|“修改”|“羽化”命令，弹出“羽化选区”对话框，将“羽化半径”设为 1 像素，单击“确定”按钮

羽化选区

羽化半径(R): 1 像素

设置后的图像效果

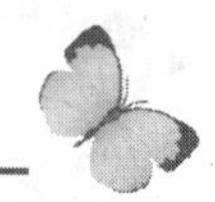

56 打开“图层”调板，选择“图层 6”并将其混合模式改为“变亮”

57 选择“选择”|“修改”|“收缩”命令，弹出“收缩选区”对话框，将“收缩量”改为 3 像素，然后单击“确定”按钮

设置后的图像效果

58 选择“编辑”|“描边”命令，弹出“描边”对话框，其参数设置如图所示，完成后单击“确定”按钮

59 右图为描边后的效果图

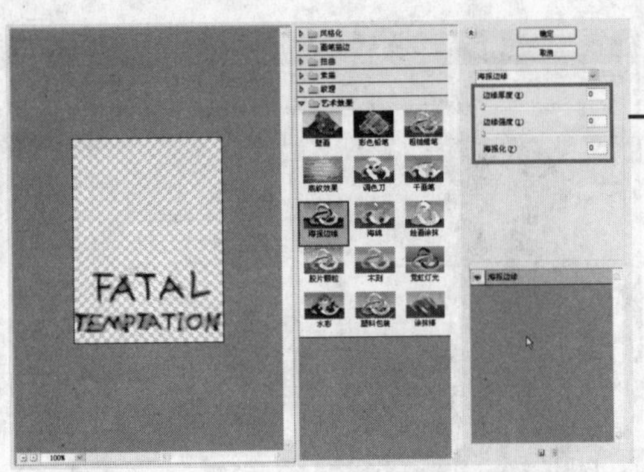

60 选择“滤镜”|“艺术效果”|“海报边缘”命令，弹出“海报边缘”对话框，将所有的参数设置为0，单击“确定”按钮

61 这样文字边缘即可增添朦胧的湿边效果

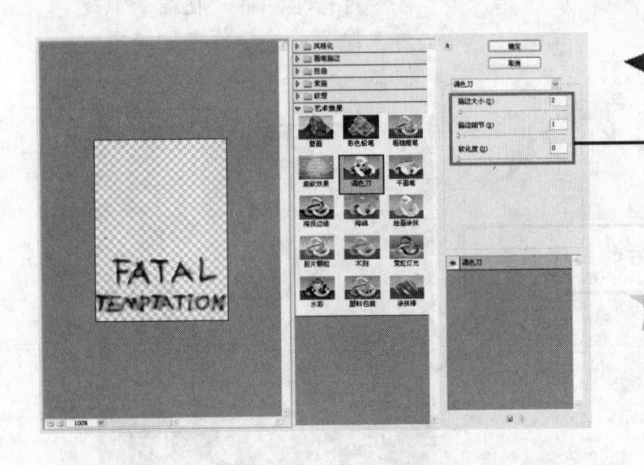

62 选择“滤镜”|“艺术效果”|“调色刀”命令，弹出“调色刀”对话框，将“描边大小”设为2，“描边细节”设为1，“软化度”设为0，单击“确定”按钮

63 设置后的文字效果边缘若隐若现

64 在“图层”调板中双击“图层6”，弹出“图层样式”对话框，其参数设置如图所示

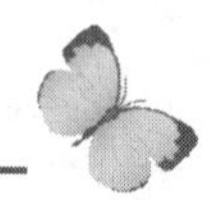

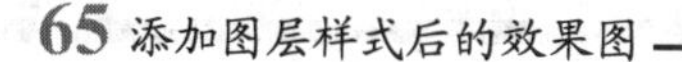

65 添加图层样式后的效果图

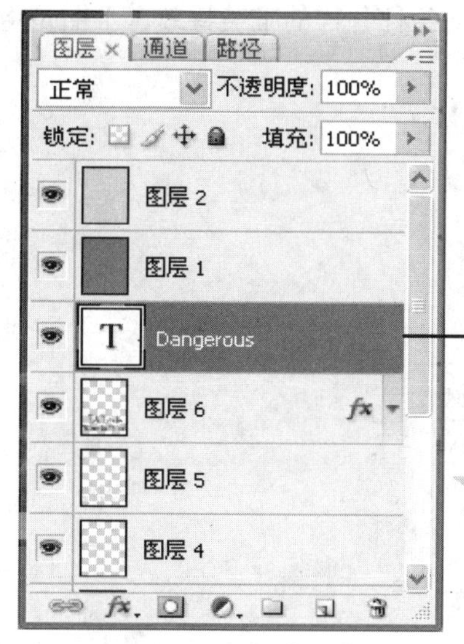

66 为了使整个图像看上去紧凑饱满，在图像的上部加入一行文字

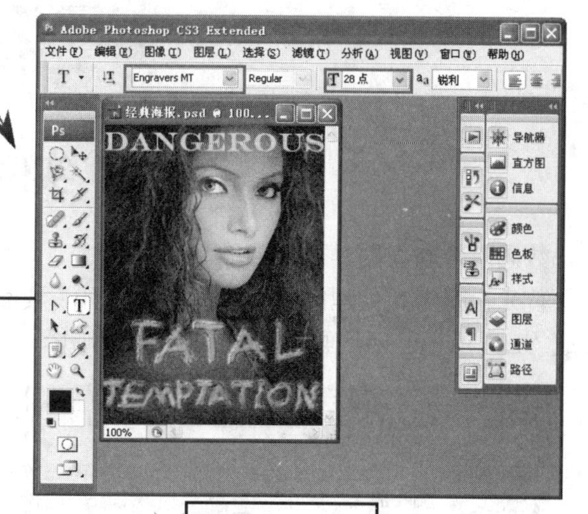

67 选择横排文字工具，在图像中将文字输入，并按照右图中的参数设置字体类型及字体大小

68 打开“图层”调板，选择文字图层，将其混合模式改为“点光”并将“填充”改为40%。一张海报效果的图片就完成了

经典怀旧海报最终效果图

第 13 章　数码照片的唯美写真特效实例

13.1　实例分析

普通的生活照片通过 Photoshop 的处理，可以制作出各种各样的唯美特效。下图是将数码照片处理成唯美写真特效的图像效果。

13.2　实例操作

数码照片处理的具体步骤如下。

首先，将需要处理的数码照片文件打开。要制作唯美写真特效，先将图片的色彩模式转换成“Lab 颜色”后，再进入通道中进行制作。

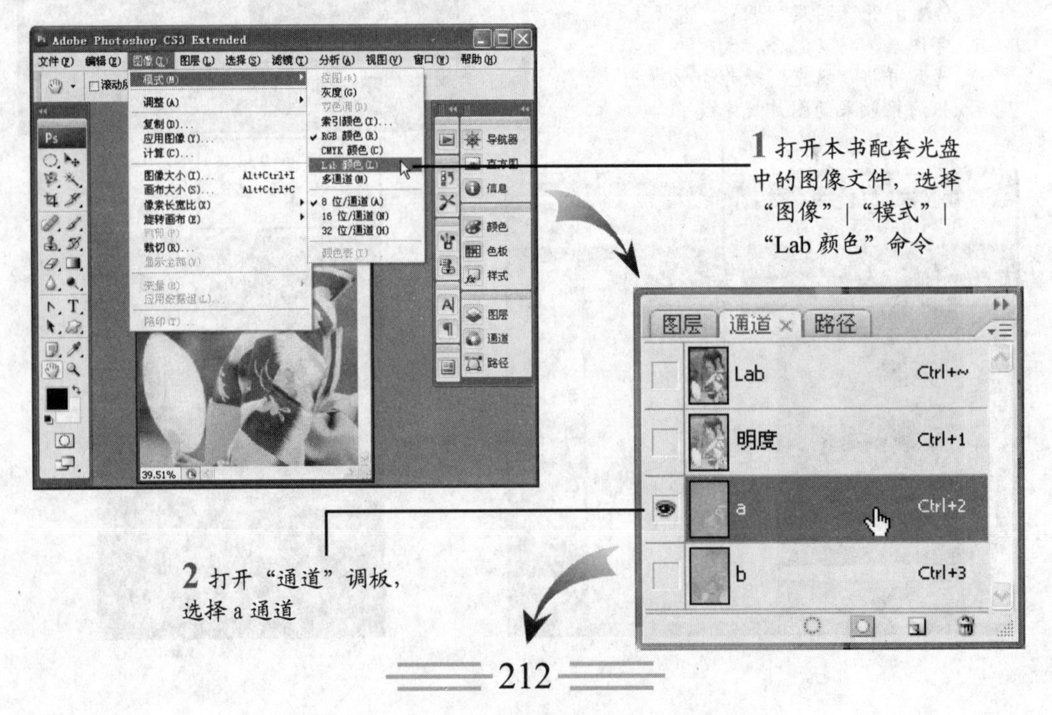

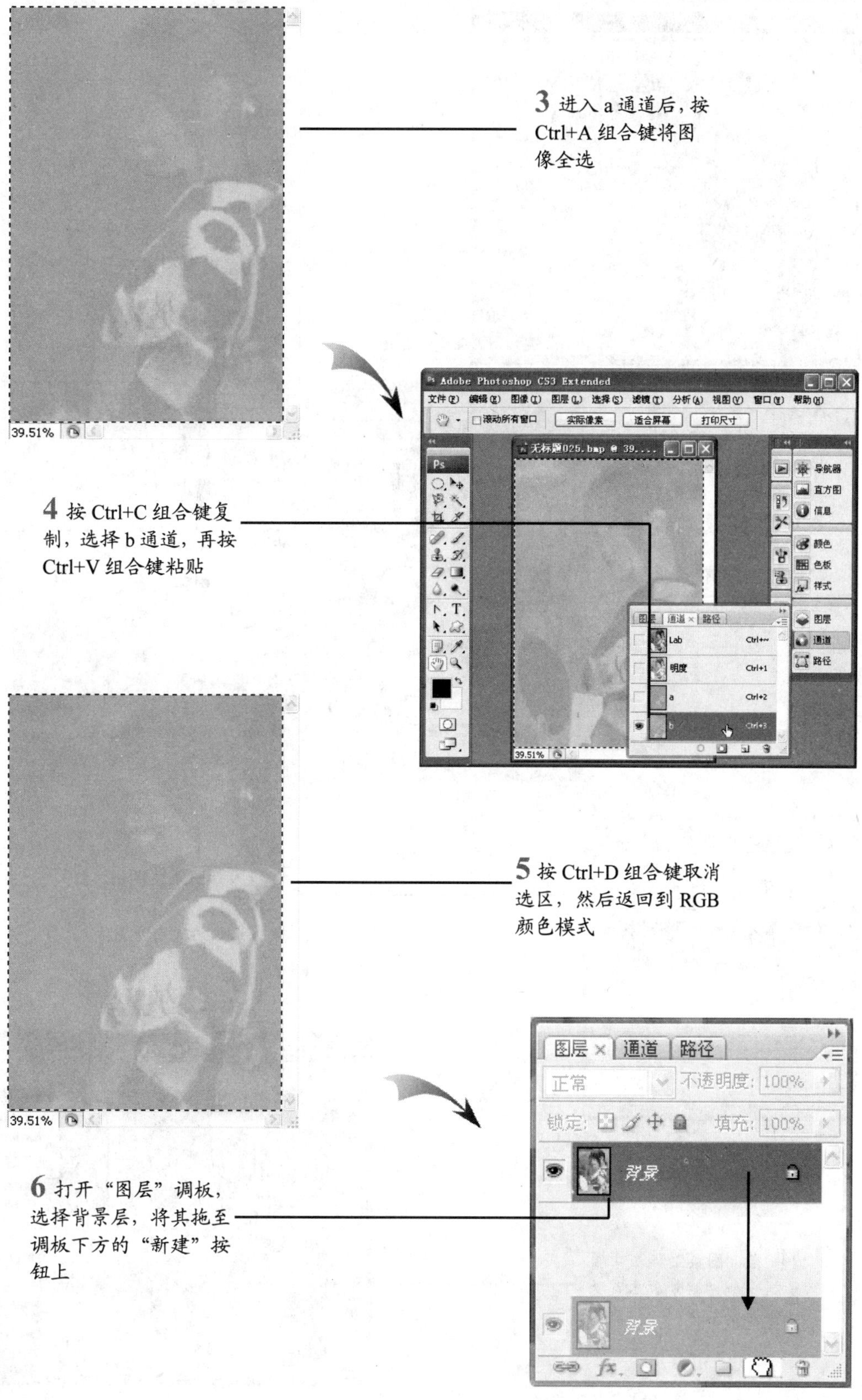

3 进入 a 通道后，按 Ctrl+A 组合键将图像全选
4 按 Ctrl+C 组合键复制，选择 b 通道，再按 Ctrl+V 组合键粘贴
5 按 Ctrl+D 组合键取消选区，然后返回到 RGB 颜色模式
6 打开“图层”调板，选择背景层，将其拖至调板下方的“新建”按钮上
Adobe Photoshop CS3 Extended
图层
通道
路径
正常
不透明度:
100%
锁定:
填充:
背景

7 释放鼠标，此时“背景副本”图层就复制好了

8 选择“滤镜”|“素描”|“水彩画纸”命令，弹出“水彩画纸”对话框，设置“纤维长度”为 10，“亮度”为 55，“对比度”为 75，单击“确定”按钮使该滤镜生效

9 进入“图层”调板，将“背景副本”图层的混合模式更改为“叠加”

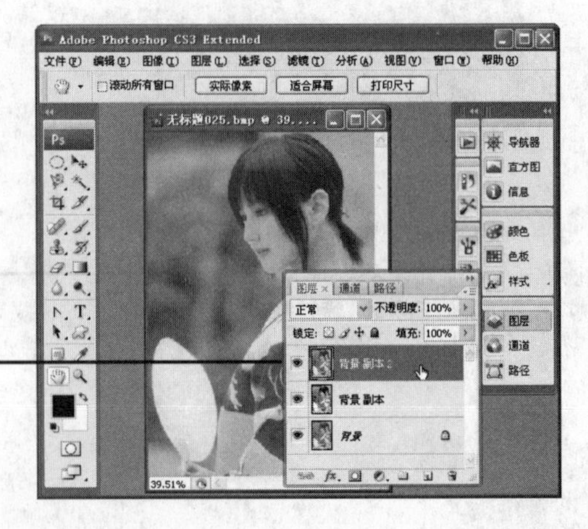

10 在“图层”调板中再复制一个“背景副本”为“背景副本 2”

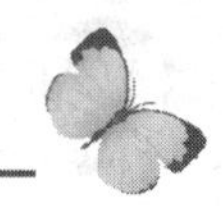

使用图像菜单下的“调整”工具组对照片的色彩、阴影、高光等进行调整。

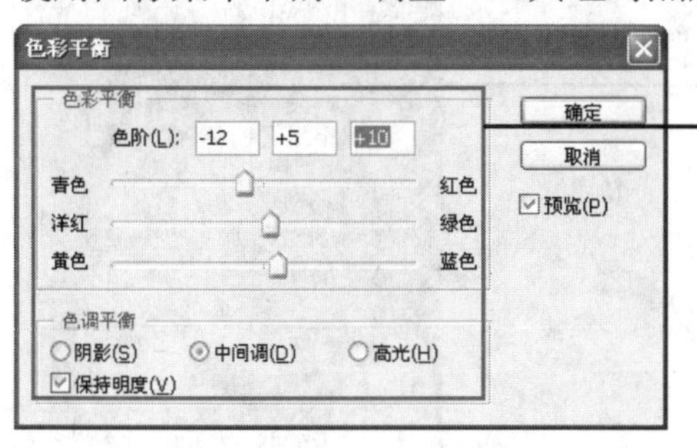

11 选择“图像”|“调整”|“色彩平衡”命令，弹出“色彩平衡”对话框，设置“色调平衡”为“中间调”，色阶分别调整为－12、+5、+10，单击“确定”按钮

12 右图为经过“色彩平衡”第一阶段调整后的效果图

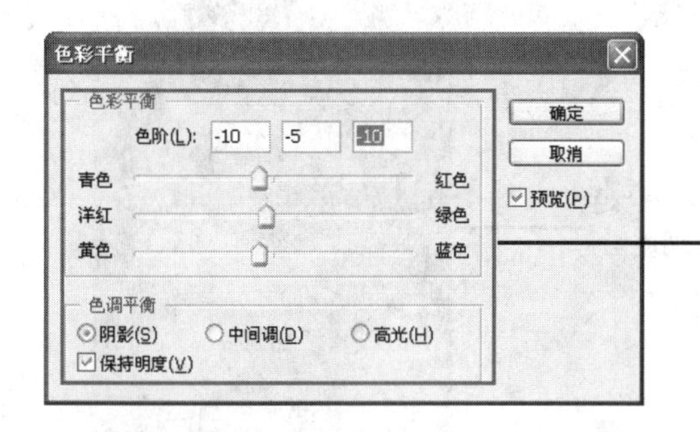

13 选择“图像”|“调整”|“色彩平衡”命令，弹出“色彩平衡”对话框，设置“色调平衡”为“阴影”，色阶分别调整为－10、－5、－10，单击“确定”按钮

14 右图为经过“色彩平衡”第二阶段调整后的效果图

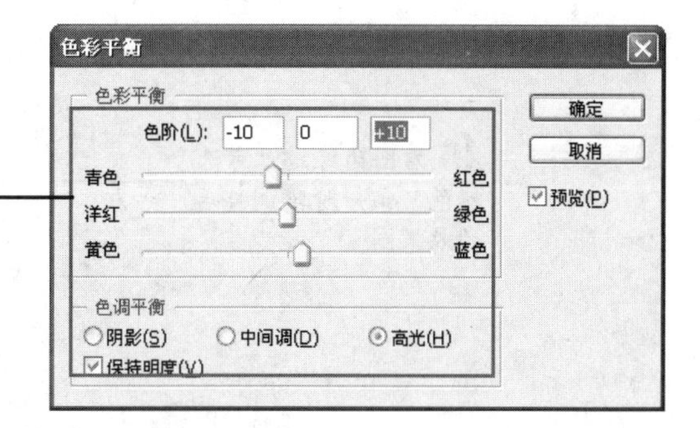

15 选择“图像”|“调整”|“色彩平衡”命令，弹出“色彩平衡”对话框，设置“色调平衡”为“高光”，色阶分别调整为－10、0、+10，单击“确定”按钮

16 右图为经过3次“色彩平衡”调整后的效果图

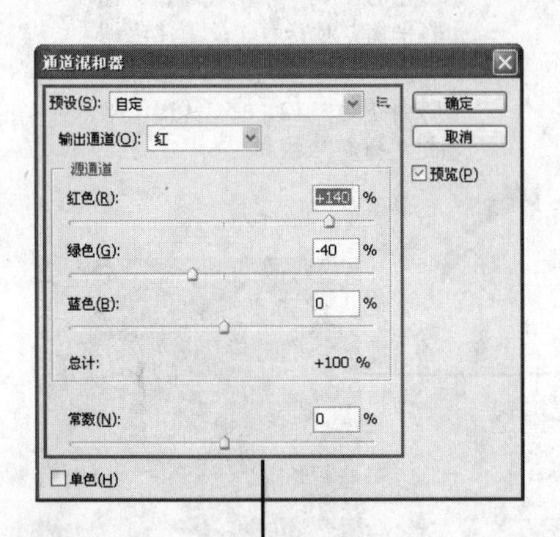

17 选择“图像”|“调整”|“通道混合器”命令，弹出“通道混合器”对话框，设置“输出通道”为红色，“源通道”分别调整为 + 140、- 40、0、0，单击“确定”按钮

18 右图为经过“通道混合器”调整后的效果图

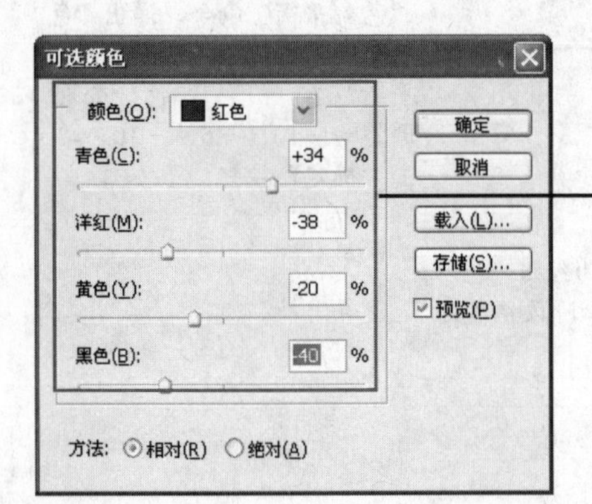

19 选择“图像”|“调整”|“可选颜色”命令，弹出“可选颜色”对话框，设置“颜色”为红色，其他色彩分别调整为+34、- 38、- 20、- 40，单击“确定”按钮

20 右图为经过“可选颜色”第一阶段调整后的效果图

21 选择“图像”|“调整”|“可选颜色”命令，弹出“可选颜色”对话框，设置“颜色”为黄色，其他色彩分别调整为+41、+48、+37、－34，单击“确定”按钮

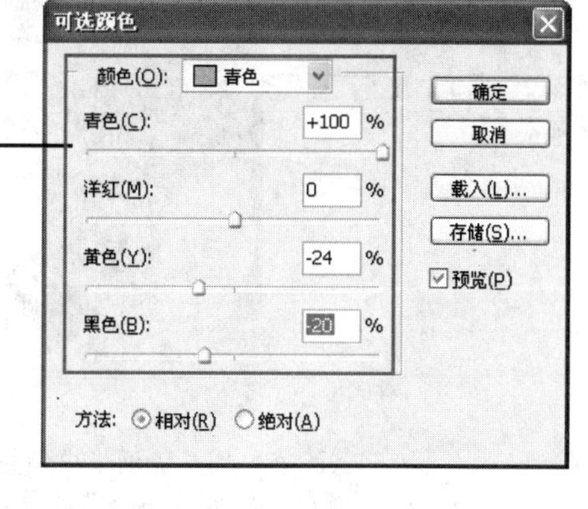

22 选择“图像”|“调整”|“可选颜色”命令，弹出“可选颜色”对话框，设置“颜色”为青色，其他色彩分别调整为+100、0、－24，－20，单击“确定”按钮

23 下图为经过“可选颜色”第 3 阶段调整后的效果图

24 选择“图像”|“调整”|“可选颜色”命令，弹出“可选颜色”对话框，设置“颜色”为蓝色，其他色彩分别调整为 0、0、0、－100，单击“确定”按钮

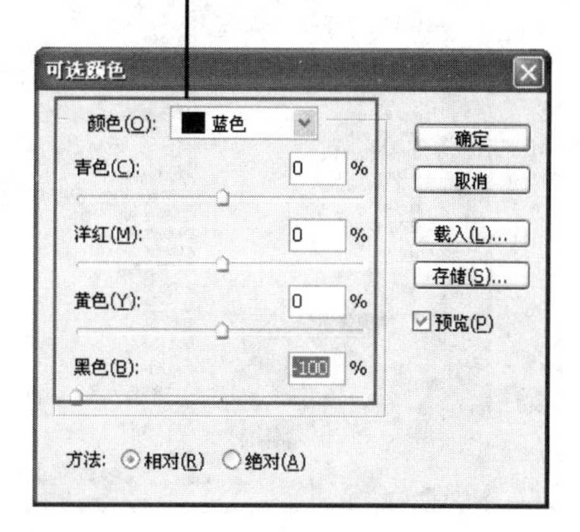

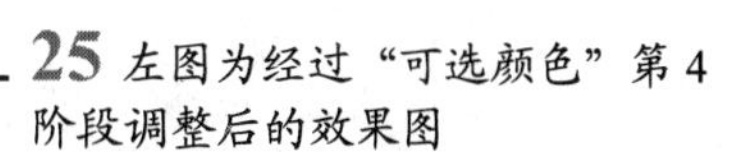

25 左图为经过“可选颜色”第 4 阶段调整后的效果图

26 打开“图层”调板，单击拖动“背景副本 2”至“新建”按钮

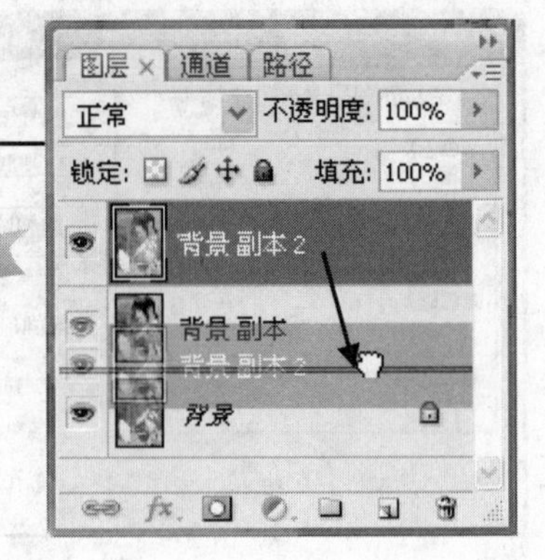

27 复制“背景副本 2”，得到“背景副本 3”

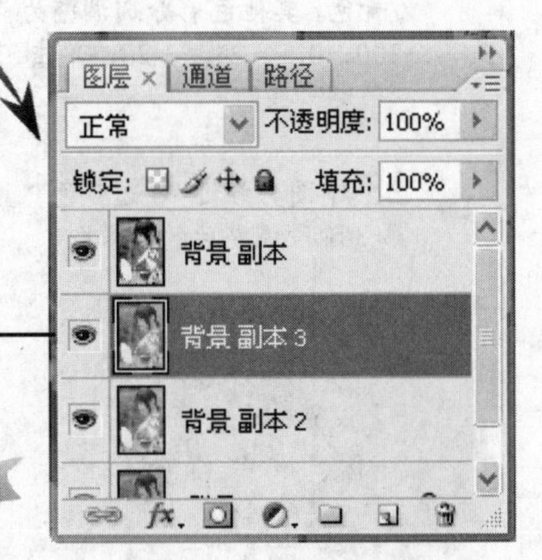

28 在“图层”调板中调整图层顺序，将“背景副本”放置在“背景副本 2”、“背景副本 3”的上方

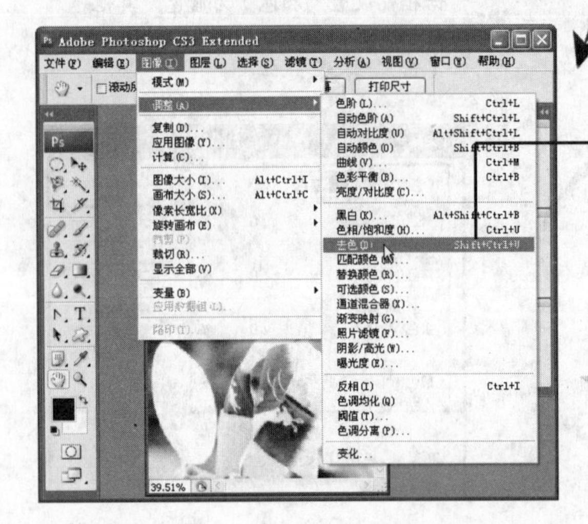

29 选择“背景副本 3”，选择“图像”|“调整”|“去色”命令

30 使用“去色”命令对照片去色后的图像效果

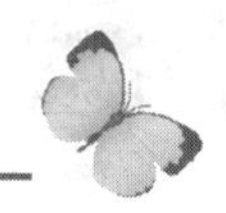

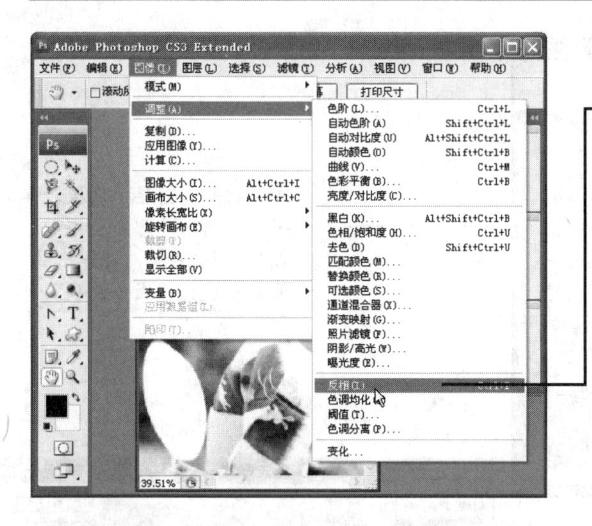

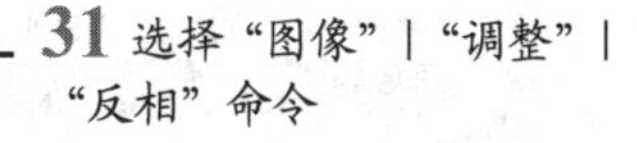

31 选择"图像" | "调整" | "反相"命令

32 经过反相处理后的图像效果

33 打开"图层"调板，将"背景副本 3"的混合模式设置为"颜色减淡"

34 选择"滤镜" | "其他" | "最小值"命令，弹出"最小值"对话框，设置"半径"为 2 像素，单击"确定"按钮后该滤镜生效

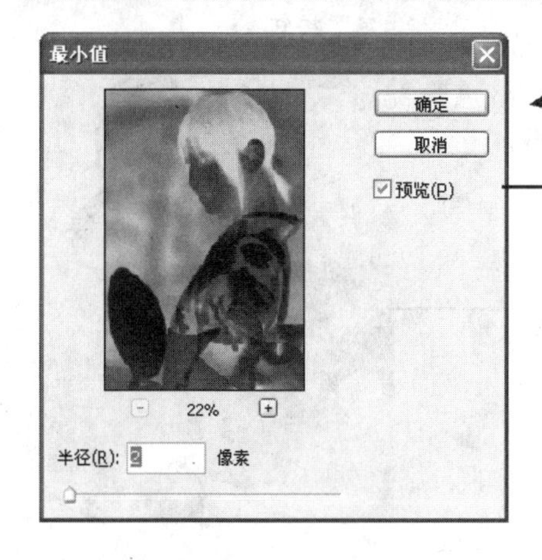

35 通过"滤镜" | "其他" | "最小值"命令处理后的图像效果

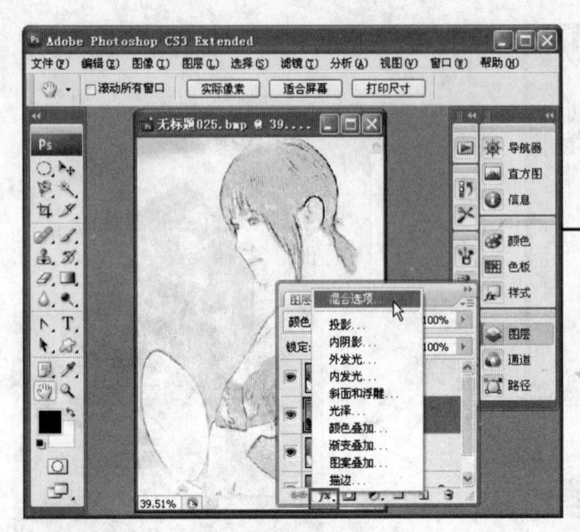

36 打开“图层”调板，单击左下角的“添加图层样式”按钮 *fx*，在弹出的菜单中选择“混合选项”命令

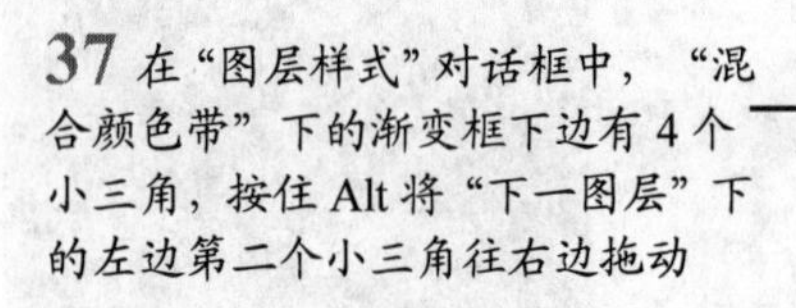

37 在“图层样式”对话框中，“混合颜色带”下的渐变框下边有4个小三角，按住 Alt 将“下一图层”下的左边第二个小三角往右边拖动

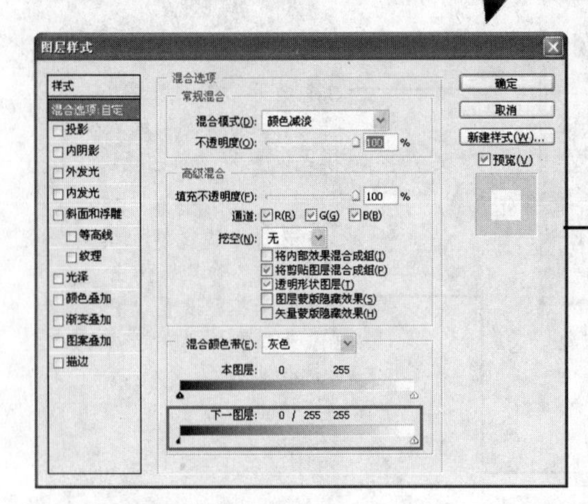

38 按住 Alt 将左边第二个小三角往右边拖动，使数值显示为 0/225 255，单击“确定”按钮

39 经过“混合选项”调整后的图像效果

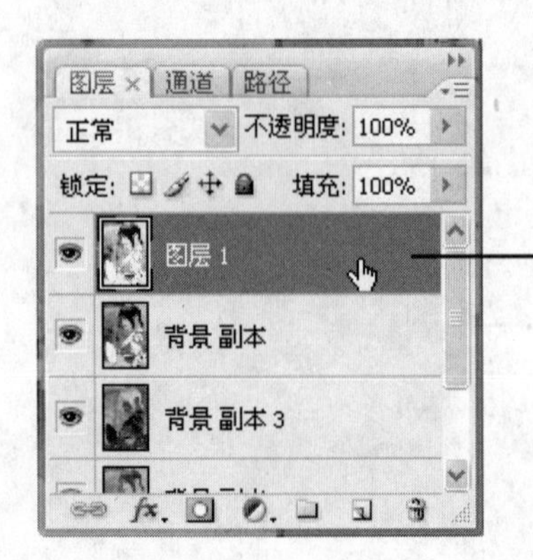

40 按 Ctrl+Alt+Shift+E 组合键在保留所有图层的情况下将所有图层合并，并且自动生成“图层 1”

41 选择“图像”|“调整”|“照片滤镜”命令，弹出“照片滤镜”对话框，将“颜色”设置为棕褐色，单击“确定”按钮

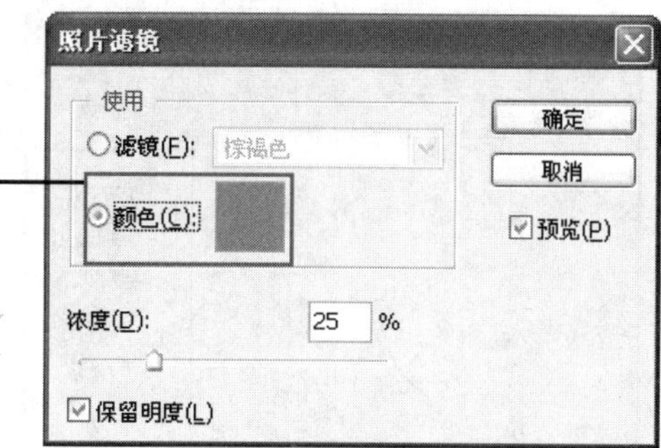

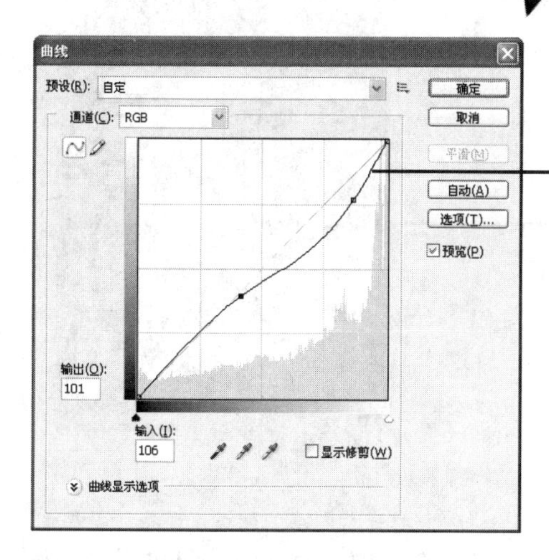

42 选择“图像”|“调整”|“曲线”命令，弹出“曲线”对话框，按照图中所示的“曲线”进行调整

43 经过“曲线”调整后的图像效果

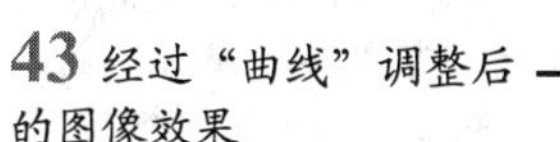

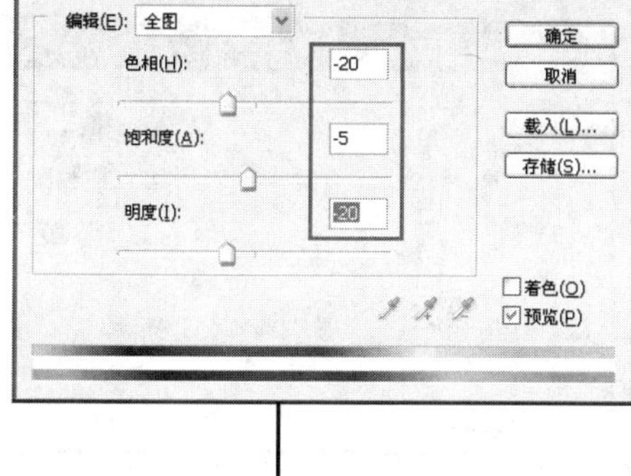

44 选择“图像”|“调整”|“色相/饱和度”命令，弹出“色相/饱和度”对话框，具体调整参数如上图所示

45 经过“色相/饱和度”调整后的图像效果

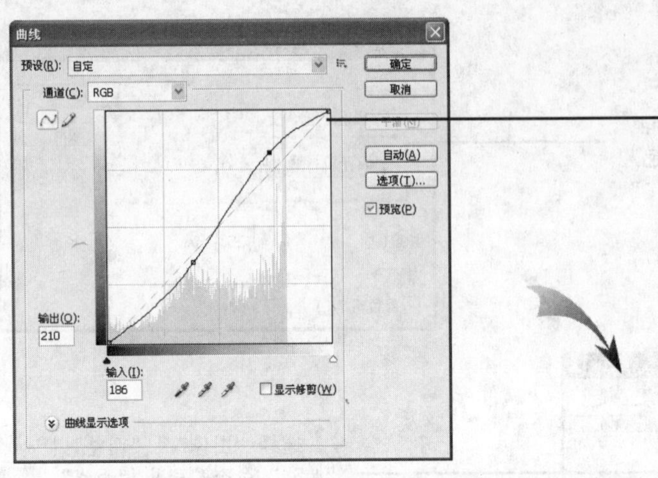

46 再次选择“图像”|“调整”|“曲线”命令，调整图像整体效果

47 通过“曲线”调整后图像的整体效果

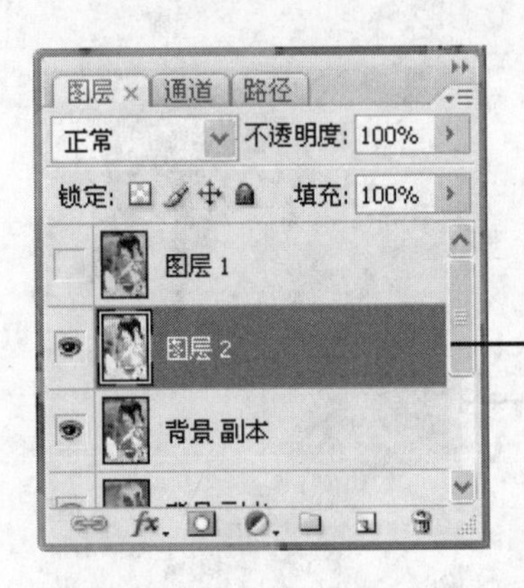

48 打开“图层”调板，现将“图层 1”隐藏，然后按 Ctrl+Alt+Shift+E 组合键在保留所有图层的情况下将所有图层合并，并且自动生成“图层 2”

49 选择“图像”|“调整”|“照片滤镜”命令，弹出“照片滤镜”对话框，选中“滤镜”单选按钮，并将其设置为黄色，“浓度”改为 60%，单击“确定”按钮

照片滤镜
使用
滤镜(F): 黄色
颜色(C):
确定
取消
预览(P)
浓度(D): 60 %
保留明度(L)

50 经过“照片滤镜”调整后的“图层 2”的图像效果

51 选择“图像”|“调整”|“曲线”命令，弹出“曲线”对话框。调整如右图所示的曲线效果

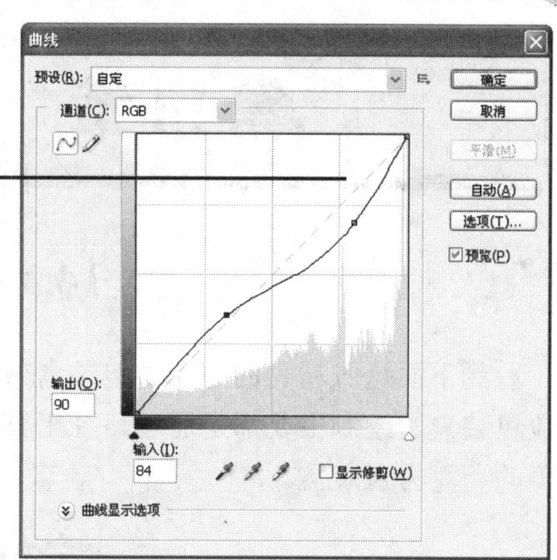

52 通过“曲线”调整后的“图层 2”的图像效果

53 选择“图像”|“调整”|“色相/饱和度”命令，弹出“色相/饱和度”对话框，其设置参数如右图所示

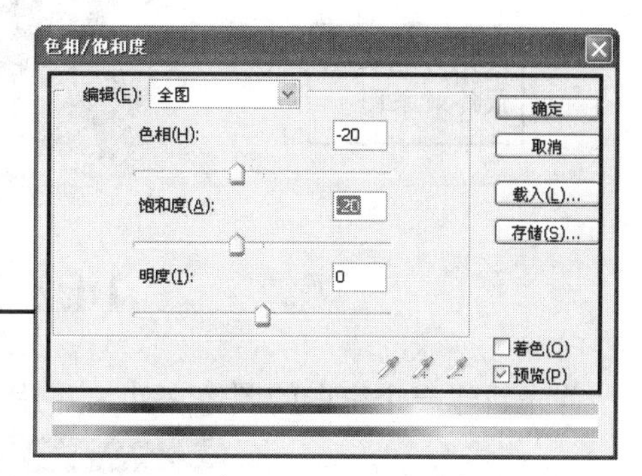

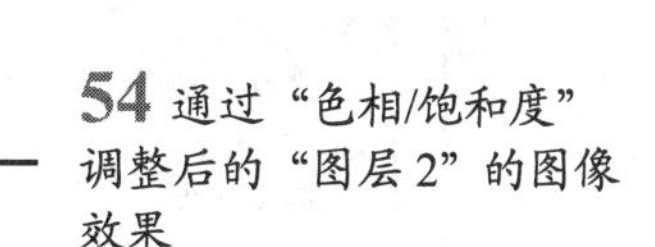

54 通过“色相/饱和度”调整后的“图层 2”的图像效果

数码照片处理最终效果图

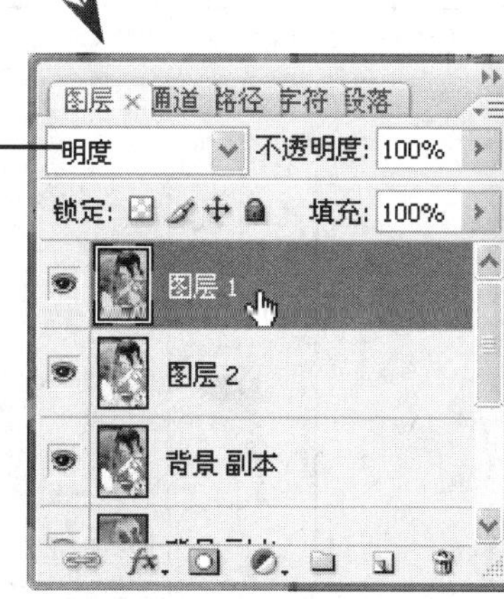

55 回到“图层”调板中，选择“图层 1”并将其混合模式改为“明度”，此时图像的最终效果就出来了

第 14 章　包装盒制作实例

14.1　实例分析

看到下面这张精美的巧克力包装盒效果图，大家一定觉得绘制方法十分复杂。其实，大多数包装盒的绘制主要都是通过路径工具绘制的，其操作非常简单。下面就来尝试制作一个精美的巧克力包装盒。

14.2　实例操作

首先新建一个空白的图像文件，并使用路径工具绘制出包装盒的外形轮廓线。

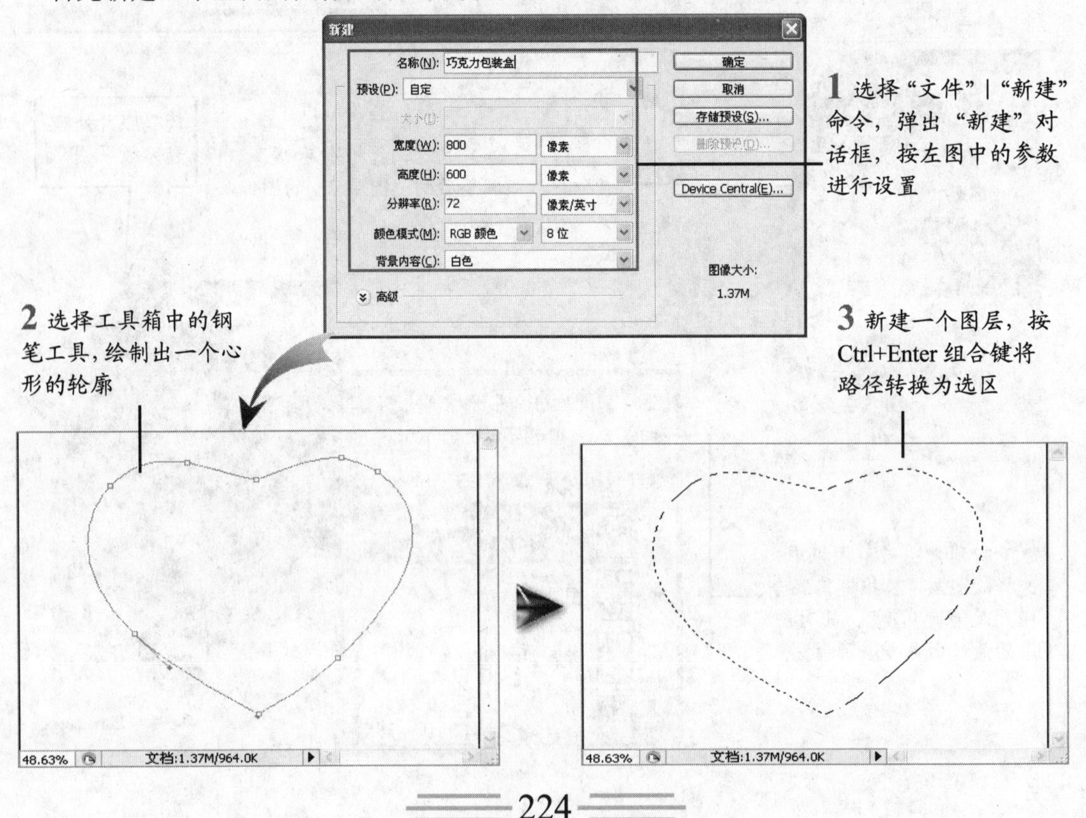

4 单击工具箱中的设置前景色按钮，弹出“拾色器”对话框，设置其颜色参数

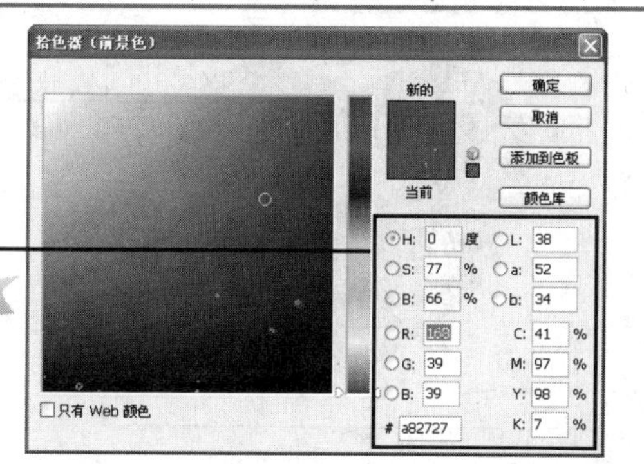

6 再次单击工具箱中的设置前景色按钮，弹出“拾色器”对话框，设置其颜色参数如图所示

5 按 Alt+Delete 组合键，填充颜色，并取消选区

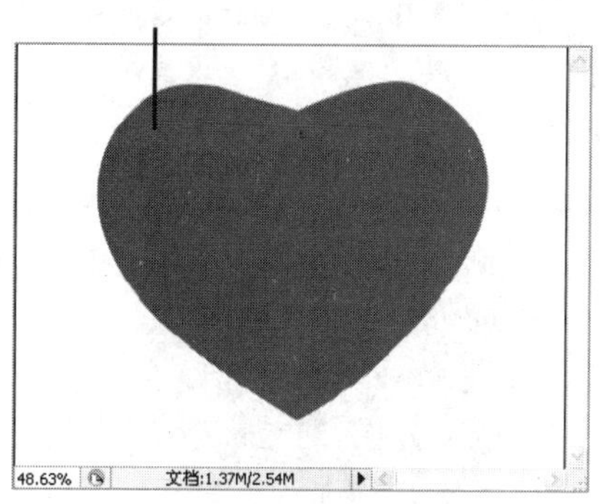

7 选择工具箱中的钢笔工具，绘制出包装盒边的轮廓

8 新建一个图层，按 Ctrl+Enter 组合键将路径转换为选区

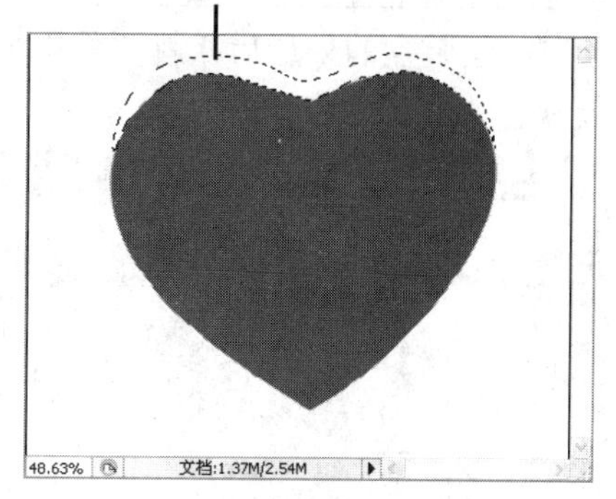

9 按 Alt+Delete 组合键填充颜色，并取消选区

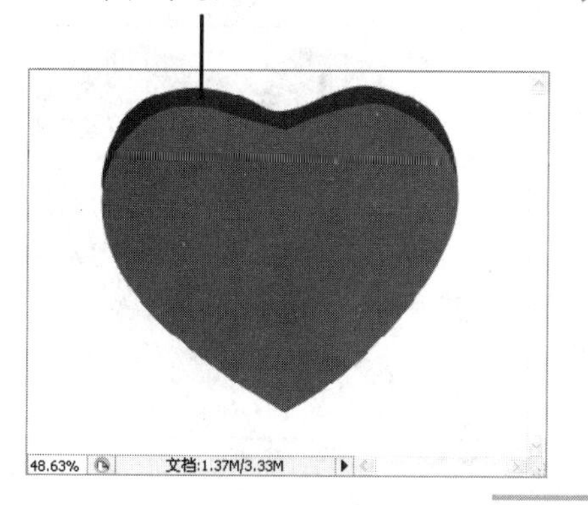

10 打开“图层”调板，选择心形图层，然后在心形上绘制一条如图所示的路径

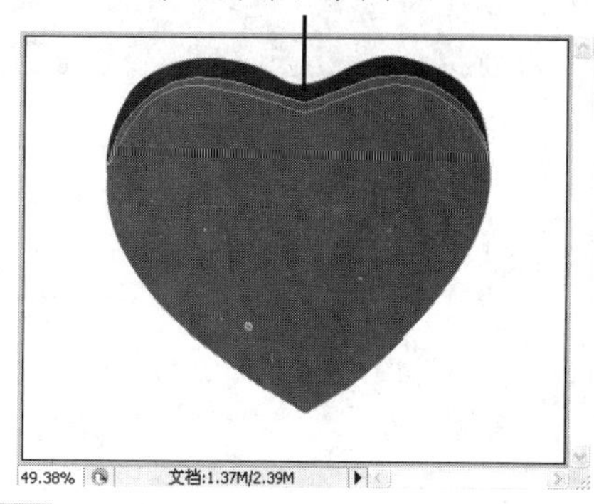

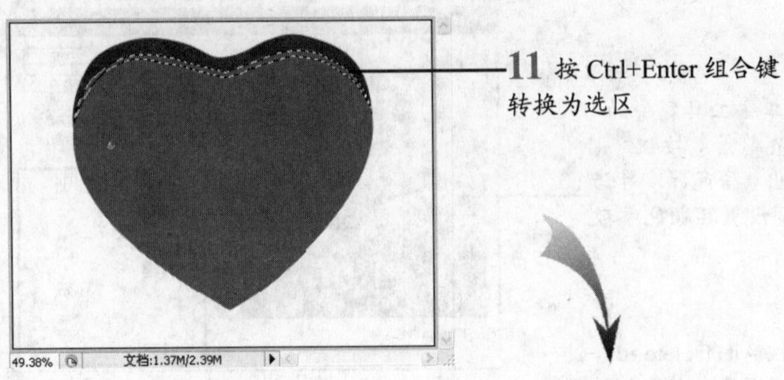

11 按 Ctrl+Enter 组合键转换为选区

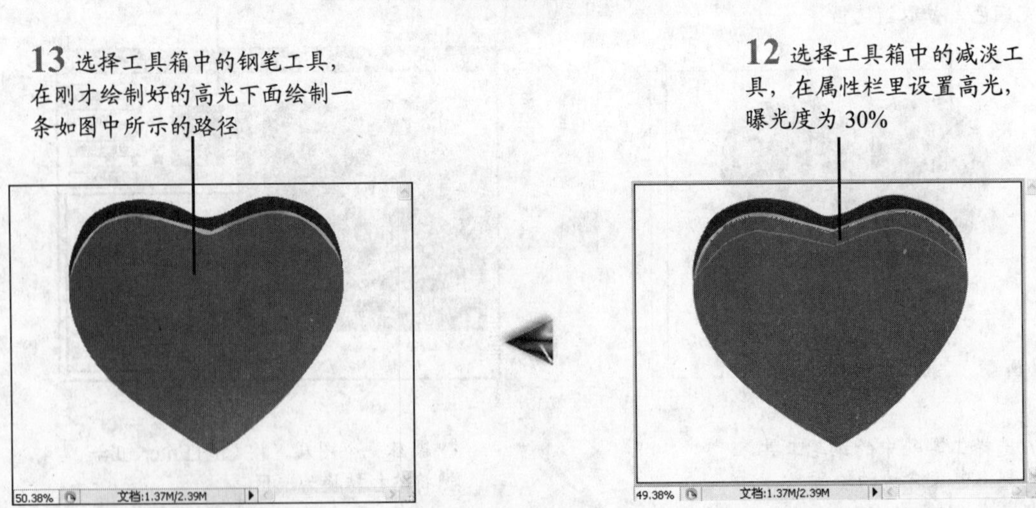

12 选择工具箱中的减淡工具，在属性栏里设置高光，曝光度为 30%

13 选择工具箱中的钢笔工具，在刚才绘制好的高光下面绘制一条如图中所示的路径

绘制好包装盒的外形后，就要使用加深和减淡工具，绘制出包装盒的阴影和高光部分，使包装盒看上去有立体感。

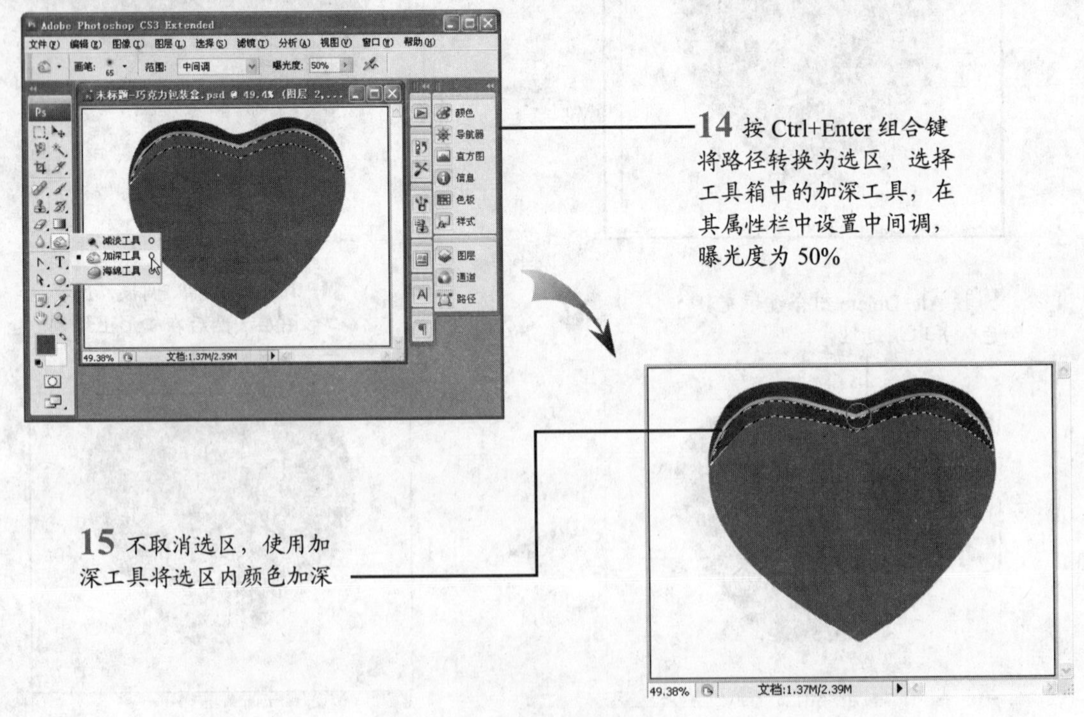

14 按 Ctrl+Enter 组合键将路径转换为选区，选择工具箱中的加深工具，在其属性栏中设置中间调，曝光度为 50%

15 不取消选区，使用加深工具将选区内颜色加深

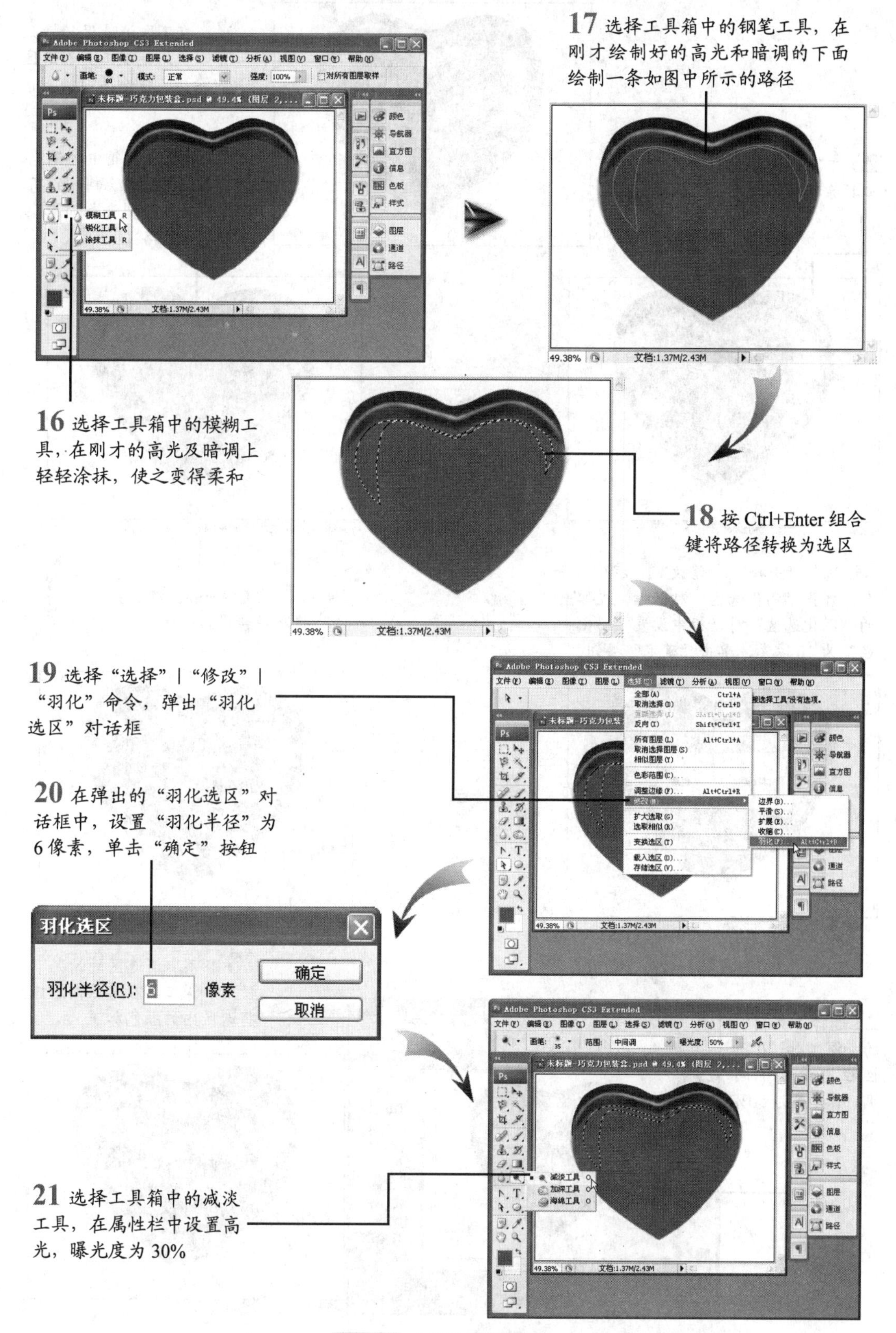
17 选择工具箱中的钢笔工具，在刚才绘制好的高光和暗调的下面绘制一条如图中所示的路径
16 选择工具箱中的模糊工具，在刚才的高光及暗调上轻轻涂抹，使之变得柔和
18 按 Ctrl+Enter 组合键将路径转换为选区
19 选择“选择”|“修改”|“羽化”命令，弹出“羽化选区”对话框
20 在弹出的“羽化选区”对话框中，设置“羽化半径”为 6 像素，单击“确定”按钮
羽化选区
羽化半径(R):
像素
确定
取消
21 选择工具箱中的减淡工具，在属性栏中设置高光，曝光度为 30%

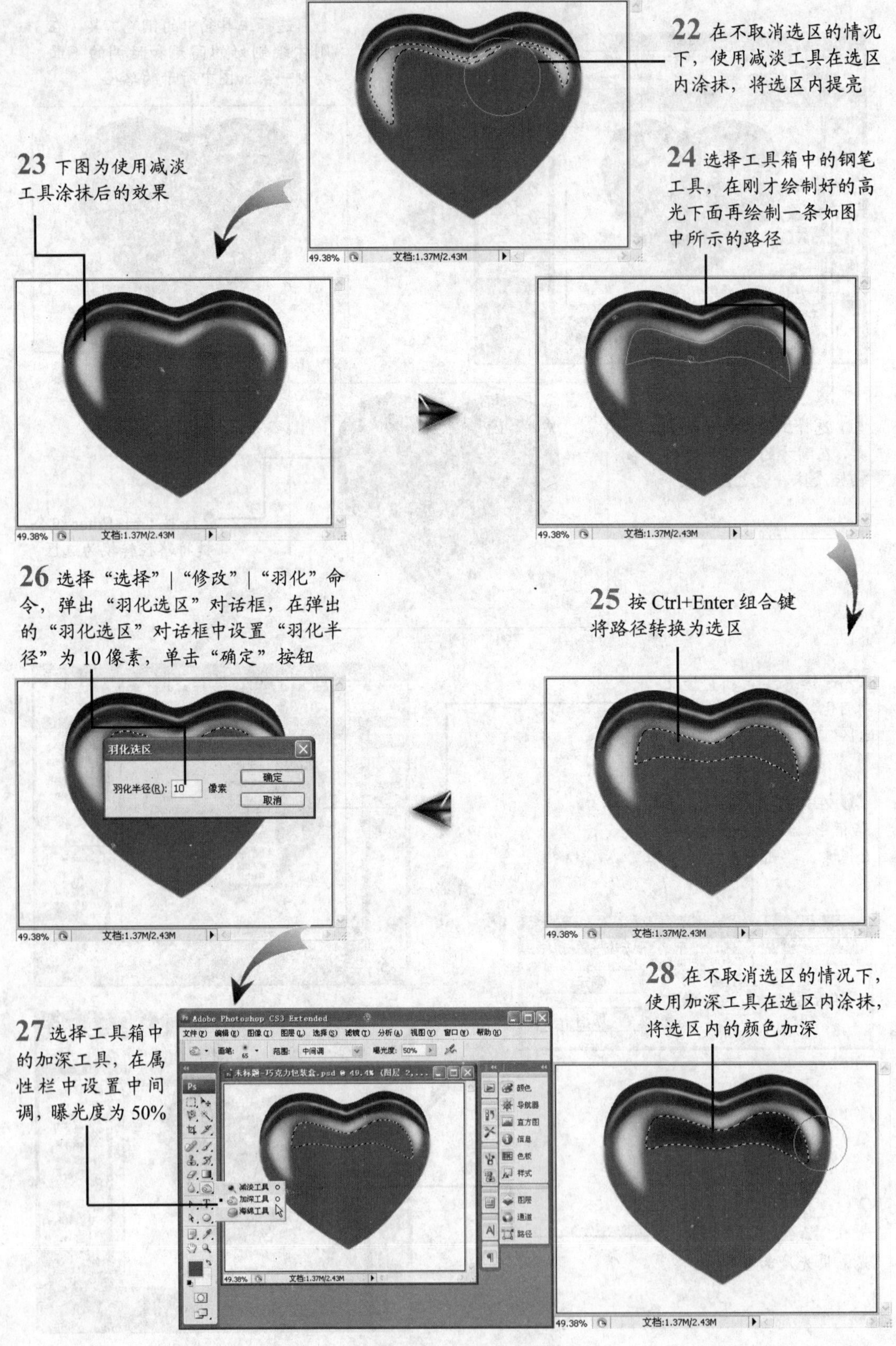

22 在不取消选区的情况下，使用减淡工具在选区内涂抹，将选区内提亮

23 下图为使用减淡工具涂抹后的效果

24 选择工具箱中的钢笔工具，在刚才绘制好的高光下面再绘制一条如图中所示的路径

25 按 Ctrl+Enter 组合键将路径转换为选区

26 选择“选择”|“修改”|“羽化”命令，弹出“羽化选区”对话框，在弹出的“羽化选区”对话框中设置“羽化半径”为 10 像素，单击“确定”按钮

27 选择工具箱中的加深工具，在属性栏中设置中间调，曝光度为 50%

28 在不取消选区的情况下，使用加深工具在选区内涂抹，将选区内的颜色加深

29 选择工具箱中的模糊工具，在刚才的高光及暗调上轻轻涂抹，使之变得柔和

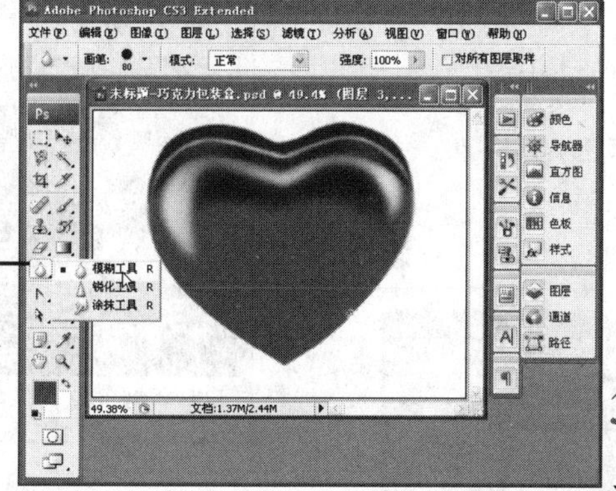

30 打开“图层”调板，按 Ctrl 键不放在“图层”调板中单击心形图层，将心形图层的选区载入

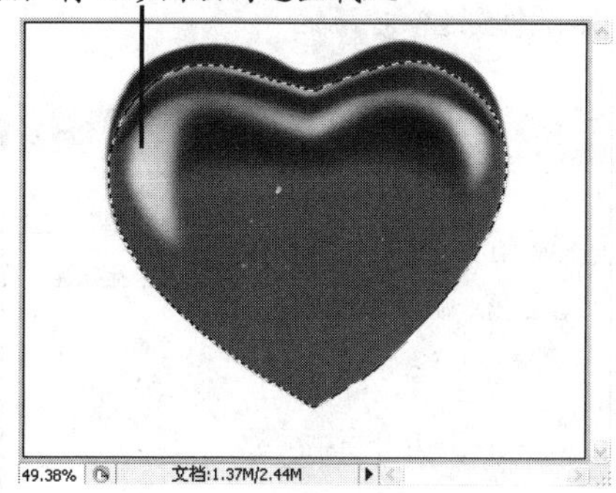

31 选择“选择”|“修改”|“收缩”命令，弹出“收缩选区”对话框

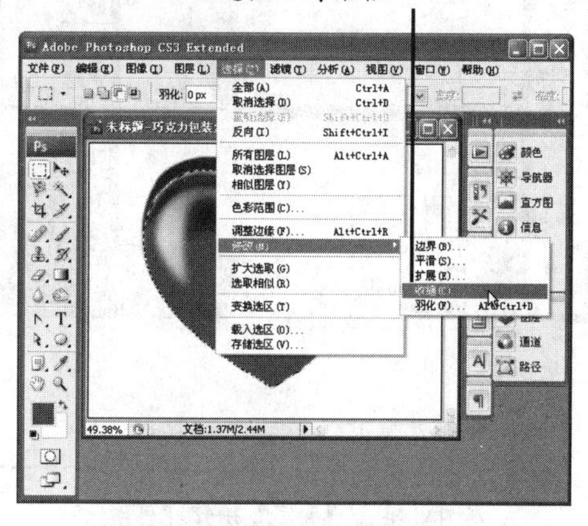

32 在弹出的“收缩选区”对话框中，设置“收缩量”为 4 像素，单击“确定”按钮

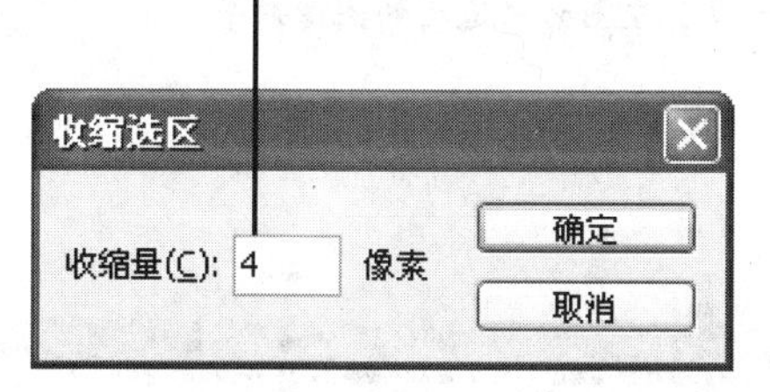

33 按 Ctrl+Shift+I 组合键将选区反选

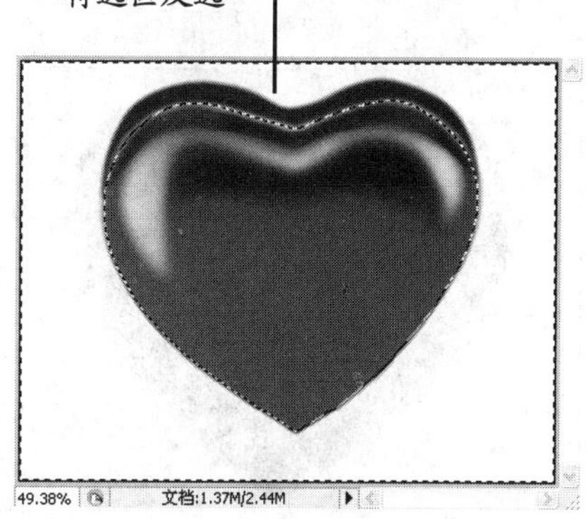

34 选择工具箱中的加深工具，在属性栏中设置中间调，曝光度为 30%，将选区内的颜色加深

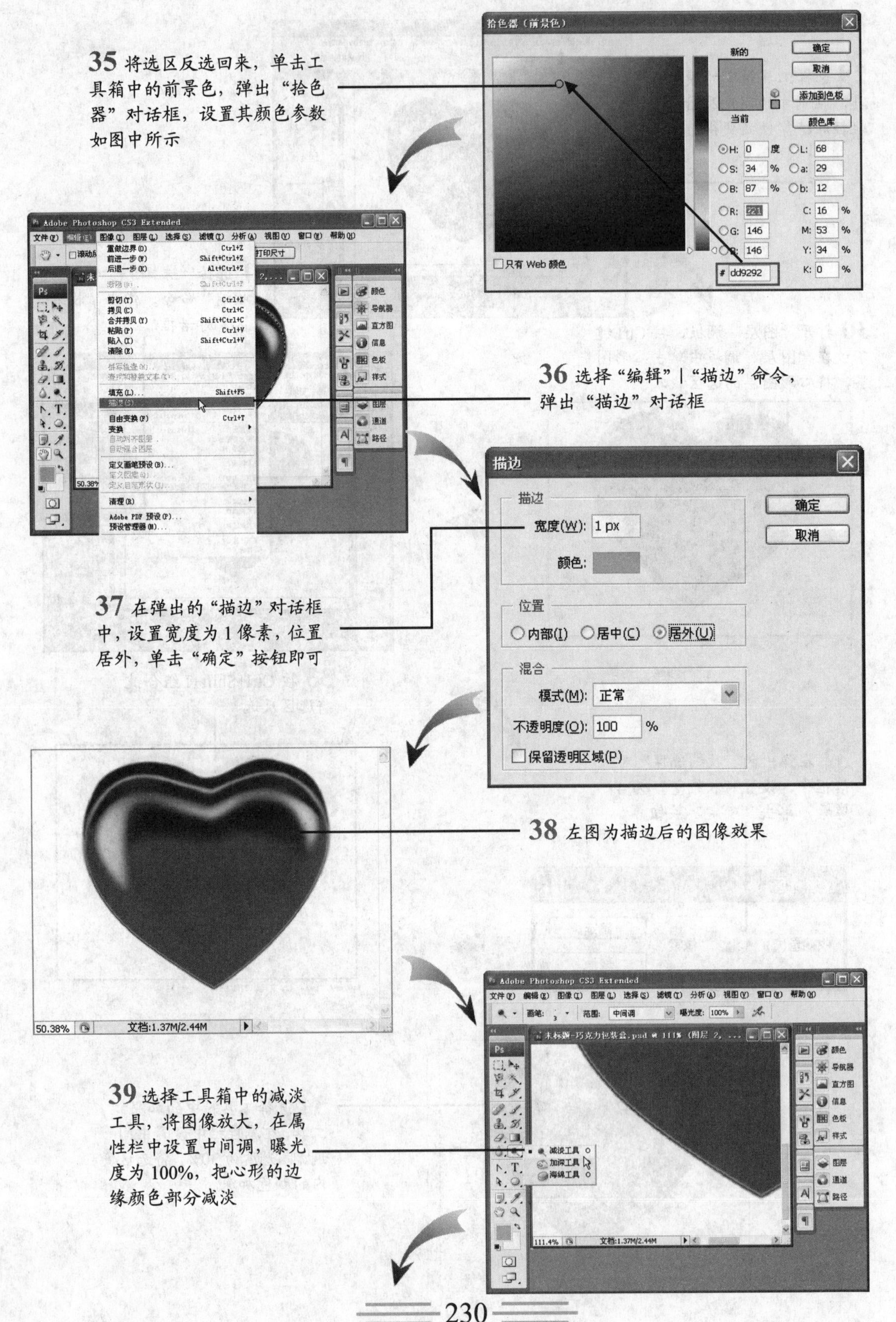

35 将选区反选回来，单击工具箱中的前景色，弹出“拾色器”对话框，设置其颜色参数如图中所示
拾色器（前景色）
确定
取消
添加到色板
颜色库
新的
当前
H: 0 度
S: 34 %
B: 87 %
R: 221
G: 146
B: 146
L: 68
a: 29
b: 12
C: 16 %
M: 53 %
Y: 34 %
K: 0 %
只有 Web 颜色
dd9292
36 选择“编辑”|“描边”命令，弹出“描边”对话框
37 在弹出的“描边”对话框中，设置宽度为1像素，位置居外，单击“确定”按钮即可
描边
宽度(W): 1 px
颜色:
位置
内部(I)
居中(C)
居外(U)
混合
模式(M): 正常
不透明度(O): 100 %
保留透明区域(P)
38 左图为描边后的图像效果
50.38%
文档:1.37M/2.44M
39 选择工具箱中的减淡工具，将图像放大，在属性栏中设置中间调，曝光度为100%，把心形的边缘颜色部分减淡
减淡工具
加深工具
海绵工具

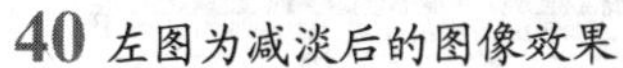

40 左图为减淡后的图像效果

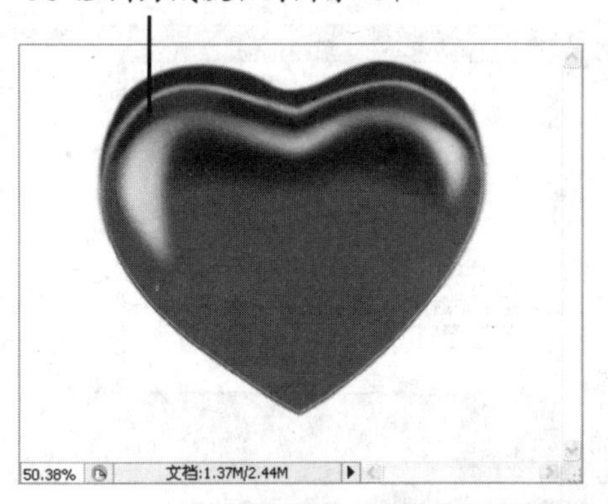

41 再次获得心形图像的选区

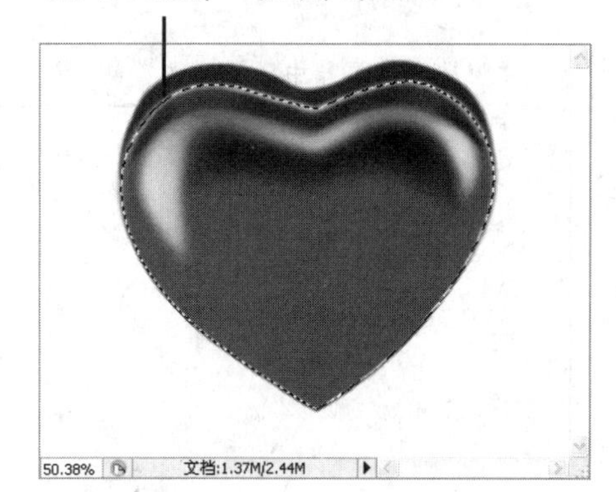

42 选择“选择”|“修改”|“收缩”命令，弹出“收缩选区”对话框，在弹出的“收缩选区”对话框中设置“收缩量”为 4 像素

43 选择工具箱中的加深工具，在属性栏中设置中间调，曝光度为 30%，把选区边缘颜色加深

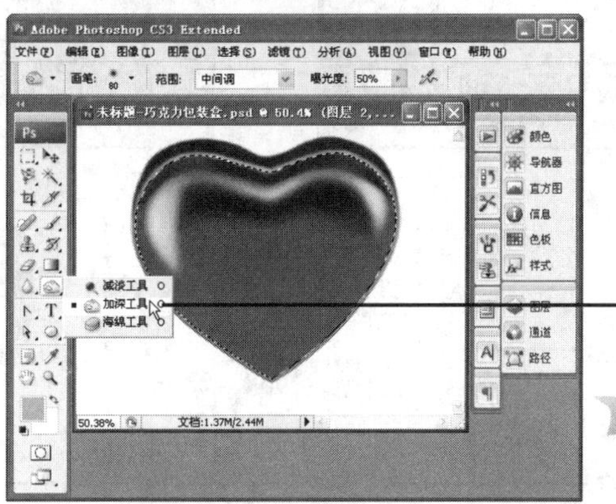

44 右图为加深边缘后的图像效果

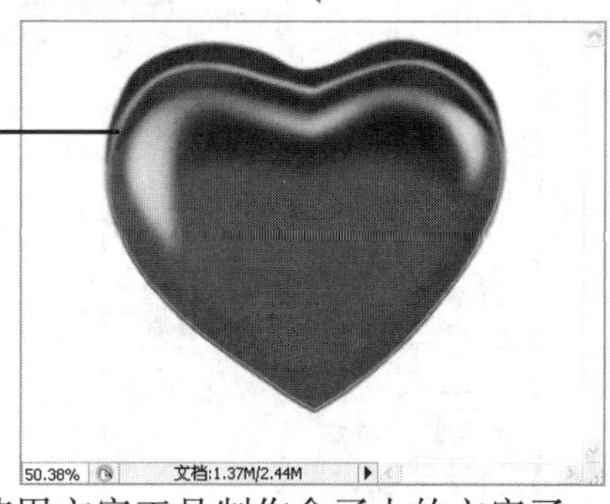

绘制好包装盒的外形，使之具有立体效果后，就要使用文字工具制作盒子上的文字了。

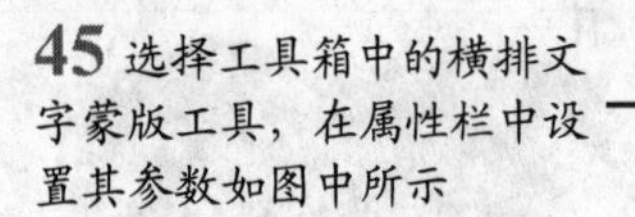

45 选择工具箱中的横排文字蒙版工具，在属性栏中设置其参数如图中所示

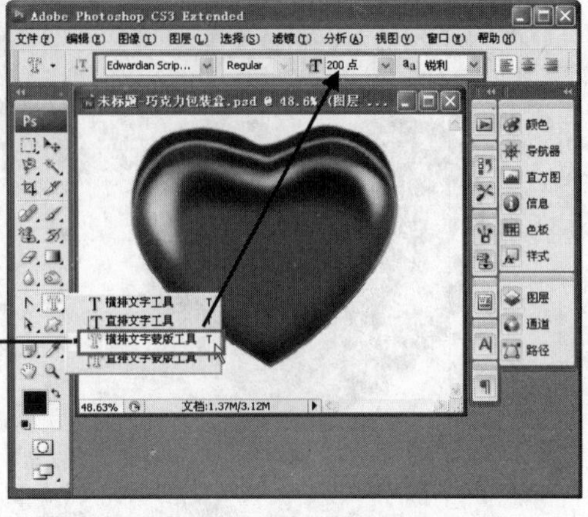

46 将文字输入，使用移动工具将其摆放至合适的位置后，将其转换为选区

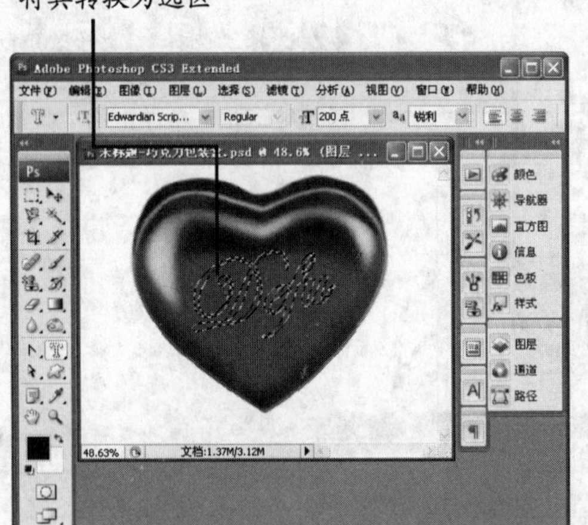

47 打开“图层”调板，选择背景图层，然后单击“图层”调板下方的“新建图层”按钮，新建一个图层

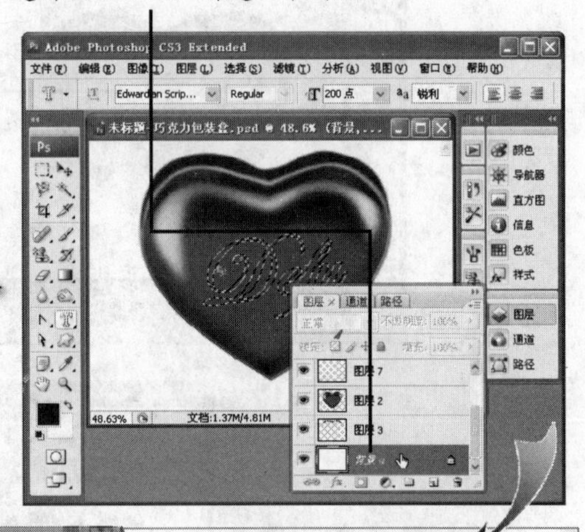

48 调整图层顺序，将新建的图层 8 移至图层 7 的下方

49 右图为添加文字后的效果图

50 打开“图层”调板，确保选择图层 7

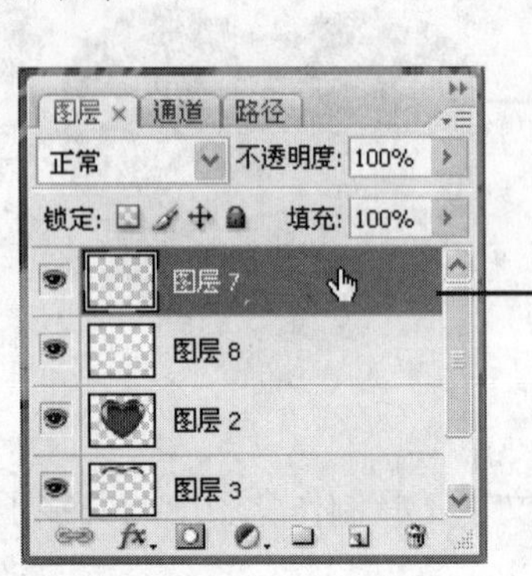

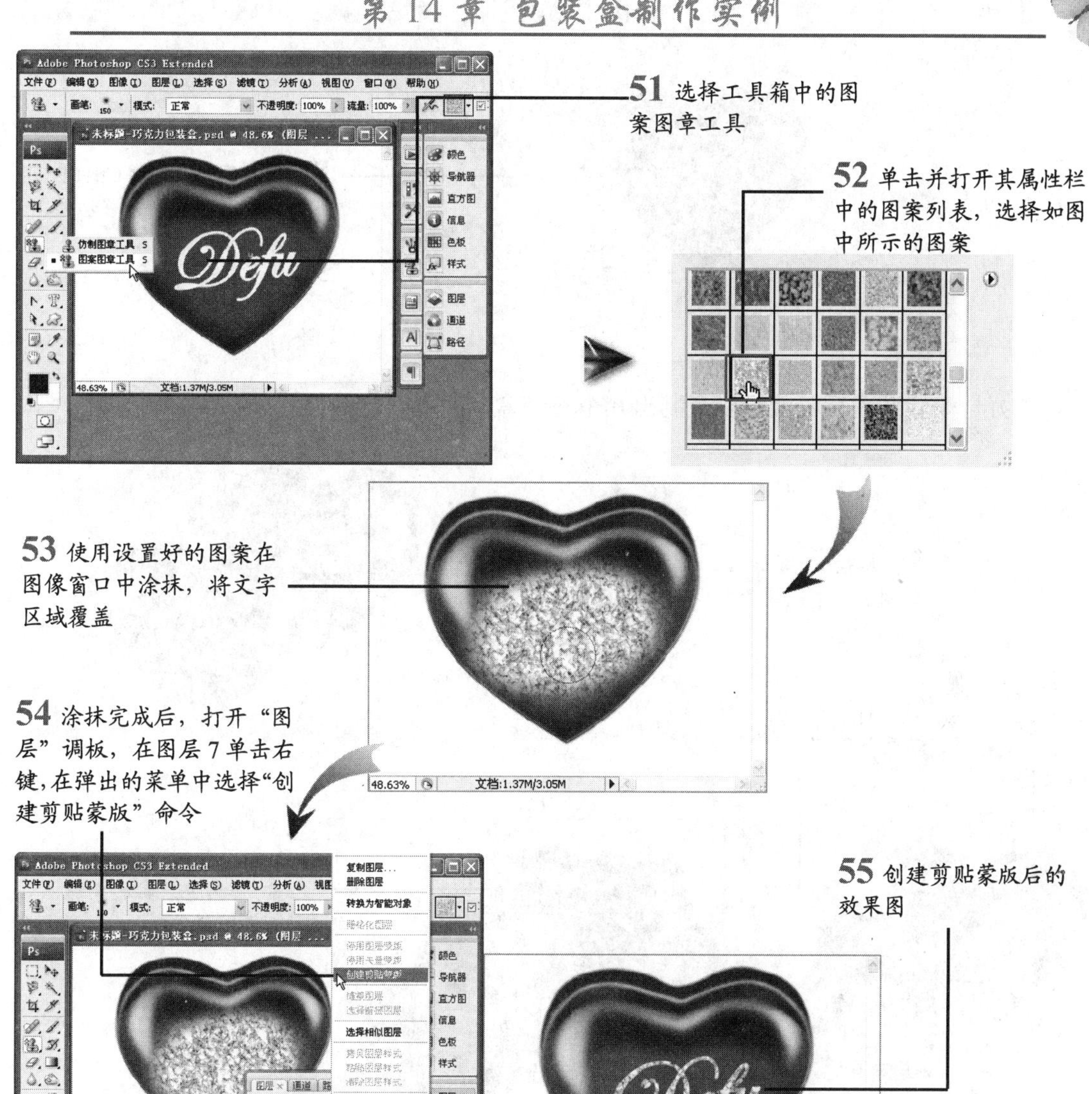

51 选择工具箱中的图案图章工具

52 单击并打开其属性栏中的图案列表，选择如图中所示的图案

53 使用设置好的图案在图像窗口中涂抹，将文字区域覆盖

54 涂抹完成后，打开“图层”调板，在图层 7 单击右键，在弹出的菜单中选择“创建剪贴蒙版”命令

55 创建剪贴蒙版后的效果图

56 选择工具箱中的移动工具，确保选择图层 7，在图像中拖动图案将其摆放合适

57 打开“图层”调板，将背景层隐藏，Ctrl+Shift+Alt+E 组合键盖印除背景外的所有图层，然后再隐藏除盖印图层外的所有图层

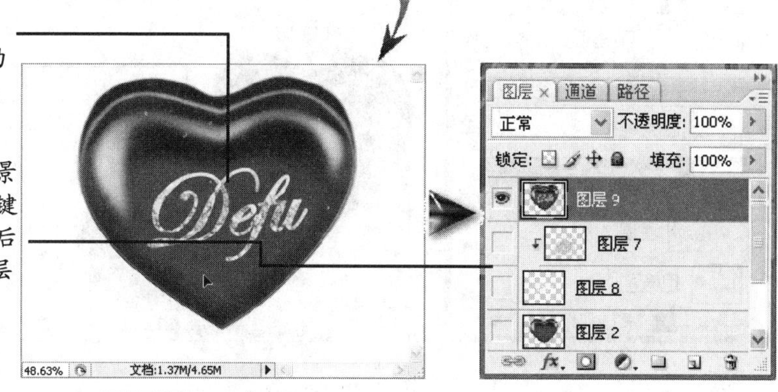

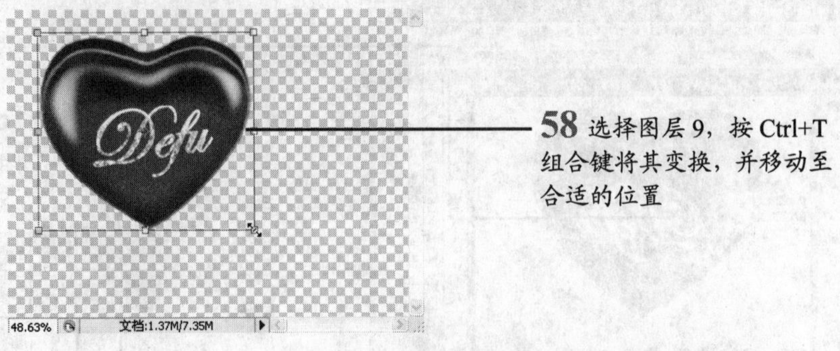

制作好一个包装盒后，就可以复制出几个包装盒，并将它们的位置关系调整到位。

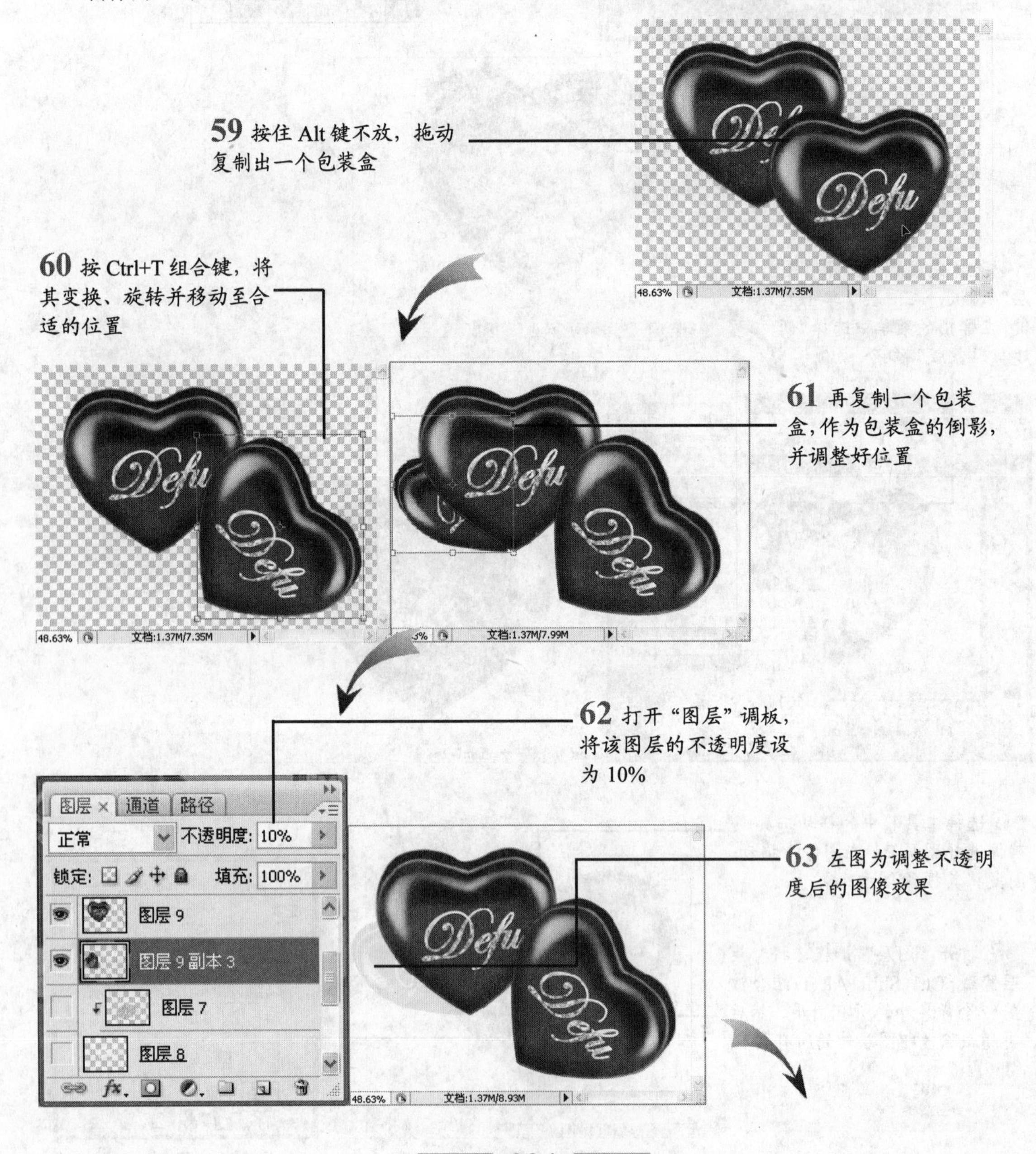

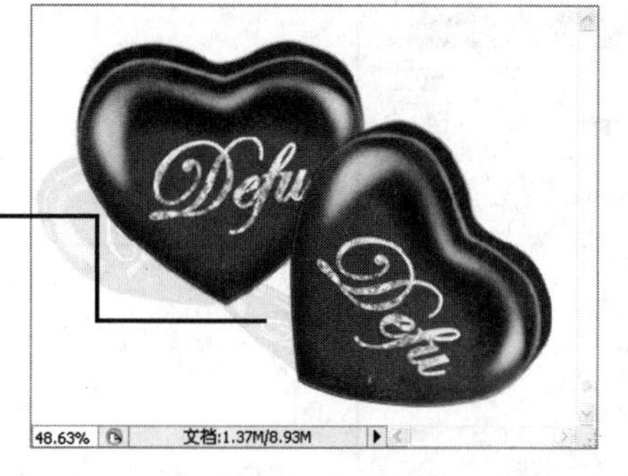

64 按照同样的方法为另一个包装盒制作倒影，如图中所示

调整好包装盒的位置后，接下来要添加背景，使图像烘托出温馨浪漫的气氛。

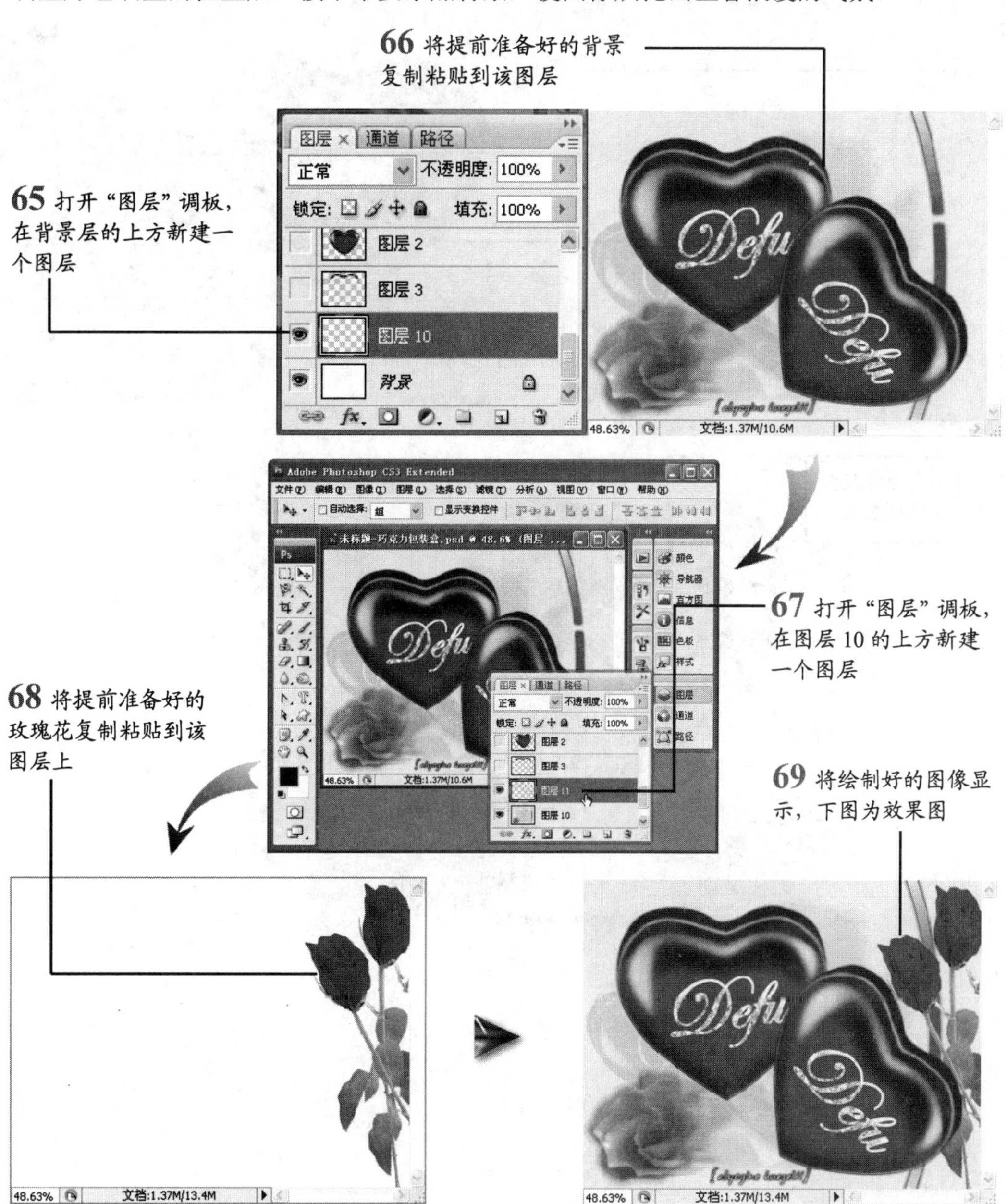

65 打开“图层”调板，在背景层的上方新建一个图层

66 将提前准备好的背景复制粘贴到该图层

67 打开“图层”调板，在图层 10 的上方新建一个图层

68 将提前准备好的玫瑰花复制粘贴到该图层上

69 将绘制好的图像显示，下图为效果图

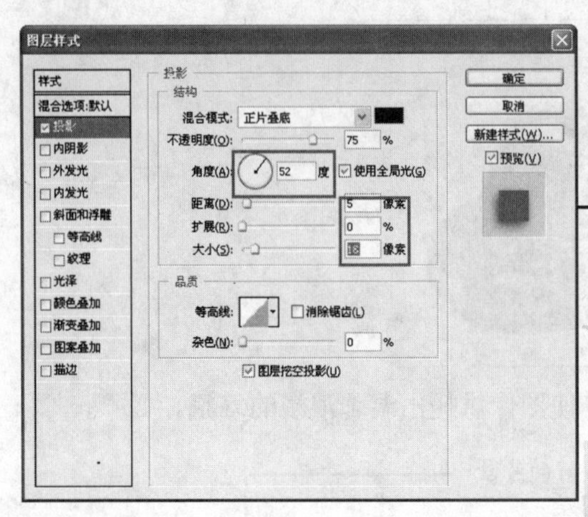

70 打开“图层”调板，双击玫瑰花所在的图层，添加图层样式及参数如左图中所示

71 此时包装盒就制作完成了

巧克力包装盒最终效果图

第15章　封面设计实例

15.1　实例分析

精美的杂志或图书封面总是可以吸引更多人的目光。本章将向大家介绍如何通过Photoshop CS3制作精美的汽车杂志封面，其效果图如下。

15.2　实例操作

制作精美的杂志图书封面的具体步骤如下。首先，新建一个空白图像文件，并制作封面特效文字。

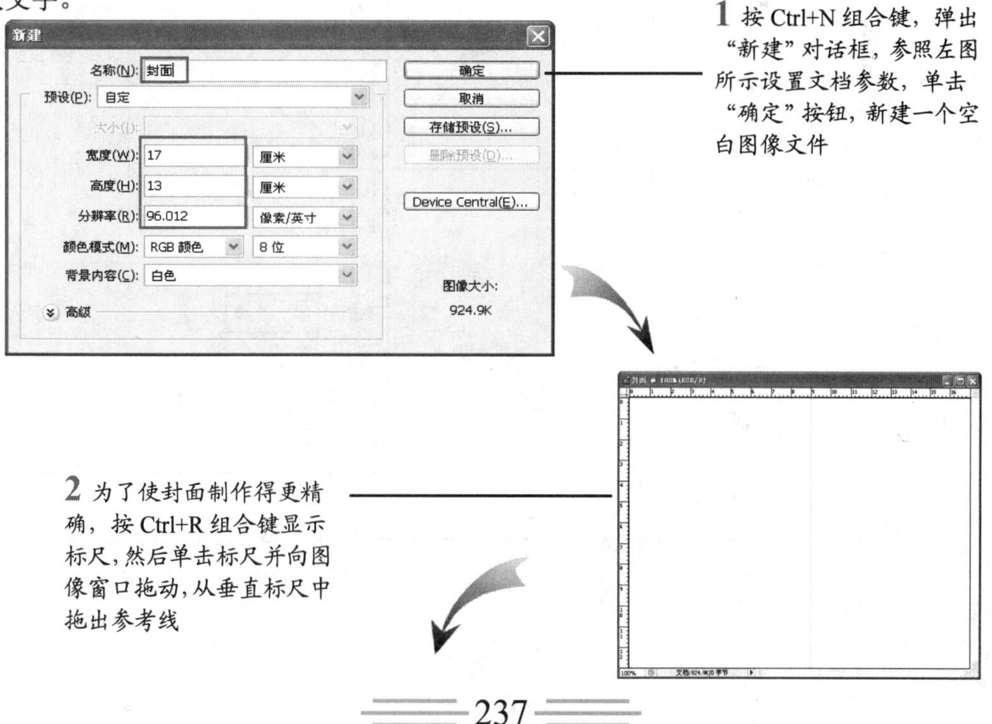

1 按Ctrl+N组合键，弹出“新建”对话框，参照左图所示设置文档参数，单击“确定”按钮，新建一个空白图像文件

2 为了使封面制作得更精确，按Ctrl+R组合键显示标尺，然后单击标尺并向图像窗口拖动，从垂直标尺中拖出参考线

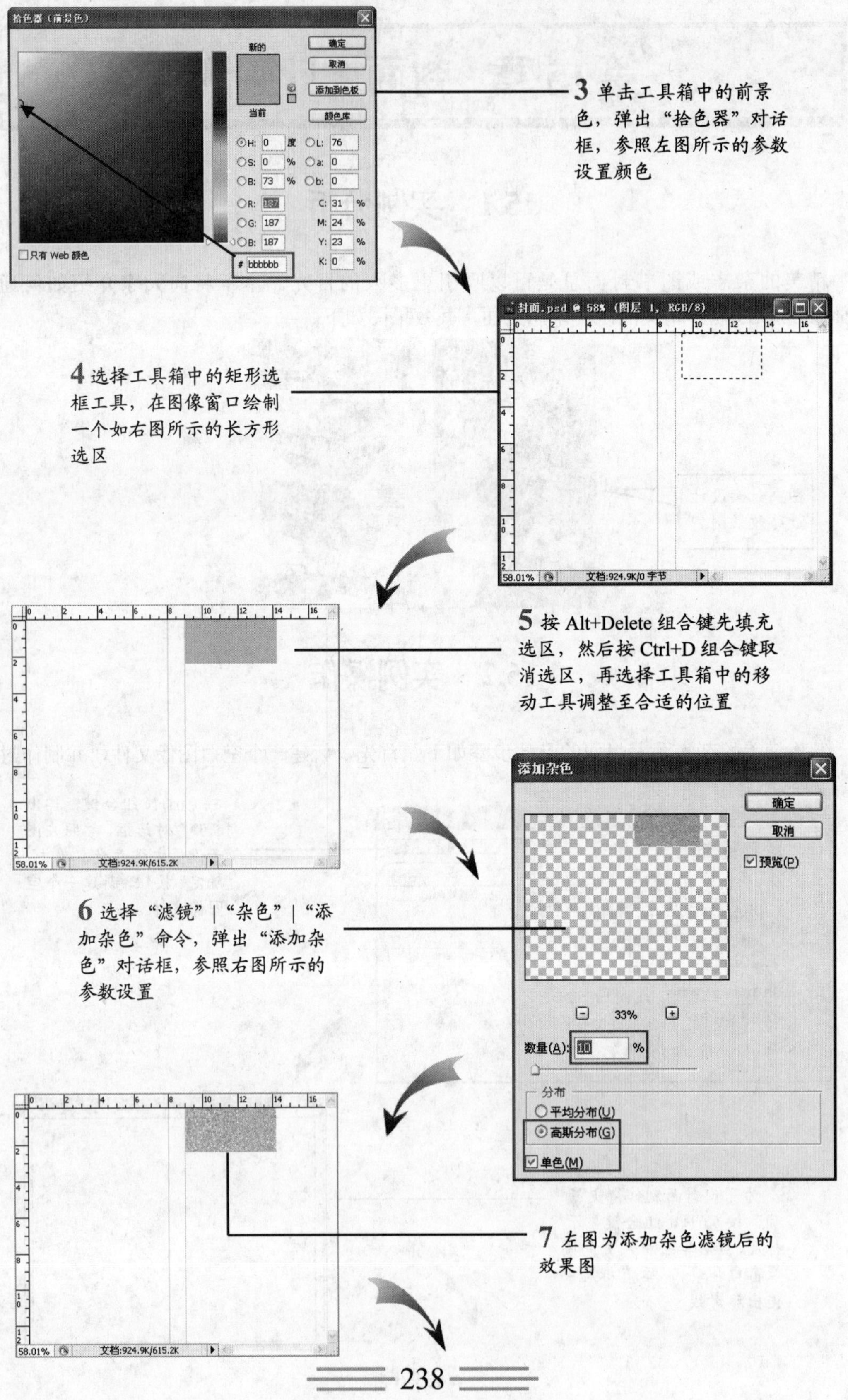

3 单击工具箱中的前景色，弹出“拾色器”对话框，参照左图所示的参数设置颜色

4 选择工具箱中的矩形选框工具，在图像窗口绘制一个如右图所示的长方形选区

5 按 Alt+Delete 组合键先填充选区，然后按 Ctrl+D 组合键取消选区，再选择工具箱中的移动工具调整至合适的位置

6 选择“滤镜”|“杂色”|“添加杂色”命令，弹出“添加杂色”对话框，参照右图所示的参数设置

7 左图为添加杂色滤镜后的效果图

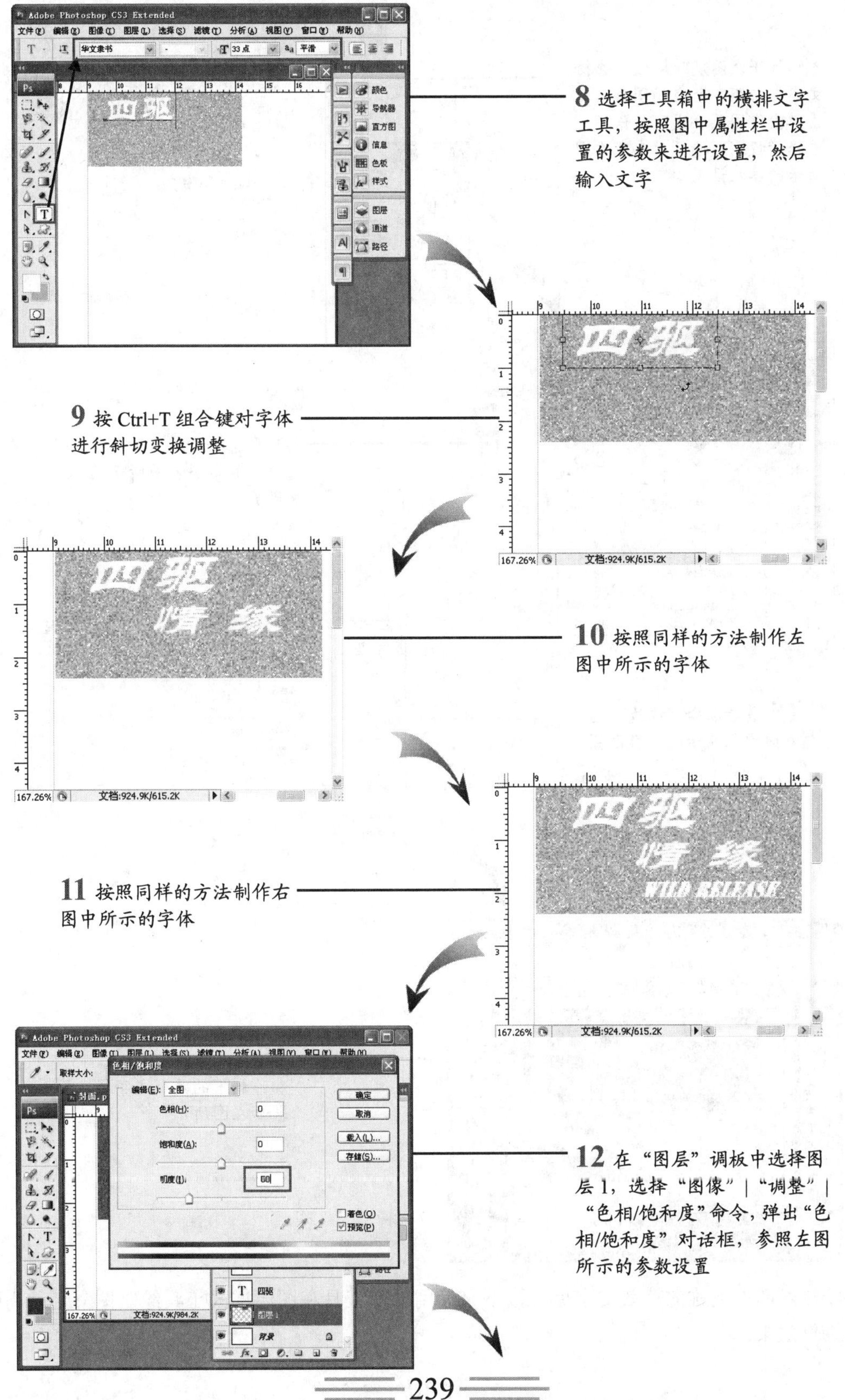

8 选择工具箱中的横排文字工具，按照图中属性栏中设置的参数来进行设置，然后输入文字

9 按 Ctrl+T 组合键对字体进行斜切变换调整

10 按照同样的方法制作左图中所示的字体

11 按照同样的方法制作右图中所示的字体

12 在“图层”调板中选择图层 1，选择“图像”|“调整”|“色相/饱和度”命令，弹出“色相/饱和度”对话框，参照左图所示的参数设置

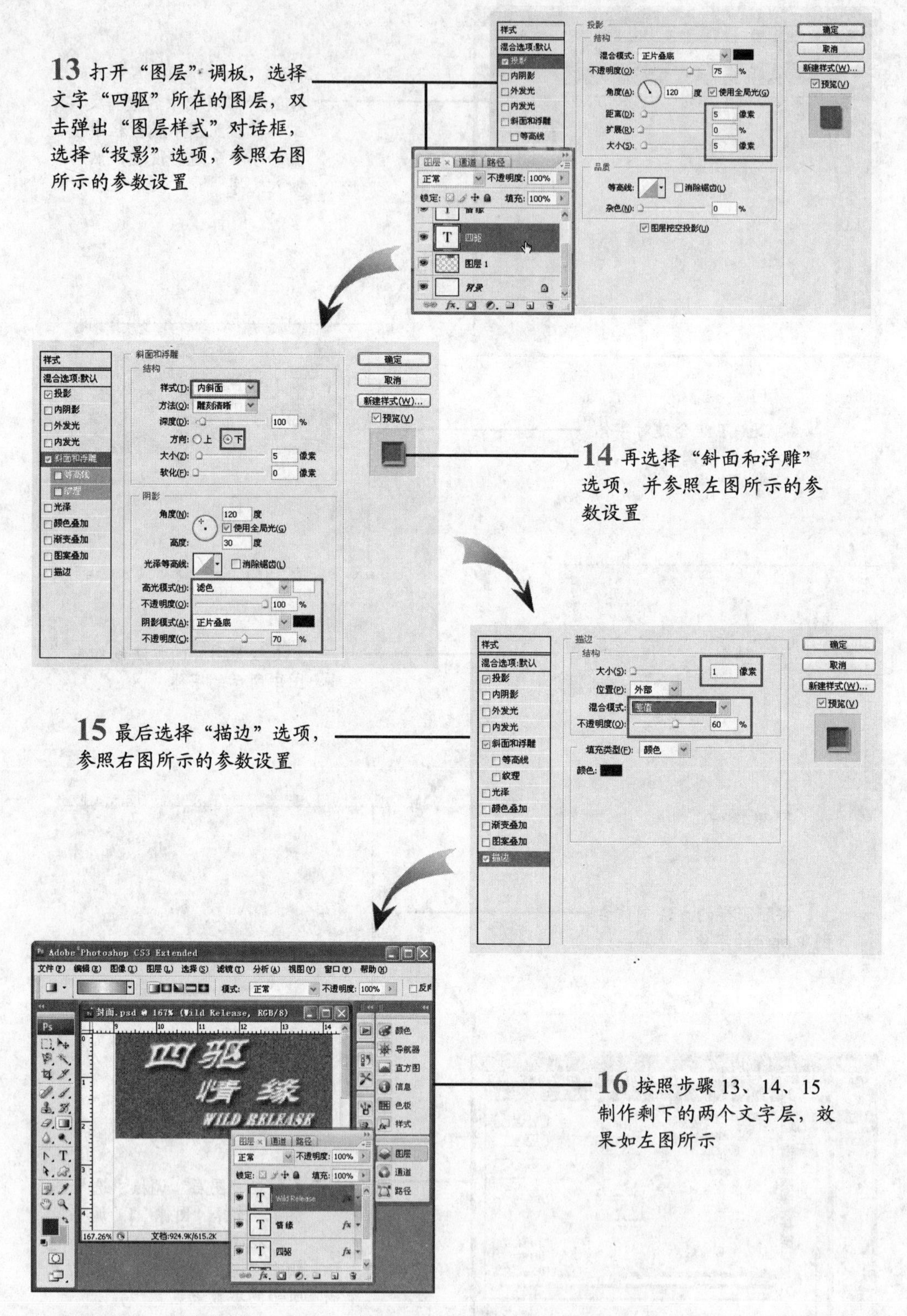

绘制好图书名称的特效文字后，接下来使用渐变工具和图层样式工具绘制图书名称周围的装饰钉效果。

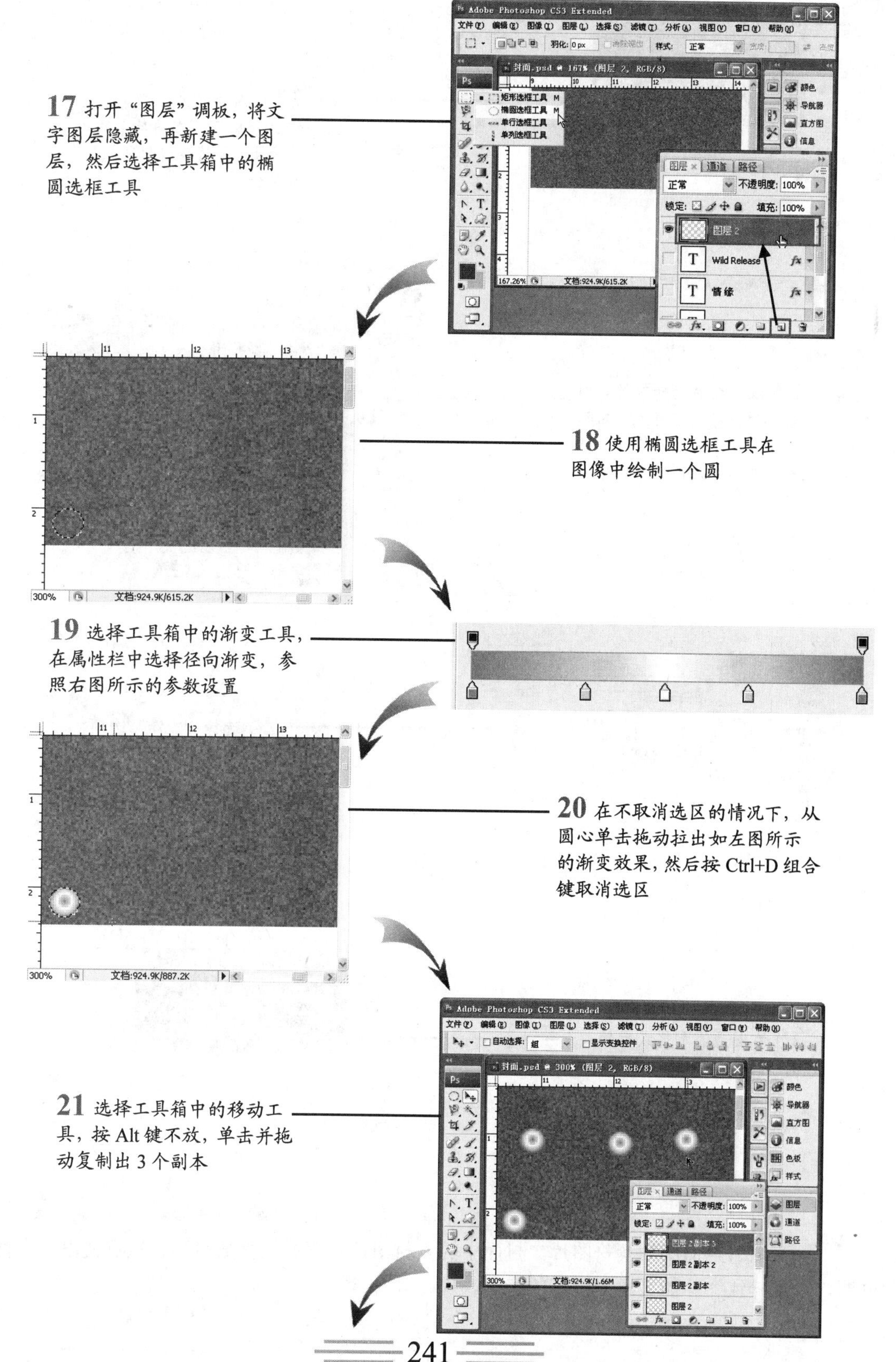

17 打开“图层”调板，将文字图层隐藏，再新建一个图层，然后选择工具箱中的椭圆选框工具

18 使用椭圆选框工具在图像中绘制一个圆

19 选择工具箱中的渐变工具，在属性栏中选择径向渐变，参照右图所示的参数设置

20 在不取消选区的情况下，从圆心单击拖动拉出如左图所示的渐变效果，然后按 Ctrl+D 组合键取消选区

21 选择工具箱中的移动工具，按 Alt 键不放，单击并拖动复制出 3 个副本

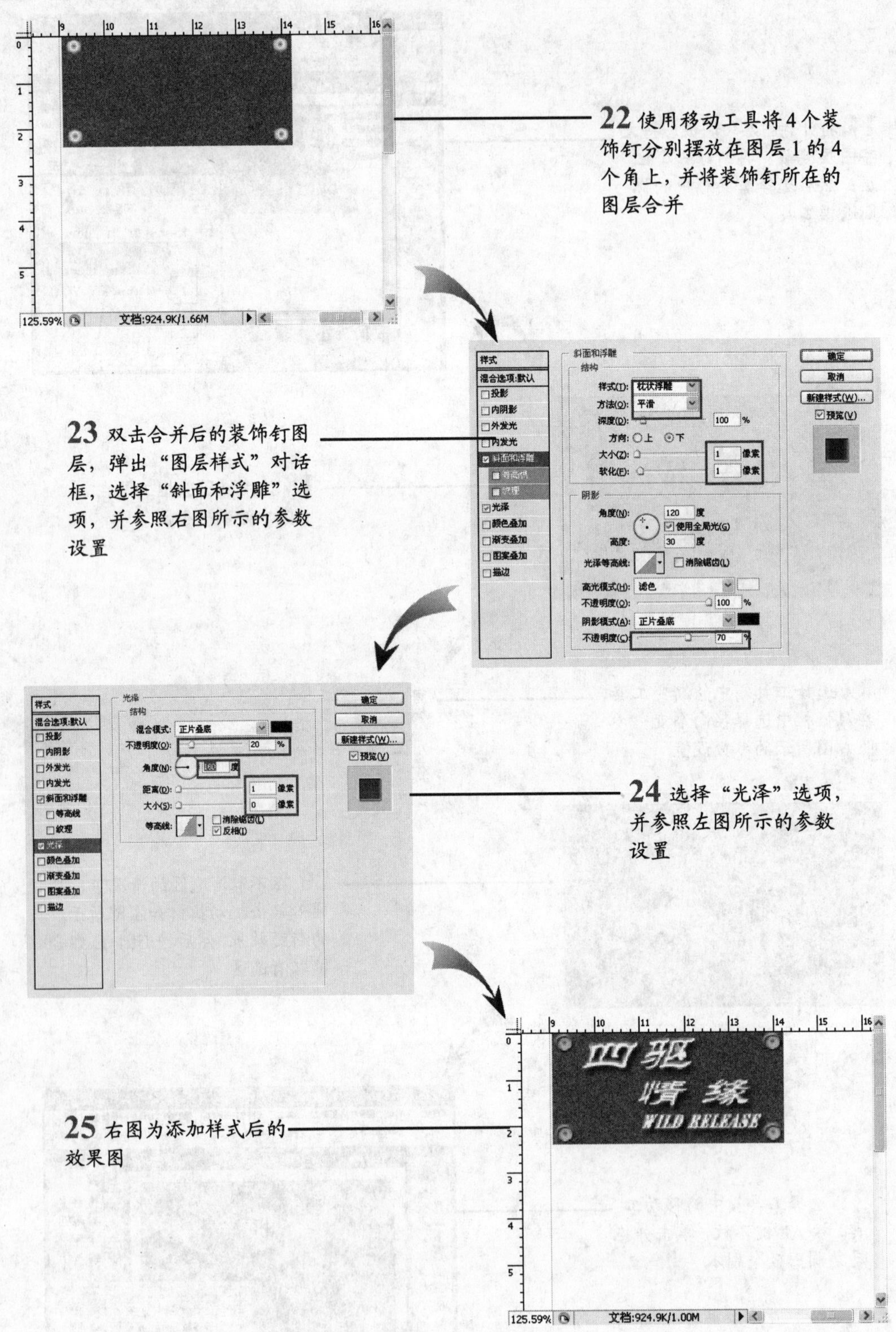

22 使用移动工具将4个装饰钉分别摆放在图层1的4个角上，并将装饰钉所在的图层合并

23 双击合并后的装饰钉图层，弹出“图层样式”对话框，选择“斜面和浮雕”选项，并参照右图所示的参数设置

24 选择“光泽”选项，并参照左图所示的参数设置

25 右图为添加样式后的效果图

下面为图书封面添加素材图片。封面中的素材图片位置必须摆放得当、重点突出、个性鲜明、色调一致，才能显示出图书的特色。

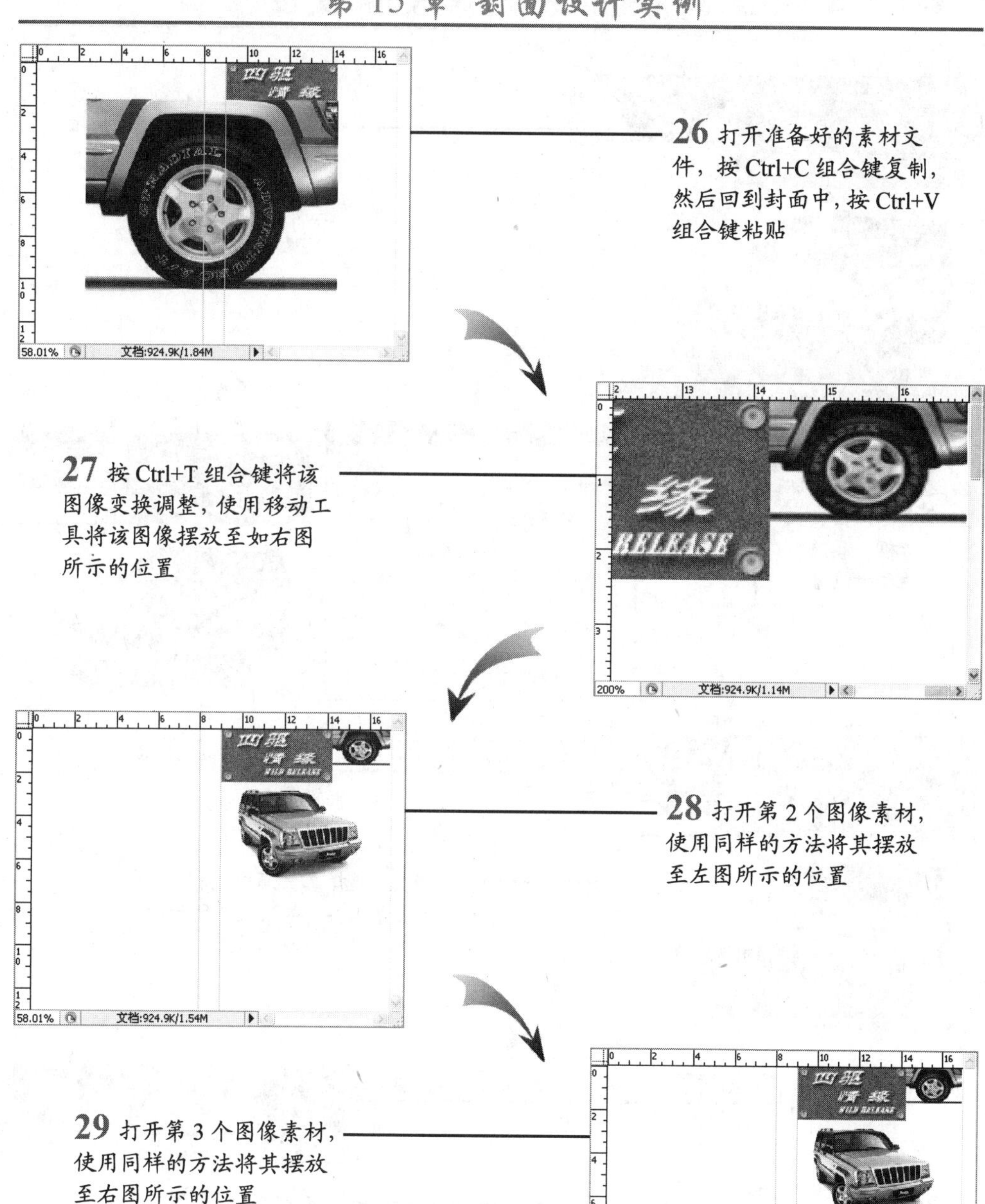

26 打开准备好的素材文件，按 Ctrl+C 组合键复制，然后回到封面中，按 Ctrl+V 组合键粘贴

27 按 Ctrl+T 组合键将该图像变换调整，使用移动工具将该图像摆放至如右图所示的位置

28 打开第 2 个图像素材，使用同样的方法将其摆放至左图所示的位置

29 打开第 3 个图像素材，使用同样的方法将其摆放至右图所示的位置

30 打开第 4 个图像素材，使用同样的方法将其摆放至左图所示的位置

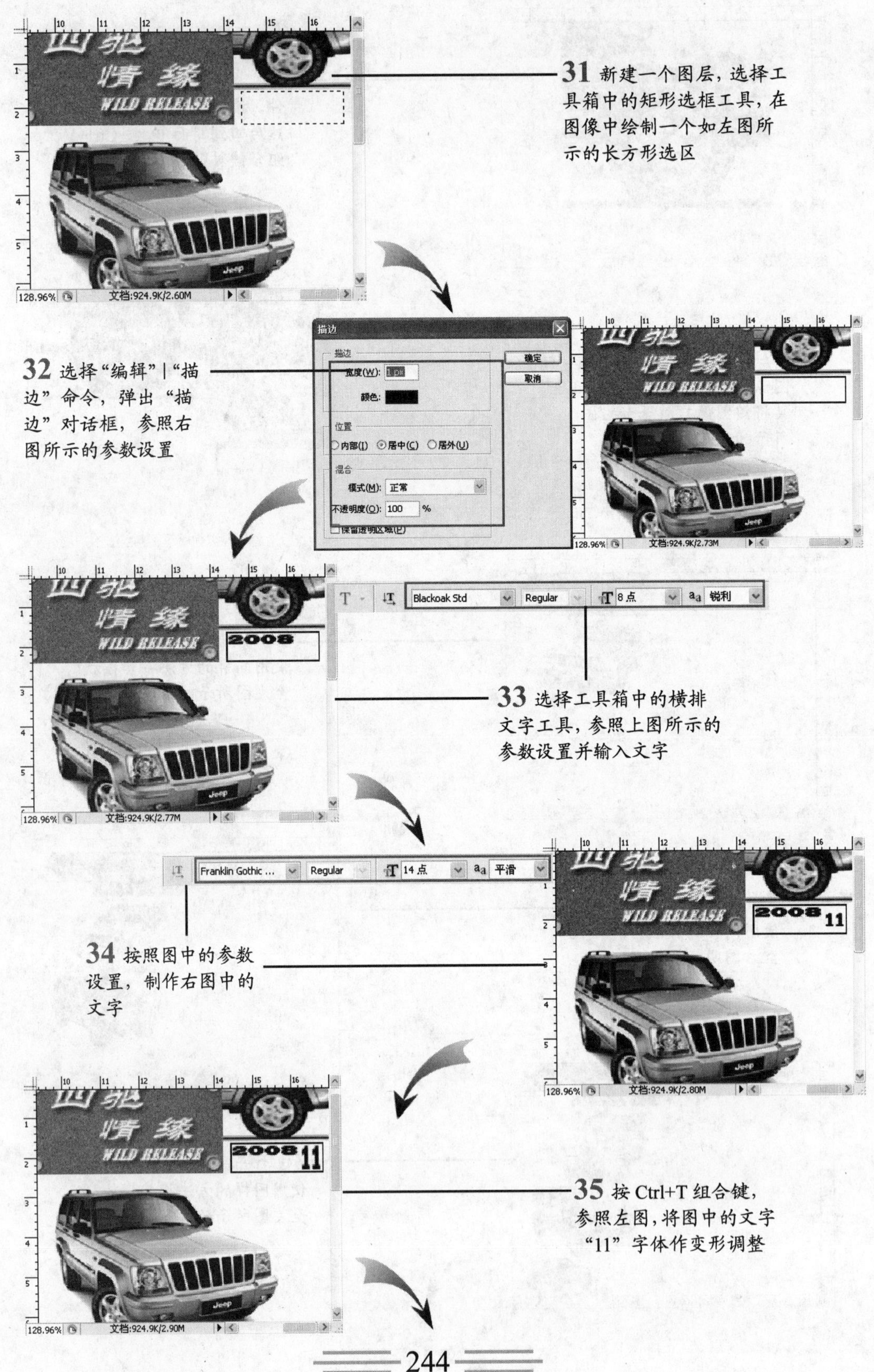

31 新建一个图层，选择工具箱中的矩形选框工具，在图像中绘制一个如左图所示的长方形选区

32 选择“编辑”|“描边”命令，弹出“描边”对话框，参照右图所示的参数设置

33 选择工具箱中的横排文字工具，参照上图所示的参数设置并输入文字

34 按照图中的参数设置，制作右图中的文字

35 按 Ctrl+T 组合键，参照左图，将图中的文字“11”字体作变形调整

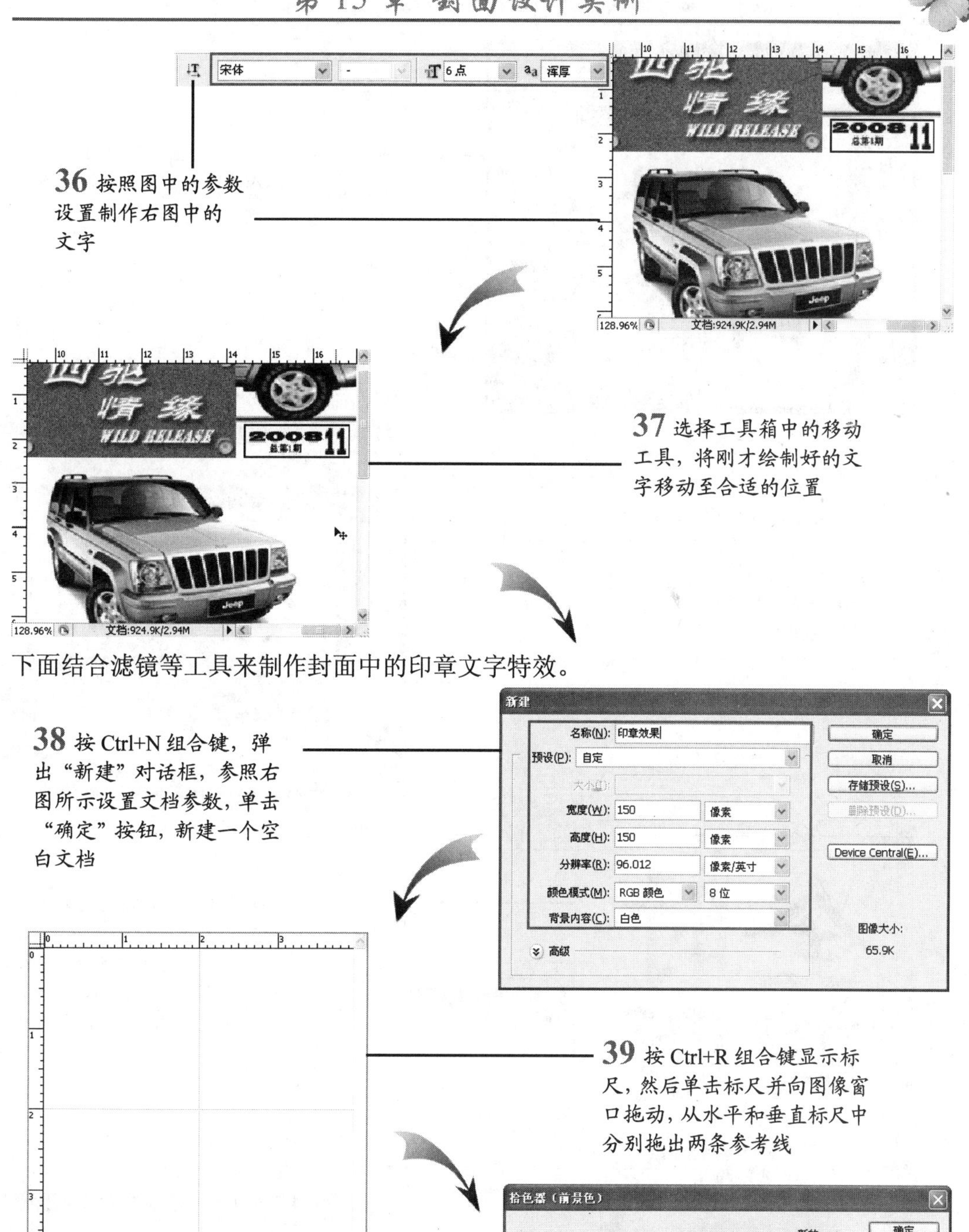

36 按照图中的参数设置制作右图中的文字

37 选择工具箱中的移动工具，将刚才绘制好的文字移动至合适的位置

下面结合滤镜等工具来制作封面中的印章文字特效。

38 按 Ctrl+N 组合键，弹出“新建”对话框，参照右图所示设置文档参数，单击“确定”按钮，新建一个空白文档

39 按 Ctrl+R 组合键显示标尺，然后单击标尺并向图像窗口拖动，从水平和垂直标尺中分别拖出两条参考线

40 单击工具箱中的前景色，弹出“拾色器”对话框，参照右图所示的参数设置颜色

拾色器（前景色）

新的 / 当前		确定 / 取消 / 添加到色板 / 颜色库
H: 0 度	L: 26	
S: 82 %	a: 42	
B: 47 %	b: 29	
R: 121	C: 51 %	
G: 21	M: 99 %	
B: 21	Y: 100 %	
# 791515	K: 31 %	

只有 Web 颜色

41 输入文字，按图中所示一个字一层，这样便于调至合适的位置

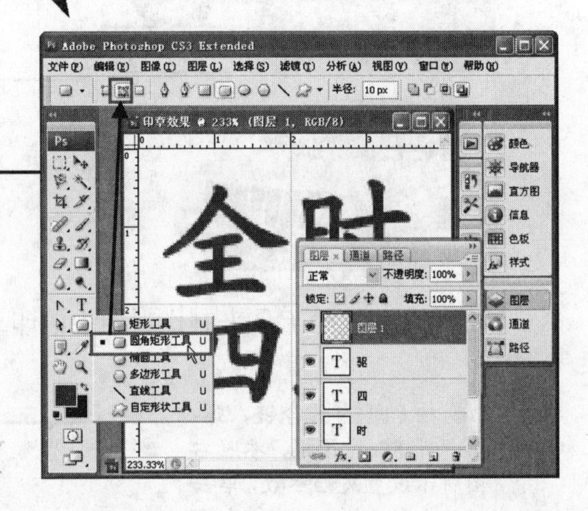

42 文字输入好后，新建一个图层，选择工具箱中的圆角矩形工具，并单击属性栏里的“路径”按钮

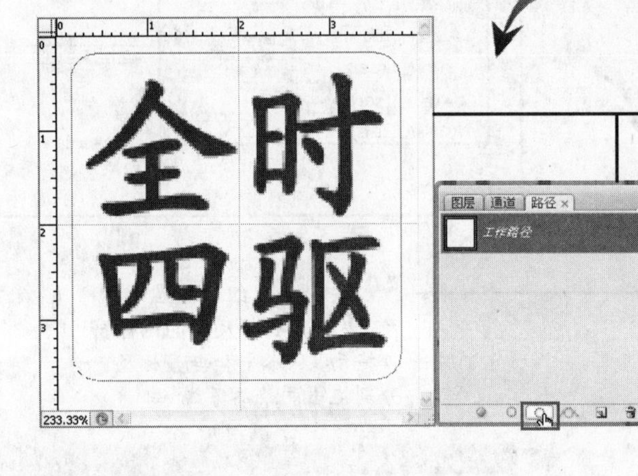

43 在参考线的焦点处按 Alt 键不放，从中心拖出一个圆角矩形，然后打开“路径”调板，单击其下方的“将路径作为选区载入”按钮，载入选区

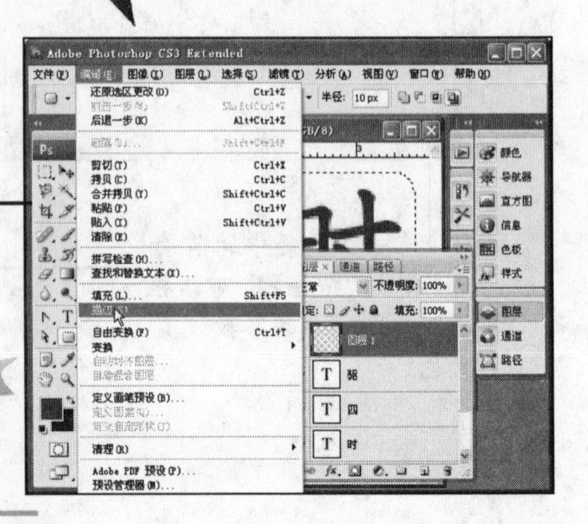

44 选择“编辑”|“描边”命令，弹出“描边”对话框

45 在弹出的“描边”对话框中，设置参数如左图中所示

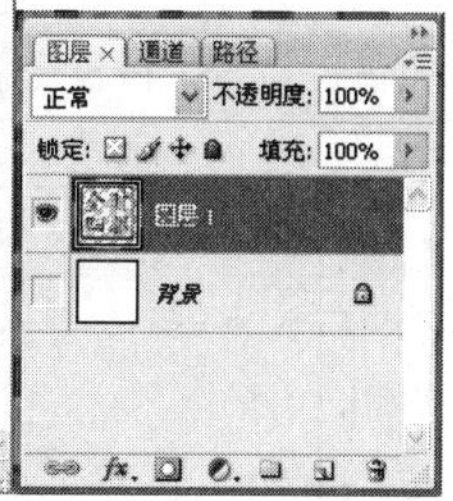

46 按 Ctrl+H 组合键隐藏参考线，并将除背景层外的所有图层合并

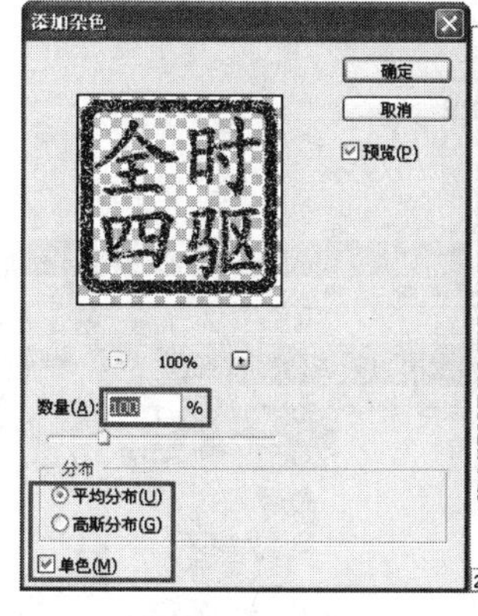

47 选择“滤镜”|“杂色”|“添加杂色”命令，弹出“添加杂色”对话框，按照左图所示的参数设置

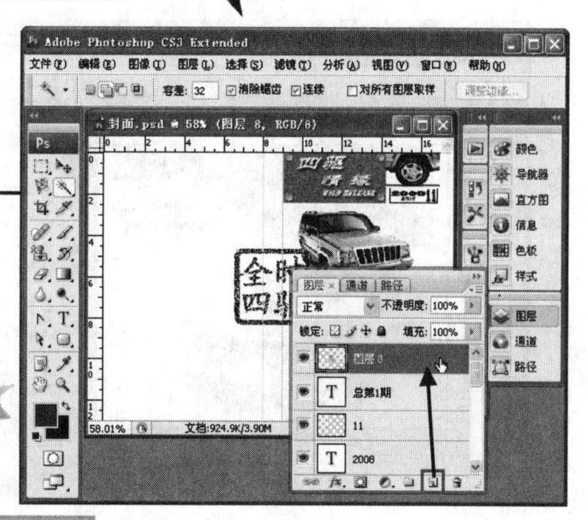

48 复制制作好的印章文字，然后返回封面并新建一个图层，按 Ctrl+V 组合键粘贴制作好的印章文字

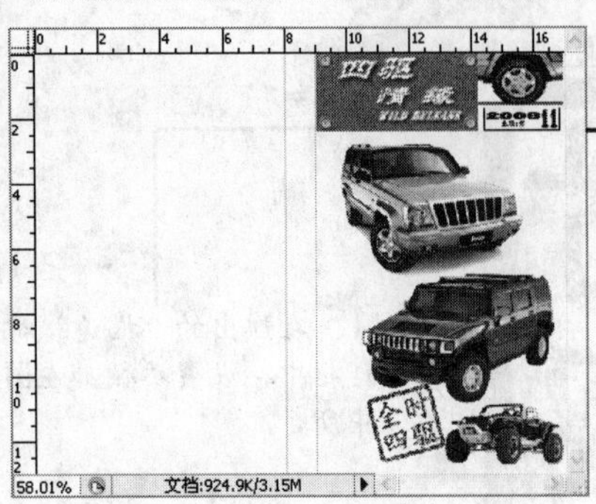

49 按Ctrl+T组合键将其变换、旋转并摆放至合适的位置

50 打开素材文件条码，复制并粘贴，按Ctrl+T组合键将其变换并摆放至合适的位置

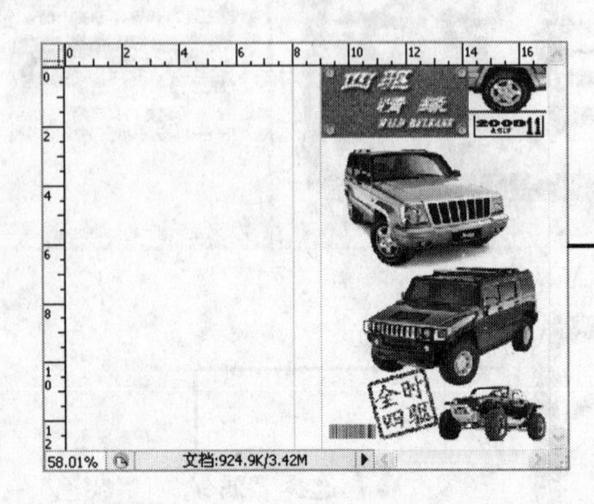

51 左图为添加条码后的效果图

52 选择工具箱中的横排文字工具，按照图中的参数设置为条码添加编号

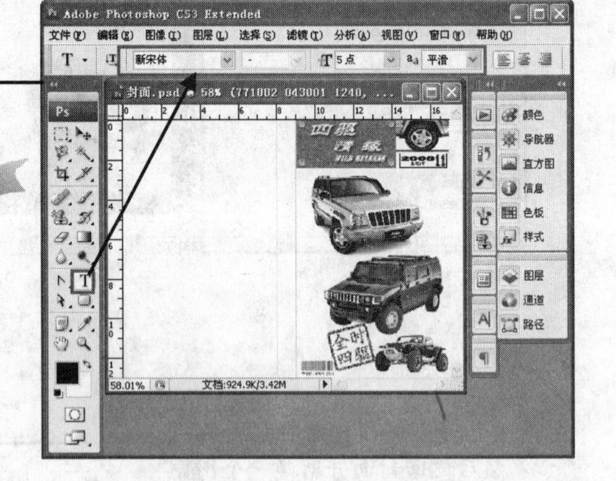

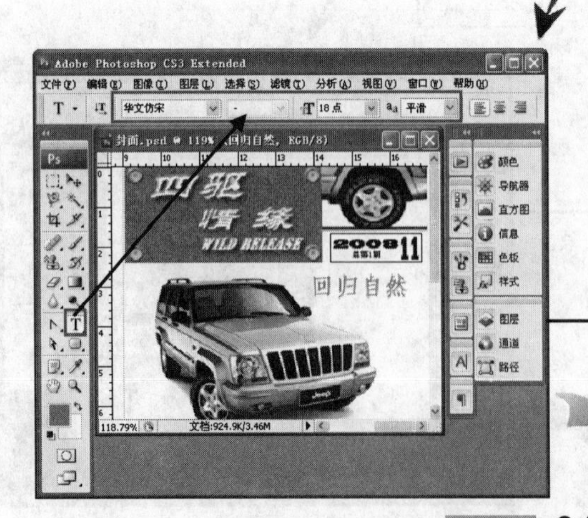

53 选择工具箱中的横排文字工具，按照图中的参数设置为封面添加大标题

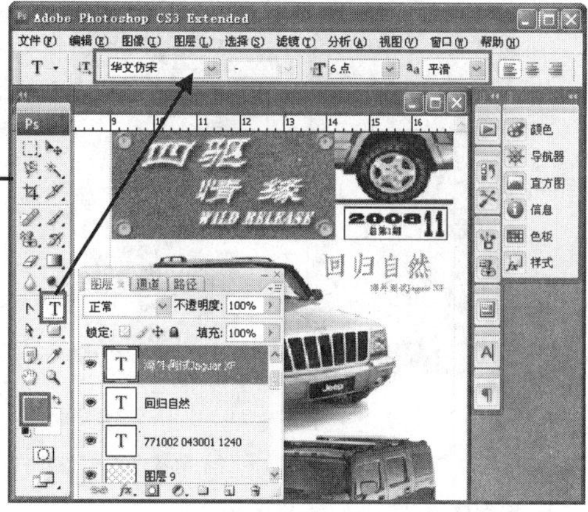

54 选择工具箱中的横排文字工具，按照图中的参数设置在图像中添加标题

55 按照同样的方法在图形空白处添加标题

56 打开素材文件，按 Ctrl+C 组合键复制，然后回到封面中，按 Ctrl+V 组合键粘贴，再按 Ctrl+T 组合键将该图像变换调整，并使用移动工具将该图像摆放至如右图所示的位置

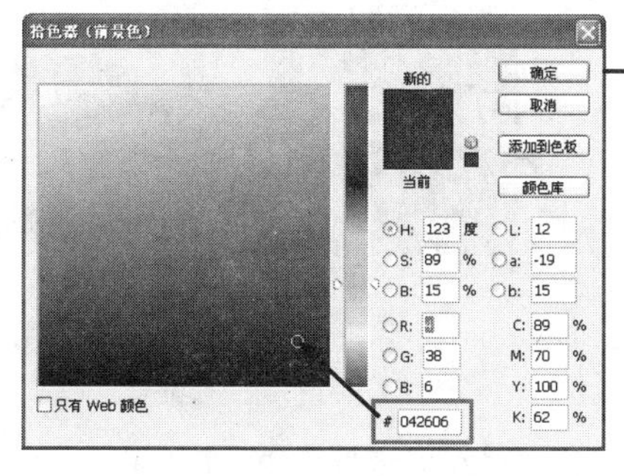

57 单击工具箱中的前景色，弹出“拾色器”对话框，参照左图所示的参数设置颜色

在封面中添加图书内容概要及封底图片和文字。

58 选择工具箱中的直排文字工具，在书脊上输入文字

59 按 Ctrl+T 组合键，将输入的文字进行变形处理后，摆放至合适的位置

60 单击工具箱中的前景色，弹出“拾色器”对话框，参照右图所示的参数设置颜色

61 选择工具箱中的直排文字工具，按照图中的参数设置，在书脊上输入文字，并调整至合适的位置

62 使用直排文字工具，按照同样的方法在书脊上输入图书月号

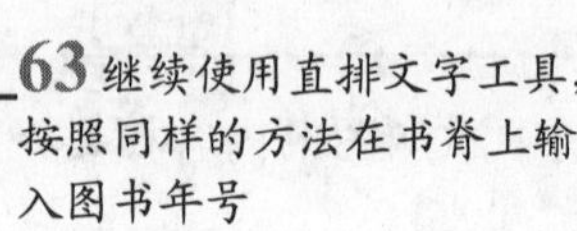

63 继续使用直排文字工具，按照同样的方法在书脊上输入图书年号

64 打开“图层”调板，选择背景图层，然后再单击“创建新图层”按钮，在背景层的上方新建一个图层

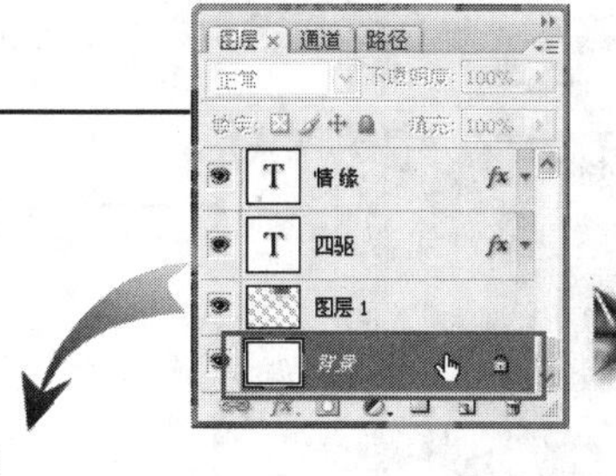

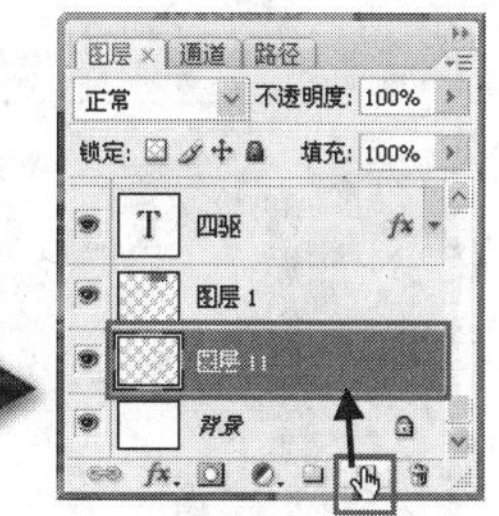

65 选择工具箱中的矩形选框工具，在图像中绘制一个如左图所示的长方形选区

66 选择“编辑”|“描边”命令，弹出“描边”对话框，参照图中所示的参数设置，单击“确定”按钮即可

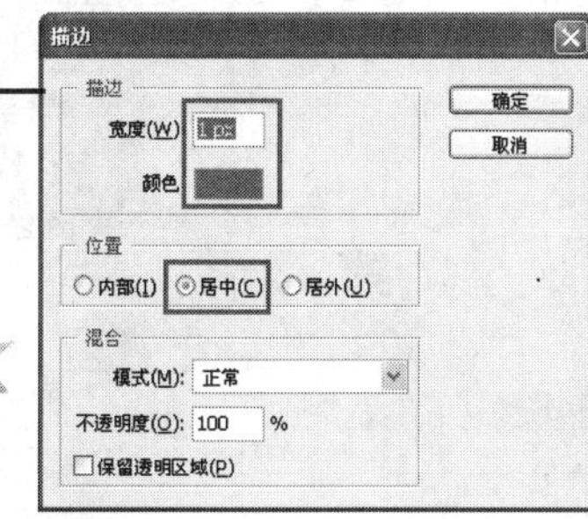

67 选择工具箱中的橡皮擦工具，按照图中所示将边框多余的部分轻轻擦除

68 选择横排文字工具，为本书添加售价，并摆放至合适的位置

69 选择工具箱中的直排文字工具，按照图中的参数设置在图书封底上输入文字

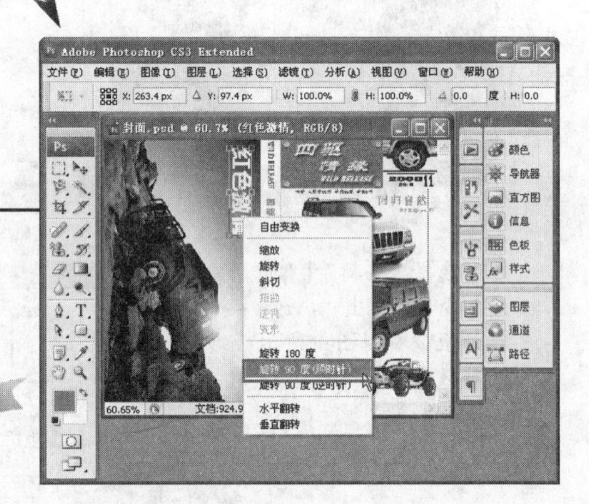

70 按 Ctrl+T 组合键，在图像窗口中单击右键，在弹出的菜单中选择“旋转 90°（顺时针）”命令，将文字翻转并摆放在合适的位置

71 继续使用工具箱中的直排文字工具，按照图中的参数设置在图书封底上输入文字

最终效果如图所示

72 按 Ctrl+T 组合键，在图像窗口中单击右键，在弹出的菜单中选择“旋转 90°（顺时针）”，将文字翻转并摆放合适，此时封面的制作就完成了

第 16 章　广告设计实例

16.1　实例分析

本章将制作一则咖啡广告，制作前首先利用渐变工具绘制图像背景，然后打开素材图片，通过编辑选区、形状工具、文字工具、图层混合模式、蒙版和描边工具的使用，最后添加图层样式和滤镜效果来实现。

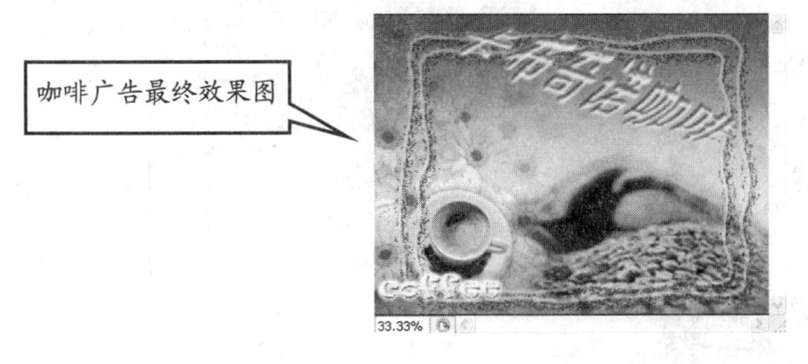

16.2　实例操作

制作咖啡广告的具体步骤如下。

首先新建图像文件，并使用渐变工具制作背景。

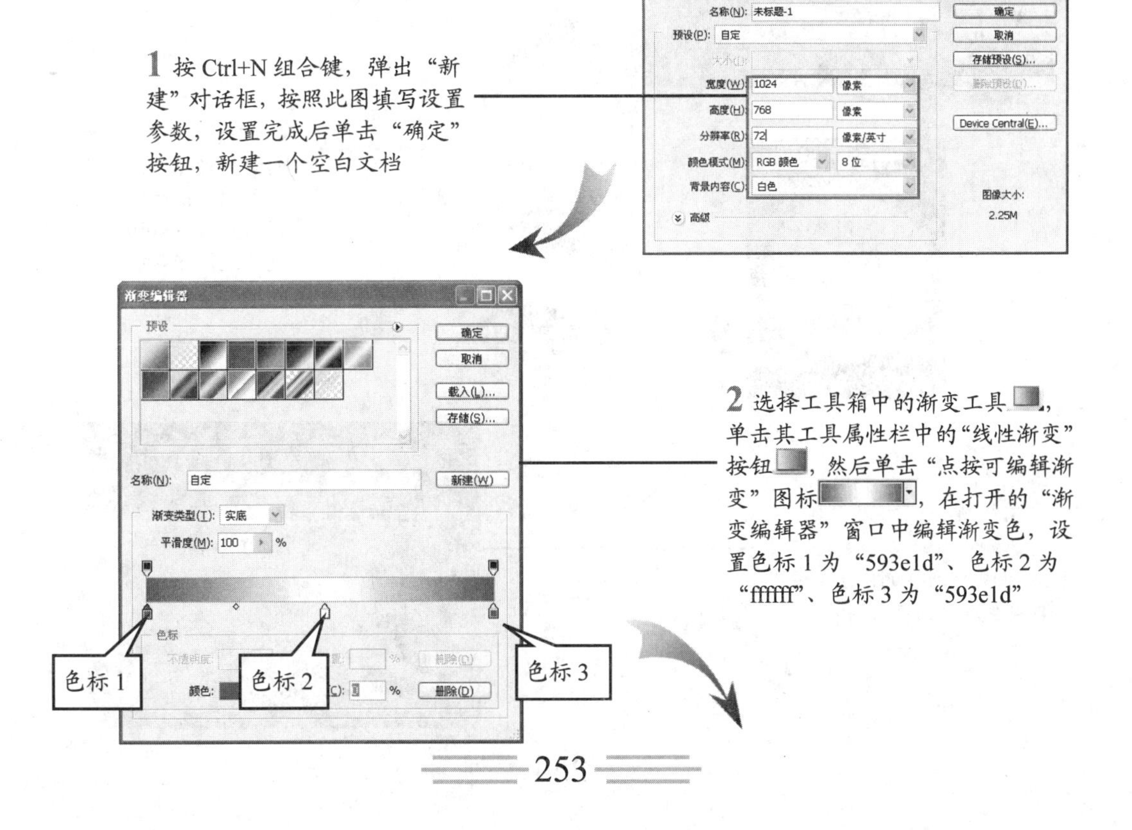

3 渐变色编辑好后，单击“确定”按钮关闭对话框。将光标移动至图像窗口的顶部单击向下拖动鼠标，至合适的位置后释放鼠标，渐变背景就制作好了

4 打开本书配套光盘中的素材文件，用移动工具将其拖至“咖啡广告”窗口中

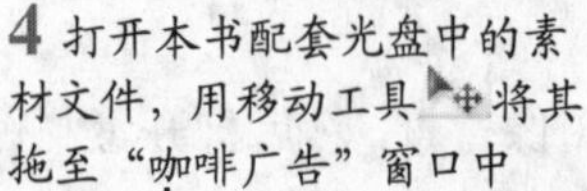

5 此时软件自动生成“图层 1”，在“图层”调板中将该图层的“混合模式”设置为“正片叠底”，使其与背景融合

6 打开本书配套光盘中的素材文件，使用选区工具制作出咖啡杯的选区，按 Ctrl+Shift+I 组合键反选，然后按 Delete 键删除背景

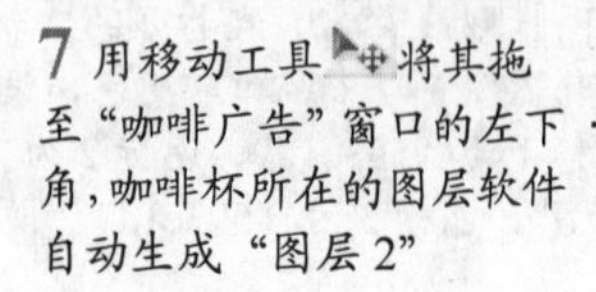

7 用移动工具将其拖至“咖啡广告”窗口的左下角，咖啡杯所在的图层软件自动生成“图层 2”

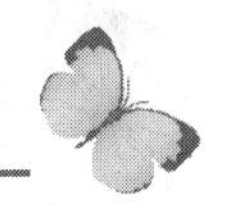

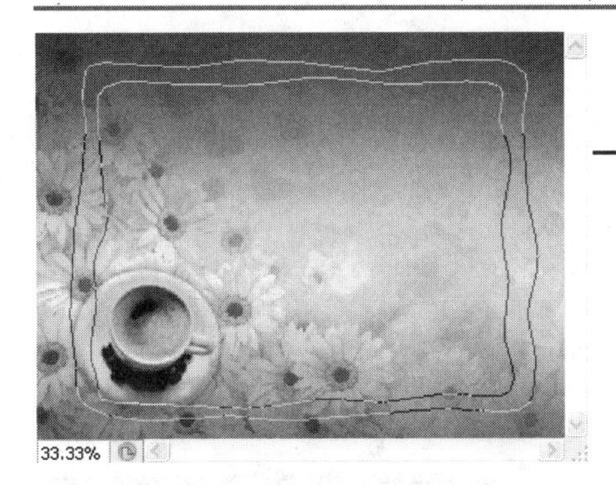

8 选择工具箱中的自定义形状工具，在其工具属性栏中单击“路径”按钮，然后单击 形状：，选择“”形状后，在图像窗口绘制一个路径

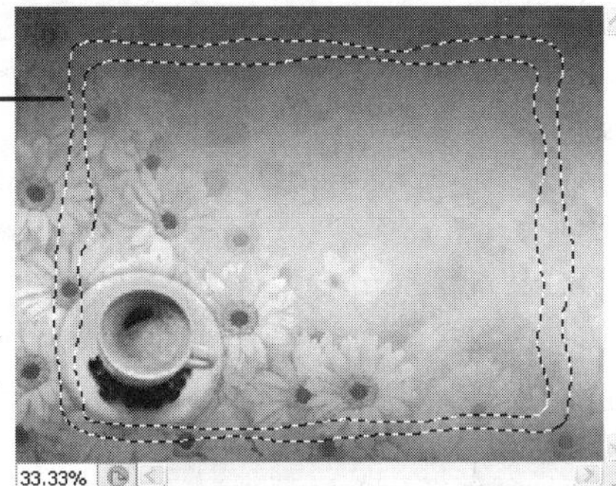

9 路径绘制好后，按 Ctrl+Enter 组合键将路径转换为选区

10 在“图层”调板中新建“图层 3”，选择“编辑”|“描边”命令，在弹出的“描边”对话框中设置“宽度”为 8，“位置”为“居中”

描边
描边
宽度(W): 8 px
颜色:
确定
取消
位置
内部(I) 居中(C) 居外(U)
混合
模式(M): 正常
不透明度(O): 100 %
保留透明区域(P)

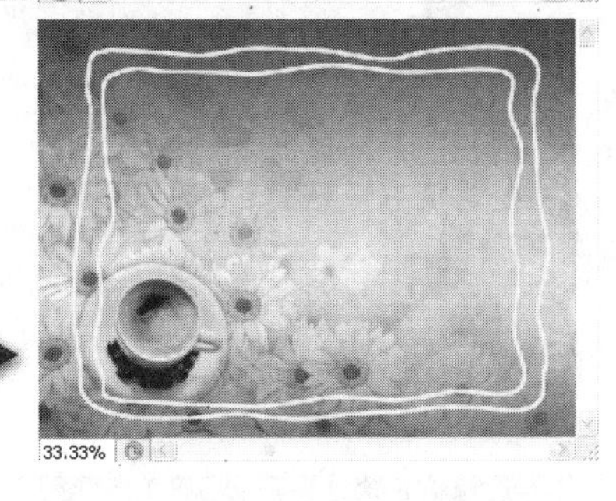

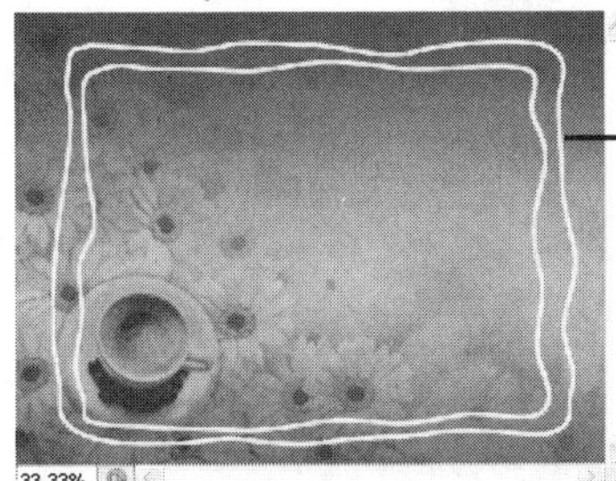

11 在按住 Ctrl 键的同时，用鼠标在“图层”调板中单击“图层 3”载入边框选区，然后按 Q 键进入快速蒙版

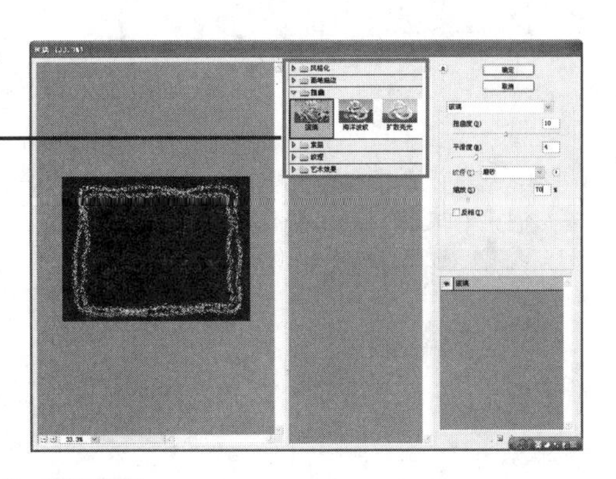

12 选择“滤镜”|“扭曲”|“玻璃”命令，弹出“玻璃”对话框，设置“扭曲度”为 10，“平滑度”为 4，“纹理”为“磨砂 70%”。设置好参数后单击“确定”按钮

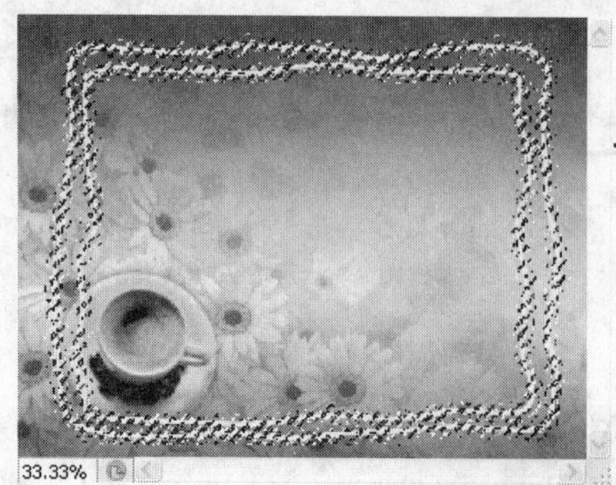

13 按Q键退出快速蒙版，然后选择“编辑”|“描边”命令，弹出“描边”对话框

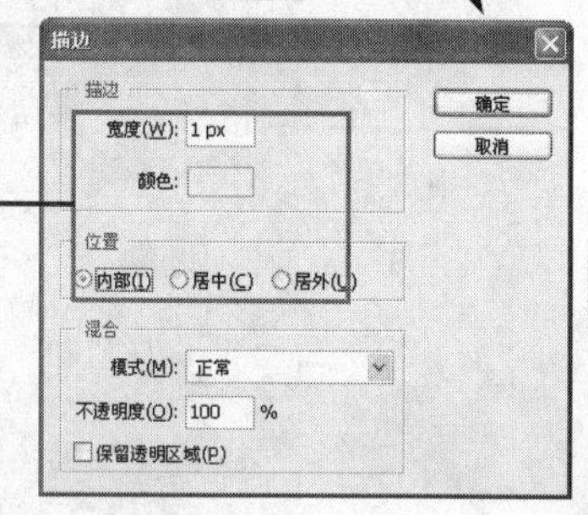

14 在弹出的“描边”对话框中，设置“宽度”为1像素，“位置”为“内部”，设置完成后单击“确定”按钮，按Ctrl+D组合键取消选区

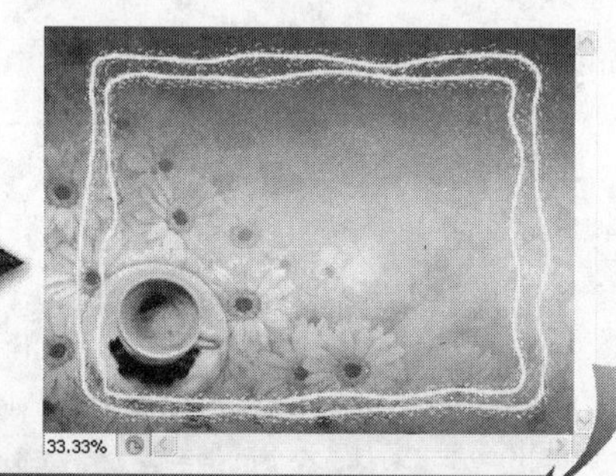

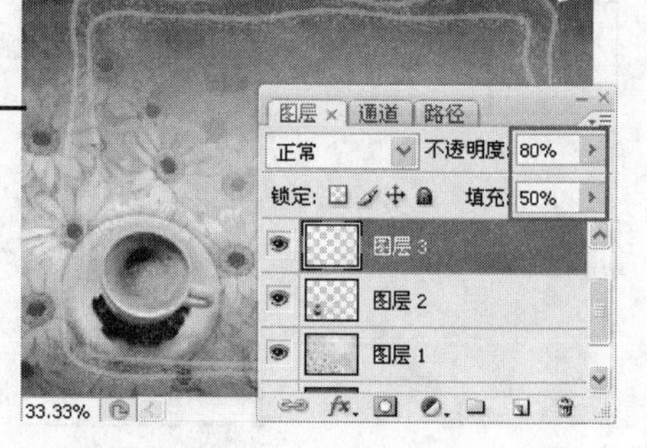

15 在“图层”调板中，将“图层3”的不透明度设为80%，填充设为50%，使之很好地融入图像中

16 选择工具箱中的横排文字工具 T，在工具属性栏中设置合适的字体、字号和颜色，然后在图像窗口中输入“coffee”字样，并将其放置在咖啡杯的下方

17 打开本书配套光盘中的素材文件，利用移动工具拖入图像中，生成“图层4”

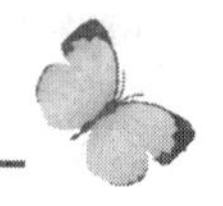

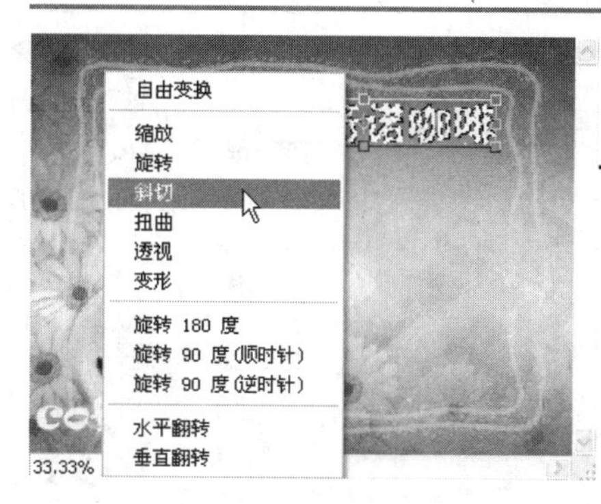

18 按 Ctrl+T 组合键变换字体，在图像窗口单击右键，在弹出的菜单中选择“斜切”命令

19 按照同样的方法旋转字体，然后选择 “变形”命令，将字体变形成需要的形状

20 用移动工具将字体拖至合适的位置

21 选择“滤镜”|“艺术效果”|“海报边缘”命令，设置“边缘厚度”为 8，“边缘强度”为 5，“海报”为 3，单击“确定”命令使该滤镜生效

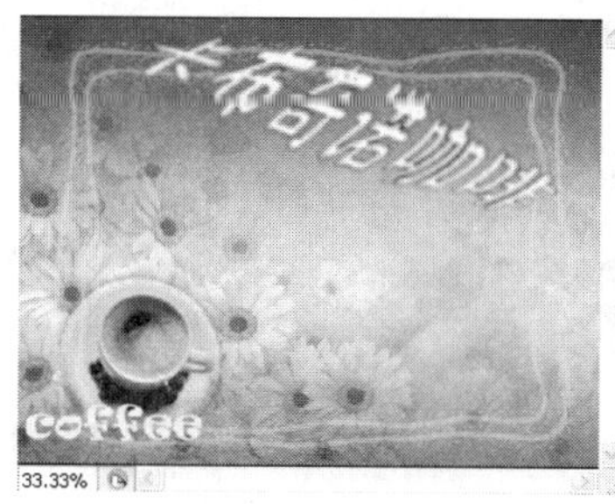

22 选择“滤镜”|“模糊”|“高斯模糊”命令，设置模糊“半径”为 3 像素。设置好后单击“确定”按钮，使该滤镜生效

23 选择“滤镜”|“素描”|“基底凸现”命令，设置“细节”为8，“平滑度”为5，选择“光照”为“下”，设置好后单击“确定”按钮，使该滤镜生效

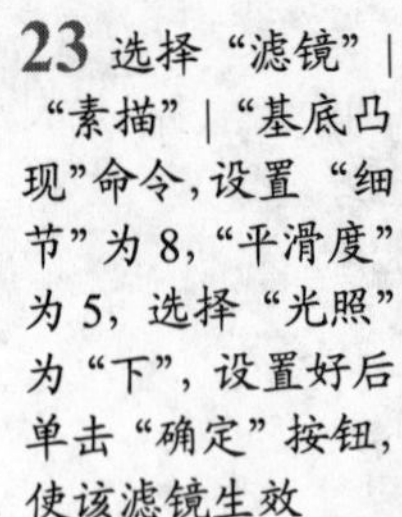

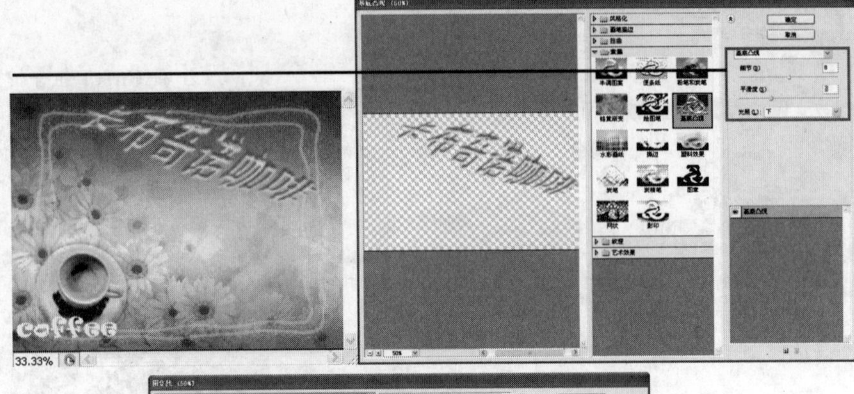

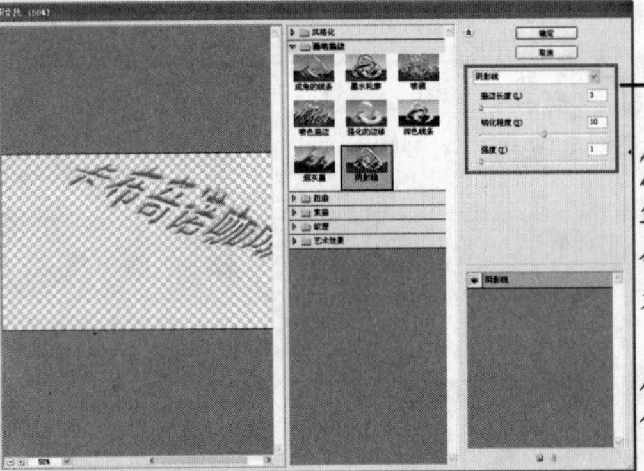

24 选择“滤镜”|“画笔描边”|“阴影线”命令，设置“描边长度”为3，“锐化程度”为10，“强度”为1，设置好后单击“确定”按钮，使该滤镜生效

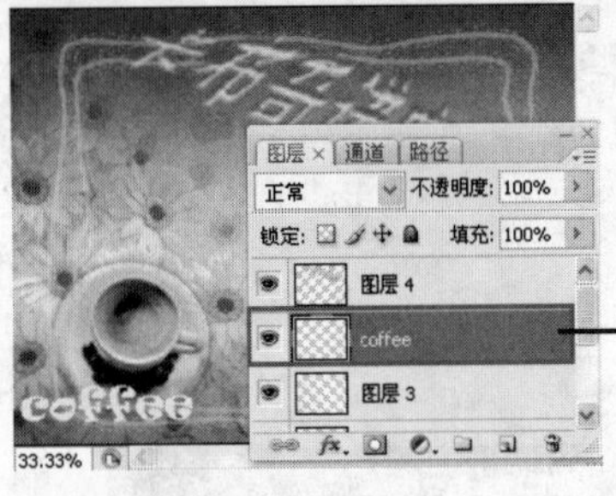

25 打开“图层”调板，选择文字图层，选择“图层”|“栅格化”|“文字”命令，将文字图层转换为普通图层

26 单击“图层”调板底部的“添加图层样式”按钮 fx，在弹出的“图层样式”对话框中选择“外发光”选项，设置“不透明度”为80%，“扩展”为6%，大小为10像素

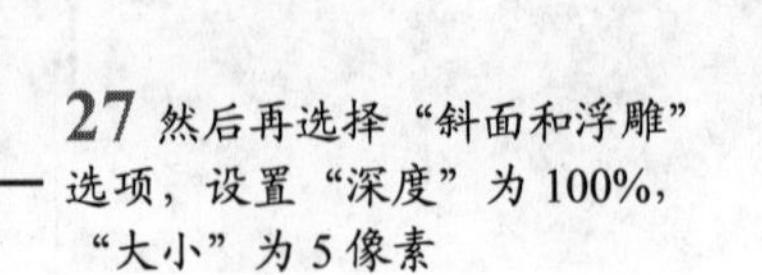

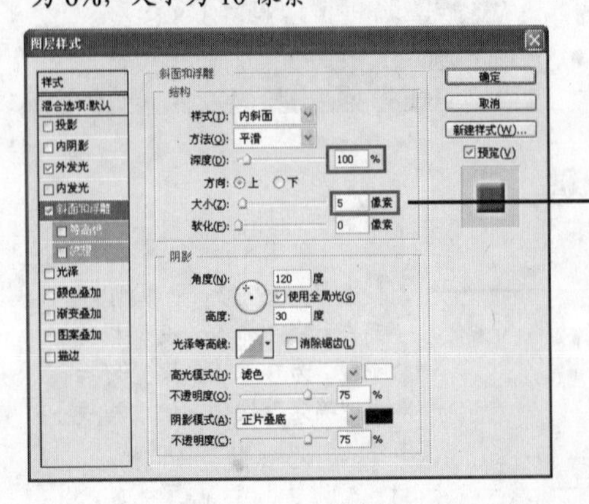

27 然后再选择“斜面和浮雕”选项，设置“深度”为100%，“大小”为5像素

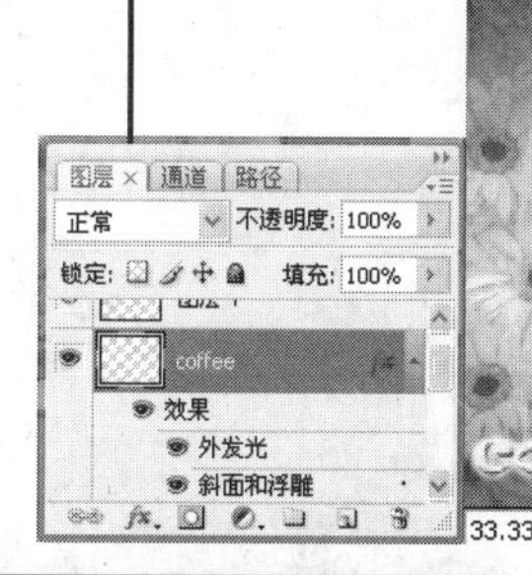

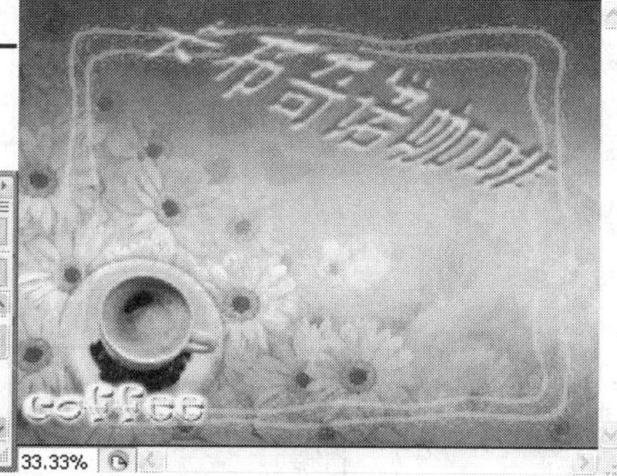

28 设置完成后单击“确定”按钮

29 打开本书配套光盘中的素材文件，利用矩形选框工具绘制选区并将选区羽化，“羽化半径”为 10 像素，然后用移动工具将其拖至图像窗口右下角，按 Ctrl+T 组合键将该图像拖拉至合适的大小

30 将“图层 5”调至“图层 1”的下方，并单击“图层”调板下方的“添加图层蒙版”按钮，选择画笔工具，设置好属性后在该图像周围涂抹，隐藏部分图像，使其与背景很好地融合

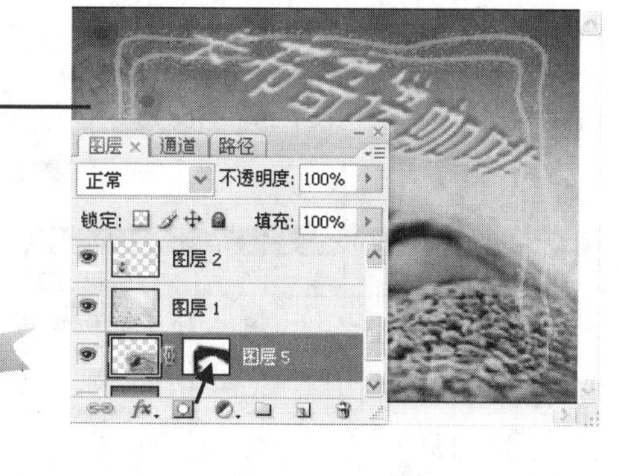

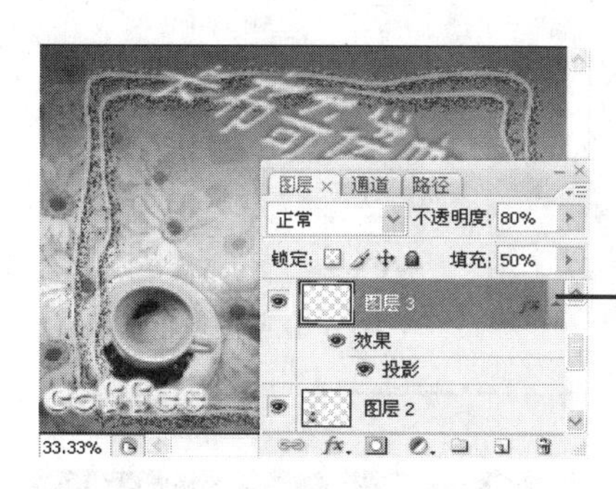

31 选择“图层 3” 单击“图层”调板底部的“添加图层样式”按钮，在弹出的“图层样式”对话框中选择“投影”选项

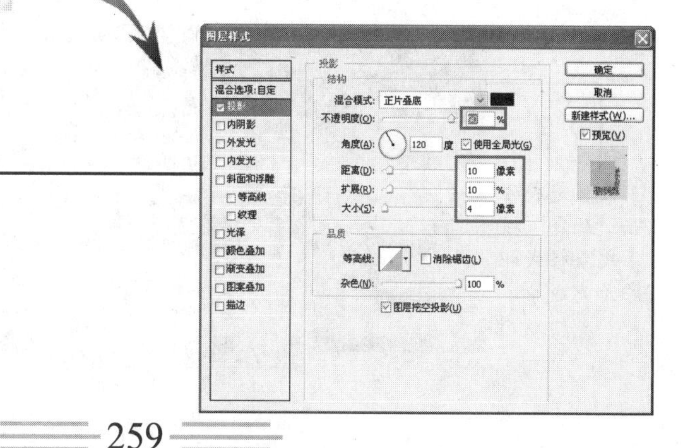

32 设置“不透明度”为 90%，“距离”为 10 像素，“扩展”为 10%，“大小”为 4 像素

将字体栅格化转成普通图层后，就可以为字体添加图层样式效果了。

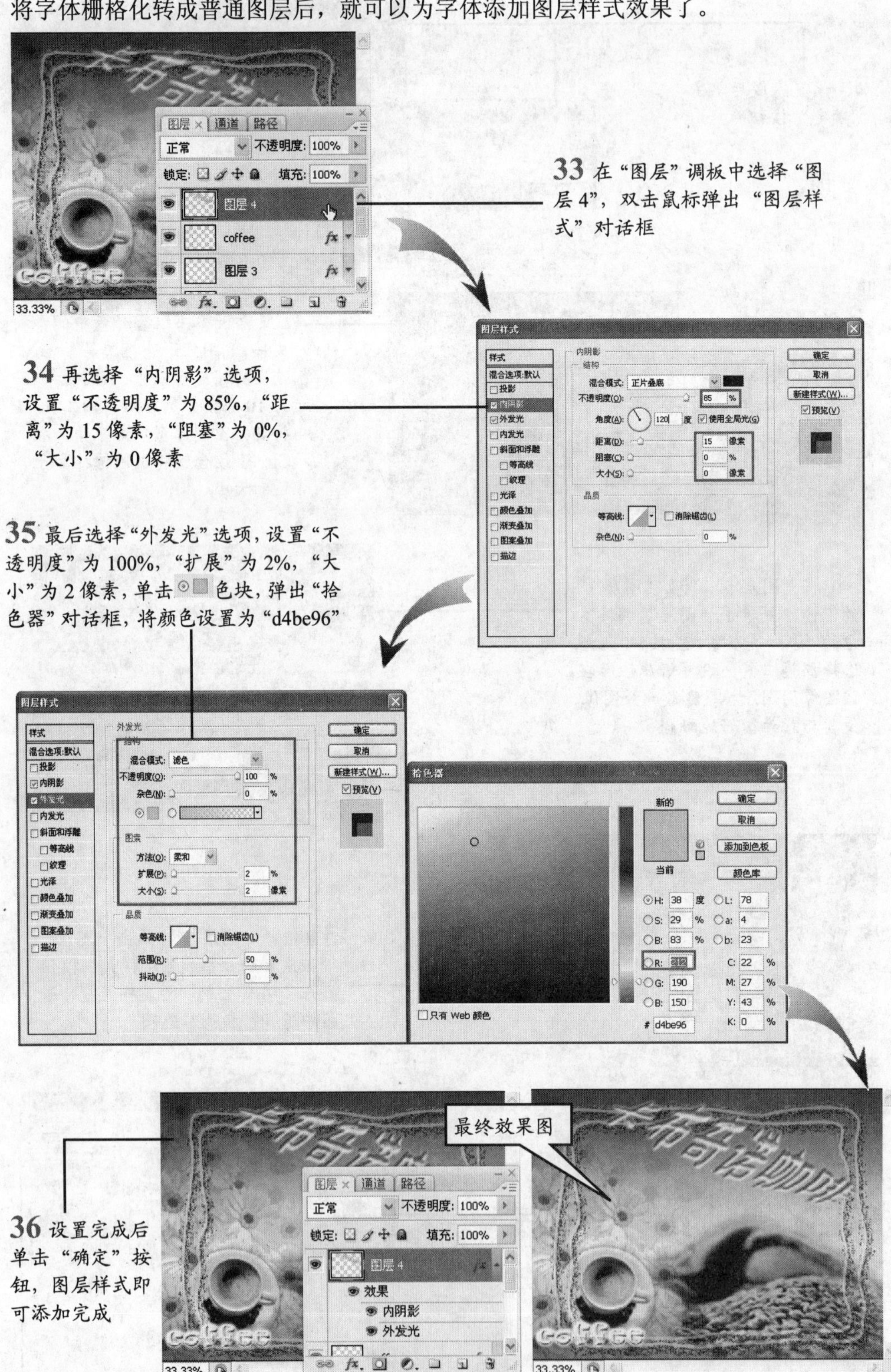

第 17 章　招贴画制作实例

17.1　实例分析

本章将制作一则另类摇滚招贴画，通过简单的素材制作出精彩的招贴画效果。首先要制作绚丽的背景，然后将素材进行融合，关键是要注重光与影的相互作用效果，最后添加装饰文字，以制作出最终的招贴画效果。

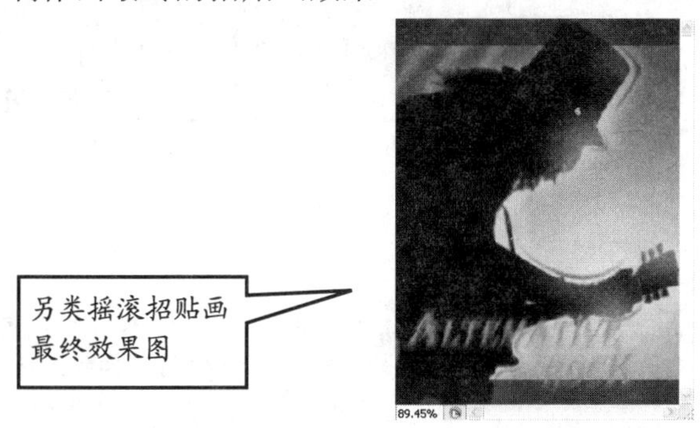

17.2　实例操作

制作招贴画的具体步骤如下。首先创建一个新的图像文件，并制作图像背景。

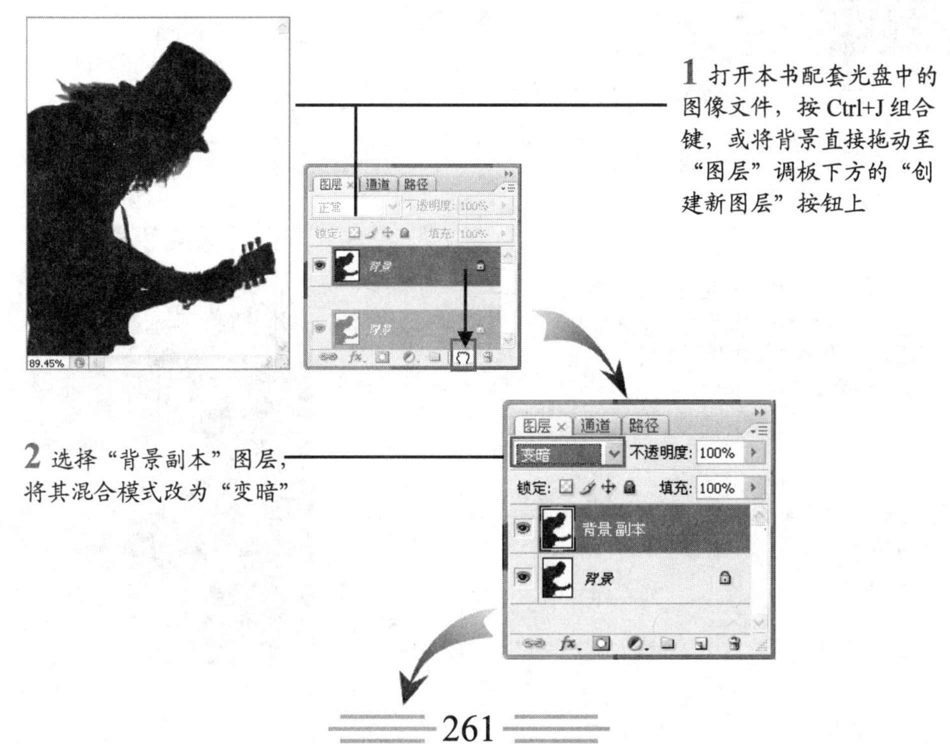

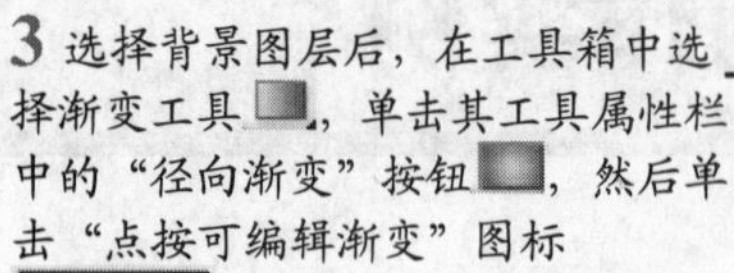

3 选择背景图层后，在工具箱中选择渐变工具■，单击其工具属性栏中的“径向渐变”按钮■，然后单击“点按可编辑渐变”图标■，在打开的“渐变编辑器”窗口中编辑渐变色，设置色标 1 为“e4d2d1”、色标 2 为“8d5b57”、色标 3 为“451917”

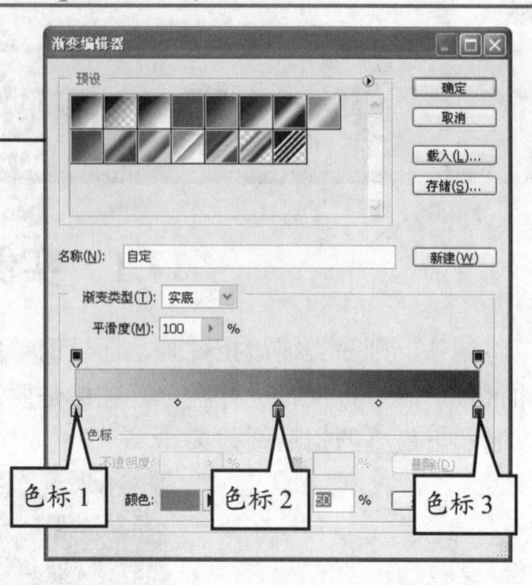

4 渐变色编辑好后，单击“确定”按钮关闭对话框。将光标移至图像窗口的右下角，单击向斜上拖动鼠标，至合适的位置后释放鼠标，渐变背景就制作完成了

使用画笔工具，调整笔触结合快速蒙版，制作出光的衍射效果。

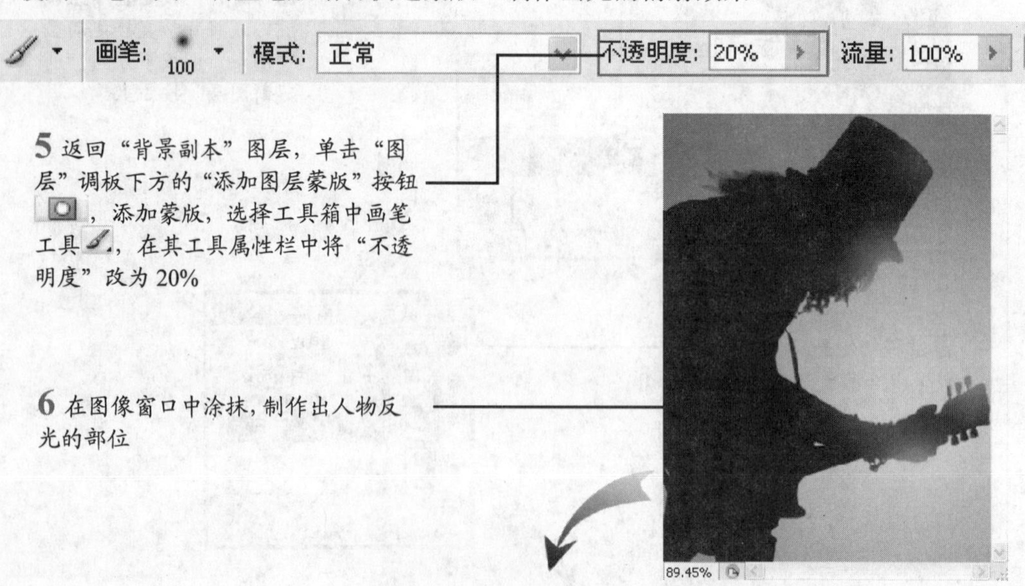

5 返回“背景副本”图层，单击“图层”调板下方的“添加图层蒙版”按钮■，添加蒙版，选择工具箱中画笔工具■，在其工具属性栏中将“不透明度”改为 20%

6 在图像窗口中涂抹，制作出人物反光的部位

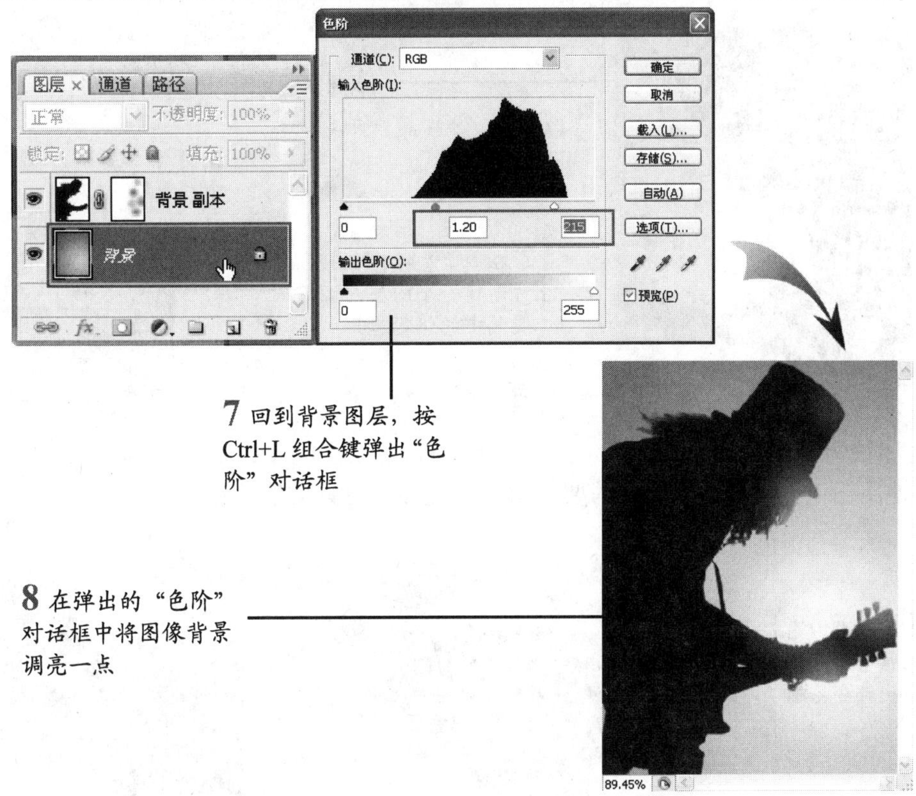

7 回到背景图层，按 Ctrl+L 组合键弹出“色阶”对话框

8 在弹出的“色阶”对话框中将图像背景调亮一点

对选区进行“羽化”操作，使图像的边缘过渡得更加柔和，以便增加图像的融合度，再结合滤镜为图像制作出梦幻效果。

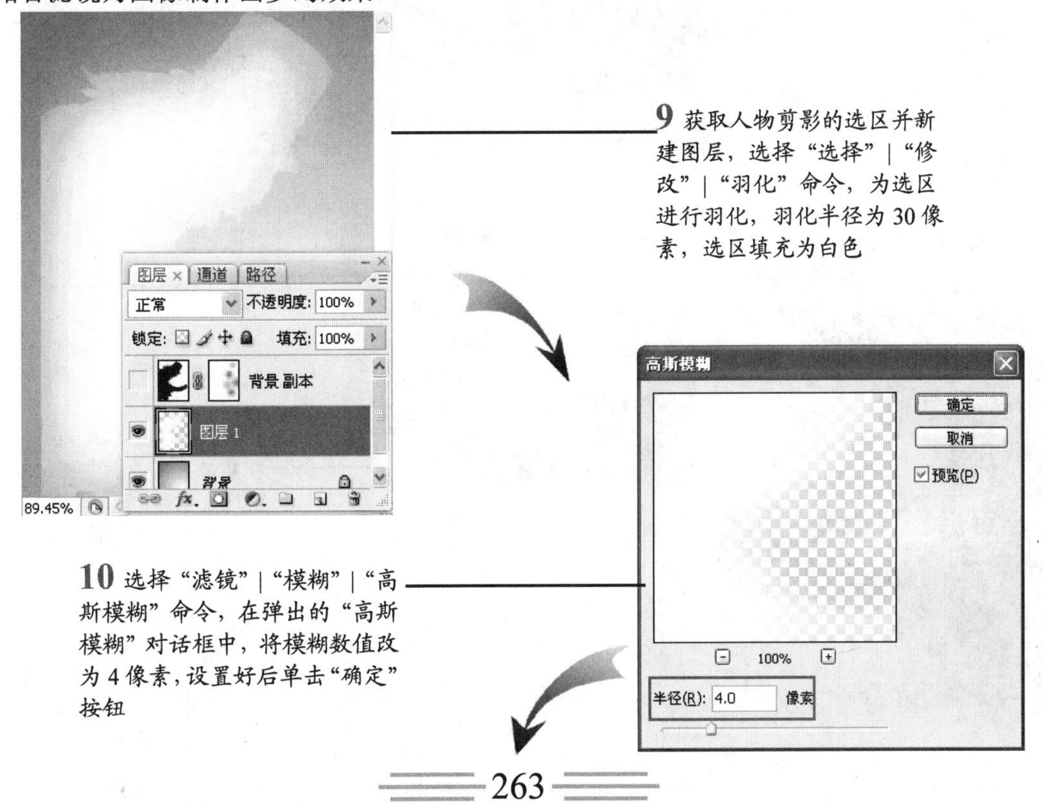

9 获取人物剪影的选区并新建图层，选择“选择”|“修改”|“羽化”命令，为选区进行羽化，羽化半径为 30 像素，选区填充为白色

10 选择“滤镜”|“模糊”|“高斯模糊”命令，在弹出的“高斯模糊”对话框中，将模糊数值改为 4 像素，设置好后单击“确定”按钮

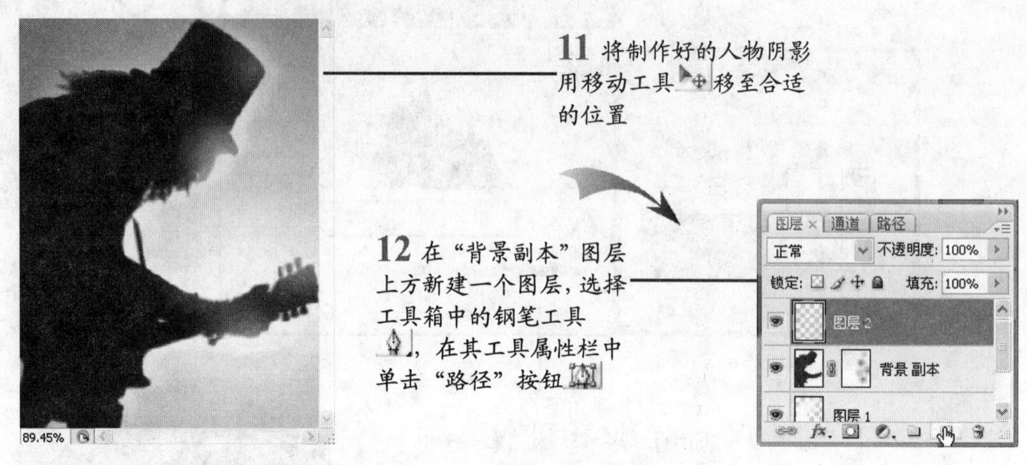

11 将制作好的人物阴影用移动工具移至合适的位置

12 在“背景副本”图层上方新建一个图层，选择工具箱中的钢笔工具，在其工具属性栏中单击“路径”按钮

使用钢笔工具勾勒出图像的要点部分，使图像更具动感色彩。

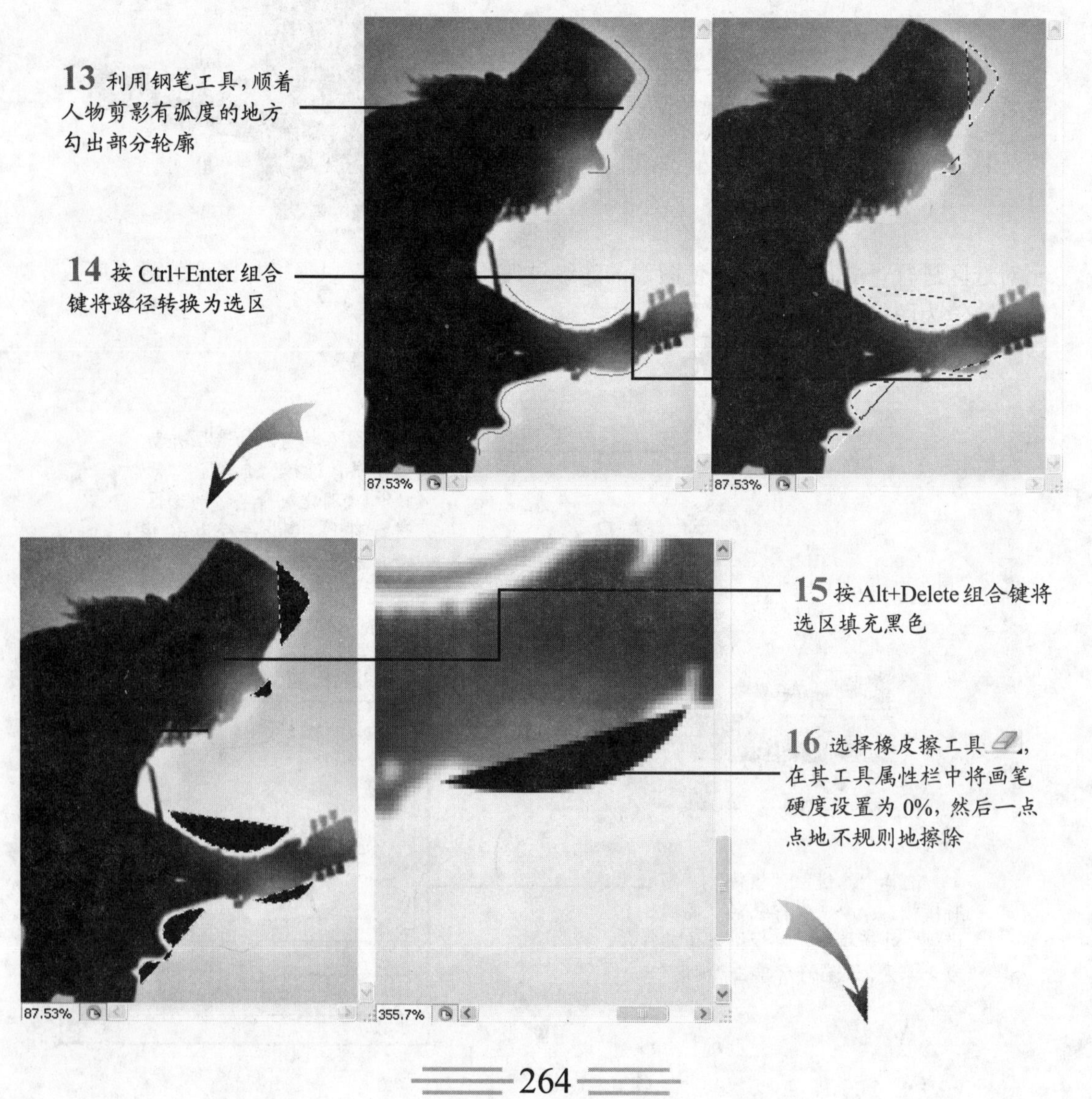

13 利用钢笔工具，顺着人物剪影有弧度的地方勾出部分轮廓

14 按 Ctrl+Enter 组合键将路径转换为选区

15 按 Alt+Delete 组合键将选区填充黑色

16 选择橡皮擦工具，在其工具属性栏中将画笔硬度设置为 0%，然后一点点地不规则地擦除

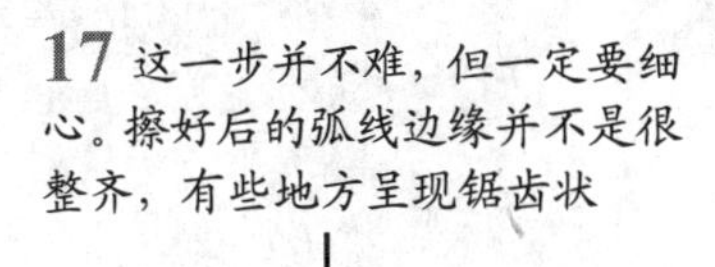

17 这一步并不难，但一定要细心。擦好后的弧线边缘并不是很整齐，有些地方呈现锯齿状

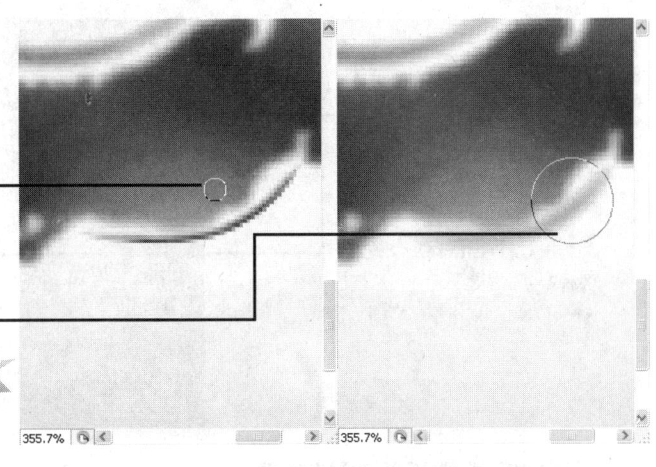

18 想要消除其边缘的锯齿并不难，选择工具箱中的模糊工具，单击拖动顺着弧线轻轻一画，即可将边缘变柔和

19 按照以上步骤将每条弧线勾画出来，然后选择工具箱中的减淡工具，在图像窗口中对弧线进行整体修饰

20 返回背景图层，按 Ctrl +L 组合键弹出“色阶”对话框

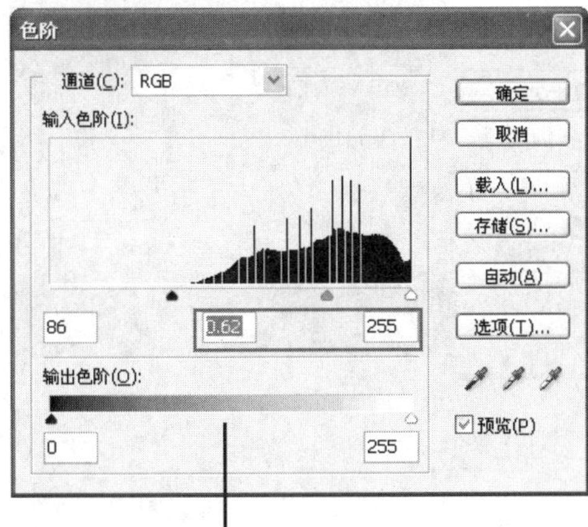

21 在弹出的“色阶”对话框中，调整图像中的背景颜色，设置参数如上图所示

22 下图是调整后的图像效果

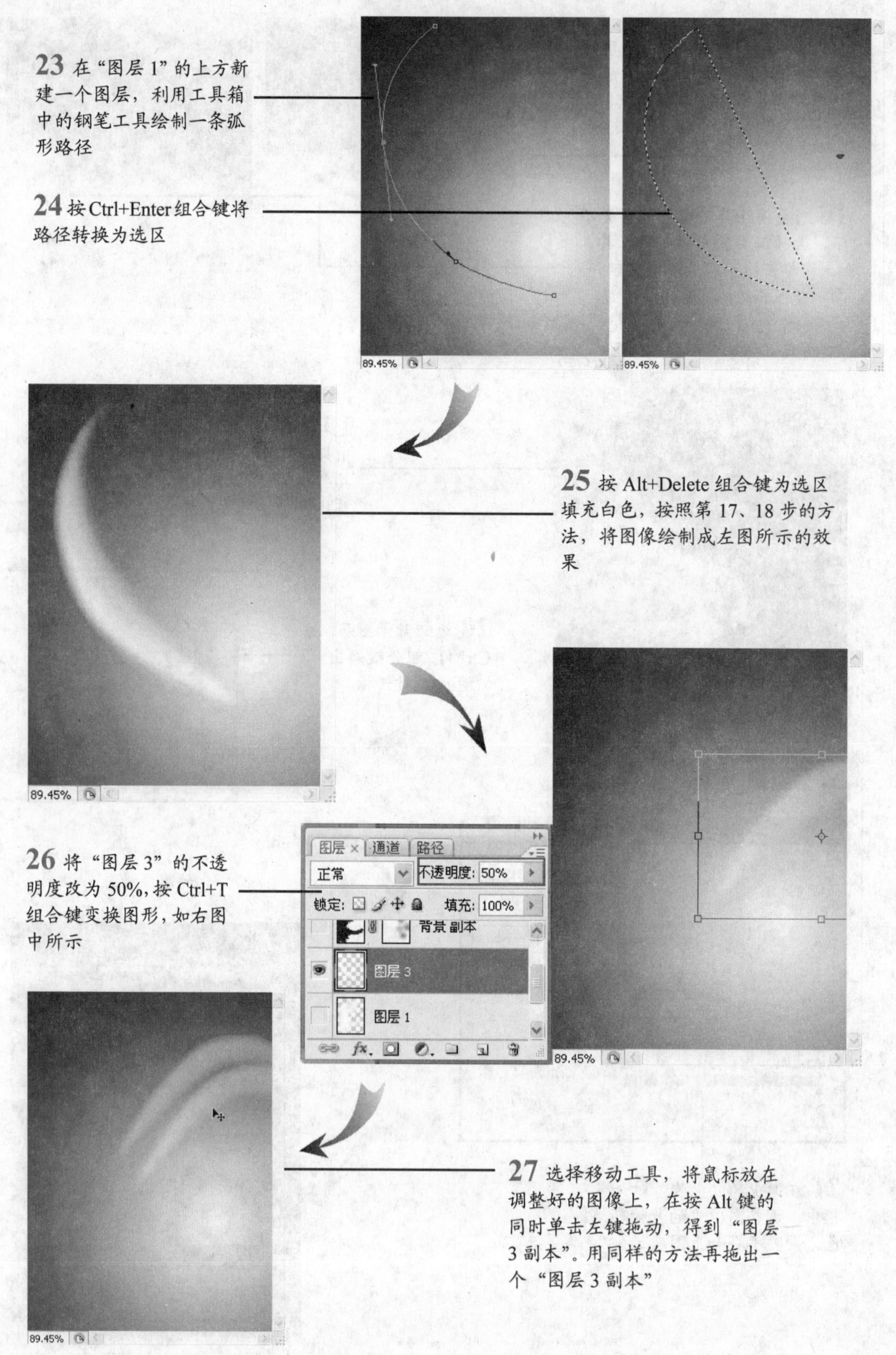

23 在“图层 1”的上方新建一个图层，利用工具箱中的钢笔工具绘制一条弧形路径

24 按Ctrl+Enter组合键将路径转换为选区

25 按 Alt+Delete 组合键为选区填充白色，按照第 17、18 步的方法，将图像绘制成左图所示的效果

26 将“图层 3”的不透明度改为 50%，按 Ctrl+T 组合键变换图形，如右图中所示

27 选择移动工具，将鼠标放在调整好的图像上，在按 Alt 键的同时单击左键拖动，得到“图层 3 副本”。用同样的方法再拖出一个“图层 3 副本”

28 用移动工具将它们分别放在图像窗口的左上角，调整好位置关系即可

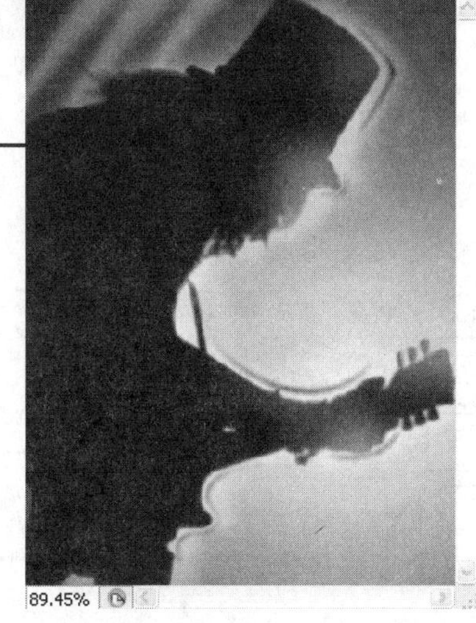

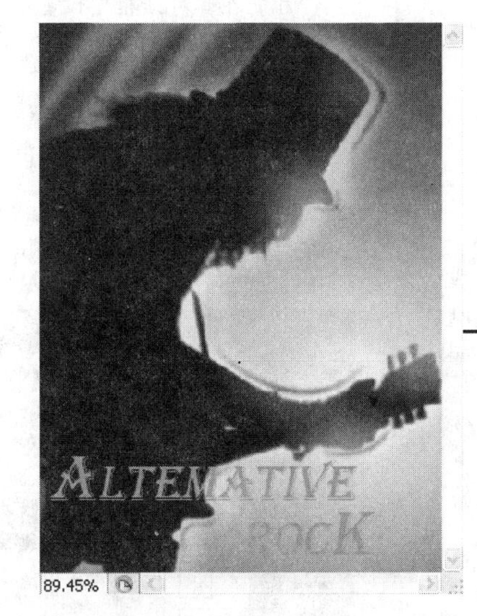

29 选择工具箱中的横排文字工具，在其工具属性栏中设置“字体”为 Algerian，然后输入文字，将文本首尾的两个文字大小设为 4 点，其余字符设为 3 点

在制作招贴画中的文字时，内容和效果必须紧扣主题、风格突出。

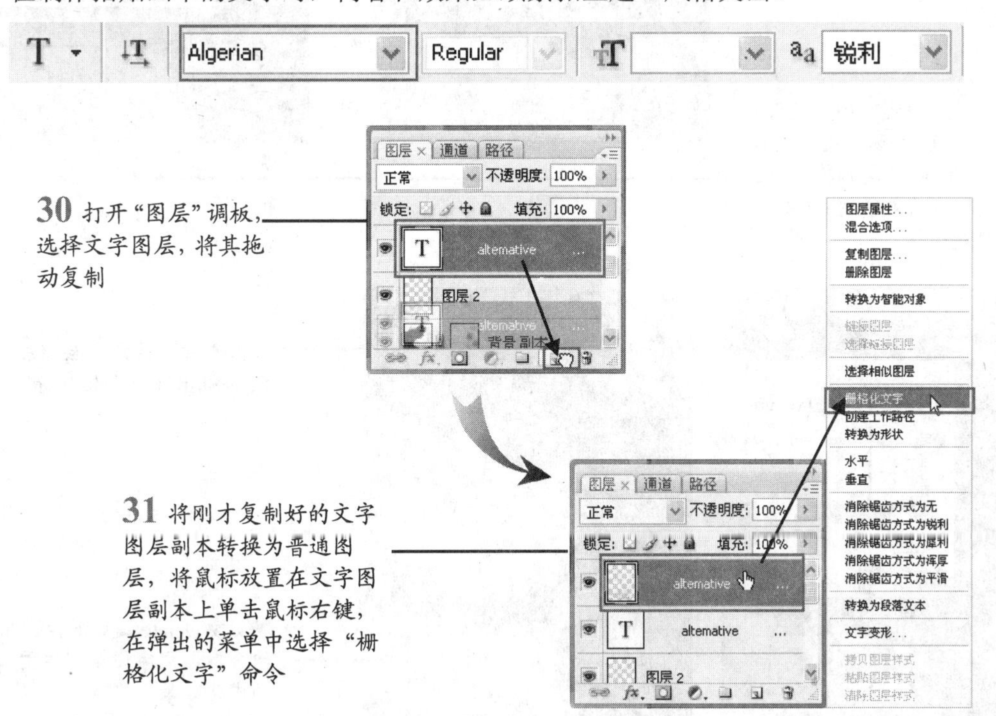

30 打开“图层”调板，选择文字图层，将其拖动复制

31 将刚才复制好的文字图层副本转换为普通图层，将鼠标放置在文字图层副本上单击鼠标右键，在弹出的菜单中选择“栅格化文字”命令

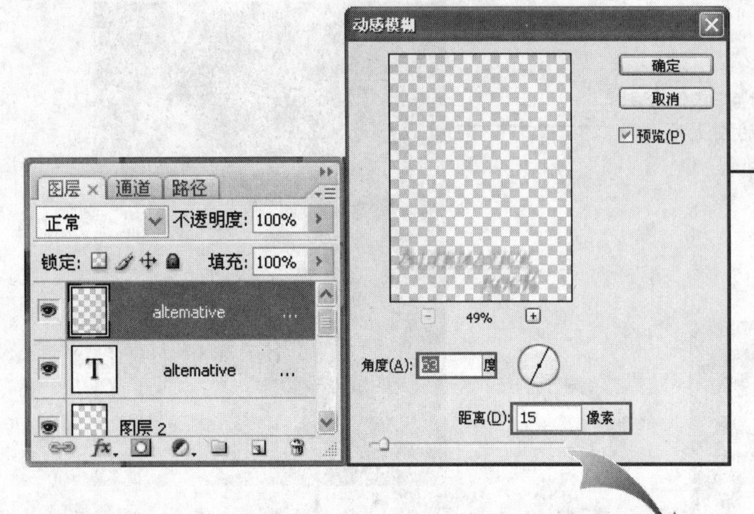

32 在栅格化后的图层上，选择“滤镜”|“模糊”|“动感模糊”命令，弹出“动感模糊”对话框，在其对话框中设置参数如左图所示

33 参数设置完成后单击“确定”按钮，关闭“动感模糊”对话框，其效果如右图所示

34 将另一个文字图层进行栅格化处理，并返回文字副本层，按 Ctrl 键的同时单击“图层”调板中的文字副本层，获得文字的选区

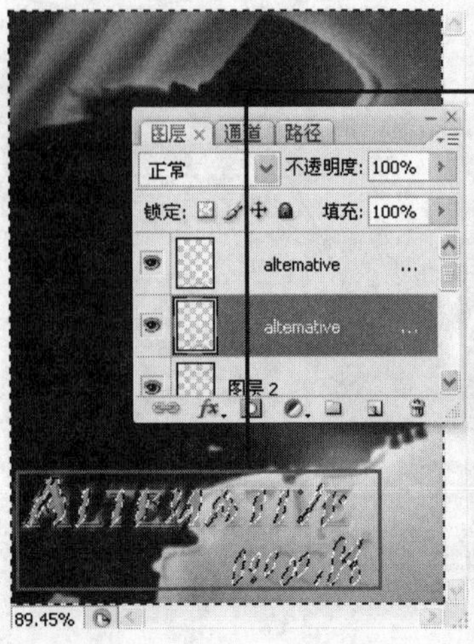

35 再次选择文字层，按 Ctrl+Shift+I 组合键反选

36 按 Delete 键删除，按 Ctrl+N 组合键，文字便呈现左图所示的虚化效果

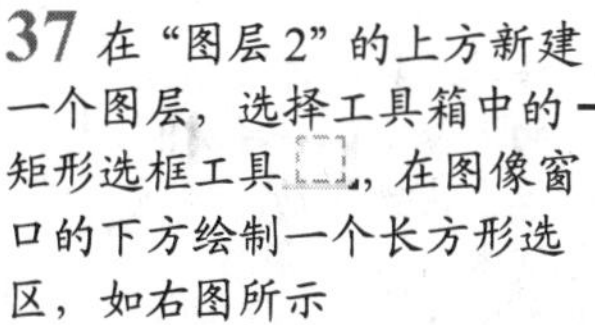

37 在“图层 2”的上方新建一个图层，选择工具箱中的矩形选框工具，在图像窗口的下方绘制一个长方形选区，如右图所示

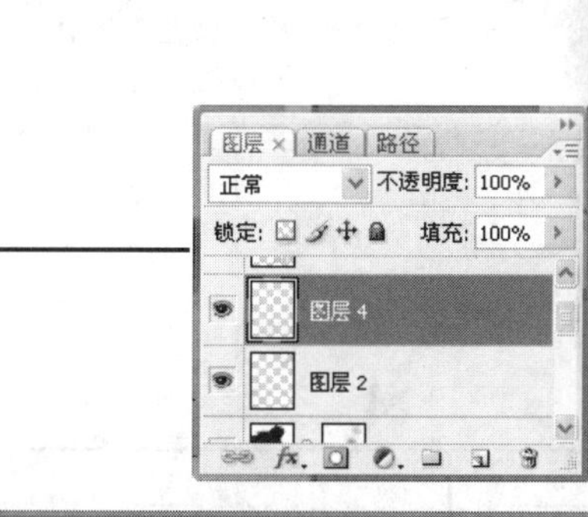

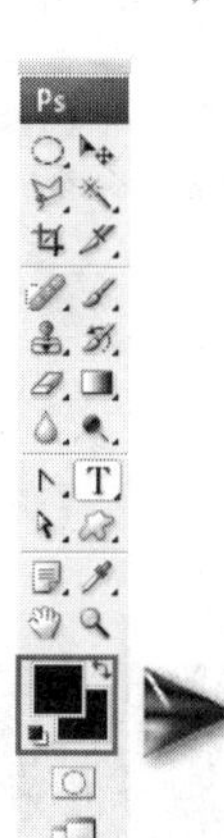

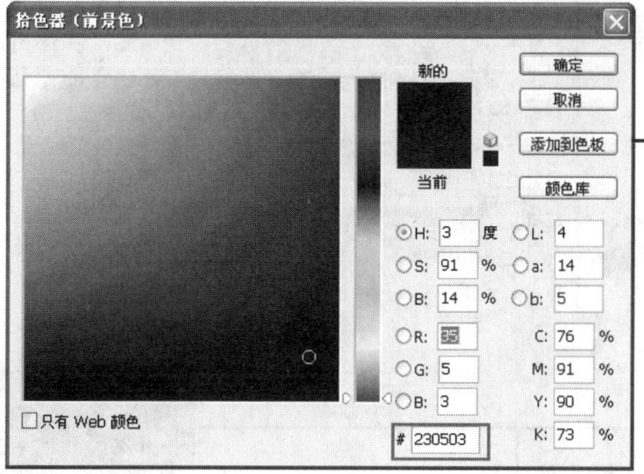

38 单击工具箱中的“设置前景色”按钮，弹出“拾色器”对话框，将颜色设置为“230503”

39 按 Alt+Delete 组合键填充选区，并将“图层”调板中的不透明度改为 90%，填充改为 80%

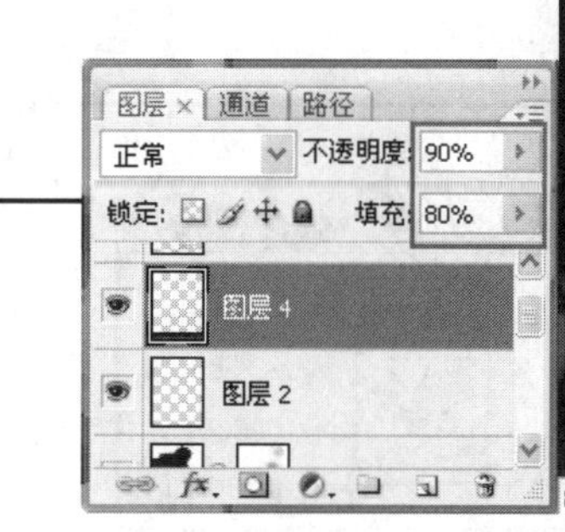

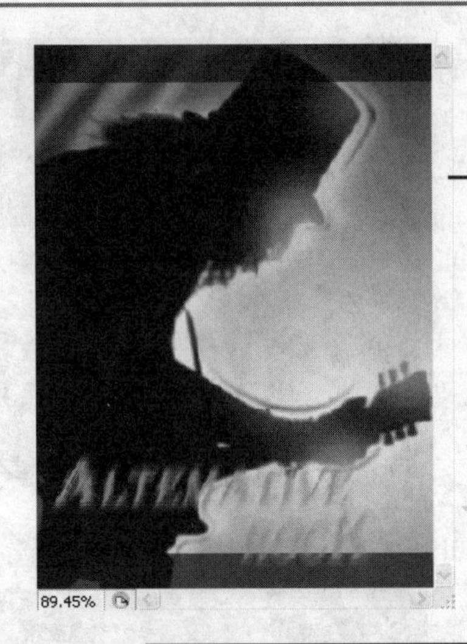

40 选择移动工具，将鼠标放在绘制好的图像上，在按 Alt 键的同时单击左键拖动，得到“图层 4 副本”，将“图层 4 副本”放置在图像的顶部，调整好位置即可

41 单击“图层”调板中文字图层前面的按钮，将文字图层隐藏，然后选择“图层 4 副本”并单击右键，在弹出的菜单中选择“合并可见图层”命令

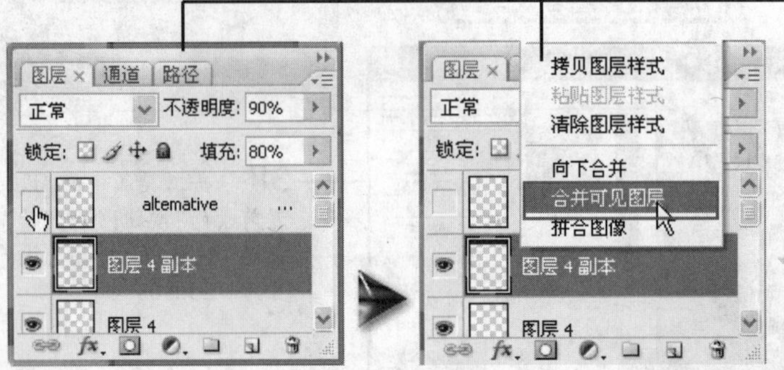

42 合并图层后，选择“图像”|“调整”|“色彩平衡”命令，弹出“色彩平衡”对话框，设置参数如右图所示，设置完成后单击“确定”按钮

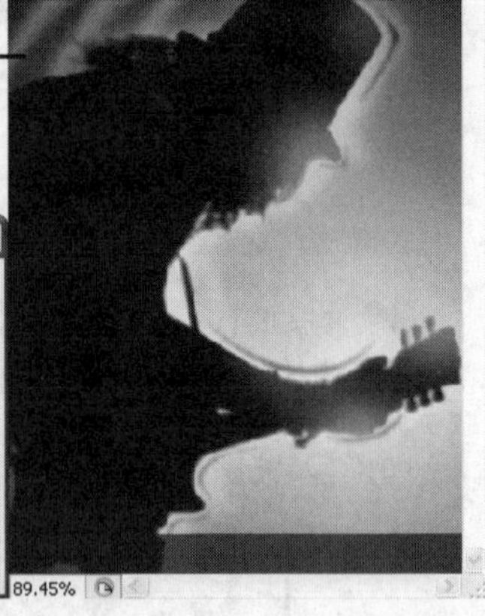

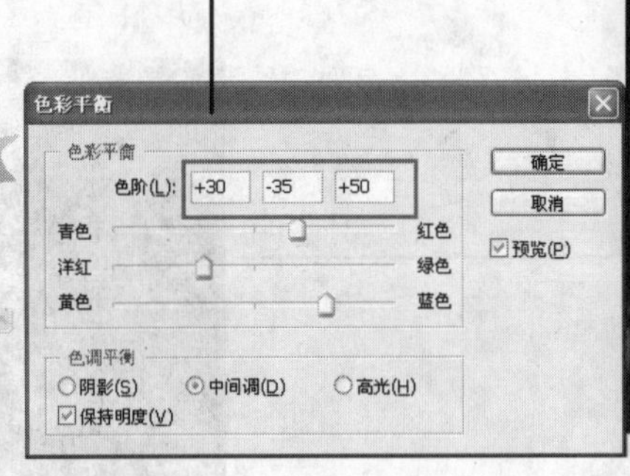

43 选择“图像”|“调整”|“亮度/对比度”命令，弹出“亮度/对比度”对话框，设置参数如右图所示，设置完成后单击“确定”按钮

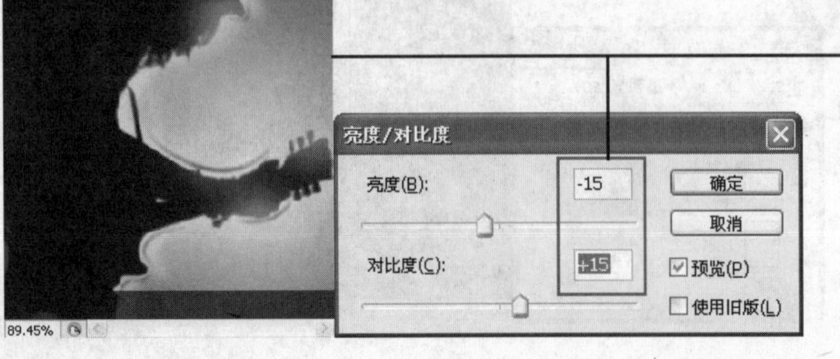

44 选择“图像”|“调整”|“色相/饱和度”命令，弹出“色相/饱和度”对话框，将其参数设置如右图所示，完成后单击“确定”按钮

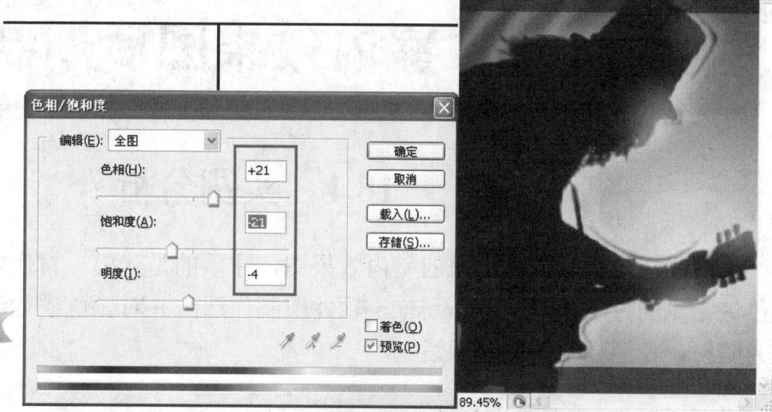

45 图像色彩调整好后，打开“图层”调板，单击文字图层前面的按钮，显示文字图层，此时便可看到图像的最终效果

第 18 章　室内效果图后期制作实例

18.1　实例分析

对于由三维软件制作出来的室内效果图，注重的是建模、材质以及灯光的效果，而调整颜色最常见的方法就是在 Photoshop 软件中制作选区并对颜色进行调整，以及添加一些植物作为陪衬，使图像变得生动活泼。

室内设计最终效果图

18.2　实例操作

下面通过步骤来对效果图进行背景、颜色、景物等方面的后期制作，首先更换图像背景。

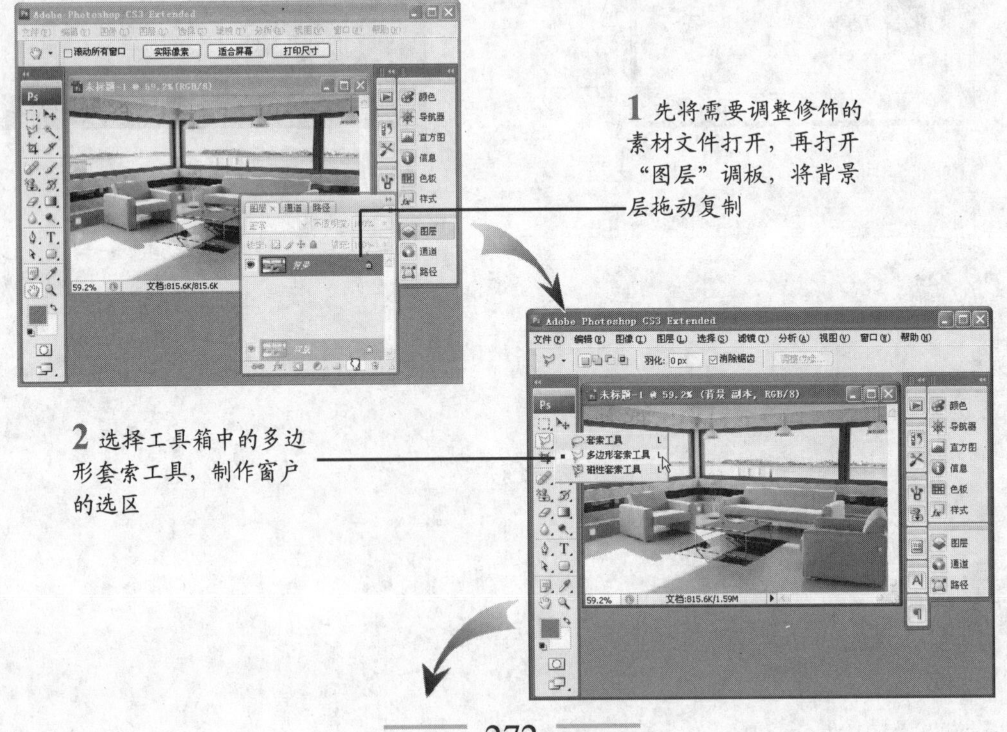

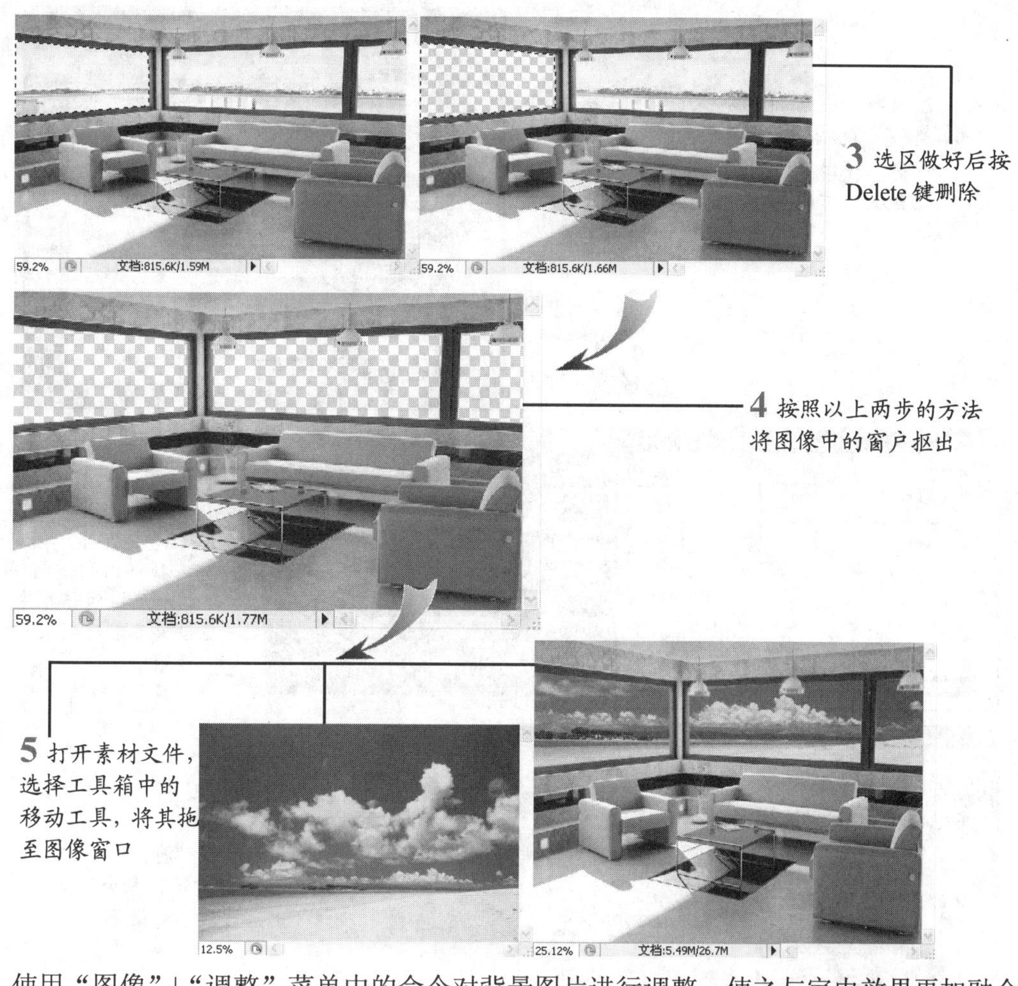

使用“图像”|“调整”菜单中的命令对背景图片进行调整，使之与室内效果更加融合。

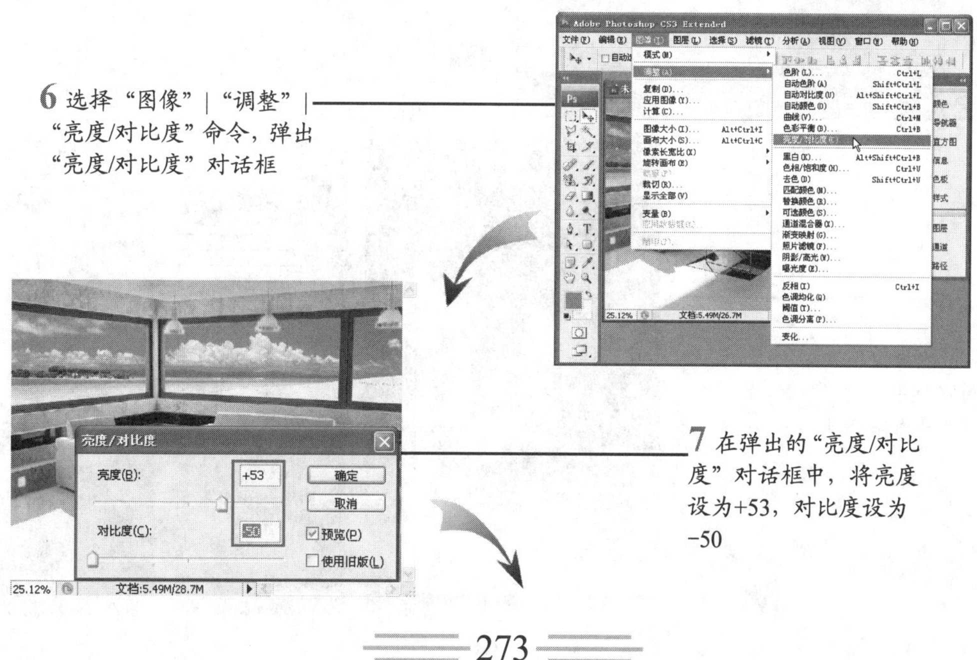

8 选择“图像”|“调整”|“色相/饱和度”命令，弹出“色相/饱和度”对话框

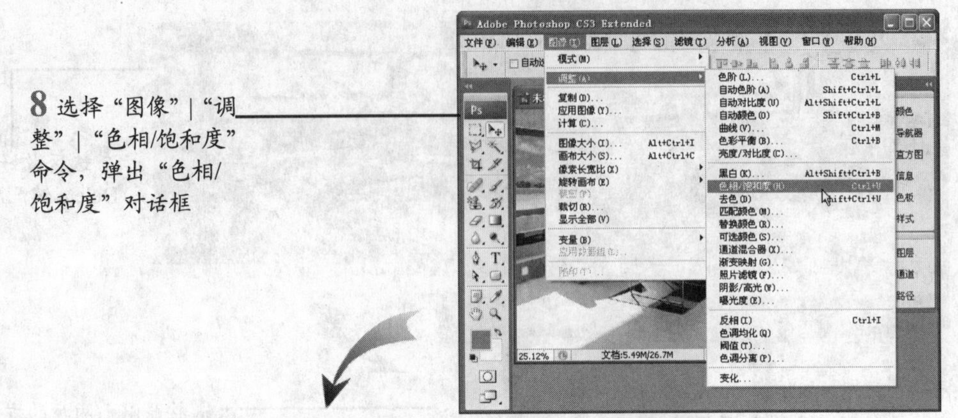

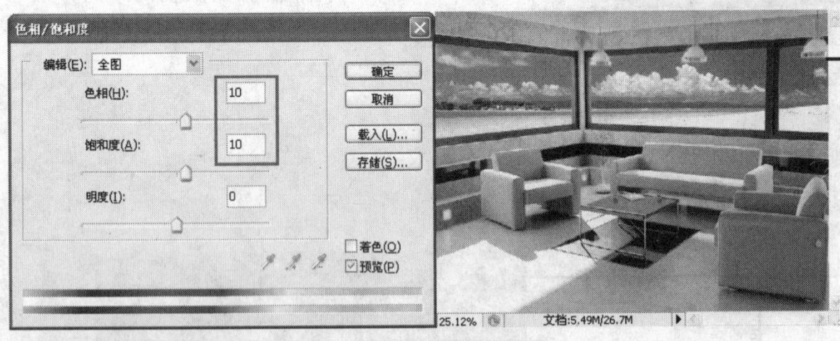

9 在弹出的“色相/饱和度”对话框中，设置参数及效果如左图所示

10 选择“滤镜”|“扭曲”|“玻璃”命令，弹出“玻璃”对话框

11 在弹出的“玻璃”对话框中，设置参数及效果如右图所示

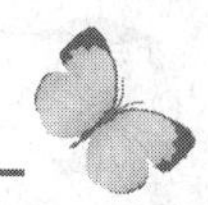

12 选择“滤镜”|“模糊”|“高斯模糊”命令，弹出“高斯模糊”对话框

13 在弹出的“高斯模糊”对话框中，参数设置及效果如右图所示

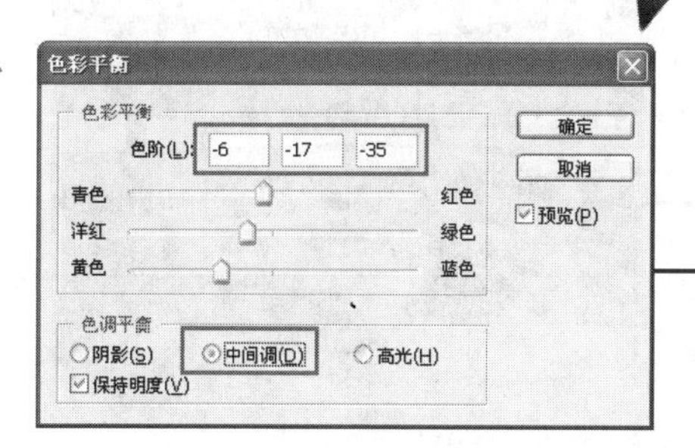

14 选择“图像”|“调整”|“色彩平衡”命令，弹出“色彩平衡”对话框，其参数设置如左图所示

15 选择“图像”|“调整”|“色彩平衡”命令，弹出“色彩平衡”对话框，其参数设置如右图所示

16 左图为色彩平衡调整后的效果图

接下来调整室内墙面、窗框等对象的色相及效果。

17 选择工具箱中的多边形套索工具，制作出房顶的选区

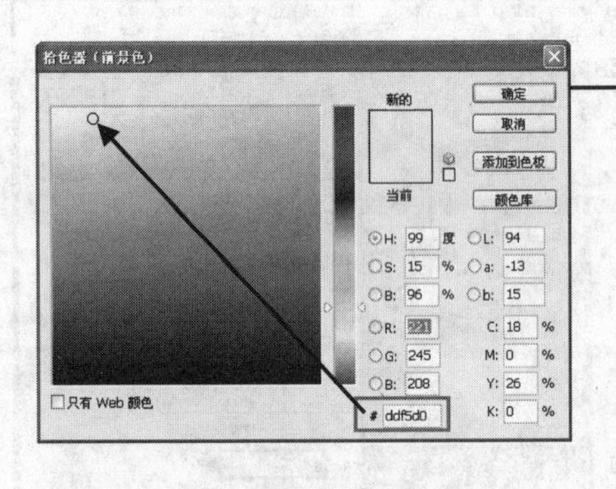

18 单击工具箱中的“设置前景色”按钮，弹出“拾色器”对话框，设置颜色参数如左图所示

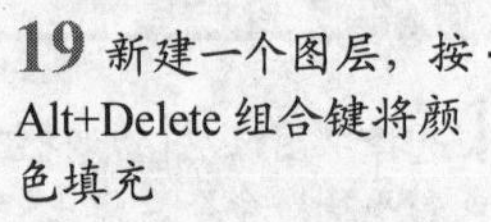

19 新建一个图层，按Alt+Delete组合键将颜色填充

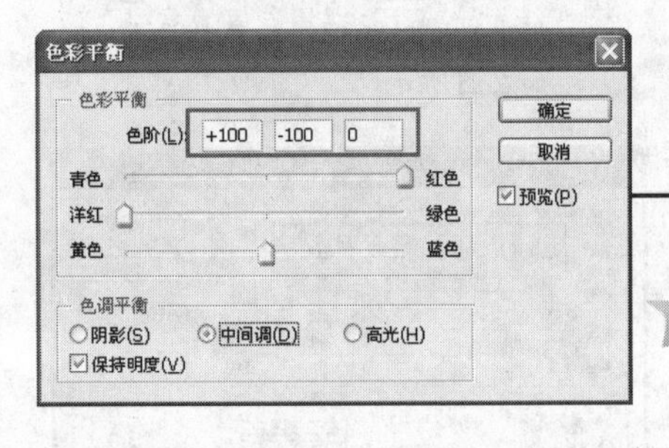

20 选择“图像”|“调整”|“色彩平衡”命令，弹出“色彩平衡”对话框，其参数设置如左图所示

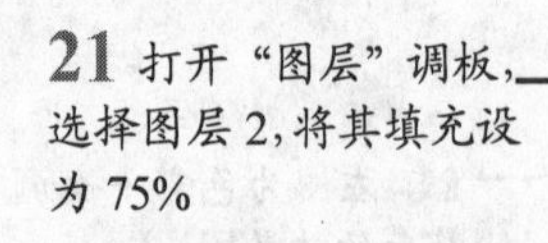

21 打开“图层”调板，选择图层2，将其填充设为75%

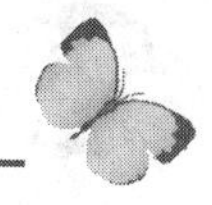

22 选择工具箱中的多边形套索工具，制作出窗户框的选区

23 单击工具箱中的“设置前景色”按钮，弹出“拾色器”对话框，设置颜色参数如右图所示

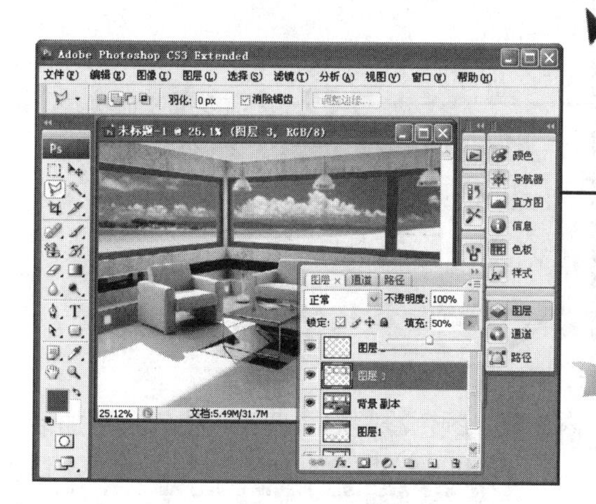

24 新建一个图层，按Alt+Delete组合键将颜色填充，并将该图层的填充设为50%

25 选择“图像”|“调整”|“色彩平衡”命令，弹出“色彩平衡”对话框，其参数设置如右图所示

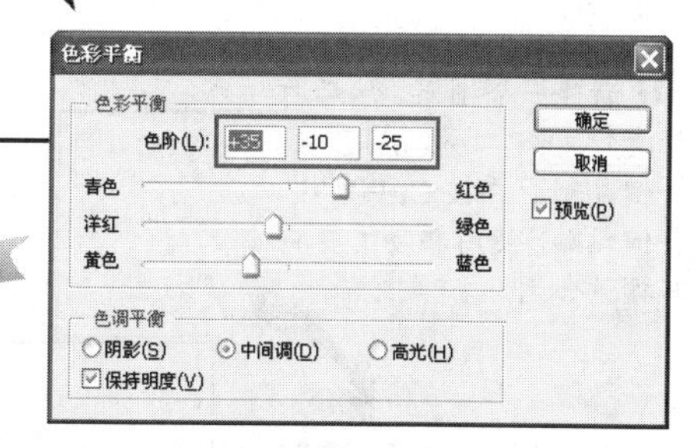

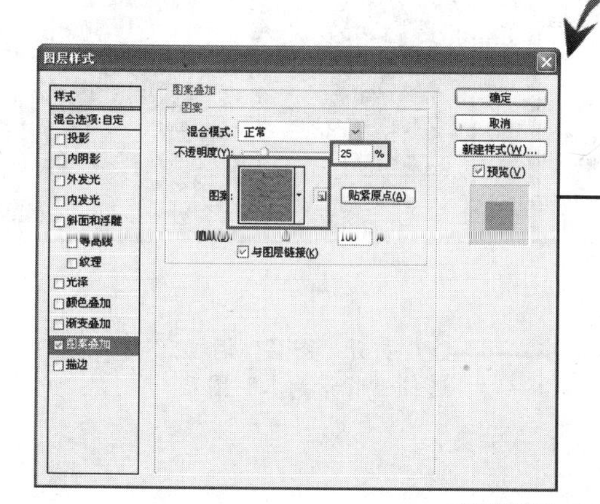

26 双击该图层，弹出“图层样式”对话框，选择“图案叠加”选项，其他参数设置如左图所示

27 添加图层样式后的效果图

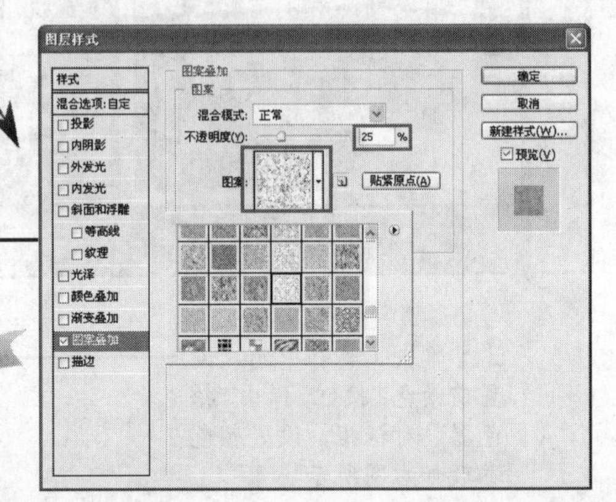

28 双击图层 2，弹出“图层样式”对话框，选择“图案叠加”选项，按右图所示的参数设置

29 选择工具箱中的模糊工具，对图层 2 和图层 3 的边缘轻轻涂抹，使边缘过渡得更加柔和

为效果图添加植物陪衬，注意添加时与室内光线、颜色冷暖尽量匹配，使气氛更加活跃。

30 新建一个图层，然后打开素材文件，按 Ctrl+C 组合键复制，再按 Ctrl+V 组合键粘贴，使用移动工具将其摆放合适

31 打开“图层”调板，选择“背景副本”图层

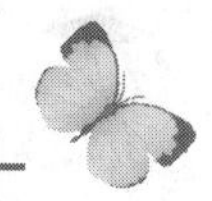

32 选择工具箱中的仿制图章工具

33 使用仿制图章工具将图像中的污点部分擦除

34 使用仿制图章工具修饰后的效果图

35 新建一个图层，然后打开素材文件，按 Ctrl+C 组合键复制，再按 Ctrl+V 组合键粘贴

36 选择工具箱中的移动工具，按 Alt 键不放单击拖动，将图像复制

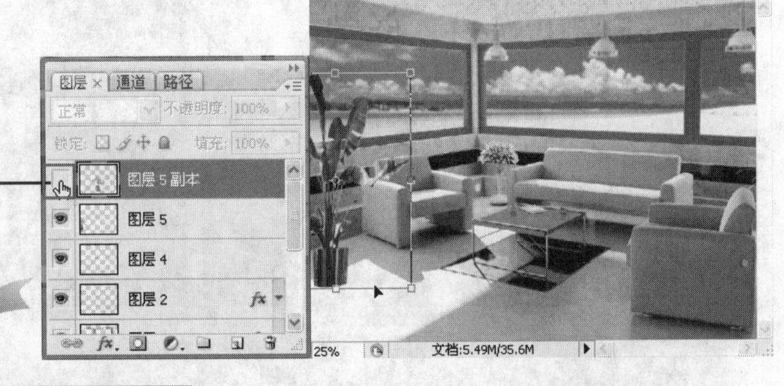

37 打开“图层”调板，先将“图层 5 副本”隐藏，然后按 Ctrl+T 键变换调整图像

38 经过调整后，使用移动工具将图像摆放在合适的位置上

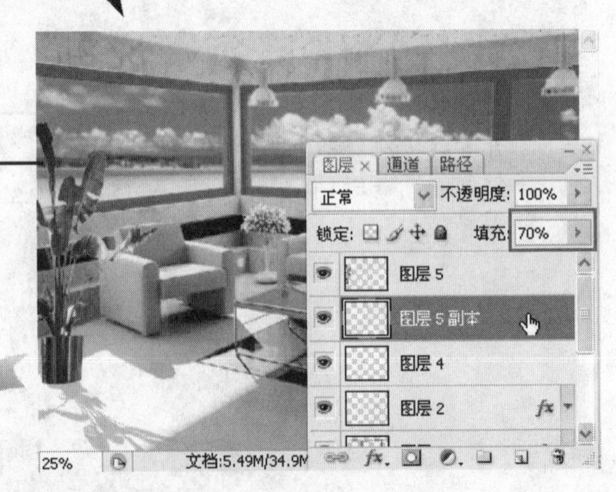

39 接下来按照同样的方法制作阴影，并将“图层 5 副本”的填充设为 70%

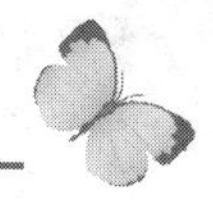

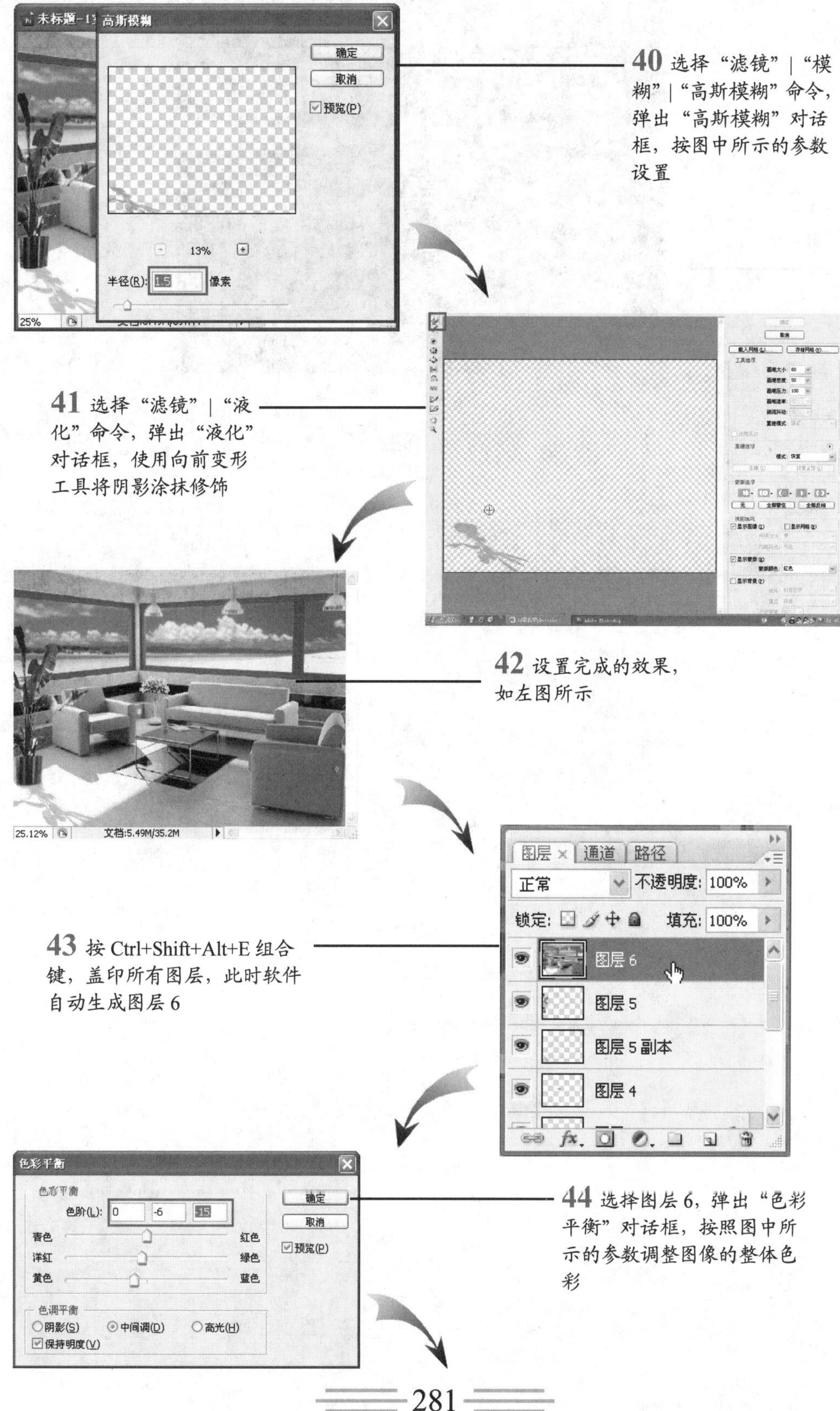

40 选择“滤镜”|“模糊”|“高斯模糊”命令，弹出“高斯模糊”对话框，按图中所示的参数设置

41 选择“滤镜”|“液化”命令，弹出“液化”对话框，使用向前变形工具将阴影涂抹修饰

42 设置完成的效果，如左图所示

43 按 Ctrl+Shift+Alt+E 组合键，盖印所有图层，此时软件自动生成图层 6

44 选择图层 6，弹出“色彩平衡”对话框，按照图中所示的参数调整图像的整体色彩

室内设计最终效果图